工业和信息化精品系列教材

网络技术

U0234252

Network Technique

微课版

Linux
操作系统基础
项目教程（CentOS 7.6）

张运嵩 刘正 ◉ 主编

阚宝朋 蒋建峰 尤澜涛 ◉ 副主编

人民邮电出版社

北京

图书在版编目（CIP）数据

Linux操作系统基础项目教程：CentOS 7.6：微课版 / 张运嵩，刘正主编. -- 北京：人民邮电出版社，2021.10（2023.9重印）
工业和信息化精品系列教材. 网络技术
ISBN 978-7-115-56864-9

Ⅰ. ①L… Ⅱ. ①张… ②刘… Ⅲ. ①Linux操作系统—教材 Ⅳ. ①TP316.85

中国版本图书馆CIP数据核字(2021)第129403号

内 容 提 要

本书以 CentOS 7.6 为基础，系统全面地介绍了 Linux 操作系统的基本概念和使用方法。全书共分为 7 个项目，内容包括认识 Linux 操作系统，初探 CentOS 7.6，管理用户、文件和磁盘，学习 Bash 与 Shell 脚本，配置网络、防火墙与远程桌面，管理进程与系统服务，管理软件。

本书可作为高校计算机及相关专业的教材，也可作为广大计算机爱好者自学 Linux 操作系统的参考书。

◆ 主　　编　张运嵩　刘　正
　　副 主 编　阚宝朋　蒋建峰　尤澜涛
　　责任编辑　郭　雯
　　责任印制　王　郁　彭志环

◆ 人民邮电出版社出版发行　　北京市丰台区成寿寺路 11 号
　　邮编　100164　电子邮件　315@ptpress.com.cn
　　网址　https://www.ptpress.com.cn
　　三河市祥达印刷包装有限公司印刷

◆ 开本：787×1092　1/16
　　印张：17　　　　　　　　　　2021 年 10 月第 1 版
　　字数：503 千字　　　　　　　2023 年 9 月河北第 7 次印刷

定价：59.80 元

读者服务热线：(010)81055256　印装质量热线：(010)81055316
反盗版热线：(010)81055315
广告经营许可证：京东市监广登字 20170147 号

前言 FOREWORD

Linux 操作系统自诞生以来，以其稳定性、安全性和开源性等诸多特性，迅速成长为企业级服务市场不可忽视的力量，目前已成为各中小企业搭建网络服务的首选操作系统。本书以培养学生在 Linux 操作系统中的实际应用技能为目标，以 CentOS 7.6 为平台，详细介绍了 CentOS 7.6 的基本概念和安装方法，CentOS 7.6 的桌面环境和命令行窗口、vim 文本编辑器，用户管理、文件和磁盘管理，Bash 与 Shell 脚本，网络与安全配置、远程桌面配置，进程管理与系统服务，软件管理与应用软件等内容。从 Linux 初学者的视角出发，以"学中做、做中学"的理念为指导，采用项目教学和情景式教学的方法组织内容。全书共分为 7 个项目，每个项目包括若干任务。每个项目都有引例描述，旨在让读者迅速进入学习情境，激发读者的学习兴趣。每个任务都可以作为教学设计中的一个教学模块来实施。任务由任务陈述、知识准备、任务实施、知识拓展和任务实训 5 部分组成。任务陈述部分给出了明确的任务目标，展示了任务效果；知识准备部分通过丰富的示例和图表详细介绍了完成任务目标所需的知识与技能；任务实施部分通过精心设计的情景案例，带领读者逐步完成任务需求；知识拓展部分介绍了一些与任务相关的辅助知识，作为读者自我学习的补充材料；任务实训部分要求读者按照要求完成实训内容，以实现知识目标和技能目标。每个项目还附有适量的练习题，以方便读者检验学习效果。

本书采用情景式方式设计实施案例，让读者在真实情景中提高应用理论知识解决实际问题的能力。贯穿全书的小朱是计算机网络专业的大二学生，积极、乐观、求知欲强，在一家公司实习时接触到 Linux 操作系统，并得到公司张经理的悉心指导。从对 Linux 操作系统一无所知，到可以熟练使用各种 Linux 命令，小朱圆满完成了实习任务。经过 7 个项目的学习和实践，相信读者也能像小朱一样，通过自己的努力和坚持，熟练掌握 Linux 操作系统的理论知识和实践技能。

本书的特色是在情景案例中坚持立德树人和德技并修的根本原则，注重培养读者优秀的品格和正确的价值观。

本书理实结合、配套完备。本书配套有微课视频、课程标准、教学设计、PPT 课件及习题答案解析等数字化学习资源，读者可登录人邮教育社区（www.ryjiaoyu.com）免费下载。书中重点难点部分都有对应二维码，扫描二维码即可观看相关知识点的详细讲解。

本书的参考学时为 64 学时，建议采用理论实践一体化教学模式，各项目的参考学时见学时分配表。

本书由张运嵩、刘正任主编，由阚宝明、蒋建峰、尤澜涛任副主编。锐捷网络（苏州）有限公司的张渊经理也参与了本书的编写。本书是江苏省首批省级职业教育教师教学创新团队（计算机网络技术）成果。

学时分配表

项目	课程内容	学时
项目 1	认识 Linux 操作系统	2
项目 2	初探 CentOS 7.6	6
项目 3	管理用户、文件和磁盘	18
项目 4	学习 Bash 与 Shell 脚本	14
项目 5	配置网络、防火墙与远程桌面	10
项目 6	管理进程与系统服务	8
项目 7	管理软件	4
课程复习与考评		2
总计		64

由于编者水平有限，书中疏漏和不足之处在所难免，殷切希望广大读者批评指正。同时，恳请读者发现问题后及时与编者联系，以便尽快对本书进行更正，编者将不胜感激，编者邮箱为 zyunsong@qq.com。

编　者

2021 年 3 月

目录 CONTENTS

项目1
认识Linux操作系统

01

学习目标

【知识目标】

（1）了解计算机系统的组成和操作系统的作用。

（2）了解Linux操作系统的发展历史和主要特征。

（3）熟悉Linux操作系统的体系结构。

（4）熟悉Linux操作系统的内核版本和常见的Linux发行版。

【技能目标】

（1）能够利用互联网资源研究Linux体系结构的组成及它们之间的相互关系。

（2）能够自行查找相关资料学习Linux内核的角色和功能。

（3）能够解释命令解释层的角色和功能。

（4）能够解释高层应用程序的特点和分类。

引例描述

　　小朱是一名高职院校计算机网络专业的大二学生。过完这个暑假，小朱就要进入大三。按照学校的要求，小朱要完成5个月的顶岗实习才能获得毕业资格。经过多次面试，小朱得到一个在一家IT公司的信息管理员岗位实习的机会。小朱心里十分清楚，得到这个实习机会实属不易，毕竟过去两年自己在专业知识和技能上的积累和公司实际用人要求还有不小的差距。公司使用的是Linux操作系统，小朱之前从没用过，因此小朱感觉压力非常大。好在公司安排了学识渊博、经验丰富的张经理作为小朱的企业导师，再加上小朱有一股不服输的劲儿，他决定勇敢地接受这个挑战。带着关于Linux操作系统的诸多疑问，小朱走进了张经理的办公室。

　　张经理十分欣赏小朱的上进心和求知欲，也看出了他的疑惑和担忧。张经理告诉小朱，Linux操作系统是一个非常优秀和强大的操作系统，在企业市场得到越来越广泛的应用。Linux学习之路充满了困难和挑战，但也有很多乐趣，学好Linux操作系统对将来的就业有很大帮助。作为Linux初学者，要摆正心态，虚心请教，在学习的过程中既要重视理论知识的学习，也要利用一切机会动手实践。张经理建议小朱先从计算机系统和操作系统的基本概念开始，夯实理论基础，然后利用现在比较流行的虚拟化技术安装一台Linux操作系统虚拟机作为

学习Linux的"主战场"。最重要的是，付出才有收获，要相信自己一定能够克服眼前的困难，圆满完成实习任务。

任务 1.1 　Linux 操作系统概述

任务陈述

　　Linux 操作系统在很大程度上借鉴了 UNIX 操作系统的成功经验，继承并发展了 UNIX 操作系统的优良特性。Linux 具有开源特性，因此一经推出便得到广大操作系统开发爱好者的积极响应和支持，这也是 Linux 操作系统得以迅速发展壮大的关键因素之一。本任务主要内容为计算机系统简介、操作系统的作用、Linux 的诞生与发展、Linux 的体系结构及 Linux 的版本等。另外，本书采用 CentOS 7.6 作为理论讲授与实训学习的操作平台，而 CentOS Linux（以下简称 CentOS）源于 Red Hat 操作系统，因此本任务会在最后简要说明 CentOS 与 Red Hat 的关系。

知识准备

1.1.1　计算机系统简介

　　当今社会，不管是学习、工作还是生活，计算机都是不可或缺的工具。计算机应用得如此广泛，以至于很多人忽略了它的神奇之处。以常见的台式计算机为例，打开包装箱后，出现在眼前的是主机、显示器、键盘和鼠标等硬件。当把这些硬件组装成一台计算机，接通电源，再按下电源键后，没想到它竟然能够完成那么多工作。不管是工作、上网、玩游戏还是即时聊天，基本上用户需要的功能计算机都能提供。不得不说，计算机确实是一个非常神奇和伟大的发明。随之而来的问题是，计算机为何能完成这些工作，到底是哪只"无形的手"在指挥计算机工作？回答这些问题要从计算机系统的组成说起。

　　计算机系统由硬件系统和软件系统两大部分组成。简单地说，硬件系统就是那些我们看得见摸得着的硬件设备，包括主机和外部设备。机箱及其内部的硬件统称为主机，包括中央处理器、内存储器（简称内存）、硬盘、光驱、电源及其他输入/输出控制器和接口。中央处理器就是我们通常所说的 CPU（Central Processing Unit），它是计算机进行信息处理的核心部件，主要用于解释计算机指令和处理数据，包括控制器和运算器两部分。外部设备由输入/输出设备及其他各种外部设备组成，如鼠标、键盘、显示器和打印机等。输入/输出设备是用户与计算机交换信息的"桥梁"，用户通过输入设备向计算机发送指令和数据，并从输出设备得到响应。内存和外存储器组成了计算机的存储系统。内存主要用于存储正在运行的程序和数据，一般容量较小，但存取速度非常快。外存储器正好相反，容量非常大，但存取速度相对较慢，主要用于存储平时不经常使用的程序和文件。外存储器在断电后仍能保存数据，常见的外存储器有硬盘、光盘、U 盘等。

　　如果只有硬件系统，计算机是无法工作的，还必须有配套的软件系统。我们可以把软件简单地理解为控制计算机硬件运行的指令和数据的集合。一般来说，可以把软件分为系统软件和应用软件。操作系统是软件家族中最重要的系统软件。一方面，操作系统直接向各种硬件设备下发指令，控制硬件的运行；另一方面，所有的应用软件运行在操作系统之上，用户在应用软件的操作界面中完成各种工作。因此，操作系统是用户或应用软件与硬件进行交互的"桥梁"，控制整个计算机系统的硬件和软件资源。操作系统不仅提高了硬件的利用率，还极大地方便了普通用户使用计算机。

美籍匈牙利科学家冯·诺依曼首次提出了在计算机存储器中存放程序的概念，从而将计算机的硬件系统和软件系统结合在了一起。这种结构成为所有现代电子计算机的模型，被称为"冯·诺依曼结构"。按照这种结构建造的计算机称为"存储程序计算机"，其内部工作机制如图 1-1 所示。

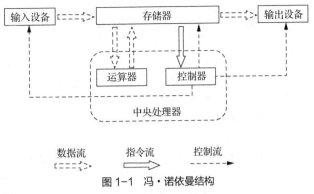

图 1-1　冯·诺依曼结构

冯·诺依曼结构可以概括为以下 3 点。

（1）计算机的硬件系统由运算器、控制器、存储器、输入设备和输出设备 5 个基本部分组成。其中，控制器是整个计算机的控制中心，用于控制计算机各部分协调工作；运算器对二进制数据进行算术运算和逻辑运算。

（2）计算机内部采用二进制表示指令和数据。也就是说，所有的指令和数据在计算机内部其实都是二进制数字 0 和 1 的组合。

（3）把程序和数据加载到内存中，由控制器负责取出指令并执行。

1.1.2　操作系统的作用

图 1-2 所示为计算机系统的层次结构。在整个计算机系统中，控制计算机硬件设备运行的是操作系统，而操作系统中用于完成这一功能的组件就是所谓的"内核"。狭义的操作系统仅是覆盖硬件设备的内核（kernel），具有设备管理、作业管理、进程管理、文件管理和存储管理五大核心功能。操作系统内核与硬件设备直接交互，而不同硬件设备的架构设计差异很大，因此，在一种硬件设备上运行良好的内核很可能无法在另一种硬件设备上运行，这就是操作系统的移植性问题。作为操作系统的"中枢神经"，内核在很大程度上决定了操作系统能否稳定高效地工作。

V1-1　计算机系统的组成

图 1-2　计算机系统的层次结构

如果把内核直接暴露给用户使用，大家可以想象，万一用户有意或无意地破坏了内核的运行，那么整个计算机系统就无法正常工作了。因此，内核在内存中的存储区域是受保护的，普通用户无法修改。为了保证内核的正常运行，同时为了方便应用程序的开发，操作系统对外提供了一套系统调用。系统调用就是操作系统提供的用于访问内核的接口，应用程序通过系统调用向内核发送请求，这些请求经由内核处理后变为控制硬件运行的指令和数据。

Linux 就是这样一种操作系统，它既有一个稳定且性能优异的内核，又包含丰富的系统调用。在正式学习 Linux 之前，先简单介绍 Linux 的诞生与发展。

1.1.3　Linux 的诞生与发展

回顾 Linux 的发展历史，可以说它是"踩着巨人的肩膀"逐步成长起来的。在 Linux 之前已经出现了一些非常成功的操作系统，Linux 在设计上借鉴了这些操作系统的成功之处，并且充分利用了自由软件带来的巨大便利。下面是在 Linux 的发展过程中具有代表性的重要人物和事件。

1. Linux 的前身

（1）UNIX。

谈到 Linux，就不得不提 UNIX 操作系统。最早的 UNIX 操作系统原型是贝尔实验室的 Ken Thompson（肯·汤普森）于 1969 年 9 月使用汇编语言开发的，取名为"Unics"。当时 Ken Thompson 开发 Unics 的目的仅仅是将一款名为"星际旅行"的游戏移植到一台 PDP-7 机器上，没想到 Unics 发布后受到了贝尔实验室其他同事的喜爱，之后又陆续实施了一些改进和升级。但 Unics 是用汇编语言开发的，和硬件联系紧密。为了提高 Unics 的可移植性，Ken Thompson 和 Dennis Ritchie（丹尼斯·里奇）决定用一种高级程序设计语言改写 Unics，这在当时是非常大胆前卫的想法。他们最终成功地用 C 语言实现了 Unics 的第 3 版内核，并于 1973 年正式对外发布。UNIX 和 C 语言作为当时计算机领域里两颗闪耀的新星，从此开始了一段光辉的旅程。

在 UNIX 诞生的早期，Ken Thompson 和 Dennis Ritchie 并没有将其视为"私有财产"严格保密。相反，他们把 UNIX 源代码免费提供给各大科研机构研究学习。研究者还可以根据自己的实际需要对 UNIX 进行改写，因此，在 UNIX 的发展历程中，有上百种的 UNIX 版本陆续出现。在众多 UNIX 版本中，有些版本的生命周期很短，早已淹没在历史的浪潮中，但有两个重要的 UNIX 分支对 UNIX 的发展产生了深远的影响。

① System V 家族。UNIX 在正式诞生之后的一段时间里一直由贝尔实验室的工程师维护。从 1971 年 11 月至 1975 年 5 月不到 4 年的时间里，UNIX 从第 1 版发展到了第 6 版。因为贝尔实验室是 AT&T 公司下属的研究部门，所以 AT&T 对 UNIX 的未来有最终决定权。在此期间，AT&T 对 UNIX 采取了开放的政策，允许其他人获得 UNIX 源代码并改写。之后，AT&T 逐渐意识到 UNIX 的潜在商业价值，从 1979 年 UNIX 第 7 版——UNIX System V7 推出开始，AT&T 收回了 UNIX 的版权，并明确禁止大学和机构把 UNIX 源代码提供给学生学习。从此，AT&T 把 UNIX 推向了商业化道路。之后几年，AT&T 推出了一个具有巨大影响力的操作系统——UNIX System V，IBM 公司的 AIX 操作系统和 HP 公司的 HP-UX 操作系统都是基于这个操作系统发展起来的。

② BSD UNIX。在 AT&T 没有收回 UNIX 的版权之前，与大学和机构合作是 UNIX 得以快速发展的重要原因。其中，与加利福尼亚大学伯克利分校（University of California，Berkeley）的合作产生了 UNIX 的另一个重要分支——BSD（Berkeley Software Distribution）。1978 年，由 AT&T 维护的 UNIX 已经发展到了第 6 版，Bill Joy（比尔·乔伊）以 UNIX 源代码为基础，再加上其他工具软件和编译程序，于 1978 年 3 月发布了第 1 版 BSD。BSD UNIX 对其他现代操作系统产生了深远的影响。实际上，Bill Joy 创建的 Sun 公司正是基于 BSD 开发了商业版的 SunOS。另外，BSD UNIX 率先实现了 TCP/IP，把 UNIX 与计算机网络组合在一起，使得计算机网络借助 UNIX 实现了高速发展。

V1-2　UNIX 操作系统家族

（2）Minix。

AT&T 从 UNIX System V7 开始改变了 UNIX 的开源政策，将 UNIX 源代码私有化，导致大学教师无法继续使用 UNIX 源代码进行授课。为了能在学校继续讲授 UNIX 操作系统相关课程，1984 年，荷兰阿姆斯特丹自由大学（Vrige University Amsterdam）的 Andrew Tanenbaum（安德鲁·特南鲍姆）教授在不参考 UNIX 核心源代码的情况下，完成了 Minix 操作系统的开发。Minix 取

Mini UNIX 之意，即迷你版的 UNIX。Minix 与 UNIX 兼容，主要用于教学与研究，用户支付很少的授权费即可获得 Minix 源代码。Minix 的维护主要依靠 Andrew Tanenbaum 教授，而他一个人无法及时响应众多使用者的改进诉求，因此 Minix 最终未能成功发展为一款广泛使用的操作系统。但是，Minix 在学校的应用培养了一批对操作系统内核有浓厚兴趣和深刻理解的学生，其中最有名的莫过于 Linux 的发明人——Linus Torvalds（林纳斯·托瓦兹）。

2. Linux 的诞生和发展

Linus Torvalds 于 1988 年进入芬兰赫尔辛基大学计算机科学系，在那里他接触到了 UNIX 操作系统。学校当时的实验环境无法满足 Linus Torvalds 的需求，因此他萌生了自己开发一套操作系统的想法。上文说过，Andrew Tanenbaum 教授开发的 Minix 用于教学，因此 Linus Torvalds 就把 Minix 安装到自己贷款购买的一台 Intel 386 计算机上，并从 Minix 源代码中学习有关操作系统内核的设计理念。

Linus Torvalds 编写新内核所用的开发环境基本上完全依赖于 GNU 计划推出的自由软件，如 Bash Shell 和 GCC（GNU C Compiler）。Linus Torvalds 还将这个粗糙的内核针对 Intel 386 计算机做了性能优化，使它能在 Intel 386 计算机上顺利运行。但 Linus Torvalds 并不满足于此，他想让这个内核能够兼容 UNIX，这样，那些在 UNIX 上常用的工具软件就可以运行在新内核上了。为了实现这个目标，他又对新内核做了一些修改，并把它发布到网络上供他人下载。Linus Torvalds 还在 BBS 上发布了一则消息宣布他的成果，并向大家征求对新内核的意见。Linus Torvalds 当时放置内核源代码的 FTP 目录名为 Linux，因此大家就把这个新的操作系统内核称为 Linux。

Linus Torvalds 最初发布的 Linux 内核版本号为 0.02。此后，Linus Torvalds 并没有选择和 Andrew Tanenbaum 教授相同的方式来维护自己的作品。相反，Linus Torvalds 在网络上积极寻找一些志同道合的伙伴组成一个团队，共同完善 Linux 内核。1994 年，在 Linus Torvalds 和众多志愿者的通力协作下，Linux 内核 1.0 版正式对外发布，1996 年又完成了 2.0 版的开发。随 2.0 版一同发布的还有 Linux 操作系统的吉祥物——一只可爱的坐在地上的企鹅，如图 1-3 所示。

图 1-3　Linux 操作系统的吉祥物

3. GNU 计划与自由软件

前文说过，Linus Torvalds 最初开发 Linux 内核时使用的开发环境和编译软件是 Bash Shell 和 GCC。其实，这些都是 GNU 计划的产物。1983 年至 1984 年间，由于工作环境中硬件设备的更换，来自人工智能实验室（AI lab）的 Richard Stallman（理查德·斯托曼）无法在原来的环境中继续开展工作。Richard Stallman 原本使用的操作系统是 Lisp，它的专利属于麻省理工学院。后来他接触到 UNIX 操作系统并且发现 UNIX 具有很强的可移植性，因此，Richard Stallman 决定转向 UNIX，把原来为 Lisp 开发的软件移植到 UNIX 上。

1984 年，Richard Stallman 开始实施 GNU 计划，旨在"建立一个自由、开放的 UNIX 操作系统（free UNIX）"。GNU 是"GNU's Not UNIX"的缩写，定义中又包含 GNU 本身，因此 GNU 真正的含义永远也说不清楚。GNU 计划任务量太大，Richard Stallman 根本无法只靠个人力量完成它。Richard Stallman 决定先把 UNIX 中的常用软件以开放源代码的方式实现，以提高 GNU 计划的知名度。同时，Richard Stallman 成立了自由软件基金会（Free Software Foundation，FSF），招募其他志愿者参与 GNU 计划。他们开发的所有软件都会对外公布源代码，因此这些软件被称为"自由软件"。在这些软件中，最成功的当属 C 语言编译器 GCC 及操作系统外壳程序 Bash Shell。

随着自由软件队伍的不断壮大，Richard Stallman 意识到有必要采取行动以防止有人利用这些自由软件开发专利软件。1989 年 1 月，在 Richard Stallman 的牵头下，GNU 通用公共许可证（General Public License，GPL）应运而生。GNU GPL 赋予自由软件的使用者以下"4 项基本自由"。

（1）自由之零：无论用户出于何种目的，都可以按照自己的意愿自由地运行该软件。

（2）自由之一：用户可以自由地学习并根据需要修改该软件。

（3）自由之二：用户可以自由地分发该软件的副本以帮助其他人。

（4）自由之三：用户可以自由地分发修改后的软件，以使其他人从改进后的软件中受益。

Linux 的发展得益于这些自由软件，而且 Linux 本身也采用了 GPL 授权。因此，用户现在可以方便地获得 Linux 源代码并自由使用，不管是学习研究还是用于其他商业用途。

4. Linux 的主要特征

说起 Linux，人们首先会想到它开源、免费、安全、稳定。确实，自诞生以来，Linux 凭借这些优秀的特征，迅速获得了大量使用者，在企业服务器市场获得了巨大成功。总的来说，Linux 的主要特征可以概括为以下几点。

（1）开源免费。Linux 基于 GPL 授权，使用者可以免费获取 Linux 源代码并根据自己的实际需要对其进行修改。许多商业公司利用这一点推出了自己的 Linux 套件。

（2）硬件要求低。Linux 对计算机硬件配置要求不高，甚至可以在一些看似十分老旧的硬件设备上流畅地运行，这使得用户不必花费过多资金购买昂贵的硬件设备，节省了开支。

（3）安全稳定。Linux 的这个特性主要来源于它有众多默默无闻的热心维护者。每当 Linux 出现一个安全问题时，他们就会立即行动起来，迅速推出更新补丁。经常有系统运维人员提到运行 Linux 的服务器已经一年甚至更长时间没有重启了，这也充分证明了 Linux 是一个安全稳定的操作系统。

（4）多用户多任务。Linux 是一个支持多用户和多任务的操作系统，它为每个用户设置了不同的安全策略，以保证不同用户之间不会相互影响。另外，Linux 可以在多个进程之间进行高效切换，这样既可以提高系统资源利用率，又能提升用户操作体验。

（5）多平台支持。Linux 可以在多种架构的硬件平台上运行，如 x86 或 SPARC 等。小到单片机、手机，大到大型工作站，都可以运行 Linux。当今流行的智能手机操作系统 Android（安卓）也是基于 Linux 内核开发的。

1.1.4 Linux 的体系结构

操作系统在计算机系统中发挥了承上启下的关键作用。操作系统为应用程序提供运行环境，又通过内核控制硬件设备。下面参考图 1-2 详细说明 Linux 操作系统的体系结构。

V1-3 Linux 操作
系统的体系结构

按照从内到外的顺序，Linux 操作系统分为内核、命令解释层和高层应用程序三大部分。内核是整个操作系统的"心脏"，与硬件设备直接交互，在硬件和其他应用程序之间提供了一层接口。内核包括进程管理、内存管理、虚拟文件系统、系统调用接口、网络接口和设备驱动程序等几个主要模块。内核是否稳定高效直接决定了整个操作系统的性能表现。

Linux 内核外面的一层是命令解释层。这一层为用户提供了一个与内核进行交互的操作环境。用户的各种输入经由命令解释层转交至内核进行处理。外壳程序（Shell）、桌面（desktop）及窗口管理器（window manager）是 Linux 中几种常见的操作环境。这里要特别说明的是 Shell。它类似于 Windows 操作系统中的 DOS 命令行界面，用户可以在这里直接输入命令，由 Shell 负责解释执行。Shell 还有自己的解释型编程语言，允许用户编写大型的脚本文件以执行复杂的管理任务。关于 Shell 和 Shell 脚本的相关知识，将会在项目 4 中详细介绍。

Linux 操作系统的最外层是高层应用程序。对于普通用户来说，Shell 的操作界面不太友好，通过 Shell 完成工作在技术上有一定难度。普通用户接触更多的是各种各样的高层应用程序。这些高层应用程序为用户提供了友好的图形化操作界面，帮助用户完成各种工作。

1.1.5　Linux 的版本

虽然在普通用户看来，Linux 操作系统是一个整体，但其实 Linux 的版本由内核版本和发行版本两部分组成，每一部分都有不同的含义和规定。

V1-4　Linux 内核
版本演化

1．Linux 内核版本

Linux 内核版本一直由其创始人 Linus Torvalds 领导的开发小组管理。Linux 内核版本的编号采用"主版本号.次版本号.修订版本号"的形式。主版本号和次版本号对应内核架构的重大变更，而修订版本号则表示某些小的功能改动或优化，一般是把若干优化整合在一起统一对外发布。在 Linux 内核的发展过程中，内核版本编号的定义也有所变化。

在 3.0 版本之前，次版本号有特殊的含义。当次版本号是奇数时，表示这是一个不稳定的开发版本（development）。例如，2.3.12 是开发版本。内核开发工程师首先在开发版本中新增内核功能或修复原有功能，功能通过测试后再将其加入下一版的稳定内核中。开发版本只有内核开发工程师才会使用。当次版本号是偶数时，表示这是一个可以正常使用的稳定版本（stable）。例如，2.6.2 是稳定版本。稳定版本可以提供给普通用户使用。

从 3.0 版本开始，通过奇数偶数区分开发版本和稳定版本的方式被废弃了，取而代之的是所谓的主线版本（mainline）。Linux 内核依据主线版本开发，当增加一些新的功能时，就进入下一个主线版本的开发周期。对于原来的主线版本，通常有两种处理机制。一种机制是不再维护原主线版本，使其处于结束开发状态（End of Live，EOL），表示该主线版本的生命周期已经结束。这种方式为主线版本提供了一种退出机制。另一种机制则是继续维护原主线版本，使其处于长期支持状态（Long Term Support，LTS）。在这种机制下，内核开发人员会持续修复原主线版本出现的问题。例如，Linux 4.14 就是一个被长期支持的主线版本。

2．Linux 发行版本

显然，如果没有高层应用程序的支持，只有内核的操作系统是无法供用户使用的。由于 Linux 内核是开源的，任何人都可以对其进行修改，一些商业公司或社区团体以 Linux 内核为基础，开发配套的应用程序，并将其整合在一起以发行版（Linux distribution）的形式对外发行，即 Linux 套件。现在我们谈到的 Linux 操作系统一般是指 Linux 发行版，而不是 Linux 内核。

V1-5　几种主要的
Linux 发行版

Linux 发行版众多，但是因为它们都使用 Linux 官方发布的内核，而且都遵循 Linux 标准集（Linux Standard Base，LSB）制定的开发标准，所以这些发行版使用起来其实差异不是很大。常见的 Linux 发行版有 Red Hat、CentOS、Ubuntu、openSUSE 及国产的红旗 Linux 等，如图 1-4 所示。

图 1-4　常见的 Linux 发行版

3．CentOS 与 Red Hat 的关系

本书的所有示例和实验均以 CentOS 7.6 为操作平台，所以这里简要说明 CentOS 与 Red Hat

的关系。Red Hat 公司针对企业发行的 Linux 套件名为 RHEL（Red Hat Enterprise Linux）。因为它是基于 GPL 的方式发行的，所以其源代码也一同对外发布，其他人可以自由修改并发行。CentOS 是对 RHEL 的源代码重新编译后形成的版本，但是在编译时删除了所有的 Red Hat 商标。所以，CentOS 是 RHEL 的重建版本，也可以说是 RHEL 的"克隆"版本，处于 RHEL 下游。以这种方式发行的 CentOS 完全符合 GPL 定义的自由规范，不会有任何法律问题。同时，CentOS 不对用户承担任何法律责任和义务。尽管如此，CentOS 还是以其稳定易用的特性在众多 RHEL"克隆"版本中脱颖而出，受到广大用户的喜爱和欢迎。

令人意外的是，2020 年 12 月 8 日，Red Hat 公司和 CentOS 官方同时发布消息称，双方决定把 CentOS 发行版本切换为 CentOS Stream。更重要的是，CentOS Stream 将作为 RHEL 的上游发行版本，即 RHEL 发行前的测试版本，而非 RHEL 发行后的下游版本。这是 CentOS 在发展方向上的根本性转变。同时，对 CentOS 8 的官方支持到 2021 年底截止，对 CentOS 7 的维护截止日期保持不变，仍旧是 2024 年 6 月 30 日。这个消息对那些已经从 CentOS 7 升级到 CentOS 8 的公司来说影响重大。因为这意味着它们必须尽快在 CentOS Stream 和 RHEL 之间做出选择：是使用不甚稳定的 CentOS Stream（相比于 CentOS），还是使用付费的 RHEL。对于 Linux 初学者而言，这些商业上的决定不会对日常学习带来多少不利影响。不管是 CentOS 7、CentOS 8，还是 CentOS Stream 或 RHEL，基础架构设计和基础技术都没有什么变化。因此，选择 CentOS 7.6 作为学习和实验的平台完全不会"落伍"，大可不必为了追求"新潮"而去使用最新的 Linux 发行版。

任务实施

（1）计算机系统由硬件系统和软件系统两部分组成。操作系统是最重要的系统软件，它一方面协调和控制硬件资源的使用，另一方面为用户提供工作环境。请大家查阅相关资料，了解操作系统的组成和主要功能。

（2）Linux 的诞生离不开 UNIX。Linux 继承了 UNIX 的许多优点，并凭借开源的特性迅速发展壮大。读者可参阅相关计算机书籍或在互联网上查阅相关资料，了解 Linux 与 UNIX 的区别与联系。

（3）CentOS 7.6 是一个非常优秀的 Linux 发行版，具有稳定、开源、免费的特点。请大家查阅资料，了解 CentOS 的演变过程及 CentOS Stream 的定位。

知识拓展

Linus Torvalds 为我们带来了如此优秀的 Linux 操作系统，下面介绍一些关于他的趣事。

（1）Linux 内核是 Linus Torvalds 在芬兰赫尔辛基大学读硕士期间开发的。他在读硕士时担任过助教，当时他给学生布置了一个作业，让学生给他发一封邮件。大多数学生的邮件内容很随意，但其中有一位女生发邮件邀请他出去约会。就这样，他结识了日后成为他妻子的女学生 Tove（托弗）。Tove 还曾获得过芬兰空手道冠军。

（2）"Linux"这个名称的由来很偶然。Linus Torvalds 最初将开发好的内核放到 FTP 服务器上供他人下载，那个 FTP 目录的名称就是 Linux，后来这个名称就传播开了。而代表 Linux 的那只可爱的企鹅则是他的妻子想到的，因为 Linus Torvalds 曾经在澳大利亚被企鹅咬了一口。

（3）Linux 是基于 GPL 授权的开源软件，所有人都可以免费使用，因此 Linus Torvalds 并不能利用 Linux 直接获利。但 Linus Torvalds 的赚钱之道有很多。他除了从 Linux 基金会获得收入外，还有来自其他公司的捐赠（Red Hat 公司在上市时就主动赠予他价值几百万美元的原始股）。

（4）2014 年，电气与电子工程师协会（Institute of Electrical and Electronics Engineers，IEEE）

将计算机先驱奖授予 Linus Torvalds，以表彰他"开创性地通过开源方式开发 Linux 内核的工作"。这是计算机先驱奖第一次授予芬兰人，也是该奖项第一次授予一位"60 后"。

（5）Linux 内核的开发和管理最初使用的版本控制工具是 BitKeeper。后来 BitKeeper 的使用授权被收回，Linux 面临没有版本控制工具可用的境地。Linus Torvalds"被迫"接受了这个挑战，用一周多的时间开发出了一个新的版本控制工具——Git。如今，有上万个项目把 Git 作为版本控制工具，如 Google、Facebook、Microsoft 这样的顶级 IT 公司每天都在使用 Git。

（6）Linus Torvalds 被称为"Linux 之父""终生仁慈的独裁者"，他于 2018 年 9 月突然宣布暂时休假，以获得"如何更好地理解他人的感情"方面的帮助。

任务实训

Linux 操作系统包含内核、命令解释层和高层应用程序三大部分，深刻理解 Linux 操作系统的体系结构对之后的学习有很大的帮助。

【实训目的】

（1）了解计算机系统的组成。
（2）了解 Linux 体系结构的组成及它们之间的相互关系。
（3）了解 Linux 内核所代表的角色和功能。

【实训内容】

（1）研究 Linux 体系结构的组成及它们之间的相互关系。
（2）学习 Linux 内核所代表的角色和功能。
（3）学习命令解释层所代表的角色和功能。
（4）学习高层应用程序的特点和分类。

任务 1.2　安装 Linux 操作系统

任务陈述

学习 Linux 需要做很多实验，因此必须有一台能稳定工作的安装有 Linux 操作系统的计算机。利用现在非常流行的虚拟化技术，可以在一台物理机中安装多个操作系统，降低学习成本。本任务的主要内容是在 VMware Workstation 虚拟平台中安装 CentOS 7.6，这是后续所有理论学习和实践的基础。

知识准备

1.2.1　选择合适的 Linux 发行版

安装过 Windows 操作系统的人都知道，Windows 操作系统的安装过程比较简单。在友好的图形化安装界面中，不需要做太多设置，基本上只要按照安装向导的提示就可以顺利安装 Windows 操作系统。然而，对于 Linux 初学者而言，安装 Linux 操作系统并不是一件容易的事。虽然大多 Linux 发行版提供了图形化安装向导，可是要想顺利地安装 Linux 操作系统，需要用户提前了解 Linux 发行版的硬件要求，并规划好计算机的主要用途及未来的升级需求。另外，用户需要对 Linux 的磁盘分区和文件系统有基本的了解。

对于 Linux 初学者而言，选择合适的 Linux 发行版是开始学习的第一步。如果选择昂贵的商业版 Linux 操作系统，难免给自己带来经济压力。好在有一些免费的社区版 Linux 操作系统，它们在功能和稳定性上不比商业版逊色多少，完全可以满足初学者的学习需求。此外，不同的 Linux 发行版其实是相通的，操作起来大同小异。正如前文所说，Linux 发行版都遵循相同的 Linux 标准规范，集成了很多相同的开源软件。因此，如果能在一种 Linux 发行版上把 Linux 基础知识学好、学透，那么日后可以很容易地迁移到其他 Linux 发行版。

CentOS 是一款广受欢迎的社区版 Linux 操作系统，它"克隆"自 Red Hat 公司的商业版操作系统 RHEL，功能强大、稳定性好，在众多的 Linux 爱好者中有较好的口碑。本书选择较新的 CentOS 7.6 作为知识讲解和实验操作的平台。下文在演示 CentOS 7.6 的安装时使用 CentOS 7.6 镜像文件作为安装源，CentOS 7.6 镜像文件可以从 CentOS 的官方网站下载。对于国内用户而言，更快速的下载途径是国内的镜像站点。比较常用的有清华大学开源镜像站点、浙江大学开源镜像站点等。大家可以在互联网中搜索这些开源镜像站点并下载 CentOS 7.6 镜像文件。

1.2.2　CentOS 7.6 的硬件需求

（1）硬件兼容性。CentOS 7.6 能够在大多数硬件上安装运行，除非是一些特别老旧的设备或是定制化程度很高的专用设备。对于普通用户而言，目前能买到的计算机基本上可以正常安装 CentOS 7.6。但如果对自己的计算机没有十足的把握，则可以参考红帽硬件兼容性列表（Red Hat hardware compatibility list）。需要说明的是，从 CentOS 7.0 开始，CentOS 只能在 64 位的硬件设备上安装，官方不再提供兼容 32 位硬件设备的安装文件。

（2）硬盘需求。如果主机是作为网络服务器使用的，那么需要的硬盘空间往往较大。对于初学者而言，现阶段的目标只是满足安装 CentOS 7.6 所需的最低要求，并且预留部分空间以供后期实验使用，所以硬盘最好能有 30GB 的剩余空间。这部分空间可以来自硬盘未分区的部分，也可删除已有的分区以满足所需的空间。

（3）内存需求。根据不同的安装类型，CentOS 7.6 所需的内存空间是不一样的。例如，通过安装光盘或 NFS 网络安装时，至少需要 768MB 的内存空间；而通过 HTTP 或 FTP 安装时，至少需要 1.5GB 的内存空间。当然，实际所需的内存空间还要看具体的系统环境及发行版本。

V1-6　CentOS
的兼容性

1.2.3　虚拟化技术简介

在计算机中安装 CentOS 7.6 有多种方法。其中一种方法是在硬盘上划分一块单独的空间，然后在这块硬盘空间中安装 CentOS 7.6。采用这种安装方法时，计算机就成为一个"多启动系统"，因为新安装的 CentOS 7.6 和计算机原有的操作系统（可能有多个）是相互独立的，用户在计算机启动时需要选择使用哪个操作系统。这种安装方法的缺点是计算机同一时刻只能运行一个操作系统，不利于本书的理论学习和实践。如果每学习一种操作系统就采用这种方式在计算机上安装一个操作系统，那么这对计算机的硬件配置要求很高，提高了学习成本。虚拟化技术可以很好地解决这个问题。

虚拟化技术是指在物理硬件上创建多个虚拟机实例（下文简称虚拟机），在每个虚拟机中运行独立的操作系统。虚拟机之所以能独立地运行操作系统，是因为每个虚拟机都包含一套"虚拟"的硬件资源，包括内存、硬盘、网卡、声卡等。这些虚拟的硬件资源是通过支持虚拟化技术的虚拟化软件实现的。安装虚拟化软件的计算机称为物理机或宿主机。如今最普遍的做法是先在物理机上安装虚拟化软件，通过虚拟化软件为要安装的操作系统创建一个虚拟环境，并在虚拟环境中安装操作系统。用户可以在虚拟机操作系统中完成在物理机中所能执行的几乎所有任务。不同虚拟机操作系统之间的切换就像普通应用程序之间的切换一样方便。近年来，随着云计算等技术的广泛应用，虚拟化技术的优势得到了充分体现。虚拟化技术不仅大大地降低了企业的 IT 成本，还提高了系统的安全性和可靠性。

常用的虚拟化软件有 VMware Workstation、VirtualBox、KVM 等。本书使用 VMware Workstation 平台安装 CentOS 7.6。VMware Workstation 是 VMware 公司推出的一款虚拟化软件，可以从 VMware 公司的官方网站下载安装。VMware Workstation 是一款收费软件，大家可以付费购买使用许可证，也可以在试用期内免费体验。

V1-7　为什么使用
虚拟机

1.2.4　磁盘分区简介

磁盘分区可以说是安装 Linux 操作系统时最复杂的步骤，也是难倒众多 Linux 初学者的重要概念。同时，磁盘分区又是安装过程中最重要的步骤。如果磁盘分区方案设计得不合理，那么会给操作系统的正常使用带来诸多不便。对磁盘分区理解得越透彻，就越能制定合理的磁盘分区方案。下面先来介绍几个与磁盘分区有关的基本概念，详细的内容会在项目 3 中进一步讲解。

磁盘在计算机硬件系统中属于存储设备，可存储大量的用户数据，断电后也不会丢失。磁盘的基本读写单元是扇区，每个扇区的容量通常是 512 字节。一般来说，人们无法直接使用一个刚出厂的磁盘，需要对其进行分区操作，即把完整的物理磁盘分割成若干逻辑上相互独立的区域。分区可以将系统数据和用户数据隔离，既增强了数据的安全性，又可使用户更容易管理和使用磁盘。

把磁盘分割为若干分区后，还要对每个分区进行格式化，即为每个分区创建文件系统。文件系统确定了磁盘或分区中文件的物理结构、逻辑结构及存储和访问方式。Linux 操作系统中常见的文件系统有 ext2、ext3、ext4 及 xfs 等。从 CentOS 7 开始，xfs 取代 ext4 成为磁盘分区的默认文件系统。

V1-8　Linux 系统
磁盘分区的推荐设置

最后，要把创建好的分区与一个具体的目录绑定在一起，即创建一个挂载点（mount point），用户通过这个挂载点可以访问对应分区中的文件。例如，为分区 /dev/sda1 设置挂载点 /home 后，目录 /home 中的所有子目录和文件就存储在分区 /dev/sda1 中。

任务实施

经过近一周的"闭关"，小朱总算明白了 Linux 操作系统是怎么一回事。但是他现在不确定 Linux 是不是真有别人说的那么好，毕竟还没有亲眼见过 Linux 的"真容"。于是他找到张经理汇报自己的学习心得。张经理告诉小朱，百闻不如一见，学习 Linux 最好的方法就是自己安装 Linux 并动手实践，在实践中感受 Linux 操作系统的魅力。公司目前正在筹备建设一间智慧办公室作为公司新员工的培训场所，计划购买 20 台计算机，全部安装 CentOS 7.6。张经理决定把这个任务交给小朱。在这之前，他打算先指导小朱如何在 VMware Workstation 中安装 CentOS 7.6。张经理从创建虚拟机开始，逐步向小朱讲解了 CentOS 7.6 的安装过程。

实验 1：安装 CentOS 7.6

1. 创建虚拟机

本书采用的 VMware Workstation 版本是 VMware Workstation 15.5.0 专业版，安装好的 VMware Workstation 的工作界面如图 1-5 所示。

选择【文件】→【新建虚拟机】选项，或单击图 1-5 右侧主工作区中的【创建新的虚拟机】按钮，弹出图 1-6 所示的【新建虚拟机向导】对话框。

图 1-5　VMware Workstation 的工作界面　　　图 1-6　【新建虚拟机向导】对话框

在图 1-6 中选择默认的【典型（推荐）】安装方式，单击【下一步】按钮，弹出【安装客户机操作系统】界面。可以选择通过光盘还是光盘镜像文件来安装操作系统。由于要在虚拟的空白硬盘中安装光盘镜像文件，并且要自定义一些安装策略，所以这里一定要选中【稍后安装操作系统】单选按钮，如图 1-7 所示。

单击【下一步】按钮，弹出【选择客户机操作系统】界面，这里选择【Linux】操作系统的【CentOS 7 64 位】版本，如图 1-8 所示。

图 1-7　选择虚拟机安装来源

图 1-8　选择客户机操作系统及版本

单击【下一步】按钮，弹出【命名虚拟机】界面，为新建的虚拟机命名，并设置虚拟机在物理主机中的安装路径，如图 1-9 所示。

单击【下一步】按钮，弹出【指定磁盘容量】界面，为新建的虚拟机指定虚拟磁盘的最大容量。这里指定的容量是虚拟机文件在物理硬盘中可以使用的最大容量，本次安装将其设为 50GB，如图 1-10 所示。

将虚拟磁盘存储为单个文件还是拆分成多个文件主要取决于物理机的文件系统。如果文件系统是FAT32，则会因为 FAT32 支持的单个文件最大是 4GB，而导致为虚拟机指定的虚拟磁盘的最大容量不能大于这个数字。如果文件系统是 NTFS，则没有这个限制，因为 NTFS 支持的单个文件最大达到了 2TB，完全可以满足学习的需要。现在的计算机磁盘分区大多使用 NTFS 文件系统。

单击【下一步】按钮，弹出【已准备好创建虚拟机】界面，显示虚拟机配置信息摘要，如图 1-11所示。单击【完成】按钮，即可完成虚拟机的创建，如图 1-12 所示。

图 1-9　设置虚拟机名称和安装路径

图 1-11　虚拟机配置信息摘要

图 1-12　完成虚拟机的创建

在物理机中打开虚拟机硬盘所在目录（在本实验中为 *F:\CentOS7.6*），可以看到虚拟机的配置文件和其他辅助文件，如图 1-13 所示。其中，*CentOS7.6.vmx* 文件就是虚拟机的主配置文件。

图 1-13　虚拟机的配置文件

2. 设置虚拟机

虚拟机和物理机一样，需要硬件资源才能运行。下面介绍如何为虚拟机分配硬件资源。

在图 1-12 所示的虚拟机界面中单击【编辑虚拟机设置】链接，弹出【虚拟机设置】对话框，如图 1-14 所示。在对话框左侧可以选择不同类型的硬件并进行相应设置，如内存、处理器、硬盘（SCSI）、显示器等。下面简要说明内存、安装源及网络适配器的设置。

选择【内存】选项，在对话框右侧可设置虚拟机内存大小。一般来说，建议将虚拟机内存设置为小于或等于物理机内存。这里将其设置为 2GB。

选择【CD/DVD（IDE）】选项，设置虚拟机的安装源。在对话框右侧选中【使用 ISO 映像文件】单选按钮，并选择实际的镜像文件，如图 1-15 所示。

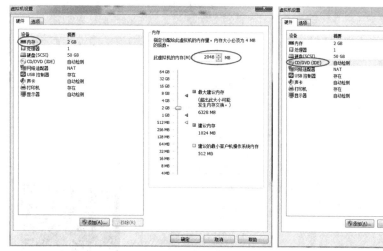 

图 1-14　【虚拟机设置】对话框　　　　　图 1-15　设置虚拟机的安装源

选择【网络适配器】选项，设置虚拟机的网络连接，如图 1-16 所示。可通过 3 种方式配置虚拟机的网络连接，分别是桥接模式、NAT 模式和仅主机模式。这里的配置不影响后续的安装过程，因此暂时保留默认选中的【NAT 模式】单选按钮。单击【确定】按钮，回到图 1-12 所示的虚拟机界面。

注意，以上操作只是在 VMware Workstation 中创建了一个新的虚拟机条目并完成了安装前的基本配置，并不是真正安装了 CentOS 7.6。

3. 安装 CentOS 7.6

在图 1-12 所示的虚拟机界面中单击【开启此虚拟机】链接，开始在虚拟机中安装 CentOS 7.6。俗话说，万事开头难。很多 Linux 初学者第一次在虚拟机中安装操作系统时，往往在这一步得到一个错误提示，如图 1-17 所示。

 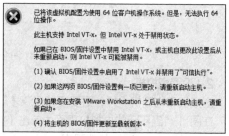

图 1-16　设置虚拟机的网络连接　　　　　图 1-17　错误提示

这是一个很普遍的问题。Intel VT-x 是美国英特尔（Intel）公司为解决纯软件虚拟化技术在可靠性、安全性和性能上的不足，在其硬件产品上引入的虚拟化技术，该技术可以让单个 CPU 模拟多个 CPU 并行运行。这个错误提示的意思是物理机支持 Intel VT-x，但是当前处于禁用状态，因此需要启用 Intel VT-x。解决方法一般是在计算机启动时进入系统的基本输入/输出系统（Basic Input Output System，BIOS），在其中选择相应的选项即可。至于进入系统 BIOS 的方法，则取决于具体的计算机生产商及相应的型号。Intel VT-x 的问题解决之后就可以继续安装操作系统了。

首先进入的是 CentOS 7.6 安装引导界面，如图 1-18 所示。这里先介绍一个虚拟机的操作技巧：如果想让虚拟机捕获鼠标和键盘的输入，则可以将鼠标指针移至虚拟机内部（即图中黑色区域）后单击，或者按【Ctrl+G】组合键；将鼠标指针移出虚拟机或按【Ctrl+Alt】组合键，可将鼠标和键盘输入返回至物理机。

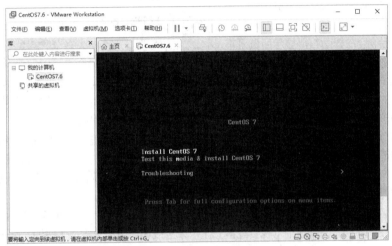

图 1-18　CentOS 7.6 安装引导界面

安装引导界面中有 3 个选项，即【Install CentOS 7】、【Test this media & install CentOS 7】和【Troubleshooting】，分别表示直接安装 CentOS 7、检测安装源并安装 CentOS 7、故障排除。选择【Install CentOS 7】选项并按 Enter 键进入 CentOS 7 安装程序。

安装程序开始加载系统镜像文件，弹出欢迎界面，在欢迎界面中可以选择安装过程中使用的语言。CentOS 7.6 提供了多种语言供用户选择，此处选择的语言是系统安装后的默认语言。本次安装选择的语言是简体中文。选择好安装语言后，单击【继续】按钮，弹出【安装信息摘要】界面，如图 1-19 所示。

【安装信息摘要】界面是整个安装过程的入口，分为本地化、软件和系统 3 组，每组包括 2 或 3 个设置项目。可以按顺序或随机设置各个项目，只要单击相应的图标即可弹出相应的设置界面。有些项目图标带有黄色警告标志，表示这部分的设置是必需的，也就是说，只有完成这些设置才能继续安装。其他不带警告标志的项目是可选的，表示可以使用默认设置也可以自行设置。

图 1-19　【安装信息摘要】界面

　　本地化设置比较简单，包括日期和时间、键盘及语言支持 3 项。其中，键盘布局采用默认的汉语，语言支持沿用上一步选择的安装语言，这两项都不需要修改。选择【日期和时间】选项，弹出【日期 & 时间】界面。先在这个界面中选择合适的城市，然后在界面的底部设置日期和时间，设置好之后单击【完成】按钮，返回【安装信息摘要】界面。

　　选择【软件选择】选项，弹出【软件选择】界面，选择要安装的软件包，如图 1-20 所示。

　　安装源的镜像文件包含许多软件包，这些软件包被划分到不同的"基本环境"中，如最小安装、计算节点等基本环境。一个软件包可以属于多个基本环境。根据计算机的实际用途和用户操作习惯，在图 1-20 的左侧选择合适的基本环境。注意，基本环境只能选择一个。选择基本环境后，会在界面右侧显示所选基本环境中可用的附加软件包。附加软件包又分为两大类，用横线分隔开。横线下方的附加软件包适用于所有的基本环境，而横线上方的附加

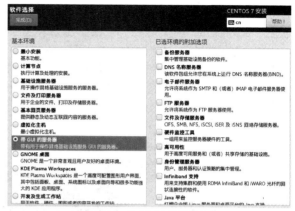

图 1-20　选择要安装的软件包

软件包只适用于所选的基本环境。可以为一个基本环境同时选择多个附加软件包。

　　安装程序默认选择的基本环境是【最小安装】，即只安装操作系统运行所需的最基本的功能。对 Linux 初学者而言，这种工作环境不太友好，不利于快速上手学习。为了降低学习难度，本次安装选择的基本环境是【带 GUI 的服务器】，也就是带图形用户界面的操作系统。CentOS 默认使用 GNOME 作为图形用户界面。单击【完成】按钮，返回【安装信息摘要】界面。

　　选择【安装位置】选项，弹出【安装目标位置】界面，选择要在其中安装系统的硬盘并指定分区方式，如图 1-21 所示。这里选中【我要配置分区】单选按钮，单击【完成】按钮，弹出【手动分区】界面，如图 1-22 所示。

图 1-21　选择硬盘并指定分区方式

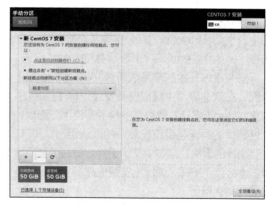

图 1-22　【手动分区】界面

　　在【手动分区】界面中可以配置磁盘分区与挂载点。在【新挂载点将使用以下分区方案】下拉列表中选择【标准分区】选项，单击【＋】按钮，添加新的挂载点。以新建启动分区的挂载点为例，输入挂载点路径 /boot，并指定分区容量为 500MB，如图 1-23 所示。容量的单位可以是 KB、MB 或 GB。

　　单击【添加挂载点】按钮，返回【手动分区】界面，此时新建的挂载点就会出现在分区界面的左侧，如图 1-24 所示。

图 1-23　添加新的挂载点

图 1-24　新建的挂载点

根据不同的应用需求，可以选择不同的分区方案。一种推荐的分区方案如表 1-1 所示。其中，根分区和交换分区是必须创建的两个分区。

表 1-1　一种推荐的分区方案

分区	挂载点	容量	备注
启动分区	/boot	至少 500MB	包含 Linux 内核及系统引导时所需的文件
根分区	/	至少 10GB	根目录所在的分区，默认情况下，所有的数据都写入这个分区，除非子目录挂载到其他分区
用户数据分区	/home	至少 4GB	保存本地用户数据，根据实际需求确定容量
交换分区	swap	至少 1GB	虚拟内存分区，物理内存容量不足时启用虚拟内存保存系统正在处理的数据，建议大小为 4GB

依照表 1-1 添加另外 3 个分区，如图 1-25 所示。

图 1-25　添加另外 3 个分区

在【手动分区】界面中还可以进一步设置分区的其他属性，如设备类型、文件系统、分区是否加密等。需要强调的是，swap 交换分区的【文件系统】必须选择【swap】选项，其他几个分区的【文件系统】可以选择【ext4】或【xfs】选项。

　　手动分区完成后，单击界面左上角的【完成】按钮，弹出【更改摘要】界面，可以看到手动分区的结果，同时提醒用户为使手动分区生效安装程序将执行哪些操作，如图 1-26 所示。

　　单击【接受更改】按钮，返回【安装信息摘要】界面。可以看到，设置完成后界面中的黄色警告标志自动消失，如图 1-27 所示。

图 1-26　【更改摘要】界面

图 1-27　界面中的黄色警告标志自动消失

　　通过【安装位置】右侧的【KDUMP】选项可以选择是否启用内存崩溃转储机制 Kdump。Kdump 可以在系统崩溃时捕获并记录系统信息，以方便系统管理人员分析系统崩溃的原因。启用 Kdump 需要预留一部分系统内存，而且这部分内存对普通系统用户来说不可用。Kdump 默认是启用的，可以通过选择【KDUMP】选项来禁用 Kdump。

　　【安装位置】下方的【网络和主机名】用于设置系统的网络连接及主机名。这里将主机名设为 centos7，如图 1-28 所示。项目 5 会专门介绍系统的网络配置，因此这里暂时跳过。【KDUMP】下方的【SECURITY POLICY】用于设置系统的安全策略，由于不影响系统的安装和日后的学习，这里也直接跳过。

　　单击【开始安装】按钮，安装程序开始按照之前的设置安装操作系统，并实时显示系统安装进度，如图 1-29 所示。

图 1-28　设置主机名

图 1-29　系统安装进度

　　安装软件包的同时，在图 1-29 所示的界面中选择【ROOT 密码】选项，可以为 root 用户设置密码，如图 1-30 所示。root 用户是系统的超级用户，具有操作系统的所有权限。root 用户的密码一旦泄露，将会给操作系统带来巨大的安全风险，因此强烈建议大家为其设置一个复杂的密码并妥善保管。如果设置的密码没有通过安装程序的复杂性检查，那么需要单击两次【完成】按钮加以确认。

图 1-30 为 root 用户设置密码

由于 root 用户的权限太过强大，为了防止以 root 身份登录系统后不小心误操作，一般会在系统中创建一些普通用户。正常情况下，以普通用户的账号登录系统。如果需要执行某些特权操作，则切换到 root 用户即可，具体方法会在项目 3 中详细介绍。这里选择【创建用户】选项，创建一个名为 zys 的普通用户，如图 1-31 所示。如果没有特殊说明，本书后面的实验默认以用户 zys 的身份执行。

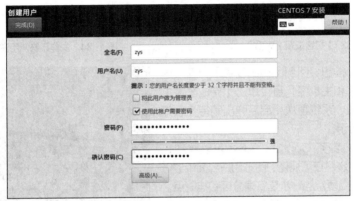

图 1-31 创建普通用户

根据选择的基本环境、附加软件包及物理机的硬件配置，整个安装过程可能会持续 20~30 分钟。安装成功后弹出图 1-32 所示的界面，单击【重启】按钮，重新启动计算机。

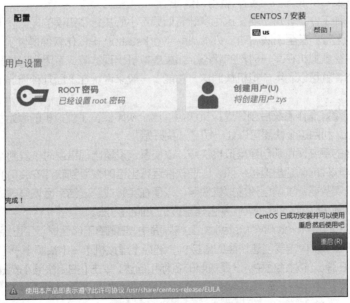

图 1-32 安装成功后的界面

系统重启后需进行初始设置，【初始设置】界面如图 1-33 所示。

选择【LICENSE INFORMATION】选项，在【许可信息】界面中选中左下角的【我同意许可协议】复选框，如图 1-34 所示。

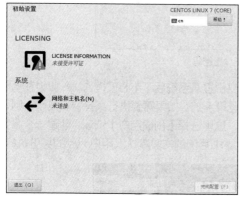

图 1-33 【初始设置】界面

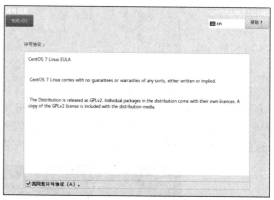

图 1-34 操作系统使用许可协议

单击【完成】按钮，回到【初始设置】界面。这里暂时不设置网络和主机名，直接单击【完成配置】按钮结束系统配置。系统再次重启后弹出等待登录界面，如图 1-35 所示。

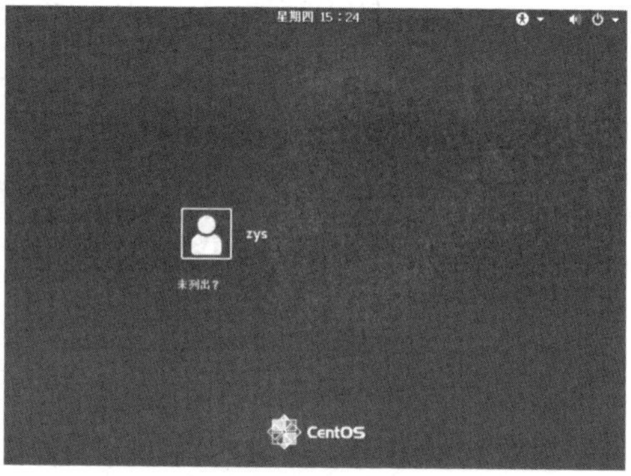

至此，成功安装了 CentOS 7.6。可以看到，CentOS 7.6 的安装是在可视化的图形用户界面中进行的。整个安装过程最复杂的一步是新建分区和挂载点。具体的登录过程及相关设置将在项目 2 中详细介绍。

实验 2：创建虚拟机快照

在虚拟机中安装 CentOS 7.6 后，就可以像在物理机中一样完成各种工作，非常方便。这也意味着如果不小心执行了错误的操作，很可能会破坏虚拟机操作系统的正常运行，甚至无法启动。VMware Workstation 虚拟化软件提供了一种创建虚拟机快照的功能，可以保存虚拟机在某一时刻的状态。如果虚拟机出现故障或者因为其他某些情况需要退回到过去的某个状态，就可以利用虚拟机快照这一功能。一般来说，在下面几种情况下需要创建虚拟机快照。

（1）第一次安装好操作系统后创建虚拟机快照。这个快照保留了虚拟机的原始状态，也是最"干净"的虚拟机状态。利用这个快照可以让一切"从头开始"。

（2）进行重要的系统设置前创建虚拟机快照，以便系统设置出现错误时恢复到设置之前的状态。

（3）安装某些软件前创建虚拟机快照，以便软件运行出错时恢复到软件安装前的状态。

（4）进行某些实验或测试前创建虚拟机快照，以便在实验或测试结束后恢复虚拟机状态。

下面介绍在 VMware Workstation 中创建虚拟机快照的方法。

在图 1-12 所示的 VMware Workstation 工作界面中，左侧的工作区显示了已经创建好的虚拟机。在虚拟机关机的状态下，单击要创建快照的虚拟机，选择【虚拟机】→【快照】→【拍摄快照】选项，如图 1-36 所示。在弹出的对话框中，设置快照的名称和描述，单击【拍摄快照】按钮即可，如图 1-37 所示。

图 1-35 等待登录界面

图 1-36　拍摄快照

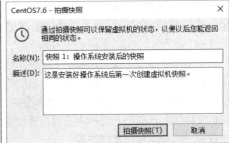

图 1-37　设置快照的名称和描述

创建好的虚拟机快照显示在【虚拟机】菜单中，如图 1-38 所示。如果要恢复到某个快照的状态，只需选择相应的虚拟机快照，并在弹出的确认对话框中单击【是】按钮即可，如图 1-39 所示。这个操作会删除虚拟机的系统设置，因此务必谨慎操作。

图 1-38　选择虚拟机快照

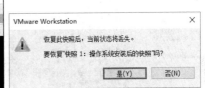

图 1-39　确认恢复快照

实验 3：克隆虚拟机

跟着张经理学完 CentOS 7.6 的安装方法后，小朱又在自己的笔记本电脑中实验了几次，现在他已经可以熟练地安装 CentOS 7.6 了。可是他现在又有了新的困惑：如果在 20 台计算机中重复同样的安装过程，未免有些枯燥和浪费时间，有没有快速的安装方法？张经理告诉小朱确实有这样的方法。VMware Workstation 提供了"克隆"虚拟机的功能，可以利用已经安装好的虚拟机创建一个新的虚拟机，新虚拟机的系统设置和原来的虚拟机完全相同。张经理并不打算带着小朱完成这个实验，他把这个实验作为一次考验让小朱自己寻找答案。小朱从网上找了一些资料，经过梳理后，他按照下面的步骤完成了张经理布置的作业。

在图 1-12 所示的 VMware Workstation 工作界面中，选择【虚拟机】→【管理】→【克隆】选项，如图 1-40 所示，弹出【克隆虚拟机向导】对话框。

单击【下一步】按钮，弹出【克隆源】对话框，在这里选择从虚拟机的哪个状态创建克隆。克隆虚拟机向导提供了两种克隆源。如果选中【虚拟机中的当前状态】单选按钮，那么克隆虚拟机向导会根据虚拟机的当前状态创建一个虚拟机快照，并利用这个快照克隆虚拟机。如果选中【现有快照（仅限关闭的虚拟机）】单选按钮，那么克隆虚拟机向导会根据已创建的虚拟机快照进行克隆，但这要求该虚拟机当前处于关机状态。这里选择第 1 种克隆源，如图 1-41 所示。

单击【下一步】按钮，弹出【克隆类型】界面，在这里选择使用哪种方法克隆虚拟机。第 1 种方法是【创建链接克隆】。链接克隆是对原始虚拟机的引用，其原理类似于在 Windows 操作系统中创建文件快捷方式。这种克隆方法需要的磁盘存储空间较少，但运行时需要原始虚拟机的支持。第 2 种方法是【创建完整克隆】。这种克隆方法会完整克隆原始虚拟机的当前状态，运行时完全独立于原始虚拟机，但是需要较多的磁盘存储空间。这里选中【创建完整克隆】单选按钮，如图 1-42 所示。

单击【下一步】按钮，弹出【新虚拟机名称】界面，设置新虚拟机的名称和位置，如图 1-43 所示。单击【完成】按钮开始克隆虚拟机，完成之后单击【关闭】按钮，关闭【克隆虚拟机向导】对话框。在 VMware Workstation 工作界面中可以看到克隆好的新虚拟机，如图 1-44 所示。还可以把虚拟机文件复制到其他计算机中直接打开，相当于是跨计算机的克隆，整个过程要比在虚拟机中从零开始安装一个操作系统方便得多。

这里顺便介绍从物理机中移除或删除虚拟机的方法。右击虚拟机名称，在快捷菜单中选择【移除】选项，可将选中的虚拟机从 VMware Workstation 的虚拟机列表中移除，如图 1-45 所示。这个操作没有把虚拟机从物理磁盘中删除，因此被移除的虚拟机是可以恢复的。选择【文件】→【打开】选项，选中虚拟机的主配置文件（即图 1-13 中的 *CentOS7.6.vmx*）即可将移除的虚拟机重新添加到虚拟机列表中。确切地说，移除虚拟机只是让虚拟机在 VMware Workstation 工作界面中"隐身"。

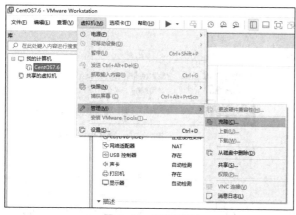

图 1-40　克隆虚拟机　　　　　　　　　　图 1-41　选择克隆源

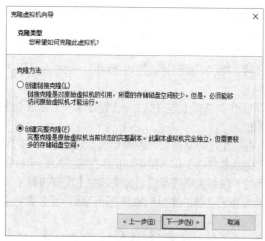

图 1-42　选择克隆方法

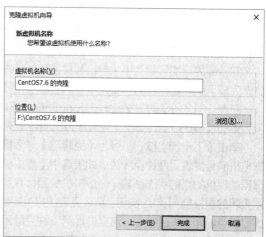

图 1-43　设置新虚拟机的名称和位置

图 1-44　克隆好的新虚拟机

图 1-45　从虚拟机列表中移除虚拟机

要想把虚拟机从物理磁盘中彻底删除，可以在图 1-40 所示的菜单中选择【从磁盘中删除】选项。需要特别提醒的是，这个操作是不可逆的，执行时一定要谨慎。

掌握了虚拟机的克隆技术，小朱顿时觉得压力小了许多。只要在一台计算机中安装好虚拟机，剩下的工作基本上就是复制文件。他现在希望公司购买的计算机早点到货，这样就可以练习自己这段时间辛苦学习的技能了。这时他看到张经理领着几个工作人员正在搬运箱子，小朱知道自己大显身手的机会到了……

📝 知识拓展

1. 硬盘容量单位的转换

细心的读者可能已经注意到，在图 1-23 中输入的容量是 500MB，但是在图 1-24 中显示的容量是 476MiB。其实，MB 和 MiB 是两种不同的容量单位，MB 是十进制单位，以 10 为底数；而 MiB 是二进制单位，以 2 为底数。二者的对应关系如表 1-2 所示。

表 1-2　二进制单位与十进制单位的对应关系

二进制单位			十进制单位		
名称	缩写	字节数	名称	缩写	字节数
Kibibyte	KiB	$1024\ (2^{10})$	Kilobyte	KB	$1000\ (10^{3})$
Mebibyte	MiB	$1024^{2}\ (2^{20})$	Megabyte	MB	$1000^{2}\ (10^{6})$
Gibibyte	GiB	$1024^{3}\ (2^{30})$	Gigabyte	GB	$1000^{3}\ (10^{9})$
Tebibyte	TiB	$1024^{4}\ (2^{40})$	Terabyte	TB	$1000^{4}\ (10^{12})$
Pebibyte	PiB	$1024^{5}\ (2^{50})$	Petabyte	PB	$1000^{5}\ (10^{15})$
Exbibyte	EiB	$1024^{6}\ (2^{60})$	Exabyte	EB	$1000^{6}\ (10^{18})$
Zebibyte	ZiB	$1024^{7}\ (2^{70})$	Zettabyte	ZB	$1000^{7}\ (10^{21})$
Yobibyte	YiB	$1024^{8}\ (2^{80})$	Yottabyte	YB	$1000^{8}\ (10^{24})$

硬盘生产厂商采用十进制单位标注硬盘容量，而操作系统使用的则是二进制单位。这也是为什么一块盘面上标明容量为 500GB 的硬盘在操作系统中显示只有 465GB 左右（$500 \times 1000^{3} / 1024^{3} \approx 465.67$）。注意：如果在图 1-23 中输入的单位是简写的 "K" "M" "G"，那么实际对应的是 "KiB" "MiB" "GiB"。

任务实训

如果在物理机中安装操作系统，把物理机当作"多启动系统"，那么这对物理机的硬件配置要求较高，会提高学习成本。现在最普遍的做法是先在物理机中安装虚拟化软件，然后在其中为要安装的操作系统创建一个虚拟环境，再在虚拟环境中安装操作系统，这就是通常所说的"虚拟机"。这个虚拟环境可以共享物理机的硬件资源，包括磁盘、网卡等。对于用户来说，使用虚拟机就像是使用物理机一样，可以完成在物理机中所能执行的几乎所有任务。本书使用的虚拟化软件是 VMware Workstation。

本实训的主要任务是在 Windows 物理机中安装 VMware Workstation，并在其中安装 CentOS 7.6。

【实训目的】

（1）了解采用虚拟机方式安装操作系统的基本原理。

（2）掌握修改虚拟机设置的方法。

（3）掌握安装 CentOS 7.6 的具体步骤。

【实训内容】

（1）在 Windows 物理机中安装 VMware Workstation 软件。

（2）在 VMware Workstation 虚拟平台中新建虚拟机。

（3）修改虚拟机的设置。

（4）使用镜像文件安装 CentOS 7.6，要求如下。

① 将虚拟机硬盘空间设置为 60GB，内存设置为 4GB。

② 基本环境选择【带 GUI 的服务器】。

③ 为系统设置 4 个分区——/boot、/、/home 和 swap，容量分别为 500MB、15GB、10GB 和 2GB。前 3 个分区的文件系统类型设置为【xfs】，swap 交换分区的文件系统类型必须设置为【swap】。

④ 为 root 用户设置密码"toor@0211"；创建普通用户 zys，将其密码设置为"868@srty"。

项目小结

本项目包含两个任务。任务 1.1 主要介绍了计算机系统的组成、操作系统的基本概念，以及 Linux 操作系统的发展历史、主要特征、体系结构及版本等。操作系统是最重要的系统软件，是高层应用程序和底层硬件资源沟通的桥梁，Linux 操作系统以其稳定、高效、开源等诸多特点在企业市场得到越来越多的应用。CentOS 7.6 是一款非常优秀的 Linux 发行版，是 Linux 大家庭的一颗明星。本书的所有理论知识和实验操作都以 CentOS 7.6 为基础平台。任务 1.2 重点讲解了在 VMware Workstation 虚拟化软件中安装 CentOS 7.6 的方法和步骤。安装 CentOS 7.6 是在图形用户界面中进行的，要求大家对磁盘分区有最基本的了解，这是安装过程中最关键的一步。任务 1.2 还介绍了如何创建虚拟机快照和克隆虚拟机，这两个功能有助于大家恢复虚拟机状态或快速安装虚拟机。任务 1.1 和任务 1.2 旨在为大家梳理 Linux 操作系统的相关概念，同时创建一个可供后续学习和实验的 CentOS 7.6 环境。

项目练习题

1. 选择题

（1）Linux 操作系统最早是由芬兰赫尔辛基大学的（　　　）开发的。

　　A. Richard Petersen　　　　　　　　B. Linus Torvalds

C. Rob Pick   D. Linux Sarwar

（2）在计算机系统的层次结构中，位于硬件和系统调用之间的一层是（　　）。

     A. 操作系统内核   B. 库函数

     C. 外壳程序（Shell）   D. 高层应用程序

（3）下列选项中（　　）不是常用的操作系统。

     A. Windows 7   B. UNIX   C. Linux   D. Microsoft Office

（4）Linux 操作系统基于（　　）发行。

     A. GPL   B. LGPL   C. BSD   D. NPL

（5）下列选项中（　　）不是 Linux 的特点。

     A. 开源免费   B. 硬件需求低   C. 支持单一平台   D. 多用户、多任务

（6）采用虚拟平台安装 Linux 操作系统的一个突出优点是（　　）。

     A. 系统稳定性大幅提高   B. 系统运行更加流畅

     C. 获得更多的商业支持   D. 节省软件和硬件成本

（7）下列关于 Linux 操作系统的说法中错误的一项是（　　）。

     A. Linux 操作系统不限制应用程序可用内存的大小

     B. Linux 操作系统是免费软件，可以通过网络下载

     C. Linux 是一个类 UNIX 的操作系统

     D. Linux 操作系统支持多用户，在同一时间可以有多个用户登录系统

（8）Linux 操作系统是一种（　　）的操作系统。

     A. 单用户、单任务   B. 单用户、多任务

     C. 多用户、单任务   D. 多用户、多任务

（9）安装 Linux 操作系统时设置的根分区（　　）。

     A. 包含 Linux 内核及系统引导过程中所需的文件

     B. 是根目录所在的分区

     C. 是虚拟内存分区

     D. 会保存本地用户数据

（10）安装 Linux 操作系统时可选择的文件系统类型是（　　）。

     A. FAT16   B. FAT32   C. ext4   D. NTFS

（11）CentOS 是基于（　　）的源代码重新编译而发展起来的一个 Linux 发行版。

     A. Ubuntu   B. Red Hat   C. openSUSE   D. Debian

（12）安装 Linux 操作系统时必须设置的分区是（　　）。

     A. /home   B. /var   C. swap   D. /tmp

（13）严格地说，原始的 Linux 只是一个（　　）。

     A. 简单的操作系统内核   B. Linux 发行版

     C. UNIX 操作系统的复制品   D. 具有大量的应用程序的操作系统

（14）下列关于 Linux 内核版本的说法中不正确的一项是（　　）。

     A. 内核有两种版本：开发版本和稳定版本

     B. 次版本号为偶数，说明该版本为开发版本

     C. 稳定版本只修改错误，开发版本继续增加新的功能

     D. 2.5.75 是开发版本

（15）以下属于 GNU 计划推出的"自由软件"的是（　　）。

     A. GCC   B. Microsoft Office   C. Red Hat   D. Oracle Database

2．填空题

（1）计算机系统由＿＿＿＿＿＿＿＿＿和＿＿＿＿＿＿＿＿＿两大部分组成。

（2）一个完整的 Linux 操作系统包括＿＿＿＿＿、＿＿＿＿＿和＿＿＿＿＿3 个主要部分。

（3）在 Linux 操作系统的组成中，＿＿＿＿＿和硬件直接交互。

（4）UNIX 在发展过程中有两个主要分支，分别是＿＿＿＿＿和＿＿＿＿＿。

（5）Linux 是基于＿＿＿＿＿软件授权模式发行的。

（6）Linux 的版本由＿＿＿＿＿和＿＿＿＿＿构成。

（7）将 Linux 内核和配套的应用程序组合在一起对外发行，称为＿＿＿＿＿。

（8）CentOS 是基于＿＿＿＿＿"克隆"而来的 Linux 操作系统。

（9）虚拟机的网络连接方式有＿＿＿＿＿、＿＿＿＿＿和＿＿＿＿＿3 种。

（10）安装 Linux 操作系统时必须要设置＿＿＿＿＿和＿＿＿＿＿两个分区。

（11）Linux 操作系统中用于实现虚拟内存功能的分区是＿＿＿＿＿分区。

（12）按照 Linux 内核版本传统的命名方式，当次版本号是偶数时，表示这是一个＿＿＿＿＿。

3．简答题

（1）计算机层次体系结构包括哪几部分？每一部分的功能是什么？

（2）Linux 操作系统由哪 3 部分组成？每一部分的功能是什么？

（3）简述 Linux 操作系统的主要特点。

（4）安装 Linux 操作系统时，一般要设置哪几个分区？每个分区的作用是什么？

项目2
初探CentOS 7.6

02

学习目标

【知识目标】

（1）了解X Window System的架构和工作原理。

（2）熟悉Linux命令的结构和特点。

（3）掌握vim文本编辑器的3种模式及每种模式的常用操作。

【技能目标】

（1）熟练掌握CentOS 7.6的登录和基本操作。

（2）熟练使用命令行界面执行基本命令。

（3）熟练使用vim文本编辑器编辑文本。

引例描述

在张经理的悉心指导下，小朱已经掌握了在VMware Workstation软件中安装CentOS 7.6的方法。对于安装过程中的关键步骤和常见问题，小朱也能轻松应对。看到CentOS 7.6清爽的桌面环境，小朱心中泛起一丝好奇，这清爽的桌面背后究竟隐藏了哪些"好玩"的功能？Linux和Windows操作系统有什么不同？小朱针对这些问题请教了张经理，期望从他那里得到想要的答案。可是张经理却告诉小朱，如果没有亲身使用过CentOS 7.6，无论如何也体会不到它的优点。他还告诫小朱，安装好CentOS 7.6只是"万里长征"的第一步。现在的首要任务是尽快熟悉CentOS 7.6的基本使用方法，尤其是以后会经常使用的Linux命令行界面和vim文本编辑器。张经理告诉小朱可以从CentOS 7.6的登录过程开始，逐步探索CentOS 7.6的强大功能。

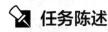 **任务 2.1** 初次使用 CentOS 7.6

任务陈述

安装好 CentOS 7.6 后，还要完成必要的初始化配置才能开始使用 CentOS 7.6，这是本任务要介绍的第 1 项内容。目前，各 Linux 发行版均有优秀的图形用户界面，大大降低了 Linux 初学者学习和使用 Linux 操作系统的难度。Linux 图形用户界面的核心是 X Window System，本任务将简要介绍 X Window System 的架构和组成。本书后面的所有实验基本上都是在 Linux 命令行界面中完成的，所以要熟悉 Linux 命令行的基本操作，这对后面的理论学习和实验操作非常重要。Linux 命令行的特点和使用方法是本任务的核心知识点，请大家务必熟练掌握。

知识准备

2.1.1　X Window System 简介

对于普通用户来说，如果一个操作系统只有传统的字符界面操作环境，那么只会让人"敬而远之"。因为这种操作方式学习难度较大，远没有图形用户界面那么直观和方便。好在 Linux 操作系统除了提供传统的字符操作界面，还提供友好的图形用户界面。Linux 图形用户界面的核心是 X Window System。下面简要介绍 X Window System 的历史和组成。

V2-1　X Window System 的历史和组成

1. X Window System 的历史

X Window System 最早是麻省理工学院（Massachusetts Institute of Technology，MIT）于 1984 年在 UNIX 操作系统中开发的视窗系统。所以，X Window System 并不是一个操作系统，而是一个运行在 UNIX 操作系统中的软件。X Window System 的功能是创建操作系统的图形用户界面。它功能强大，因此此后逐渐扩展到其他各种操作系统上，目前几乎所有的操作系统都支持 X Window System。X Window System 在 1987 年发展到 X11 版本，这是一个比较成熟稳定的版本，是后续很多改进版本的基础，因此 X11 也成了 X Window System 的代名词。1994 年发布的 X11R6 也是一个里程碑式的版本，后续的版本都沿用了 X11R6 的架构设计。

Linux 早期使用的 X Window System 是由 XFree86 计划所维护的 X11R6。后来由于授权问题，XFree86 无法继续提供类似 GPL 的自由软件，因此 Linux 转而使用 Xorg 基金会维护的 X11R6。CentOS 7.X 使用的 X Window System 就是 Xorg 基金会提供的 X11R7.X，这是 Xorg 基金会在 2005 年发布的版本。

2. X Window System 的组成

X Window System 本身是一个非常复杂的图形用户界面操作环境。从结构上，可以把 X Window System 分成 3 个部分：X Server、X Client 和 X Protocol。X Window System 的工作原理如图 2-1 所示。

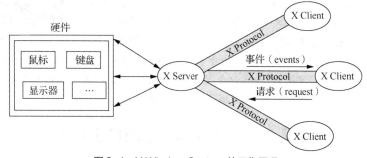

（1）X Server。

从图 2-1 可以看出，X Server 管理计算机的硬件设

图 2-1　X Window System 的工作原理

备，主要负责处理信息输入和输出，同时负责维护字体、颜色等相关属性。X Server 从输入设备（如键盘、鼠标）接收用户输入并交给 X Client 处理，然后在输出设备（如显示器）上显示 X Client 的处理结果。

X Server 交给 X Client 的信息称为事件（events），如鼠标的滑动、键盘的按键等动作。X Client

返回给 X Server 的信息称为请求（request），意思是 X Client 请求 X Server 对显示器的输出做出调整。

（2）X Client。

X Client 主要负责应用程序的运算处理，它并不直接绘制图形或控制显示效果。X Client 对 X Server 传来的事件进行运算处理后，将结果以请求的形式返回给 X Server，要求 X Server 完成特定的绘图动作，如绘制一条直线或显示某段文字等。

X Server 和 X Client 的功能是独立的。X Client 不需要知道 X Server 管理哪些类型的硬件、使用哪种操作系统，它只和程序运算有关。这样设计的好处是，X Client 在不同平台间的移植变得很容易。因为 X Server 和 X Client 是分开的，所以可以将两者分别安装在不同的计算机中。在本地计算机运行的 X Server 可以和远程计算机中运行的 X Client 程序进行交互，这样就可以利用本地计算机的屏幕、键盘和鼠标来控制远程计算机的 X Client 程序，并在本地计算机窗口上显示这些程序的运算结果。

（3）X Protocol。

X Window System 采用客户机/服务器（Client/Server，C/S）模式设计，X Server 和 X Client 可以安装在同一台计算机中，也可以安装在不同的计算机中。X Server 与 X Client 之间通信的协议称为 X Protocol。X Server 和 X Client 在两台不同的计算机中运行时，一般使用 TCP/IP 进行通信；在同一台计算机中运行时，则使用操作系统内部的通信机制。

X Window System 的工作机制可以总结如下。

① 用户的操作（移动鼠标或按下键盘等）被 X Server 捕获。

② X Server 将捕获的动作以事件的形式利用 X Protocol 发送给 X Client。

③ X Client 对这些事件进行计算处理。

④ X Client 把处理结果以请求的形式返回给 X Server。

⑤ X Server 根据 X Client 的请求调整显示结果。

需要注意的问题是，一个 X Server 可以接收多个 X Client 的请求，这些 X Client 之间是独立的。也就是说，一个 X Client 并不知道其他 X Client 的存在，当然也就无从知道其他 X Client 返回的请求。这样就有一个潜在的风险，即多个 X Client 可能返回相互冲突的请求，如在显示器的相同位置绘制不同的图形。X Window Manager（窗口管理器）就是为了解决这个问题而出现的。X Window Manager 是一个特殊的 X Client，用于管理所有的 X Client。除此之外，X Window Manager 还提供以下特殊功能。

➤ 创建通用的图形用户界面控制元素，如任务栏等。

➤ 管理虚拟桌面。

➤ 控制窗口显示，如窗口的位置、标题、大小，或者窗口何时显示和隐藏等。

不同的 X Window Manager 具有不同的外观样式。常见的 X Window Manager 有 GNOME 和 KDE 等。GNOME 是 CentOS 默认的 X Window Manager，任务实施部分会介绍 GNOME 的桌面风格。

2.1.2　Linux 命令行模式

从现在开始，我们把学习重点转移到 Linux 命令行模式。Linux 命令行界面也被称为终端界面、命令行界面或终端窗口等。不同于图形用户界面，命令行界面是一种字符型的工作界面。在命令行模式中没有按钮、下拉列表、文本框等图形用户界面中常见的元素，也没有酷炫的窗口切换效果。用户能做的只是把要完成的工作以命令的形式传达给操作系统，然后等待响应。

1. Shell 终端窗口

如果直接在命令行界面中工作，则可能大部分 Linux 初学者会感到极不适应。确实，命令行界面更适合经验丰富的 Linux 系统管理员使用。对于普通用户或初学者来说，可以通过外壳程序 Shell 来体验命令行界面的工作环境。

选择【应用程序】→【系统工具】→【终端】选项，如图 2-2（a）所示，或者直接右击桌面空白处，在快捷菜单中选择【打开终端】选项，如图 2-2（b）所示，即可打开 Shell 终端窗口。

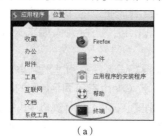 

（a） （b）

图 2-2　打开 Shell 终端窗口

在默认配置下，CentOS 7.6 的 Shell 终端窗口如图 2-3 所示。终端窗口的最上方是标题栏。在标题栏的位置 1 处显示了当前登录终端窗口的用户名及主机名。在标题栏的位置 2 处有 3 个按钮，从左至右分别为最小化、最大化及关闭终端窗口按钮。在标题栏的位置 3 处，从左至右共有 6 个菜单，用户可以选择菜单选项来完成相应的操作。在标题栏的位置 4 处显示的是 Linux 命令提示符。用户在命令提示符右侧输入命令，按 Enter 键即可将命令提交给外壳程序 Shell 解释执行。

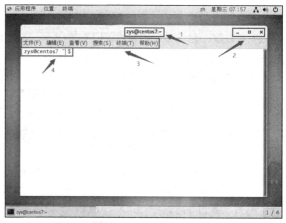

图 2-3　CentOS 7.6 的 Shell 终端窗口

这里重点说明命令提示符的组成及含义。以图 2-3 中的"[zys@centos7~]$"为例，"[ ]"是命令提示符的边界。在其内部，"zys"表示当前的登录用户名，"centos7"是系统主机名，二者用"@"符号分隔。系统主机名右侧的"~"表示用户当前的工作目录。打开终端窗口后默认的工作目录是登录用户的主目录（又称为家目录），用"~"表示，这个概念会在后文进一步解释。如果用户的工作目录发生改变，则命令提示符的这一部分也会随之改变。注意到"[ ]"右侧还有一个"$"符号，它是当前登录用户的身份级别指示符。如果是普通用户，则用"$"字符表示；如果是超级用户 root，则用"#"字符表示。命令提示符的格式可以根据用户习惯自行设置，具体方法参见项目 4。

V2-2　Linux 命令
提示符

2. Linux 命令的结构

学习 Linux 操作系统总会涉及大量 Linux 命令。在学习具体的 Linux 命令之前，有必要先了解 Linux 命令的基本结构。Linux 命令一般包括命令名、选项和参数 3 部分，其基本语法如下。

命令名　　[选项]　　[参数]

其中，选项和参数对命令来说不是必需的。在介绍具体命令的格式时，本书采用统一的表示方法，"[ ]"括起来的部分表示非必需的内容，参数用斜体表示。

（1）命令名。

命令名可以是 Linux 操作系统自带的工具软件、源程序编译后生成的二进制可执行程序，或者是包含 Shell 脚本的文件名。命令名严格区分英文字母大小写，所以 cd 和 CD 在 Linux 中是两个完全不同的命令。

V2-3　Linux 命令
的结构

（2）选项。

如果只输入命令名，那么命令只会执行最基本的功能。若要执行更高级、更复杂的功能，就必须为命令提供相应的选项。以常用的 ls 命令为例，ls 命令的基本功能是显示某个目录中可显示的内容，即非隐藏的文件和子目录。如果想把隐藏的文件和子目录也显示出来，则必须使用"-a"或"--all"选项。其中，"-a"是短格式选项，即减号后跟一个字符；"--all"是长格式选项，即两个减号后跟一个单词。可以在一条命令中同时使用多个短格式选项和长格式选项，选项之间用一个或多个空格分隔。另外，多个短格式选项可以组合在一起使用，组合后只保留一个减号。例如，"-a""-l"两个选项组合后变成"-al"。例 2-1 演示了 Linux 命令中选项的基本用法。

例 2-1：Linux 命令中选项的基本用法

```
[zys@centos7 tmp]$ ls            // 只输入命令名
dir1  file1
[zys@centos7 tmp]$ ls  -a         // 短格式选项
.   ..   dir1   file1   .hiddenfile
[zys@centos7 tmp]$ ls  --all        // 长格式选项
.   ..   dir1   file1   .hiddenfile
[zys@centos7 tmp]$ ls  -al         // 组合使用两个短格式选项
总用量 4
drwxrwxr-x.      3   zys  zys       50      1月 19 19:25   .
drwx---r-x.     20   zys  zys     4096      1月 19 19:22   ..
drwxrwxr-x.      2   zys  zys        6      1月 19 19:25   dir1
-rw-rw-r--.      1   zys  zys        0      1月 19 19:25   file1
-rw-rw-r--.      1   zys  zys        0      1月 19 19:25   .hiddenfile
```

注意到 ls -al 命令的输出中，第 1 行显示了当前目录中所有文件和子目录的总磁盘用量。为了缩小篇幅，在本书后面的示例中，如无特殊需要，均省略这一行输出。

（3）参数。

参数表示命令作用的对象或目标。有些命令不需要使用参数，但有些命令必须使用参数才能正确执行。例如，若想使用 useradd 命令创建新用户，则必须为它提供一个合法的用户名作为参数，如例 2-2 所示。

例 2-2：Linux 命令中参数的基本用法

```
[root@centos7 ~]# useradd  user1      // user1 是 useradd 命令的参数
```

如果同时使用多个参数，则各个参数之间必须用一个或多个空格分隔。命令名、选项和参数之间也必须用空格分隔。另外，选项和参数没有严格的先后顺序关系，甚至可以交替出现，但命令名必须始终写在最前面。

3. Linux 命令基本操作

（1）命令名自动补全。

在输入命令名时，可以利用 Shell 的"自动补全"功能提高输入速度并减少错误。自动补全是指在输入命令的开头几个字符后直接按 Tab 键，如果系统中只有一个命令以当前已输入的字符开头，那么 Shell 会自动补全该命令的完整命令名。如果连续按两次 Tab 键，则系统会把所有以当前已输入字符开头的命令名显示在窗口中，如例 2-3 所示。

V2-4　Linux 命令
基本操作

例 2-3：Linux 命令行界面的自动补全功能

```
[zys@centos7 ~]$ log            // 输入 log 后按两次 Tab 键
logger      loginctl     logout      logsave
login       logname     logrotate     logview
```

```
[zys@centos7 ~]$ logname                    // 输入 logn 后按 Tab 键
```

除了自动补全命令名，还可以使用相同的方法自动补全命令中的路径或文件名参数。在项目 4 中学习 Bash 时会详细介绍这一点。

（2）命令换行输入。

另外，如果一条命令太长需要换行输入，则可以先在行末输入转义符"\"，按 Enter 键后换行继续输入。注意，转义符"\"后不能有多余的空格，如例 2-4 所示。

例 2-4：换行输入命令

```
[root@centos7 ~]# useradd  -u  1010  -g  1003  \   // 行末输入转义符"\"，然后按 Enter 键
>-G  1002  -c  "a useradd sample"  sie          // 换行继续输入
```

（3）强行结束命令。

如果命令执行等待时间太长、命令输出结果过多或者不小心执行了错误的操作，则可以按【Ctrl+C】组合键强行终止命令。

（4）执行历史命令。

在 Shell 终端窗口中，按上下方向键可调出之前执行的历史命令，按 Enter 键即可直接执行选择的历史命令。项目 4 会详细介绍 Shell 的历史命令功能。

（5）获取命令帮助信息。

Linux 操作系统自带了数量庞大的命令，许多命令的使用又涉及复杂的选项和参数。任何人都不可能把所有命令的所有用法都记住。man 命令为用户提供了关于 Linux 命令的准确、全面、详细的说明。man 命令的使用方法非常简单，只要在 man 命令后面加上所要查找的命令名即可，如图 2-4 所示。man 命令提供的帮助信息非常全面，包括命令的名称、概述、选项和参数的具体含义等，这些信息对于深入学习某个命令很有帮助。

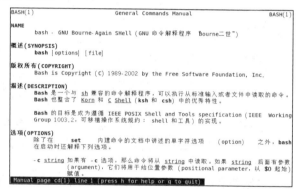

图 2-4   man 命令的使用方法

任务实施

实验 1：CentOS 7.6 初始化配置

任务 1.2 详细讲解了在 VMware Workstation 软件中安装 CentOS 7.6 的方法和步骤，本实验将完成首次登录 CentOS 7.6 时的初始化配置。为方便介绍，图 2-5 再次展示了 CentOS 7.6 的等待登录界面。

在等待登录界面的顶部中间位置显示的是系统时间。单击该时间会弹出一个界面显示更详细的日期和时间信息。等待登录界面的右上角有几个系统设置图标。单击人形图标，弹出的界面中包含一些辅助登录选项，如图 2-6 所示。例如，【大号文本】选项可以放大登录界面中的文字，而【屏幕键盘】选项则会在用户输入时弹出一个软键盘，当物理键盘出现故障时，可以使用这个软键盘进行输入，如图 2-7 所示。

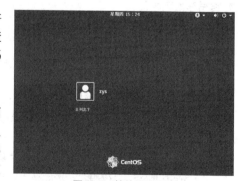

图 2-5   等待登录界面

图 2-6　辅助登录选项

图 2-7　软键盘

人形图标的右侧还有两个图标，即用于调节系统音量大小的喇叭图标和用于关机及重启系统的电源图标，具体操作这里不再演示。

在等待登录界面的中间部分，列出了可以登录系统的用户。之前在安装系统时已经添加了 zys 这个用户，因此它显示在登录界面中。注意到 root 用户不在其中，这并不代表不能以 root 用户身份登录系统。root 用户是操作系统的超级用户，权限非常大。正常情况下都是以普通用户的身份登录操作系统的，需要执行特权操作时才切换到 root 用户，因此这里并未显示 root 用户。单击用户 zys 后输入密码，单击【登录】按钮或直接按 Enter 键即可登录 CentOS 7.6。用户密码输入界面如图 2-8 所示。

由于是首次登录操作系统，为了满足不同用户的使用习惯，还需要经过几步简单的操作来设置系统工作环境。首先，在【欢迎】界面中选择语言，如图 2-9 所示。默认选中的语言是和安装操作系统时选择的安装语言一致的。

单击右上角的【前进】按钮，在【输入】界面中选择键盘布局，如图 2-10 所示。这里使用默认的【汉语】即可。

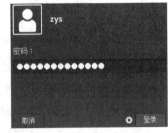

图 2-8　用户密码输入界面

图 2-9　选择语言

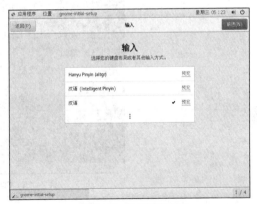

图 2-10　选择键盘布局

单击【前进】按钮，在【隐私】界面中设置隐私条款，如图 2-11 所示。本次安装只用于学习 Linux 操作系统，因此这里选择关闭位置服务。

单击【前进】按钮，在【连接您的在线账号】界面中选择在线账号，如图 2-12 所示。

直接单击【跳过】按钮，完成首次登录设置，如图 2-13 所示。单击【开始使用 CentOS Linux(S)】按钮，系统自动弹出一个包含快速入门内容的帮助窗口，如图 2-14 所示。感兴趣的话，可以选择需要的内容进行学习。关闭帮助窗口后，就可以看到期待已久的 CentOS 7.6 桌面了，如图 2-15 所示。

图 2-11　设置隐私条款

图 2-12　选择在线账号

图 2-13　完成首次登录设置

图 2-14　快速入门内容的帮助窗口

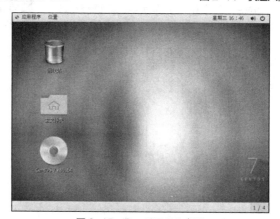

图 2-15　CentOS 7.6 桌面

实验 2：探寻 GNOME 桌面环境

在图 2-15 所示的 CentOS 7.6 桌面环境中，整个桌面可以分为 3 个主要部分。

（1）菜单栏。

菜单栏位于桌面的顶部。菜单栏的右侧显示了系统的当前日期和时间，以及音量和电源图标。单击日期和时间会显示更详细的日历信息。将鼠标指针移至音量和电源图标上会弹出图 2-16 所示的下拉列表，可以在该下拉列表中设置系统音量和网络连接、切换用户、注销用户、关机或重启系统等。

在菜单栏的左侧有两个一级菜单，即【应用程序】和【位置】。首先将鼠标指针移至【应用程序】菜单上，可以看到按功能分类的软件类型列表。例如，有办公类的软件、工具类的软件或影音类的软件等。将鼠标指针停留在某种软件类型上，会在右侧显示该类型具体包含的软件，如图 2-17 所示。

图 2-16　下拉列表

图 2-17　【应用程序】菜单

注意到图 2-17 的左下角有一个【活动概览】选项，选择后可打开图 2-18 所示的活动概览图。1号箭头处垂直排列了一些常用的软件。单击 2 号箭头处的 9 个圆点图标可以查看全部的软件。3 号箭头处显示了 4 个虚拟桌面的缩略图。大多数 Linux 发行版提供了 4 个可用的虚拟桌面，也称为工作区，用户可以在每个工作区中独立完成不同的工作。这个设计可以扩展用户的工作界面，方便用户合理安排工作。目前高亮显示了第 1 个工作区。4 号箭头处列出了当前在这个工作区中打开的软件。注意到第 2 个工作区其实也有软件在运行，而下面两个工作区是空的。按 Esc 键可以退出活动概览图。

选择【应用程序】→【系统工具】→【设置】选项，弹出 CentOS 7.6 的系统设置主界面，如图 2-19 所示。在这里可以进行网络、桌面背景、系统通知、地区和语言、安全等方面的设置，它很像 Windows 操作系统中的"控制面板"。

图 2-18　活动概览图

图 2-19　系统设置主界面

菜单栏中的【位置】菜单提供了进入 CentOS 7.6 文件资源管理器的入口，如图 2-20 所示。【主文件夹】代表当前登录用户的主目录。【视频】、【图片】、【文档】、【下载】、【音乐】是【主文件夹】中的子目录，这里提供了直接打开这些子目录的快捷方式。选择【计算机】选项，弹出资源管理器窗口，如图 2-21 所示。CentOS 7.6 的资源管理器窗口和 Windows 操作系统的资源管理器非常类似，具体操作这里不再讲解。需要说明的是，打开资源管理器窗口后，【位置】菜单的右侧会出现一个【文件】菜单。可以通过【文件】菜单设置资源管理器窗口的外观和操作方式，例如，可以自定义键盘快捷键、设置是否显示左侧边栏、是单击打开目录还是双击打开目录等。

图2-20 【位置】菜单

图2-21 资源管理器窗口

（2）桌面。

CentOS 7.6 的桌面看起来比较清爽，只有【回收站】、【主文件夹】和【CentOS 7 x86_64】3个图标。【回收站】用于保存尚未彻底删除的文件和目录。【主文件夹】就是当前登录用户的主目录。【CentOS 7 x86_64】代表安装 CentOS 7.6 时使用的操作系统镜像文件。右击【CentOS 7 x86_64】图标，在快捷菜单中选择【弹出】选项可以卸载镜像文件。

（3）任务栏。

桌面的底部是任务栏，显示用户打开的应用程序。和 Windows 操作系统一样，可以按【Alt+Tab】组合键快速切换应用程序。任务栏的右侧还有一个数字图标，代表前面提到的 4 个工作区。单击数字图标可以在工作区之间切换，也可以按【Ctrl+Alt+↑】或【Ctrl+Alt+↓】组合键进行切换，如图 2-22 所示。

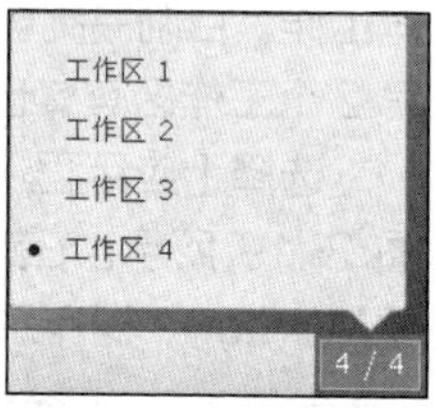

关于 GNOME 的桌面就介绍到这里。经过这么多年的发展，Linux 操作系统的图形用户界面越来越人性化，学习门槛也越来越低。熟悉 Windows 操作系统的用户可以很容易地切换到 Linux 操作系统，因为很多操作方式都是类似甚至是相同的。大家可以在 VMware Workstation 中创建一台虚拟机并安装 CentOS 7.6，在图形用户界面中多做一些尝试，不用担心把计算机"玩坏"。因为经过前面的学习，对于大家来说，创建虚拟机应该是一件非常简单的事了。

图2-22 切换工作区

知识拓展

1. 注销用户和关机

（1）注销和切换用户。

在图 2-16 所示界面中，单击【zys】右侧的下拉按钮，展开 3 个选项，如图 2-23（a）所示。选择【切换用户】或【注销】选项，可以注销登录并重新弹出登录界面，如图 2-23（b）所示。选择一个用户并输入正确的密码，可以切换用户的身份。

（2）关机和重启。

在图 2-23（a）所示界面中，单击下方中间位置的锁形图标，可以锁定当前用户，如图 2-24 所示。输入密码后按 Enter 键或单击【解锁】按钮，可以重新进入系统。

单击图 2-23（a）所示界面下方右侧的电源图标，系统提示将在 60 秒后自动关机，如图 2-25 所示。在这里可以单击【重启】或【关机】按钮来选择马上重启系统或关机。

（a）

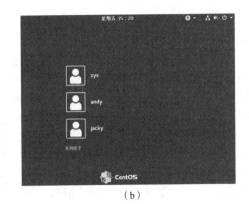
（b）

图 2-23　注销和重新登录

图 2-24　锁定用户

图 2-25　系统提示将在 60 秒后自动关机

除了通过图标关机和重启系统外，还可以在终端窗口中使用 shutdown 命令以一种安全的方式关闭系统。所谓的"安全的方式"是指所有的登录用户都会收到关机提示信息，以便这些用户有时间保存正在执行的操作。shutdown 命令的基本语法如下。

shutdown　[-arkhncfF]　*time*　[*关机提示信息*]

使用 shutdown 命令可以立即关机，也可以在指定的时间或者延迟特定的时间关机。shutdown 命令的常用选项及其功能说明如表 2-1 所示。

表 2-1　shutdown 命令的常用选项及其功能说明

选项	功能说明
-k	向其他登录用户提示警告信息而非真正关机
-h	关闭系统
-r	重启系统
-c	取消运行中的 shutdown 命令

其中，*time* 参数可以是"hh:mm"格式的绝对时间，表示在特定的时间点关机；也可以采用"+m"的格式，表示 *m* 分钟之后关机。例 2-5 演示了 shutdown 命令的基本用法。

例 2-5：shutdown 命令的基本用法

```
[zys@centos7 ~]$ shutdown  -h  now        // 现在关机
[zys@centos7 ~]$ shutdown  -h  21:30       // 21:30 关机
[zys@centos7 ~]$ shutdown  -r  +10         // 10 分钟后重启系统
```

shutdown 命令可以实现关机或重启系统的功能，reboot 命令则主要用于重启系统，具体的用法这里不再详细介绍。

2. Linux 字符界面

Linux 默认提供了 6 个字符界面供用户登录，分别命名为 tty1～tty6。在图形用户界面中，按

【Ctrl+Alt+F1】～【Ctrl+Alt+F6】组合键可以切换到对应的字符界面。例如，按【Ctrl+Alt+F2】或【Ctrl+Alt+F3】组合键可以切换到 tty2 或 tty3，按【Ctrl+Alt+F1】组合键可以返回 tty1。在安装 CentOS 7.6 时，选择的基本环境是【带 GUI 的服务器】，也就是带图形用户界面的操作系统，因此登录时操作系统默认启动图形用户界面。这个图形用户界面是在 tty1 中启动的，所以 tty2～tty6 可作为终端界面使用。如果在安装操作系统时选择的基本环境是【最小功能】，那么在 tty1 中默认启动的就是命令行界面。以 tty2 为例，按【Ctrl+Alt+F2】组合键切换到 tty2，如图 2-26 所示。输入用户名 zys 及其密码，就可以登录到 tty2 命令行界面。输入 exit 命令退出 tty2，再按【Ctrl+Alt+F1】组合键返回 tty1。

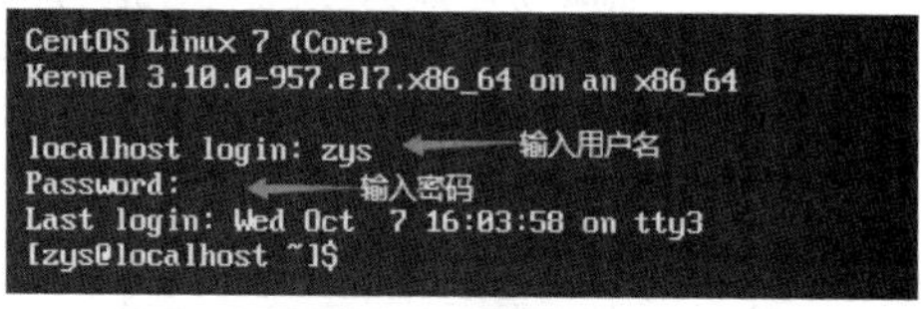

```
CentOS Linux 7 (Core)
Kernel 3.10.0-957.el7.x86_64 on an x86_64

localhost login: zys        ←── 输入用户名
Password:              ←── 输入密码
Last login: Wed Oct  7 16:03:58 on tty3
[zys@localhost ~]$
```

图 2-26　命令行界面

关于字符界面，有两点需要特别说明。首先，tty1 是登录后操作系统默认启动的工作环境，不管是以图形用户界面还是命令行界面的方式登录系统，它都是始终存在的。tty2～tty6 则只有在按【Ctrl+Alt+F2】～【Ctrl+Alt+F6】组合键切换到相应的终端界面时才会创建。其次，除了 tty1，tty2～tty6 也可以运行图形用户界面。因为所谓的图形用户界面，其实就是在命令行界面中运行 X Window System 软件。

任务实训

本实训的目的是在 CentOS 7.6 中进行常规的系统设置，熟悉 CentOS 7.6 的图形化用户界面。

【实训目的】

（1）掌握启动和注销 CentOS 7.6 设置面板的方法。

（2）掌握 CentOS 7.6 桌面环境的设置方法。

【实训内容】

（1）启动 CentOS 7.6 设置面板。选择【应用程序】→【系统工具】→【设置】选项，或者单击图 2-23（a）所示界面下方左侧的工具图标，进入 CentOS 7.6 的设置面板。选择设置面板左侧的设置项进行各项设置。

（2）设置桌面背景图片和屏幕锁定图片，将屏幕锁定的桌面色彩设为"棕色"。

（3）打开"锁屏通知"开关，允许 Firefox、软件更新、时钟 3 个应用发送锁屏通知，并在锁屏时显示通知内容。

（4）添加"汉语（Intelligent Pinyin）"输入法。

（5）启用"高对比度"和"大号文本"两项视觉特性。

（6）启用节电功能。启用"自动锁屏"功能，如果屏幕连续 5 分钟无操作就显示空白屏幕。

（7）启用"自动锁屏"功能，将"黑屏至锁屏的等待时间"设为 15 分钟。

（8）根据计算机的实际硬件参数设置合适的屏幕分辨率。

（9）注销当前登录用户后重新登录。

（10）使用 shutdown 命令使系统在 15 分钟后关机。

任务 2.2　vim 文本编辑器

任务陈述

不管是专业的 Linux 系统管理员，还是普通的 Linux 用户，在使用 Linux 时都不可避免地要编辑各种文件。虽然 Linux 也提供了类似 Windows 操作系统中 Word 那样的图形化办公套件，但 Linux

用户用得更多的还是字符型的文本编辑工具 vi 或 vim。本任务将详细介绍 vim 文本编辑器的操作方法和使用技巧。

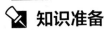 **知识准备**

2.2.1 vi 与 vim

vim 的前身是 vi 文本编辑器。基本上所有的 Linux 发行版都内置了 vi 文本编辑器，而且有些系统工具会把 vi 作为默认的文本编辑器。vim 是增强型的 vi，沿用 vi 的操作方式。vim 除了具备 vi 的功能外，还可以用不同颜色区分不同类型的文本内容，尤其是在编辑 Shell 脚本文件或进行 C 语言编程时，能够高亮显示关键字和语法错误。相比于 vi 专注于文本编辑，vim 还可以进行程序编辑。所以，把 vim 称为程序编辑器可能更加准确。不管是专业的 Linux 系统管理员，还是普通的 Linux 用户，都应该熟练使用 vim。

V2-5 vi 与 vim

2.2.2 vim 基本操作

初次接触 vim 的 Linux 用户（假设用户没有 vi 的基础）可能会觉得 vim 使用起来很不方便，很难想象竟然还有人用这么原始的方法编辑文件。可是对另外那些熟悉 vim 的人来说，vim 又是如此魅力十足，以至于每天的工作都离不开它。不管你将来对 vim 是何种态度，我们现在都要认真学习 vim。因为如果不能熟练使用 vim，在以后的学习中将会寸步难行。下面就从 vim 的启动开始，逐步学习 vim 的基本操作。

1. 启动 vim

在终端窗口中输入 vim，后跟想要编辑的文件名，即可进入 vim 工作环境，如图 2-27（a）所示。只输入 vim，或者后跟一个不存在的文件名也可以启动 vim，如图 2-27（b）所示。

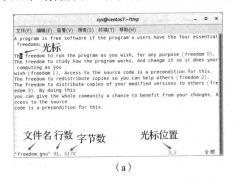
（a）

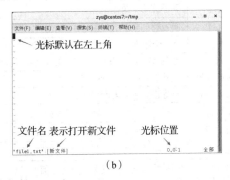
（b）

图 2-27 启动 vim

不管打开的文件是否存在，启动 vim 后首先进入命令模式（command mode）。在命令模式下，可以使用键盘的上、下、左、右方向键移动光标，或者通过一些特殊的命令快速移动光标，还可以复制、粘贴和删除文件内容。用户在命令模式下的输入被 vim 当作命令而不是普通文本。

在命令模式下按【I】【O】【A】或【R】中的任何一个键，vim 会进入插入模式（insert mode），也称为输入模式。进入插入模式后，用户的输入被当作普通文本而不是命令，就像是在一个 Word 文档中输入文本内容一样。如果要回到命令模式，则可以按 Esc 键。

如果在命令模式下输入":""/"或"?"中的任何一个字符，则 vim 会把光标移动到窗口最后一行并进入末行模式（last line mode），也称为命令行模式（command-line mode）。用户在末行模式下可以通过一些命令对文件进行查找、替换、保存、退出等操作。如果要回到命令模式，同样可以按【Esc】键。

vim 的 3 种工作模式的转换如图 2-28 所示。注意到从命令模式可以转换到插入模式和末行模式，但插入模式和末行模式之间不能直接转换。

图 2-28　vim 的 3 种工作模式的转换

了解 vim 的 3 种工作模式及不同模式之间的转换方法后，下面开始学习在这 3 种工作模式下可以分别进行哪些操作。这是 vim 的学习重点，请大家务必多加练习。

2. 命令模式

在命令模式下可以完成的操作包括移动光标以及复制、粘贴或删除文本等。光标表示文本中当前的输入位置，表 2-2 列出了命令模式下移动光标的具体方法。

表 2-2　命令模式下移动光标的具体方法

操作	作用
H 或 ←	光标向左移动一个字符（见注[1]及注[2]）
L 或 →	光标向右移动一个字符（见注[2]）
K 或 ↑	光标向上移动一行，即移动到上一行的当前位置（见注[2]）
J 或 ↓	光标向下移动一行，即移动到下一行的当前位置（见注[2]）
W	移动光标到其所在单词的后一个单词的词首（见注[3]）
B	移动光标到其所在单词的前一个单词的词首（如果光标当前已在本单词的词首），或移动到本单词的词首（如果光标当前不在本单词的词首）（见注[3]）
E	移动光标到其所在单词的后一个单词的词尾（如果光标当前已在本单词的词尾），或移动到本单词的词尾（如果光标当前不在本单词的词尾）（见注[3]）
【Ctrl+F】	向下翻动一页，相当于 PageDown 键
【Ctrl+B】	向上翻动一页，相当于 PageUp 键
【Ctrl+D】	向下翻动半页
【Ctrl+U】	向上翻动半页
n<space>	n表示数字，即输入数字后按空格键，表示光标向右移动 n个字符，相当于先输入数字再按 L 键
n<Enter>	n表示数字，即输入数字后按 Enter 键，表示光标向下移动 n行并停在行首
0 或 Home 键	光标移动到当前行行首
$ 或 End 键	光标移动到当前行行尾
【Shift+H】	光标移动到当前屏幕第 1 行的行首
【Shift+M】	光标移动到当前屏幕中央 1 行的行首
【Shift+L】	光标移动到当前屏幕最后 1 行的行首
【Shift+G】	光标移动到文件最后 1 行的行首
n【Shift+G】	n为数字，表示光标移动到文件的第 n行的行首
GG	光标移动到文件第 1 行的行首，相当于 1G

注[1]：这里的"H"代表键盘上的 H 键，而不是大写字母"H"。当需要输入大写字母"H"时，本书统一使用按【Shift+H】组合键的形式，其他字母同样如此。

注[2]：如果在 H、J、K、L 前先输入数字，则表示一次性移动多个字符或多行。例如，15H 表示光标向左移动 15 个字符，20K 表示光标向上移动 20 行。

注[3]：同样，如果在 W、B、E 前先输入数字，则表示一次性移动到当前单词之前（或之后）的多个单词的词首（或词尾）。

可以看出，在命令模式下移动光标，既可以使用键盘的上、下、左、右方向键，又可以使用一些具有特定意义的字母和数字的组合键，但是使用鼠标是不能移动光标的。

表 2-3 列出了在命令模式下复制、粘贴、删除文本的具体操作。

表 2-3　命令模式下复制、粘贴、删除文本的具体操作

操作	作用
X	删除光标所在位置的字符，相当于 Delete 键
【Shift+X】	删除光标所在位置的前一个字符，相当于插入模式下的 Backspace 键
nX	n 为数字，删除从光标所在位置开始的 n 个字符（包括光标所在位置的字符）
n【Shift+X】	n 为数字，删除光标所在位置的前 n 个字符（不包括光标所在位置的字符）
S	删除光标所在位置的字符并随即进入插入模式，光标停在被删字符处
DD	删除光标所在的一整行
nDD	n 为数字，向下删除 n 行（包括光标所在行）
D 1【Shift+G】	删除从文件第 1 行到光标所在行的全部内容
D【Shift+G】	删除从光标所在行到文件最后 1 行的全部内容
D0	删除光标所在位置的前一个字符直到所在行行首（光标所在位置的字符不会被删除）
D$	删除光标所在位置的字符直到所在行行尾（光标所在位置的字符也会被删除）
YY	复制光标所在行
nYY	n 为数字，从光标所在行开始向下复制 n 行（包括光标所在行）
Y 1【Shift+G】	复制从光标所在行到文件第 1 行的全部内容（包括光标所在行）
Y【Shift+G】	复制从光标所在行到文件最后 1 行的全部内容（包括光标所在行）
Y0	复制从光标所在位置的前一个字符到所在行行首的所有字符（不包括光标所在位置字符）
Y$	复制从光标所在位置字符到所在行行尾的所有字符（包括光标所在位置字符）
P	将已复制数据粘贴到光标所在行的下一行
【Shift+P】	将已复制数据粘贴到光标所在行的上一行
【Shift+J】	将光标所在行的下一行移动到光标所在行行尾，用空格分开（将两行数据合并）
U	撤销前一个动作
【Ctrl+R】	重做一个动作（和 U 的作用相反）
.	小数点，表示重复前一个动作

3. 插入模式

从命令模式进入插入模式才可以对文件进行输入。表 2-4 说明了从命令模式进入插入模式的方法。

V2-6　vim 命令
模式

表 2-4　从命令模式进入插入模式的方法

操作	作用
I	进入插入模式，从光标所在位置开始插入
【Shift+I】	进入插入模式，从光标所在行的第 1 个非空白字符处开始插入（即跳过行首的空格、Tab 等字符）
A	进入插入模式，从光标所在位置的下一个字符开始插入
【Shift+A】	进入插入模式，从光标所在行的行尾开始插入
O	进入插入模式，在光标所在行的下一行插入新行
【Shift+O】	进入插入模式，在光标所在行的上一行插入新行
R	进入替换模式，替换光标所在位置的字符一次
【Shift+R】	进入替换模式，一直替换光标所在位置的字符，直到按 Esc 键为止

4. 末行模式

表 2-5 列出了在末行模式下查找与替换文本的具体操作。

表 2-5　末行模式下查找与替换文本的具体操作

操作	作用
/ keyword	从光标当前位置开始向下查找下一个字符串 keyword，按 N 键继续向下查找字符串；按【Shift+N】组合键向上查找字符串
? keyword	从光标当前位置开始向上查找上一个字符串 keyword，按 N 键继续向上查找字符串，按【Shift+N】组合键向下查找字符串
: n1 , n2　s / kw1 / kw2 / g	n1 和 n2 为数字，在第 n1 行到第 n2 行之间搜索字符串 kw1，并用字符串 kw2 替换（见注[1]）
: n1 , n2　s / kw1 / kw2 / gc	和上一行功能相同，但替换前向用户确认是否继续替换操作
: 1 , $ s / kw1 / kw2 / g : % s / kw1 / kw2 / g	全文搜索 kw1，并用 kw2 替换
: 1 , $ s / kw1 / kw2 / gc : % s / kw1 / kw2 / gc	和上一行功能相同，但替换前向用户确认是否继续替换操作

注[1]：在末行模式下，"："后面的内容区分字母大小写。此处的"s""g"表示需要输入小写字母 s 和 g，下同。

表 2-6 说明了在末行模式下保存、退出、读取文件等操作的具体方法。

表 2-6　末行模式下保存、退出、读取文件等操作的具体方法

操作	作用
: w	保存编辑后的文件
: w!	若文件属性为只读，则强制保存该文件。但最终能否保存成功，取决于文件的权限设置
: w filename	将编辑后的文件以文件名 filename 进行保存
: n1 , n2　w filename	将第 n1 行到第 n2 行的内容写入文件 filename
: q	退出 vim 文本编辑器
: q!	不保存文件内容的修改，强制退出 vim 文本编辑器
: wq	保存后退出
: wq!	强制保存后退出
【Shift+Z+Z】	若文件没有修改，则直接退出 vim 文本编辑器；若文件已修改，则保存后退出
: r filename	读取 filename 文件的内容并将其插入光标所在行的下面
: ! command	在末行模式下执行 command 并显示其结果。command 执行完后，按 Enter 键重新进入末行模式
: set nu	显示文件行号
: set nonu	与 set nu 的作用相反，隐藏文件行号

2.2.3　vim 高级功能

除了上面介绍的基本操作外，vim 还有一些高级功能，这些功能在某些特定的应用场景中特别有用。下面来介绍几个 vim 的高级用法，进一步认识 vim 的强大之处。

1. 多文件编辑功能

如果先用 vim 打开一个文件，在命令模式下输入 YY 命令复制一些数据后关闭此文件，再用 vim 打开另一个文件，此时在命令模式下输入 P 命令是无法粘贴数据的。因为在前一个文件中复制的数据在文件关闭后就自动失效了。即使在两

V2-7　vim 高级功能

个 Shell 终端窗口中分别用 vim 打开文件，也不能用这种方法复制数据。其实 vim 命令后可以跟多个文件名，一次性打开多个文件，这样就可以使用 YY 和 P 命令复制数据，因为这些文件共享同一个 vim 窗口。当需要在多个文件之间复制数据时，这个功能非常有用。

采用这种方式打开多个文件时，在 vim 窗口中只能显示一个文件的内容。当需要进行文件切换时，可以使用几个特殊的操作，如表 2-7 所示。注意，表 2-7 中的命令要在末行模式下使用。

表 2-7　多文件编辑常用操作

操作	作用
: n	切换到下一个文件进行编辑
: N	切换到上一个文件进行编辑
: files	列出当前在 vim 中打开的所有文件
: qa	关闭所有文件
: qa!	不保存文件内容的修改，强制关闭所有文件
: wqa	保存所有文件后退出
: wqa!	强制保存所有文件后退出

2. 多窗口编辑功能

上面提到的多文件编辑功能虽然能解决不同文件间复制数据的问题，但是有一个不方便之处，即在一个 vim 窗口中只能显示一个文件。如果在编辑一个文件时需要参考本文件的其他内容，而这些内容又无法在一个 vim 窗口中同时显示出来，那么就要按【Ctrl+F】和【Ctrl+B】组合键前后翻页。如果要参考其他文件的内容，则要进行文件切换。这种体验肯定没有在一个 vim 窗口中同时显示两个文件友好。vim 提供的多窗口编辑功能可以很好地解决这个问题。

用 vim 打开一个文件后，在末行模式下输入"vs *filename*"或"sp *filename*"，可以在同一个 vim 窗口的水平或垂直方向打开另一个文件。其中，*filename* 是要打开文件的文件名，如果没有文件名参数而直接输入"vs"或"sp"，则表示打开同一个文件。图 2-29（a）和图 2-29（b）分别演示了在水平方向和垂直方向上显示两个文件的效果。

（a）

（b）

图 2-29　vim 多窗口编辑

多窗口编辑其实也是一种多文件编辑，只是通过 vim 子窗口同时显示多个文件，为用户提供了更友好的操作体验。多窗口编辑的常用操作如表 2-8 所示。

表 2-8　多窗口编辑的常用操作

操作	作用
: sp *filename*	在垂直方向上打开一个 vim 子窗口以显示文件 *filename*。如果没有 *filename* 参数，则显示同一个文件

续表

操作	作用
【Ctrl+W+J】 【Ctrl+W+↓】	切换到下方窗口进行编辑。按键方法是先按【Ctrl+W】组合键，再按 J 键或向下方向键。下面的操作类似
【Ctrl+W+K】 【Ctrl+W+↑】	切换到上方窗口进行编辑
:vs filename	在水平方向上打开一个 vim 子窗口以显示文件 filename。如果没有 filename 参数，则显示同一个文件
【Ctrl+W+H】 【Ctrl+W+←】	切换到左侧窗口进行编辑
【Ctrl+W+L】 【Ctrl+W+→】	切换到右侧窗口进行编辑
【Ctrl+W+W】	根据 vim 子窗口的排列顺序，切换到下一个窗口（右侧或下方）。如果当前已经在最后一个窗口中（最右侧或最下方），则切换到第 1 个窗口（最左侧或最上方）
:files	列出当前在 vim 中打开的所有文件
:qa	关闭所有文件
:qa!	不保存文件内容的修改，强制关闭所有文件
:wqa	保存所有文件后退出
:wqa!	强制保存所有文件后退出

表 2-8 中涉及窗口切换的几个命令要在命令模式下使用，其他几个命令要在末行模式下使用。在每个 vim 子窗口中，之前介绍的 vim 基本操作方法都是适用的。

3. 区块编辑功能

在 vim 命令模式下进行的基本操作中，不管是复制、粘贴文本还是删除文本，都是以行或字符为单位的。也就是说，可以复制或粘贴某些字符，也可以复制或粘贴某些行。但是如果想以列为单位复制粘贴或删除文本内容，这些基本操作方法就无能为力了。但借助 vim 的区块编辑功能，就能够实现这一操作。区块是指文件的特定范围，可以是连续的几行或几列，也可以是从某行的某个字符到另一行的某个字符之间的连续范围。区块编辑的关键是选中某个区块的内容，区块编辑的常用操作如表 2-9 所示。表 2-9 中的命令要在命令模式下使用。

表 2-9   区块编辑的常用操作

操作	作用
V	进入区块命令模式，光标经过的连续区域会被选中并高亮显示
【Shift+V】	进入区块命令模式，光标经过的行会被选中并高亮显示
【Ctrl+V】	进入区块命令模式，光标经过的矩形区域会被选中并高亮显示
Y	复制选中的内容
D	删除选中的内容
P	在光标处粘贴已复制的内容

 任务实施

实验 1：练习 vim 基本操作

张经理最近刚在 Windows 操作系统中用 C 语言编写了一个计算时间差的程序。现在张经理想把这个程序移植到 Linux 操作系统中，同时为小朱演示如何在 vim 中编写程序。下面是张经理的操作过程。

第 1 步，进入 CentOS 7.6，打开一个终端窗口。在命令行中输入 vim 命令启动 vim，vim 命令后面不加文件名，启动 vim 后默认进入命令模式。

第 2 步，在命令模式下按 I 键进入插入模式，输入例 2-6 所示的程序。为了方便下文表述，这里把代码的行号也一并显示出来（张经理故意在这段代码中引入了一些语法和逻辑错误）。

例 2-6：修改前的程序

```
1    #include <stdio.h>
2
3    int main()
4    {
5        int hour1, minute1;
6        int hour2, minute2
7
8        scanf("%d %d", &hour1, &minute1);
9        scanf("%d %d", hour2, &minute2);
10
11       int t1 = hour1 * 6 + minute1;
12       int t = t1 - t2;
13
14       printf("time difference: %d hour, %d minutes \n", t/6, t%6);
15
16       return 0;
17   }
```

第 3 步，按 Esc 键返回命令模式。输入 ":" 进入末行模式。在末行模式下输入 "w timediff.c" 将程序保存为文件 *timediff.c*，在末行模式下输入 "q" 退出 vim。

第 4 步，重新启动 vim，打开文件 *timediff.c*，在末行模式下输入 "set nu" 显示行号。

第 5 步，在命令模式下按 M 键将光标移动到当前屏幕中央 1 行的行首，按【1+Shift+G】组合键或 GG 键将光标移动到第 1 行的行首。

第 6 步，在命令模式下按【6+Shift+G】组合键将光标移动到第 6 行行首，按【Shift+A】组合键进入插入模式，此时光标停留在第 6 行行尾。在行尾输入 ";"，按 Esc 键返回命令模式。

第 7 步，在命令模式下按【9+Shift+G】组合键将光标移动到第 9 行行首。按 W 键将光标移动到下一个单词的词首，连续按 L 键向右移动光标，直到光标停留在 "hour2" 单词的词首。按 I 键进入插入模式，输入 "&"，按 Esc 键返回命令模式。

第 8 步，在命令模式下按【11+Shift+G】组合键将光标移动到第 11 行行首。按 YY 键复制第 11 行的内容，按 P 键将其粘贴到第 11 行的下面一行。此时，原文件的第 12～17 行依次变为第 13～18 行，并且光标停留在新添加的第 12 行的行首。

第 9 步，在命令模式下连续按 E 键使光标移动到下一个单词的词尾，直至光标停留在 "t1" 的词尾字符 "1" 处。按 S 删除字符 "1" 并随即进入插入模式。在插入模式下输入 2，按【Esc】键返回命令模式。重复此操作并把 "hour1" "minute1" 中的字符 "1" 修改为 "2"。

第 10 步，在命令模式下按 K 键将光标上移 1 行，即移动到第 11 行。在末行模式下输入 "11,15s/6/60/gc"，将第 11～15 行中的 "6" 全部替换为 "60"。注意，在每次替换时都要按 Y 键给予确认。替换后，光标停留在第 15 行。

第 11 步，在命令模式下按 2J 键将光标下移 2 行，即移动到第 17 行。按 DD 键删除第 17 行，按 U 键撤销删除操作。

第 12 步，在末行模式下输入"wq"，即可保存文件后退出 vim 文本编辑器。

修改后的程序如例 2-7 所示。

例 2-7：修改后的程序

```
1    #include <stdio.h>
2
3    int main()
4    {
5         int hour1, minute1;
6         int hour2, minute2;
7
8         scanf("%d %d", &hour1, &minute1);
9         scanf("%d %d", &hour2, &minute2);
10
11        int t1 = hour1 * 60 + minute1;
12        int t2 = hour2 * 60 + minute2;
13        int t = t1 - t2;
14
15        printf("time difference: %d hour, %d minutes \n", t/60, t%60);
16
17        return 0;
18   }
```

实验 2：练习 vim 高级功能

看到小朱意犹未尽的表情，张经理打算再教他几个 vim 的高级功能，包括多文件编辑、多窗口编辑和区块编辑。下面是张经理的操作步骤。

1. 多文件编辑

第 1 步，在 ~/tmp 目录中新建 3 个文件 file1、file2 和 file3，用 vim 分别打开这 3 个文件并写入适当的内容。

第 2 步，用 vim 同时打开这 3 个文件，方法是 vim 命令后跟 3 个文件名。在末行模式下输入"files"命令显示所有打开的文件，如例 2-8.1 所示。当前显示的文件是 file1。

例 2-8.1：vim 高级功能——打开 3 个文件

```
[zys@centos7 tmp]$ vim  file1  file2  file3              // 打开 3 个文件
this is in file1...        <== 这是文件 file1 的内容
~
:files                     <== 在末行模式下输入"files"，下面 3 行显示了当前打开的 3 个文件
  1 %a     "file1"                    第 1 行      <== 当前显示的文件
  2        "file2"                    第 0 行
  3        "file3"                    第 0 行
```

第 3 步，在末行模式下输入"n"切换到下一个文件 file2，使用同样的方法切换到 file3，再次查看当前打开的所有文件，如例 2-8.2 所示。

例 2-8.2：vim 高级功能——切换文件

```
[zys@centos7 tmp]$ vim  file1  file2  file3              // 打开 3 个文件
this is in file3...        <== 经过两次切换后进入文件 file3
~
:files
```

1	"file1"	第 1 行	
2 #	"file2"	第 1 行	<== 上一个显示的文件
3 %a	"file3"	第 1 行	<== 当前显示的文件

第 4 步，在命令模式下将光标移动到文件 *file3* 的第 1 行行首，按 YY 键复制第 1 行的内容。

第 5 步，在末行模式下输入 "N" 切换到文件 *file2*。在命令模式下按【1+Shift+G】组合键将光标移动到文件 *file2* 的第 1 行行首，按 P 键将上一步复制的内容粘贴到该行之下。

第 6 步，在末行模式下输入 "wqa" 保存 3 个文件并退出 vim。

第 7 步，用 vim 打开文件 *file2*，确认其中的内容修改和保存成功，如例 2-8.3 所示。

例 2-8.3：vim 高级功能——确认文件内容 1

```
[zys@centos7 tmp]$ vim   file2
this is in file2...
this is in file3...
```

第 8 步，在末行模式下输入 "q" 退出 vim。

2. 多窗口编辑

接下来张经理演示了 vim 多窗口编辑的功能。

第 9 步，用 vim 打开文件 *file1*，在末行模式下输入 "sp file2"，在垂直方向上打开一个 vim 子窗口显示文件 *file2*，如图 2-30（a）所示。此时，文件 *file2* 显示在上方，文件 *file1* 显示在下方，而且光标停留在文件 *file2* 第 1 行的行首。

第 10 步，在命令模式下按 2YY 键复制文件 *file2* 前两行的内容，按【Ctrl+W+J】组合键切换到文件 *file1*。

第 11 步，在命令模式下按 P 键将上一步复制的内容粘贴到文件 *file1* 第 1 行之下，如图 2-30（b）所示。

第 12 步，在末行模式下输入 "wqa" 保存两个文件并退出 vim。

第 13 步，用 vim 打开文件 *file1*，确认其中的内容修改和保存成功，如例 2-8.4 所示。

例 2-8.4：vim 高级功能——确认文件内容 2

```
[zys@centos7 tmp]$ vim   file1
this is in file1...
this is in file2...
this is in file3...
```

第 14 步，在末行模式下输入 "q" 退出 vim。

（a）　　　　　　　　　　（b）

图 2-30　vim 多窗口编辑

另外，使用多窗口编辑功能不仅可以同时显示两个文件，还可以同时显示更多的文件，甚至可以组合使用垂直显示和水平显示，从而更有效地利用屏幕空间，如图 2-31 所示。张经理特别提醒小朱，使用这种功能时一定要谨慎，否则很可能因为窗口开得太多而乱中出错。

3. 区块编辑

最后，张经理向小朱演示了 vim 的区块编辑功能。

第 15 步，在 vim 中编辑文件 *file1*，写入 6 行相同的内容"this is in file1..."。

第 16 步，在命令模式下分别按 V 键、【Shift+V】组合键和【Ctrl+V】组合键，张经理提示小朱

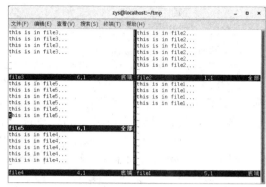

图 2-31　组合使用多窗口编辑功能

注意 vim 窗口的左下角出现的"可视""可视 行"和"可视 块"的提示，这些提示表明用户当前已进入区块命令模式，分别如图 2-32（a）、（b）和（c）所示。

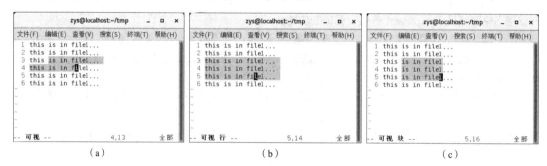

图 2-32　区域编辑提示

第 17 步，在命令模式下将光标移动到首行"file1"单词的首字符"f"处，按【Ctrl+V】组合键进入区块命令模式。

第 18 步，在命令模式下将光标移动到第 6 行"file1"单词的最后一个字符"1"处，如图 2-33（a）所示。按 Y 键复制光标经过的矩形区域。

第 19 步，在命令模式下将光标移动到首行行末，按 P 键粘贴上一步复制的内容，如图 2-33（b）所示。

第 20 步，在末行模式下输入"wq"保存文件 *file1* 并退出 vim。

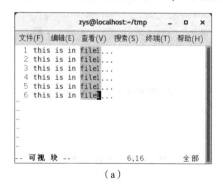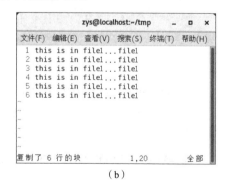

图 2-33　区域编辑功能

经过这两个实验，小朱被 vim 的强大功能深深折服了。张经理也叮嘱小朱要在反复练习中提高操作熟练度，千万不要死记硬背 vim 命令。如果能够熟练使用 vim，必将大大提高日常工作效率。

知识拓展

vim 文件缓存

使用 vim 编辑文件时，可能会因为一些异常情况而不得不中断操作，如系统断电或者多人同时编辑一个文件等。如果出现异常前没有及时保存文件内容，那么所做的修改就会丢失，为用户带来不便，为此，vim 为用户提供了一种可以恢复未保存的数据的机制。

当用 vim 打开一个文件 *filename* 时，vim 会自动创建一个隐藏的缓存文件，名为 *.filename.swp*，又称为交换文件。这个隐藏文件充当原文件的缓存，也就是说，对原文件所做的操作会被记录到这个缓存文件中，因此可以利用它恢复原文件未保存的内容。下面通过一个例子来演示 vim 缓存文件的使用。

第 1 步，用 vim 打开目录 */home/zys/tmp* 中的文件 *file1*。对文件 *file1* 进行任意修改后，按【Ctrl+Z】组合键将 vim 进程转入后台，如例 2-9 所示。使用 jobs 命令可以查看后台任务，项目 6 中会详细介绍。可以看到，vim 确实自动创建了一个名为 *.file1.swp* 的缓存文件。

例 2-9：将 vim 进程转入后台

```
[zys@centos7 tmp]$ vim  file1           // 修改后按【Ctrl+Z】组合键
[1]+  已停止             vim file1
[zys@centos7 tmp]$ jobs  -l             // 查看后台任务
[1]+  9883 停止          vim file1
[zys@centos7 tmp]$ ls  -al
-rw-rw-r--.  1  zys    zys    670    1月 21 18:43    file1
-rw-r--r--.  1  zys    zys    4096   1月 21 18:43    .file1.swp   <== 文件 file1 的缓存文件
```

第 2 步，使用 kill 命令强制结束后台的 vim 进程，如例 2-10 所示。虽然后台的 vim 进程被强制退出了，但是缓存文件仍然存在。

例 2-10：强制结束后台的 vim 进程

```
[zys@centos7 tmp]$ kill  -9  9883       // 强制结束后台的 vim 进程
[1]+  已杀死             vim file1
[zys@centos7 tmp]$ jobs  -l             // 查看后台任务，已强制结束
[zys@centos7 tmp]$ ls  -al
-rw-rw-r--.  1  zys    zys    670    1月 21 18:43    file1
-rw-r--r--.  1  zys    zys    4096   1月 21 18:43    .file1.swp   <== 缓存文件仍然存在
```

第 3 步，用 vim 重新打开文件 *file1*，显示图 2-34 所示的提示信息。

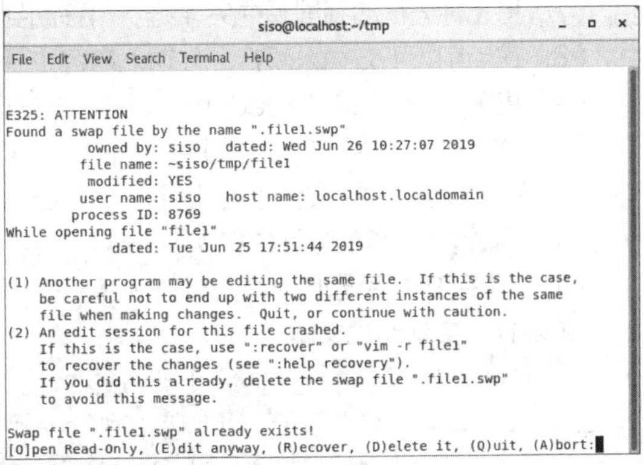

vim 打开文件 *file1* 时，发现了其对应的缓存文件，因此判断文件 *file1* 可能有问题，并给出两个可能的原因及解决方案。

（1）多人同时编辑这个文件。Linux 支持多用户多任务，只要用户对这个文件有写权限就可以进行编辑，而不管有无其他人正在编辑。为了防止多人同时保存文件导致文件内容混乱，可以让其他人正常退出 vim 后再继续处理这个文件。

（2）上一次编辑这个文件时遭遇了异常退出。在这种情况下，可以选择使用缓存文件恢复原文件，也可以选择删除缓存文件。可以通过以下按键选择相应的操作。

图 2-34　提示信息

① O，以只读方式打开（open read-only），只能查看这个文件的内容而不能进行编辑操作。

② E，正常打开并编辑（edit anyway），打开文件后可以正常编辑，但很可能和其他用户的操作产生冲突。

③ R，恢复原文件（recover），加载缓存文件以恢复之前未保存的操作。恢复成功后要手动删除缓存文件，否则它会一直存在，导致每次打开文件时都会有提示信息。

④ D，删除缓存文件（delete it），再正常打开文件进行编辑时，vim 会自动创建一个新的缓存文件。

⑤ Q，退出（quit），不进行任何操作而直接退出 vim。

⑥ A，中止（abort），与 Q 类似，直接退出 vim。

任务实训

Linux 系统管理员的日常工作离不开文本编辑器，vim 就是一个功能强大、简单易用的文本编辑工具。vim 有 3 种操作模式，分别是命令模式、插入模式和末行模式。每种模式的功能不同，所能执行的操作也不同。想提高工作效率，就必须熟练掌握 3 种模式的常用操作。

【实训目的】

（1）熟悉 vim 的 3 种操作模式的概念与功能。

（2）掌握 vim 的 3 种操作模式的切换方法。

（3）掌握在 vim 中移动光标的方法。

（4）掌握在 vim 中查找与替换文本的方法。

（5）掌握在 vim 中删除、复制和粘贴文本的方法。

【实训内容】

本实训的主要内容是在 Linux 终端窗口中练习使用 vim 文本编辑器，熟练掌握 vim 的各种操作方法，请按照以下步骤完成本次实训。

（1）在用户 zys 的主目录*/home/zys* 中新建 *tmp* 目录。

（2）切换到 *tmp* 目录，启动 vim，vim 命令后面不加文件名。

（3）进入 vim 插入模式，输入例 2-11 所示的实训测试文本。

（4）将文本内容保存为文件 *freedoms.txt*，并退出 vim。

（5）重新启动 vim，打开文件 *freedoms.txt*。

（6）显示文件行号。

（7）将光标先移动到屏幕中央 1 行，再移动到行尾。

（8）在当前行下方插入新行，并输入内容"The four essential freedoms:"。

（9）将第 4～6 行的"freedom"用"FREEDOM"替换。

（10）将光标移动到第 3 行，并复制第 3～5 行的内容。

（11）将光标移动到文件最后 1 行，并将上一步复制的内容粘贴在最后 1 行上方。

（12）撤销上一步的粘贴操作。

（13）保存文件后退出 vim。

例 2-11：实训测试文本

The four essential freedoms:

A program is free software if the program's users have the four essential freedoms:

The freedom to run the program as you wish, for any purpose (freedom 0).

The freedom to study how the program works, and change it so it does your computing as you wish (freedom 1). Access to the source code is a precondition for this.

The freedom to redistribute copies so you can help others (freedom 2).

The freedom to distribute copies of your modified versions to others (freedom 3). By doing this

项目小结

本项目包含两个任务。任务 2.1 重点介绍了 Linux 图形用户界面的核心 X Window System 及 Linux 的命令行模式。Linux 发行版的图形用户界面越来越人性化，使用起来也越来越方便。CentOS 7.6 使用 GNOME 作为默认的图形用户界面管理器，初次登录时需要完成几步简单的初始化配置。在后续的学习过程中，绝大多数实验是在命令行界面中完成的，因此任务 2.1 还详细介绍了 Linux 命令行的结构和使用方法。任务 2.2 重点介绍了 Linux 操作系统中最常用的 vim 文本编辑器，它在后面的学习中会经常用到。必须非常熟悉 vim 的 3 种工作模式及每种工作模式下所能进行的操作，熟练使用 vim 可以极大地提高工作效率。

项目练习题

1. 选择题

（1）在 vim 中编辑文件时，使用（　　）命令可以显示文件每一行的行号。

  A．number B．display nu C．set nu D．show nu

（2）在 vim 中，要将某文本文件的第 1～5 行的内容复制到文件的指定位置，以下（　　）项的操作能实现该功能。

  A．将光标移动到第 1 行，在末行模式下输入 YY5，然后将光标移动到指定位置，按 P 键

  B．将光标移动到第 1 行，在末行模式下输入 5YY，然后将光标移动到指定位置，按 P 键

  C．末行模式下使用命令 1,5YY，然后将光标移动到指定位置，按 P 键

  D．末行模式下使用命令 1,5Y，然后将光标移动到指定位置，按 P 键

（3）在 vim 中编辑文件时，要将第 7～10 行的内容一次性删除，可以在命令模式下先将光标移到第 7 行，再执行（　　）命令。

  A．DD B．4DD C．DE D．4DE

（4）在 vim 中要自下而上查找字符串"centos"，应该在末行模式下使用（　　）。

  A．/ centos B．? centos C．# centos D．% centos

（5）使用 vim 文本编辑器编辑文件时，在末行模式下输入命令"q!"的作用是（　　）。

  A．保存并退出   B．正常退出

  C．不保存并强制退出   D．文本替换

（6）使用 vim 文本编辑器将文件某行删除后，发现该行内容需要保留，重新恢复该行内容的最佳操作方法是（　　）。

  A．在命令模式下重新输入该行 B．不保存并直接退出 vim，然后重新编辑该文件

  C．在命令模式下按 U 键 D．在命令模式下按 R 键

（7）在 Linux 终端窗口中输入命令时，用（　　）表示命令未结束，在下一行继续输入。

  A．/ B．\ C．& D．;

（8）在用 vim 编辑文件时，能直接在光标所在字符后插入文本的命令是（　　）。

  A．I B．Shift+I C．A D．Shift+O

（9）Linux 图形用户界面的核心是（　　）。

  A．X Window System   B．GNOME

  C．KDE   D．X Protocol

（10）（　　）不是 X Window System 的组成部分。

    A．X Server   B．X Client   C．Xorg   D．X Protocol

（11）X Server 交给 X Client 的信息称为（　　）。

    A．请求   B．输入   C．输出   D．事件

（12）X Client 返回给 X Server 的信息称为（　　）。

    A．请求   B．输入   C．输出   D．事件

（13）在 Linux 命令行提示符中，标识超级用户身份的符号是（　　）。

    A．$ B．#   C．>   D．<

（14）在 Linux 命令中，必需的是（　　）。

    A．命令名   B．选项   C．参数   D．转义符

（15）要想使用 Shell 的自动补全功能，可以输入命令的前几个字符后按（　　）键。

    A．Enter   B．Esc   C．Tab   D．Backspace

（16）（　　）是 Linux 提供的帮助命令。

    A．ls   B．useradd   C．cd   D．man

（17）当命令输出内容过多，想要强行终止命令时，可以按（　　）组合键。

    A．Ctrl+C   B．Ctrl+D   C．Alt+A   D．Ctrl+S

（18）（　　）不是 Linux 命令选项的正确格式。

    A．-l   B．+x   C．--all   D．-al

2．填空题

（1）Linux 操作系统中可以输入命令的操作环境称为_____，负责解释命令的程序是_____。

（2）一个 Linux 命令除了命令名称之外，还包括_____和_____。

（3）Linux 操作系统中的命令_____大小写。在命令行中，可以使用_____键来自动补全命令。

（4）想断开一个长命令行，可以使用_____，以将一个较长的命令分成多行输入。

（5）Linux 图形用户界面的核心是_____。

（6）X Window System 分成 3 个部分，即_____、_____和_____。

（7）vim 有 3 种工作模式，即_____、_____和_____。

（8）打开 vim 后，首先进入的工作模式是_____。

（9）在命令模式中，输入_____和_____可以将光标移动到首行。

（10）在命令模式中，输入_____可以删除光标所在行。

（11）在命令模式中，输入_____可以撤销前一个动作。

（12）在末行模式下，输入_____可以保存文件并退出。

（13）在末行模式下，输入_____可以显示文件行号。

（14）想在 vim 窗口中同时显示多个文件，可以使用 vim 的_____功能。

（15）在命令模式中，输入_____可以进入区块命令模式，光标经过的矩形区域会被选中并高亮显示。

3．简答题

（1）Linux 命令分为哪几个部分？Linux 命令为什么要有参数和选项？

（2）简述 Linux 命令的自动补全功能。

（3）简述 X Window System 的工作原理。

（4）vim 有几种工作模式？简述每种工作模式下能完成的主要功能。

项目3
管理用户、文件和磁盘

03

学习目标

【知识目标】

（1）熟悉Linux用户的类型、用户与用户组的关系。

（2）熟悉Linux用户与用户组的配置文件。

（3）了解文件的基本概念、文件与用户和用户组的关系。

（4）熟悉文件权限的类型与含义。

（5）了解文件访问控制列表的作用和限制。

（6）了解硬盘的组成与分区的基本概念。

（7）了解文件系统的基本概念。

（8）了解磁盘配额的用途和逻辑卷管理器的工作原理。

【技能目标】

（1）熟练使用用户与用户组相关命令，理解常用选项和参数的含义。

（2）能够添加磁盘分区并创建文件系统和挂载点。

（3）掌握使用符号和数字方式修改文件及目录权限的方法。

（4）了解磁盘配额管理的相关命令和步骤。

（5）了解配置逻辑卷管理器的相关命令和步骤。

引例描述

经过这段时间的学习，小朱感觉自己好像发现了"新大陆"。他看到了和Windows操作系统不一样的CentOS 7.6图形用户界面，还认识了令他耳目一新的Shell终端窗口，以及功能强大的vim文本编辑器。看着身边的同事每天对着计算机专注地工作，尤其是看到他们几乎只需要打开一个Shell终端窗口就能完成工作，他忍不住问张经理，在Shell终端窗口中究竟可以做哪些事情？作为资深的Linux用户，张经理告诉小朱，只要打开Shell终端窗口，整个Linux操作系统就在自己的掌控之中了，因为Linux命令就是最强大最高效的"武器"。确实，Linux命令以其统一的结构、强大的功能，成为每个Linux系统管理员不可或缺的工具。但是到目前为止，小朱了解到的Linux命令还是非常有限和简单的。张经理说，要想全面理解和掌握Linux操作系统的强大之处，必须按照不同的Linux主题深入学习。从本项目开始，张经理会按照这个思路指导小朱慢慢揭开CentOS 7.6的"神秘面纱"，逐步走进Shell终端窗口的精彩世界。下面就先从Linux用户和用户组的基本概念和操作开始吧！

///// **任务 3.1** 用户与用户组

任务陈述

Linux 是一个多用户操作系统。用户每次登录时都要输入密码，这是满足 Linux 安全控制的需要。每个用户在系统中有有不同的权限，所能管理的文件、执行的操作也不同。为方便用户管理，Linux 将每个用户分配至一个或多个用户组，只要对用户组设置相应的权限，组中的用户就会自动继承所属用户组的设置。管理用户和用户组是 Linux 系统管理员的一项重要工作。本任务主要介绍用户和用户组的基本概念、用户和用户组的配置文件及管理用户和用户组的常用命令等内容。另外，普通用户有时需要切换到 root 用户执行某些特权操作，因此本任务最后介绍了切换用户的方法。

知识准备

3.1.1 用户与用户组简介

Linux 是一个多用户操作系统，支持多个用户同时登录操作系统。每个用户使用不同的用户名登录操作系统，并且需要提供密码。每个用户的权限不同，所能完成的任务也不同。用户管理是 Linux 安全管理机制的重要一环。通过为不同的用户赋予不同的权限，Linux 能够有效管理系统资源，合理组织文件，实现对文件的安全访问。

为每一个用户设置权限是一项烦琐的工作，而且有些用户的权限是相同的。引入"用户组"的概念可以很好地解决这两个问题。用户组是用户的逻辑组合，为用户组设置相应的权限，组内的用户就会自动继承这些权限。这种方式可以简化用户管理，提高系统管理员的工作效率。

用户和用户组都有一个字符串形式的名称，但其实操作系统使用数字形式的 ID 识别用户和用户组，也就是用户 ID（User ID，UID）和组 ID（Group ID，GID）。这很像人们的姓名与身份证号码的关系，只是在 Linux 操作系统中，用户名是不能重复的。UID 和 GID 是数字，每个用户和用户组都有唯一的 UID 和 GID。

V3-1 Linux 用户和用户组

3.1.2 用户与用户组的配置文件

既然登录时使用的是用户名，而系统内部使用 UID 来识别用户，那么 Linux 如何根据登录名确定其对应的 UID 和 GID 呢？这就涉及用户和用户组的配置文件的知识了。

1. 用户配置文件

（1）*/etc/passwd* 文件。

在 Linux 操作系统中，与用户相关的配置文件有两个——*/etc/passwd* 和 */etc/shadow*。前者记录用户的基本信息，后者和用户的密码相关。下面先来查看文件 */etc/passwd* 的内容，如例 3-1 所示。

V3-2 用户与用户组的配置文件

例 3-1：/etc/passwd 文件的内容

```
[zys@centos7 ~]$ ls  -l  /etc/passwd
-rw-r--r--.  1  root  root  2259  6 月 6 06:24  /etc/passwd
[zys@centos7 ~]$ cat  /etc/passwd
```

```
root:x:0:0:root:/root:/bin/bash            <== 每一行代表一个用户
bin:x:1:1:bin:/bin:/sbin/nologin
…
zys:x:1000:1000:zys:/home/zys:/bin/bash
```

文件/etc/passwd 中的每一行代表一个用户。可能大家会有这样的疑问：安装操作系统时，除了默认创建的 root 用户外，只是手动添加了 zys 这一个用户，为什么文件/etc/passwd中会出现这么多用户？其实，这里的大多数用户是系统用户（又称伪用户），不能使用这些用户直接登录系统，但它们是系统进程正常运行所必需的。不能随意修改系统用户，否则很可能导致依赖它们的系统服务无法正常运行。每一行的用户信息都包含 7 个字段，用"："分隔，其格式如下。

用户名:密码:UID:GID:用户描述:主目录:默认 Shell

下面介绍每个字段的含义。

① 用户名。用户名就是一个代表用户身份的字符串。前文说过，用户名只是为了方便人们记忆，操作系统真正用于识别用户身份的是 UID。文件/etc/passwd记录了用户名和 UID 的对应关系。

② 密码。在文件/etc/passwd 中，所有用户的密码都是"x"，这并不代表所有用户的密码都相同。早期的 UNIX 操作系统使用这个字段保存密码，因为文件/etc/passwd 可以被所有用户读取，很容易造成密码泄漏，所以后来就把用户的密码转移到文件/etc/shadow 中，而文件/etc/passwd 中的这个字段就用"x"填充。

③ UID。UID 是一个用于标识用户身份的数字，不同范围的 UID 表示不同身份的用户，UID 的含义如表 3-1 所示。

表 3-1 UID 的含义

UID 范围	用户身份
0	UID 为 0 的用户是系统超级用户（系统管理员），默认是 root 用户。如果把一个用户的 UID 改为 0，则它会具有和 root 相同的权限。系统中的超级用户可以有多个，但一般不建议这么做，因为有可能让系统管理变得混乱，也会增加系统风险
1~999	这一部分数字保留给系统用户使用。通常，这一部分用户又被分为以下两类。 1~200：操作系统自行建立的系统用户。 201~999：若用户有系统用户需求，则可以使用这一部分数字
1000~65535	给普通用户使用。例 3-1 显示的 zys 用户的 UID 就是 1000。新版本的 Linux 内核（3.10.x 以后）支持的最大 UID 是 $2^{32}-1$

④ GID。GID 和 UID 类似，是一个用于标识用户组的数字标识符，下文会详细介绍用户组。

⑤ 用户描述。这是关于用户特征的简要说明，对于系统管理而言并不是必需的。

⑥ 主目录。这个字段记录的是前面多次提到的用户主目录，也就是用户登录终端窗口后默认的工作目录。一般来说，root 用户的主目录是/root，普通用户的主目录就是/home 目录中和用户名同名的子目录。例如，用户 zys 的主目录默认是/home/zys。

⑦ 默认 Shell。这个字段表示用户使用哪种类型的 Shell。Linux 操作系统中提供了几种不同的Shell，CentOS 7.6 默认使用的是 Bash。如果把这个字段修改为/sbin/nologin，则意味着禁止用户使用 Shell 环境。

（2）/etc/shadow 文件。

/etc/shadow 文件的内容如例 3-2 所示。

例 3-2：/etc/shadow 文件的内容

```
[zys@centos7 ~]$ cat  /etc/shadow
cat: /etc/shadow: 权限不够          <== zys 用户无法打开/etc/shadow
[zys@centos7 ~]$ su  -  root        // 切换到 root 用户
```

密码：　　　　　　　　　　　　　　　<==在这里输入 root 用户的密码

上一次登录: 五 7 月 5 04:41:45 CST 2019pts/0 上

[root@centos7 ~]# cat /etc/shadow

root:6HDuTz2ix$8fWhVGBN1H44qs45V8iCFuQheAOgWB0hDjNm21rf4kbjwpSlGW/MS3wq8B
9BimmwvnGxfH78xKEVT90PEG/cw1:18604:0:99999:7:::

…

zys:6EemsCgfl$6IJKmZhi9r/T6s1cdO1bMq1.Y.FnmsXXMeol8vh4kKMTUhH.asOJl./9RTQ90Ti
GdcvKEiX27TKiqeRuptf.F/:18614:0:99999:7:::

普通用户无法打开文件*/etc/shadow*，必须使用 root 用户才能打开，这主要是为了防止泄漏用户
的密码信息。文件*/etc/shadow*的每一行代表一个用户，包含用“:”分隔的 9 个字段。第 1 个字段是
用户名，第 2 个字段是加密后的密码。密码之后的几个字段分别表示最近一次密码修改日期、最小修
改时间间隔、密码有效期、密码到期前的警告天数、密码到期后的宽限天数、账号失效日期（不管密
码是否到期）、保留使用。这里不详细介绍每个字段的含义，大家可通过使用“man 5 shadow”命令
查看文件*/etc/shadow*中各字段的具体含义。

2. 用户组配置文件

用户组的配置文件是*/etc/group*，其内容如例 3-3 所示。

例 3-3：*/etc/group* 文件的内容

[zys@centos7 ~]$ cat /etc/group

root:x:0:

bin:x:1:

…

zys:x:1000:zys

和文件*/etc/passwd*类似，文件*/etc/group* 中的每一行代表一个用户组，包含用“:”分隔的 4 个
字段，每个字段的含义解释如下。

（1）组名：和用户名一样，给每个用户组设置一个易于理解和记忆的名称。

（2）组密码：组密码本来是指定给组管理员使用的，但该功能已很少使用，因此这里全用“x”替代。

（3）GID：这是每个用户组的数字标识符，和文件*/etc/passwd*中第 4 个字段的 GID 相对应。

（4）组内用户：每个组包含的用户，列出了具体的用户名。

3.1.3　管理用户与用户组

下面先来了解用户和用户组的关系，然后分别介绍管理用户和用户组的具体方法，最后介绍几个
和用户管理相关的命令。

1. 用户与用户组的关系

一个用户可以只属于一个用户组，也可以属于多个用户组。一个用户组可以只包含一个用户，也
可以包含多个用户。因此，用户和用户组存在一对一、一对多、多对一和多对多 4 种对应关系。当一
个用户属于多个用户组时，就有了主组（又称初始组）和附加组的概念。

用户的主组指的是只要用户登录到系统，就自动拥有这个组的权限。一般来说，当添加新用户时，
如果没有明确指定用户所属的组，那么系统会默认创建一个和该用户同名的用户组，这个用户组就是
用户的主组。用户的主组是可以修改的，但每个用户只能有一个主组。除了主组外，用户加入的其他
组称为附加组。一个用户可以同时加入多个附加组，并且拥有每个附加组的权限。注意，文件
*/etc/passwd*中第 4 个字段的 GID 指的是用户主组的 GID。

2. 管理用户

（1）新增用户。

使用 useradd 命令可以非常方便地新增一个用户。useradd 命令的基本语法如下。

```
useradd [-d|-u|-g|-G|-m|-M|-s|-c|-r |-e|-f] [参数] 用户名
```

虽然 useradd 命令提供了非常多的选项，但其实不使用任何选项就可以创建一个用户，因为 useradd 命令定义了很多默认值。不使用任何选项时，useradd 命令默认执行以下操作。

① 在文件*/etc/passwd* 中新增一行与新用户相关的数据，包括 UID、GID、主目录等。

② 在文件*/etc/shadow* 中新增一行与新用户相关的密码数据，但此时密码为空。

③ 在文件*/etc/group* 中新增一行与新用户同名的用户组。

④ 在目录*/home* 中创建与新用户同名的目录，并将其作为新用户的主目录。

useradd 命令的基本用法如例 3-4 所示。

例 3-4：useradd 命令的基本用法——不加任何选项

```
[root@centos7 ~]# useradd  shaw                   // 创建新用户
[root@centos7 ~]# grep  shaw  /etc/passwd         // 新增用户信息
shaw:x:1001:1001::/home/shaw:/bin/bash
[root@centos7 ~]# grep  shaw  /etc/shadow         // 新增用户密码信息
shaw:!!:18647:0:99999:7:::
[root@centos7 ~]# grep  shaw  /etc/group          // 创建同名用户组
shaw:x:1001:
[root@centos7 ~]# ls  -ld  /home/ shaw            // 创建同名主目录
drwx------.  3   shaw    shaw    78   1月 20 10:08        /home/shaw
```

显然，useradd 命令帮助用户指定了新用户的 UID、GID 及主组等。如果不想使用这些默认值，则要利用选项加以明确指定。useradd 命令的常用选项及其功能说明如表 3-2 所示。

表 3-2 useradd 命令的常用选项及其功能说明

选项	功能说明
-d *homedir*	指定用户的主目录，必须使用绝对路径
-u *uid*	指定用户的 UID
-g *gid* | *gname*	指定用户主组的 GID 或组名，必须是已经存在的组
-G *groups*	指定用户的附加组，如果有多个附加组，则用","分隔
-m	强制建立用户的主目录，这是普通用户的默认值
-M	不建立用户的主目录，这是系统用户的默认值
-s *shell*	指定用户的默认 Shell
-c *comment*	关于用户的简短描述，即*/etc/passwd* 文件的第 5 个字段
-r	创建一个系统用户（UID 在 1000 以内）
-e *expiredate*	指定账号失效日期，即*/etc/shadow* 文件的第 8 个字段，格式为 YYYY-MM-DD
-f *inactive*	用户密码到期后的宽限天数，即*/etc/shadow* 文件的第 7 个字段。0 表示立即失效，-1 表示永远不失效

例如，要创建一个名为 tong 的新用户，并手动指定其 UID 和主组，方法如例 3-5 所示。

例 3-5：useradd 命令的基本用法——手动指定 UID 和主组

```
[root@centos7 ~]# useradd -u 1234 -g zys tong // 手动指定 UID 和主组
[root@centos7 ~]# grep tong /etc/passwd
tong:x:1234:1000::/home/tong:/bin/bash          <== 1000 是 zys 用户组的 GID
[root@centos7 ~]# grep tong /etc/group          // 未创建同名用户组
```

（2）设置用户密码。

使用 useradd 命令创建用户时并没有为用户设置密码，因此用户无法登录系统。可以使用 passwd 命令为用户设置密码。passwd 命令的基本语法如下。

V3-3 useradd
命令的常用选项

```
passwd [-l|-u|-S|-n|-x|-w|-i] [参数] [用户名]
```

passwd 命令的常用选项及其功能说明如表 3-3 所示。

表 3-3　passwd 命令的常用选项及其功能说明

选项	功能说明
-l	锁定用户，即"lock"。在文件*/etc/shadow*的第 1 个字段前加"！"使密码无效，只有 root 用户能够使用该选项
-u	解锁用户，即"unlock"，作用与-l 选项相反，只有 root 用户能够使用该选项
-S	查询用户密码的相关信息，即查询文件*/etc/shadow*的内容
-n　*mindays*	密码修改后多长时间内不能再修改密码，即文件*/etc/shadow*的第 4 个字段
-x　*maxdays*	密码有效期，即文件*/etc/shadow*的第 5 个字段
-w　*warndays*	密码到期前的警告天数，即文件*/etc/shadow*的第 6 个字段
-i　*inactivedays*	密码失效日期，即文件*/etc/shadow*的第 7 个字段

　　root 用户可以为所有普通用户修改密码，如例 3-6 所示。如果输入的密码太简单，则系统会给出提示，但是可以忽略这个提示继续操作。在实际的生产环境中，强烈建议大家设置相对复杂的密码以增加系统的安全性。

例 3-6：passwd 命令的基本用法 1——root 用户为普通用户修改密码

```
[root@centos7 ~]# passwd  zys        // 以 root 用户身份修改 zys 用户的密码
更改用户 zys 的密码 。
新的 密码：                           <== 在这里输入 zys 用户的密码
无效的密码： 密码少于 8 个字符         <== 提示密码太简单，可以忽略
重新输入新的 密码：                   <== 再次输入新密码
passwd：所有的身份验证令牌已经成功更新。
```

　　每个用户都可以修改自己的密码。此时，只要以自己的身份执行 passwd 命令即可，不需要用户名作为参数，如例 3-7 所示。

例 3-7：passwd 命令的基本用法 2——普通用户修改自己的密码

```
[zys@centos7 ~]$ passwd             // 修改自己的密码，无须输入用户名
更改用户 zys 的密码。
为 zys 更改 STRESS 密码。
（当前）UNIX 密码：                  <== 在这里输入原密码
新的 密码：                          <== 在这里输入新密码
无效的密码： 密码少于 8 个字符        <== 新密码太简单，不满足复杂性要求
新的 密码：                          <== 重新输入新密码
重新输入新的 密码：                  <== 再次输入新密码
passwd：所有的身份验证令牌已经成功更新。
```

　　普通用户修改密码与 root 用户修改密码有几点不同。第一，普通用户只能修改自己的密码，因此在 passwd 命令后不用输入用户名；第二，普通用户修改密码前必须输入自己的原密码，这是为了验证用户的身份，防止密码被其他用户恶意修改；第三，普通用户修改密码时必须满足密码复杂性要求，这是强制的要求而非普通的提示。下面给出一个使用特定选项修改用户密码信息的例子，如例 3-8 所示。该例中，zys 用户的密码 10 天内不允许修改，但 30 天内必须修改，而且密码到期前 5 天会有提示。

例 3-8：passwd 命令的基本用法 3——使用特定选项修改用户密码信息

```
[root@centos7 ~]# passwd  -n  10  -x  30  -w  5  zys
调整用户密码老化数据 zys。
passwd：操作成功
```

　　（3）修改用户信息。

　　如果使用 useradd 命令新建用户时指定了错误的参数，或者因为其他某些情况想修改一个用户的信息，则可以使用 usermod 命令。usermod 命令主要用于修改一个已经存在的用户的信息，它的参数和 useradd 命令非常相似，大家可以借助 man 命令进行查看，这里不再讲解。下面给出一个修改

用户信息的例子，如例 3-9 所示。

例 3-9：usermod 命令的基本用法——修改用户的 UID 和主组

```
[root@centos7 ~]# grep  shaw  /etc/passwd
shaw:x:1001:1001::/home/shaw:/bin/bash
[root@centos7 ~]# usermod  -d  /home/shaw2  -u  1111  -g  1000  shaw
[root@centos7 ~]# grep  shaw  /etc/passwd
shaw:x:1111:1000::/home/shaw2:/bin/bash        <== GID 为 1000，表示 zys 组
```

请仔细观察使用 usermod 命令修改用户 shaw 的信息后，文件*/etc/passwd*中相关数据的变化，并思考：如果在 usermod 命令中指定的用户主目录*/home/shaw2*并不存在，那么 usermod 命令会自动创建该目录吗？请大家自己动手验证。

（4）删除用户。

使用 userdel 命令可以删除一个用户。前面说过，使用 useradd 命令新建用户的主要操作是在几个文件中添加用户信息，并创建用户主目录。相应的，userdel 命令就是要删除这几个文件中对应的用户信息，但要使用-r 选项才能同时删除用户主目录。例 3-10 演示了删除用户 shaw 前后相关文件的内容变化。注意到删除用户 shaw 时并没有同时删除同名的 shaw 组，因为在例 3-9 中已经把 shaw 用户的主组修改为 zys 组。可是 zys 组也没有被删除，这又是为什么呢？请大家思考这个问题。

例 3-10：userdel 命令的基本用法

```
// 下面 4 条命令用于显示删除用户 shaw 前的文件内容
[root@centos7 ~]# grep  shaw  /etc/passwd
shaw:x:1111:1000::/home/shaw2:/bin/bash
[root@centos7 ~]# grep  shaw  /etc/shadow
shaw:!!:18647:0:99999:7:::
[root@centos7 ~]# grep  shaw  /etc/group
shaw:x:1001:
[root@centos7 ~]# ls  -ld  /home/shaw2
drwxr-xr-x.  2  shaw    zys   6  1 月 20 10:14        /home/shaw2
[root@centos7 ~]# userdel  -r  shaw     // 删除用户 shaw，并删除用户主目录
userdel: 组"shaw"没有移除，因为它不是用户 shaw 的主组
// 下面的命令用于显示删除用户 shaw 后的文件内容
[root@centos7 ~]# grep  shaw  /etc/passwd
[root@centos7 ~]# grep  shaw  /etc/shadow
[root@centos7 ~]# grep  shaw  /etc/group
shaw:x:1001:         <== 没有删除 shaw 组
[root@centos7 ~]# grep  zys  /etc/group
zys:x:1000:zys        <== 也没有删除 zys 组
[root@centos7 ~]# ls  -ld  /home/shaw2
ls: 无法访问/home/shaw2: 没有那个文件或目录     <== 用户主目录一同被删除
```

3. 管理用户组

前面已经介绍了如何管理用户，下面介绍几个和用户组相关的命令。

（1）groupadd 命令。

groupadd 命令用于新增用户组，用法比较简单，在命令后加上组名即可。其最常用的选项有两个：-r 选项，用于创建系统群组；-g 选项，用于手动指定用户组 ID，即 GID。groupadd 命令的基本用法如例 3-11 所示。

例 3-11：groupadd 命令的基本用法

```
[root@centos7 ~]# groupadd  devteam              // 新增用户组
```

```
[root@centos7 ~]# grep  devteam  /etc/group
devteam:x:1002:              <== 在/etc/group 文件中添加用户组信息
[root@centos7 ~]# groupadd  -g  1008  ict      // 添加用户组时指定 GID
[root@centos7 ~]# grep  ict  /etc/group
ict:x:1008:
```

（2）groupmod 命令。

groupmod 命令用于修改用户组信息，可以使用-g 选项修改 GID，或者使用-n 选项修改组名。groupmod 命令的基本用法如例 3-12 所示。

例 3-12：groupmod 命令的基本用法

```
[root@centos7 ~]# grep  ict  /etc/group
ict:x:1008:              <== 原 GID 为 1008
[root@centos7 ~]# groupmod  -g  1100  ict        // 修改 GID
[root@centos7 ~]# grep  ict  /etc/group
ict:x:1100:              <== GID 已修改
[root@centos7 ~]# groupmod  -n  newict  ict        // 修改组名
[root@centos7 ~]# grep  ict  /etc/group
newict:x:1100:           <== 组名已修改
```

如果随意修改用户名、组名、UID 或 GID，则很容易使用户信息混乱。建议在做好规划的前提下修改这些信息，或者先删除旧的用户和用户组，再建立新信息。

（3）groupdel 命令。

groupdel 命令的作用与 groupadd 命令正好相反，用于删除已有的用户组。groupdel 命令的基本用法如例 3-13 所示。

例 3-13：groupdel 命令的基本用法

```
[root@centos7 ~]# grep  zys  /etc/passwd
zys:x:1000:1000::/home/zys:/bin/bash
[root@centos7 ~]# grep  -E  'zys|newict'  /etc/group // 查找 zys 和 newict 两个用户组
zys:x:1000:zys
newict:x:1100:
[root@centos7 ~]# groupdel  newict                // 删除用户组 newict
[root@centos7 ~]# grep  newict  /etc/group          // newict 删除成功
[root@centos7 ~]# groupdel  zys
groupdel: 不能移除用户"zys"的主组              <== 删除 zys 失败
```

可以看到，删除用户组 newict 是没有问题的，但删除用户组 zys 却没有成功。其实提示信息解释得非常清楚，因为用户组 zys 是用户 zys 的主组，所以不能删除。也就是说，待删除的用户组不能是任何用户的主组。如果想删除用户组 zys，则必须先将用户 zys 的主组修改为其他组，请大家自己动手练习，这里不再演示。

4．其他用户管理相关命令

下面再介绍几个和用户管理相关的命令。

（1）id 命令和 groups 命令。

id 命令用于查看用户的 UID、GID 和附加组信息。id 命令的用法非常简单，只要在命令后面加上用户名即可。groups 命令主要用于显示用户的组信息，其效果与 id -Gn 命令相同。id 和 groups 命令的基本用法如例 3-14 所示。

V3-4　其他用户
管理相关命令

例 3-14：id 和 groups 命令的基本用法

```
[root@centos7 ~]# id  zys                              // 查看 zys 用户的相关信息
uid=1000(zys) gid=1000(zys) 组=1000(zys)
```

```
[root@centos7 ~]# usermod  -G  devteam  zys       // 将 zys 用户添加到 devteam 组中
[root@centos7 ~]# id  zys
uid=1000(zys) gid=1000(zys) 组=1000(zys),1002(devteam)
[root@centos7 ~]# groups  zys                      // 查看用户组信息
zys : zys devteam        <== 附加组中出现 devteam
```

（2）groupmems 命令。

groupmems 命令可以把一个用户添加到一个附加组中，也可以从一个组中移除一个用户。groupmems 命令的常用选项及其功能说明如表 3-4 所示。

表 3-4 groupmems 命令的常用选项及其功能说明

选项	功能说明
-a *username*	把用户添加到组中
-d *username*	从组中移除用户
-g *grpname*	目标用户组
-l	显示组成员
-p	删除组中的所有用户

groupmems 命令的基本用法如例 3-15 所示。

例 3-15：groupmems 命令的基本用法

```
[root@centos7 ~]# groupmems  -l  -g  devteam        // 查看用户组中有哪些用户
zys    <==当前只有 zys 一个用户
[root@centos7 ~]# groupmems  -a  tong  -g  devteam   // 向 devteam 组中添加用户 tong
[root@centos7 ~]# groupmems  -l  -g  devteam
zys  tong
[root@centos7 ~]# groupmems  -d  tong  -g  devteam   // 从 devteam 组中移除用户 tong
[root@centos7 ~]# groupmems  -l  -g  devteam
zys
```

（3）newgrp 命令。

先来回顾经常使用的 ls -l 命令的输出，如例 3-16 所示。

例 3-16：ls -l 命令的输出

```
[zys@centos7 tmp]$ groups  zys       // 当前登录用户是 zys
zys : zys devteam            <== 主组是 zys，它同时属于附加组 devteam
[zys@centos7 tmp]$ touch  file1
[zys@centos7 tmp]$ ls  -l  file1
-rw-rw-r--. 1 zys zys      0   1月 20 11:06      file1     <== 文件 file1 的属组是 zys
```

在例 3-16 中，用户 zys 的主组是 zys，同时，用户 zys 属于附加组 devteam。当用户 zys 新建一个文件 file1 时，通过 ls -l 命令查看可知，file1 的所有者（第 3 列）是 zys，属组（第 4 列）是 zys。现在的问题是，当一个用户属于多个附加组时，系统会选择哪一个组作为文件的属组？其实，被选中的这个组被称为用户的有效用户组。默认情况下，有效用户组就是用户的主组，可以通过 newgrp 命令进行修改。newgrp 命令的基本用法如例 3-17 所示。

例 3-17：newgrp 命令的基本用法

```
[zys@centos7 tmp]$ newgrp  devteam       // 设置 devteam 为有效用户组
[zys@centos7 tmp]$ touch  file2
[zys@centos7 tmp]$ ls  -l
-rw-rw-r--.  1   zys  zys      0   1月 20 11:06     file1 <==文件 file1 的属组为 zys
-rw-r--r--.  1   zys  devteam 0   1月 20 11:08     file2 <== 文件 file2 的属组为 devteam
```

有效用户组主要用于确定新建文件或目录时的属组。需要注意的是，使用 newgrp 命令修改用户的有效用户组时，只能从附加组中选择。

（4）chage 命令。

前面介绍过带-S 选项的 passwd 命令可以显示用户的密码信息，chage 命令也具有这个功能，且显示的信息更加详细。chage 命令的基本用法如例 3-18 所示。chage 命令还可以修改用户的密码信息，大家可参考 man 命令提供的说明自己进行练习，这里不再讲解。

例 3-18：chage 命令的基本用法

```
[root@centos7 ~]# passwd  -S  zys
zys PS 2021-01-20 0 99999 7 -1 (密码已设置，使用 SHA512 算法。)
[root@centos7 ~]# chage  -l  zys
最近一次密码修改时间                       : 1 月 20, 2021
密码过期时间                            : 从不
密码失效时间                            : 从不
账户过期时间                            : 从不
两次改变密码之间相距的最小天数              : 0
两次改变密码之间相距的最大天数              : 99999
在密码过期之前警告的天数                   : 7
```

3.1.4　切换用户

不同的用户有不同的权限，有时需要在不同的用户之间进行切换，本小节介绍使用 su 命令切换用户的方法。在知识拓展部分，还将学习使用 sudo 命令切换用户的方法。

切换用户最常使用的命令是 su。可以从 root 用户切换到普通用户，也可以从普通用户切换到 root 用户。su 命令的基本用法如例 3-19 所示。exit 命令的作用是退出当前登录用户。

例 3-19：su 命令的基本用法

```
[zys@centos7 ~]$ su - root        // 从用户 zys 切换到 root 用户
密码：          <== 在这里输入 root 用户的密码
上一次登录：三 1 月 20 09:30:43 CST 2021:0 上
[root@centos7 ~]# su - zys        // 从 root 用户切换到普通用户，不需要输入密码
[zys@centos7 ~]$ exit             // 退出用户 zys，返回 root 用户
登出
[root@centos7 ~]# exit            // 退出 root 用户，返回用户 zys
登出
[zys@centos7 ~]$
```

如果只想使用 root 用户的身份执行一条特权命令，而且执行之后立刻恢复为普通用户，那么可以使用 su 命令的-c 选项，如例 3-20 所示。此例中，文件/etc/shadow 只有 root 用户有权查看，-c 选项后的命令表示使用 grep 命令查看这个文件，命令执行完毕之后终端窗口的当前用户仍然是 zys。

例 3-20：su 命令的基本用法—— -c 选项的用法

```
[zys@centos7 ~]$ su - -c "grep zys /etc/shadow"        // 注意两个 "-" 之间有空格
密码：          <== 在这里输入 root 用户的密码
zys:$6$R6Ek6cLg$83b48kRRxLv1/K5GkgQialMc0d9QqNZlhEE40B3ZlwJG/5ecJx.dW3qiJ9rdcw
ZyoEeM8e9erkms0nEhQwwLS.:18647:0:99999:7:::
[zys@centos7 ~]$           // 当前用户仍然是 zys
```

从普通用户切换到 root 用户时，需要提供 root 用户的密码。但是从 root 用户切换到普通用户时，

不需要输入普通用户的密码。试想，既然 root 用户有权限删除普通用户，自然没有理由要求它提供普通用户的密码。另外，su 命令之后的减号"–"对用户切换前后的环境变量有很大的影响。环境变量的具体介绍详见项目 4，在项目 4 中也将继续演示 su 命令的使用方法。

V3-5　su 和 sudo
命令

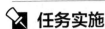 **任务实施**

实验：管理用户和用户组

张经理所在的科技信息部最近进行了组织结构调整。调整后，整个部门分为软件开发和运行维护两大中心。作为公司各类服务器的总负责人，张经理最近一直忙着重新规划调整公司服务器的使用。以软件开发中心为例，开发人员分为开发一组和开发二组。张经理要在开发服务器上为每个开发人员创建新用户、设置密码、分配权限等。开发服务器安装了 CentOS 7.6，张经理打算利用这次机会向小朱讲解在 CentOS 7.6 中如何管理用户和用户组。

第 1 步，登录到开发服务器，在一个终端窗口中，使用 su – root 命令切换到 root 用户。张经理提醒小朱，用户和用户组管理属于特权操作，必须使用 root 用户执行。

第 2 步，使用 cat /etc/passwd 命令查看系统当前有哪些用户。在这一步，张经理让小朱判断哪些用户是系统用户，哪些是之前为开发人员创建的普通用户，并说明判断的依据。

第 3 步，使用 groupadd 命令为开发一组和开发二组分别创建一个用户组，组名分别是 devteam1 和 devteam2。

第 4 步，张经理为开发一组创建新用户 xf、设置初始密码"xf@171123"，并将其添加到用户组 devteam1 中。以上 4 步涉及的命令如例 3-21.1 所示。

例 3-21.1：管理用户和用户组——创建用户和用户组

```
[root@centos7 ~]# groupadd   devteam1
[root@centos7 ~]# groupadd   devteam2
[root@centos7 ~]# useradd   xf
[root@centos7 ~]# passwd   xf
…
[root@centos7 ~]# groupmems  -a  xf  -g  devteam1
```

反应敏捷的小朱对张经理说，useradd 命令会使用默认的参数创建新用户，现在文件*/etc/passwd* 中肯定多了一条关于用户 xf 的信息，文件*/etc/shadow* 和*/etc/group* 也是如此，而且用户 xf 的默认主目录*/home/xf*也已被默认创建。其实，这也是张经理想对小朱强调的内容。张经理请小朱验证刚才的想法。例 3-21.2 是小朱使用的命令及输出内容。

例 3-21.2：管理用户和用户组——验证用户相关文件

```
[root@centos7 ~]# grep  xf  /etc/passwd
xf:x:1003:1006::/home/xf:/bin/bash
[root@centos7 ~]# grep  xf  /etc/shadow
xf:$6$Tg1TpWAK$DaW6M2qti…….
[root@centos7 ~]# grep  xf  /etc/group
devteam1:x:1004:xf
xf:x:1006:
[root@centos7 ~]# ls  -ld  /home/xf
drwx------.   3   xf   xf   78   1月 30 16:08          /home/xf
[root@centos7 ~]# id  xf
```

```
        uid=1003(xf) gid=1006(xf) 组=1006(xf),1004(devteam1)
```

第 5 步，采用同样的方法，为开发二组创建新用户 wbk、设置初始密码"wbk@171201"，并将其添加到用户组 devteam2 中，如例 3-21.3 所示。

例 3-21.3：管理用户和用户组——为开发二组创建用户

```
[root@centos7 ~]# useradd  wkb
[root@centos7 ~]# passwd  wkb
…
[root@centos7 ~]# groupmems  -a  wkb  -g  devteam2
```

这一次张经理不小心把用户名设为 wkb，眼尖的小朱发现了这个错误，提醒张经理需要撤销刚才的操作后再新建用户。

第 6 步，张经理夸奖小朱工作很认真，并请小朱完成后面的操作，如例 3-21.4 所示。

例 3-21.4：管理用户和用户组——重新创建开发二组用户

```
[root@centos7 ~]# groupmems  -d  wkb  -g  devteam2
[root@centos7 ~]# userdel  -r  wkb
[root@centos7 ~]# useradd  wbk
[root@centos7 ~]# passwd  wbk
…
[root@centos7 ~]# groupmems  -a  wbk  -g  devteam2
[root@centos7 ~]# id  wbk
uid=1004(wbk) gid=1007(wbk) 组=1007(wbk),1005(devteam2)
```

第 7 步，张经理还要创建一个开发中心负责人的用户 ss，并将其加入用户组 devteam1 和 devteam2，如例 3-21.5 所示。

例 3-21.5：管理用户和用户组——创建开发中心负责人用户

```
[root@centos7 ~]# useradd  ss
[root@centos7 ~]# passwd  ss
…
[root@centos7 ~]# groupmems  -a  ss  -g  devteam1
[root@centos7 ~]# groupmems  -a  ss  -g  devteam2
[root@centos7 ~]# id  ss
uid=1005(ss) gid=1008(ss) 组=1008(ss),1004(devteam1),1005(devteam2)
```

还有十几个用户需要执行类似的操作，张经理没有一一演示。他让小朱在自己的虚拟机中先操作一遍，并且记录整个实验过程。如果没有问题，剩下的工作就由小朱来完成。小朱很感激张经理的信任，马上打开自己的计算机开始练习。最终，小朱圆满完成了张经理交代的任务，得到了张经理的肯定和赞许。

知识拓展

sudo 命令

普通用户切换到 root 用户的主要目的是执行一些特权操作，但这要求普通用户拥有 root 用户的密码。如果系统中的多个普通用户都有执行特权操作的需求，则必须告知这些普通用户 root 用户的密码。一旦某个普通用户不小心对外泄露了该密码，就相当于守护系统安全的大门被打开了，这会给操作系统带来极大的安全隐患。

普通用户使用 sudo 命令可以在不知道 root 用户密码的情况下执行某些特权操作，前提是 root 用户授予普通用户使用 sudo 命令执行这些特权操作的权限。当普通用户执行 sudo 命令时，操作系统先在文件 /etc/sudoers 中检查该普通用户是否有执行 sudo 命令的权限。如果有这个权限，则系统会要求普通用户输入自己的密码加以确认，密码验证通过后系统就会执行 sudo 命令后续的命令。

默认情况下只有 root 用户能够执行 sudo 命令。要想让普通用户也有执行 sudo 命令的权限，root 用户必须正确配置文件*/etc/sudoers*。该文件有特殊的格式要求，如果用 vim 文本编辑器直接修改，则很可能违反它的语法规则。建议大家通过 visudo 命令进行修改。visudo 命令使用 vi 文本编辑器打开文件*/etc/sudoers*，但在退出时会检查语法是否正确，如果配置错误，则会有相应提示。下面针对不同的应用场景介绍文件*/etc/sudoers* 的配置方法。

（1）为单个用户配置执行 sudo 命令的权限。

假设现在要赋予用户 zys 使用 sudo 命令的权限，并且可以切换到 root 用户执行任意的操作。需要以 root 用户的身份执行 visudo 命令，然后在打开的文件中找到类似下面的一行（在本例中是第 100 行），如例 3-22 所示。

例 3-22：sudo 命令结构

```
[root@centos7 ~]# visudo          // 以 root 用户身份执行 visudo 命令
 99   ## Allow root to run any commands anywhere
100   root    ALL=(ALL)       ALL
```

在本例中，第 100 行是需要关注的内容。这一行其实包含了 4 个部分，各部分的含义如下。

➤ 第 1 部分是一个用户的账号，表示允许哪个用户使用 sudo 命令。本例中为 root 用户。

➤ 第 2 部分表示用户登录系统的主机，即用户通过哪台主机登录本 Linux 操作系统。ALL 表示所有的主机，即不限制登录主机。本例中为 ALL。

➤ 第 3 部分是可以切换的用户身份，即使用 sudo 命令可以切换到哪个用户执行命令。ALL 表示可以切换到任意用户。本例中为 ALL。

➤ 第 4 部分是可以执行的实际命令。命令必须使用绝对路径表示。ALL 表示可以执行任意命令。本例中为 ALL。

因此，上面这一行的意思就是 root 用户可以从任意主机登录到本系统，切换到任意用户执行任意命令。复制这一行的内容，然后把第 1 部分改为 zys，就可以让用户 zys 切换到 root 用户执行任意命令。如果想要切换到其他普通用户，只需在-u 选项后指定用户名即可，如例 3-23 所示。

例 3-23：sudo 命令的基本用法——配置单一用户权限

```
[root@centos7 ~]# visudo                       // 以 root 用户身份执行 visudo 命令
 99   ## Allow root to run any commands anywhere
100   root    ALL=(ALL)       ALL
101   zys     ALL=(ALL)       ALL          <== 添加这一行内容，然后退出 visudo
// 下面的操作以用户 zys 的身份执行
[zys@centos7 ~]$ sudo  grep  zys  /etc/shadow          // 切换到 root 用户执行 grep 命令
…
[sudo] zys 的密码：                  <== 注意，这里输入的是用户 zys 的密码
zys:$6$R6Ek6cLg$83b48kRRxLv1/K5GkgQialMc0d9QqNZlhEE40B3ZlwJG/5ecJx.dW3qiJ9rdcw
ZyoEeM8e9erkms0nEhQwwLS.:18647:0:99999:7:::          <== 这一行是 grep 命令的输出
[zys@centos7 ~]$ sudo  -u  xf  touch  /tmp/sudo_test    // 切换到用户 xf 执行 touch 命令
[zys@centos7 ~]$ ls  -l  /tmp/sudo_test
-rw-r--r--.   1   xf    xf    0    1月 20 10:19        /tmp/sudo_test
```

（2）为用户组配置执行 sudo 命令的权限。

引入用户组的概念是为了更方便地管理具有相同权限的用户，配置 sudo 命令时同样可以利用这一便利。如果想为某个用户组的所有用户赋予使用 sudo 命令的权限，则可以采用例 3-24 所示的方法（第 108 行），只要把第一部分改为 "%*组名*" 即可。本例中，用户组 devteam 中的所有用户都将拥有执行 sudo 命令的权限。使用这种方法配置 sudo 命令的好处如下：如果日后新建了一个用户，

并且把它加入了 devteam 用户组，那么该用户将自动拥有执行 sudo 命令的权限，不需要额外配置。

例 3-24：sudo 命令的基本用法——配置用户组权限

```
[root@centos7 ~]# visudo                // 以 root 用户身份执行 visudo 命令
 106 ## Allows people in group wheel to run all commands
 107 %wheel  ALL=(ALL)        ALL       <== 这一行是原来的内容，wheel 表示某个用户组
 108 %devteam  ALL=(ALL)       ALL       <== 添加这一行，然后退出 visudo
```

如果对某个用户或用户组比较信任，允许其在执行 sudo 命令时不需要输入自己的密码，那么可以在第 4 部分之前加上"NOPASSWD:"指示信息，如例 3-25 所示。

例 3-25：sudo 命令的基本用法——配置用户组权限，不输入密码

```
[root@centos7 ~]# visudo                // 以 root 用户身份执行 visudo 命令
 108 %devteam  ALL=(ALL)       NOPASSWD: ALL <== 添加这一行，然后退出 visudo
// 下面的操作以用户 zys 的身份执行
[root@centos7 ~]# id  zys           // zys 用户当前属于 devteam 组
uid=1000(zys) gid=1003(devteam) 组=1003(devteam)
[zys@centos7 ~]$ sudo  grep  zys  /etc/shadow  // 用户 zys 不用输入密码即可执行 sudo 命令
zys:$6$R6Ek6cLg$83b48kRRxLv1/K5GkgQialMc0d9QqNZIhEE40B3ZlwJG/5ecJx.dW3qiJ9rdcw
ZyoEeM8e9erkms0nEhQwwLS.:18647:0:99999:7:::
```

（3）使用 sudo 命令执行限定的操作。

对于上面两种情况，不管是用户 zys 还是用户组 devteam 中的用户，都能够以 root 用户的身份执行任何命令。这样配置有一定的风险。因为这些用户很可能不小心做了影响 root 用户的操作，或者其他破坏操作系统正常运行的事。例如，按照第 1 种配置，zys 用户可以随意修改其他普通用户的密码，甚至可以修改 root 用户的密码，这一点恐怕是 root 用户也始料未及的，如例 3-26 所示。

例 3-26：sudo 命令的基本用法——修改 root 用户的密码

```
[zys@centos7 ~]$ sudo  passwd  xf           // 修改用户 xf 的密码
…
[sudo] zys 的密码：      <== 输入 zys 的密码
更改用户 xf 的密码 。
新的 密码：        <== 按【Ctrl+C】组合键结束操作
[zys@centos7 ~]$ sudo  passwd             // 修改 root 用户的密码
更改用户 root 的密码 。
新的 密码：        <== 按【Ctrl+C】组合键结束操作
```

为了防止这种意外情况发生，可以对 sudo 后面的命令进行相应的限制，即明确指明用户可以使用哪些命令，或者进一步指明使用这些命令时必须附带哪些参数或选项。对于例 3-26 中的情况，可以要求普通用户执行 passwd 命令时必须后跟一个用户名，但用户名不能是 root。也就是说，用户不能执行 sudo passwd 或 sudo passwd root 命令，如例 3-27 所示。注意，感叹号"！"之后的命令表示该命令不可执行，各命令间以"，"分隔。

例 3-27：sudo 命令的基本用法——限定用户操作

```
[root@centos7 ~]# visudo                // 以 root 用户身份执行 visudo 命令
100 root     ALL=(ALL)       ALL
101 zys      ALL=(root)      /bin/passwd [A-Za-z]*,!/bin/passwd  root
// 下面的操作以用户 zys 的身份执行
[zys@centos7 ~]$ sudo  passwd            <== passwd 命令后必须带参数
对不起，用户 zys 无权以 root 的身份在 centos7 上执行 /bin/passwd。
[zys@centos7 ~]$ sudo  passwd  root       <== passwd 命令后不能带 root 参数
对不起，用户 zys 无权以 root 的身份在 centos7 上执行 /bin/passwd root。
[zys@centos7 ~]$ sudo  passwd  xf         <== 可以修改其他用户的密码
```

更改用户 xf 的密码 。
新的 密码：　　　　　　　<== 按【Ctrl+C】组合键结束操作

（4）使用别名简化 sudo 的配置。

设想这样一种情形：系统中多个用户有相同的 sudo 权限，但这些用户又不属于同一个用户组，那是不是要为这些用户逐个进行配置呢？这当然是一种办法，但如果还有新的用户也需要 sudo 权限，那么就要新增一行相同的内容，只是它们第一部分的用户名不同。如果要取消某用户的 sudo 权限，就要删除该用户对应的那一行。对于这种问题，sudo 提供了一种更简便的解决办法，即为这些用户取一个相同的"别名"。在配置 sudo 权限时，使用这个别名进行配置。当需要为新用户配置 sudo 权限或取消某用户的 sudo 权限时，只要修改别名即可，过程非常简单，如例 3-28 所示。

例 3-28：sudo 命令的基本用法——设定别名

```
[root@centos7 ~]# visudo              // 以 root 用户身份执行 visudo 命令
14 # Host_Alias      MAILSERVERS = smtp, smtp2
20 # User_Alias      ADMINS = jsmith, mikem
30 # Cmnd_Alias      SOFTWARE = /bin/rpm, /usr/bin/up2date, /usr/bin/yum

   User_Alias        JIA = zys,tong       <== 创建别名 JIA，包含 2 个用户
   JIA      ALL=(ALL)      ALL            <== 使用别名配置 sudo 权限
```

以 User_Alias 关键字开头的行表示创建用户别名。本例中创建了一个名为 JIA 的别名，包含两个用户，分别是 zys 和 tong。用户的别名就像一个容器，可以向其中添加新的用户名，或从中删除用户名。除了为用户创建别名外，还可以创建主机别名和命令别名。主机别名和命令别名分别用 Host_Alias 和 Cmnd_Alias 关键字创建，就像本例中的第 14 行和第 30 行那样。只要删除这两行行首的注释符号"#"，这两个别名就可以使用了。不管是用户别名，还是主机别名或命令别名，都必须使用大写字母命名，否则退出 visudo 时系统会提示语法错误。

（5）sudo 的时间间隔问题。

关于 sudo 命令的使用，Linux 还有一个比较人性化的设计。当用户第一次使用 sudo 命令时，需要输入自己的密码确认身份。在这之后的 5 分钟内，不需要重复输入密码就可以再次执行 sudo 命令。如果超过 5 分钟，则必须再次输入密码以确认身份。具体操作这里不再演示。

📥 任务实训

本实训的主要任务是综合练习有关用户和用户组的一些命令，在练习中加深对用户和用户组的理解。

【实训目的】
（1）理解用户和用户组的作用及关系。
（2）理解用户的主组、附加组和有效组的概念。
（3）掌握管理用户和用户组的常用命令。

【实训内容】
本任务主要介绍了用户和用户组的基本概念，以及如何管理用户和用户组。请大家完成以下操作，综合练习本任务学习到的相关命令。
（1）在终端窗口中切换到 root 用户。
（2）采用默认设置添加用户 user1，为 user1 设置密码。
（3）添加用户 user2，手动设置其主目录、UID，为 user2 设置密码。
（4）添加用户组 grp1 和 grp2。
（5）将用户 user1 的主组修改为 grp1，并将用户 user1 和 user2 添加到用户组 grp2 中。

（6）在文件*/etc/passwd*中查看用户 user1 和 user2 的相关信息，在文件*/etc/group*中查看用户组 grp1 和 grp2 的相关信息，并将其与 id 和 groups 命令的输出进行比较。

（7）从用户组 grp2 中删除用户 user1。

任务 3.2 文件与目录管理

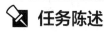

任务陈述

Linux 是一个支持多用户的操作系统，当多个用户使用同一个系统时，文件权限管理就显得非常重要，这也是关系到整个 Linux 操作系统安全性的大问题。在 Linux 操作系统中，每个文件都有很多和安全相关的属性，这些属性决定了哪些用户可以对这个文件执行哪些操作。文件权限管理是难倒一大批 Linux 初学者的"猛兽"，但它又是大家必须掌握的一个重要知识点。能否合理有效地管理文件权限，是评价一个 Linux 系统管理员是否合格的重要标准。

知识准备

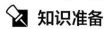

3.2.1 文件的基本概念

不管是普通的 Linux 用户还是专业的 Linux 系统管理员，基本上无时无刻不在和文件打交道。在 Linux 操作系统中，文件的概念被大大延伸了。除了常规意义上的文件，目录也是一种特殊类型的文件，甚至鼠标、键盘、打印机等硬件设备也是以文件的形式管理的。本书提到的"文件"，有时专指常规意义上的普通文件，有时是普通文件和目录的统称，有时还可能泛指 Linux 操作系统中的所有内容。

V3-6 Linux 中的文件

1. 文件类型与文件名

（1）文件类型。

Linux 文件系统扩展了文件的概念，被操作系统管理的所有软件资源和硬件资源都是文件。这些文件具有不同的类型。前面多次使用的 ls −l 命令的输出中，第 1 列的第 1 个字符表示文件的类型。Linux 操作系统中常用的文件类型有以下几种。

① 普通文件。普通文件就是常规意义上可以进行读写的一般文件，这是最常见的文件类型。普通文件又分为纯文本文件（ASCII）和二进制文件（binary），以及只能由特定应用程序读写的具有特殊格式的数据文件（data）。

② 目录文件。目录文件就是目录，也被称为文件夹。目录中可以包含其他文件或子目录。

③ 链接文件。链接文件是指向其他文件的文件，类似于 Windows 操作系统中的"快捷方式"。

④ 设备文件。设备文件主要是和系统硬件资源相关的文件，分为块设备文件（block）和字符设备文件（character）。块设备文件是用于存储数据以供系统随机存取的接口设备，主要是指硬盘。字符设备文件是指串行端口的接口设备，如键盘、鼠标等。

⑤ 管道文件。管道（pipe）文件是一种用于进程间数据交换的特殊文件类型。管道文件为进程提供先进先出（First In First Out，FIFO）的通信机制，具有管道的特性。进程从 FIFO 管道中读取数据后，会清除所读的数据。

⑥ 套接字文件。套接字（socket）文件主要用于实现跨计算机网络的进程间通信。在计算机网络中，客户端和服务器通过套接字文件进行双向通信。

（2）文件名。

Linux 中的文件名相比 Windows 中的文件名有一个非常重要的不同点，那就是 Linux 中的文件名没有"扩展名"的概念，即通常所说的文件名后缀。在 Windows 操作系统中，文件扩展名具有特殊的含义，代表了文件的类型及用什么应用程序能打开这种文件。例如，扩展名".txt"表示普通的文本文件，".exe"或".bat"表示可执行程序。但对于 Linux 操作系统而言，文件的类型和文件扩展名没有任何关系。所以，Linux 操作系统允许用户把一个文本文件命名为"*filename.exe*"，或者把一个可执行程序命名为"*filename.txt*"。尽管如此，最好还是使用一些约定俗成的扩展名来表示特定类型的文件。例如，配置文件的扩展名通常是".cfg"".conf"或".config"，网页文件的扩展名通常是".html"或".htm"等。再如，压缩文件的扩展名通常是".tar.gz"或".tar.bz"等，因为不同的扩展名代表不同的压缩软件。虽然 Linux 操作系统"不介意"，但如果真的有人把一个文本文件命名为"*filename.exe*"，则会被认为是一种不专业的做法。

Linux 文件名区分字母的大小写，这是它和 Windows 文件名的另一个不同之处。在 Linux 操作系统中，"*AB.txt*""*ab.txt*"或"*Ab.txt*"是不同的文件，但在 Windows 操作系统中，它们是同一个文件。

Linux 文件名的长度最好不要超过 255 个字节（一个汉字通常占用两个字节）。当然，正常情况下也不会取这么长的名称。Linux 文件名通常由字母、数字、"."（点）、"_"（下画线）和"-"（连字符）组成。文件名以"."开头的文件表示隐藏文件。当 Linux 文件名中出现某些特殊的字符时，需要使用特别的方法引用该文件名，这些特殊字符如下。

| * | ? | > | < | ; | & | ! | [|] | \| | \ | ' | " | ` | (|) | { | } | 空格 |

2. 目录树与文件路径

大家可以回想在 Windows 操作系统中管理文件的方式。通常，我们会把文件和目录按照不同的用途存放在 C盘、D 盘等以不同盘符表示的分区中。而在 Linux 文件系统中，所有的文件和目录都被组织在一个被称为"根目录"的节点中，用"/"表示。在根目录中可以创建子目录和文件，子目录中还可以继续创建子目录和文件。所有目录和文件形成一棵以根目录为根节点的倒置的目录树，目录树的每个节点都代表一个目录或文件，这就是 Linux 文件系统的层次结构，如图 3-1 所示。

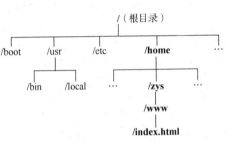

图 3-1　Linux 文件系统的层次结构

对于任何一个节点，不管是文件还是目录，只要从根目录开始依次向下展开搜索，就能得到一条到达这个节点的路径。表示路径的方式有两种：绝对路径和相对路径。绝对路径指从根目录"/"写起，把路径上的所有中间节点用斜线"/"拼接，后跟文件或目录名。例如，对于文件 *index.html*，它的绝对路径是*/home/zys/www/index.html*。因此，访问这个文件时，可以先从根目录进入一级子目录 *home*，然后进入二级子目录 *zys*，接着进入三级子目录 *www*，最后在目录 *www* 中就可以找到文件 *index.html*。每个文件都只有一个绝对路径，而且通过绝对路径总能找到这个文件。

绝对路径的搜索起点是根目录，因此它总是以斜线"/"开头。和绝对路径不同，相对路径的搜索起点是当前工作目录，因此不必以斜线"/"开头。相对路径表示文件相对于当前工作目录的"相对位置"。使用相对路径查找文件时，直接从当前工作目录开始向下搜索。这里仍以文件 *index.html* 为例，如果当前工作目录是*/home/zys*，那么*www/index.html*就足以表示文件 *index.html* 的具体位置。因为在*/home/zys* 目录中，进入子目录 *www* 就可以找到文件 *index.html*。这里，*www/index.html*使用的就是相对路径。同理，如果当前工作目录是*/home*，那么使用相对路径*zys/www/index.html*也能表示文件 *index.html*的准确位置。

V3-7　绝对路径和相对路径

3.2.2　文件与目录的常用命令

在本书后续的内容中，会频繁用到与文件和目录相关的命令。如果不了解这些命令的使用方法，会严重影响后续内容的学习。下面详细介绍与文件和目录相关的常用命令。

1. 查看类命令

（1）pwd 命令。

Linux 操作系统中有许多命令需要一个具体的目录或路径作为参数，如果没有为这类命令明确指定目录参数，那么 Linux 操作系统默认把当前的工作目录设为参数，或者以当前工作目录为起点搜索命令所需的其他参数。如果要查看当前的工作目录，则可以使用 pwd 命令。pwd 命令用于显示用户当前的工作目录，使用该命令时并不需要指定任何选项或参数，如例 3-29 所示。

例 3-29：pwd 命令的基本用法

```
[zys@centos7 ~]$ pwd
/home/zys
```

用户在终端窗口中登录系统后，默认的工作目录是登录用户的主目录。例如，例 3-29 显示了用户 zys 登录系统后的默认工作目录是*/home/zys*。

（2）cd 命令。

cd 命令可以从一个目录切换到另一个目录，其基本语法如下。

```
cd  [目标路径]
```

cd 命令后面的参数表示将要切换到的目标路径，目标路径可以采用绝对路径或相对路径的形式表示。如果 cd 命令后面没有任何参数，则表示切换到当前登录用户的主目录。例 3-30 演示了 cd 命令的基本用法，先从*/home/zys* 目录切换到下一级子目录，再返回用户 zys 的主目录。

例 3-30：cd 命令的基本用法

```
[zys@centos7 ~]$ pwd
/home/zys                 <== 当前工作目录
[zys@centos7 ~]$ cd  www              // 也可以使用绝对路径 /home/zys/www
[zys@centos7 www]$ pwd
/home/zys/www             <== 当前工作目录
[zys@centos7 www]$ cd                 // 不加参数，返回用户 zys 的主目录
[zys@centos7 ~]$ pwd
/home/zys                 <== 当前工作目录
```

除了绝对路径或相对路径外，还可以使用一些特殊符号表示目标路径，如表 3-5 所示。

表 3-5　表示目标路径的特殊符号

特殊符号	说明	在 cd 命令中的含义
.	句点	切换至当前目录
..	两个句点	切换至当前目录的上一级目录
-	减号	切换至上次所在的目录，即最近一次 cd 命令执行前的工作目录
~	波浪号	切换至当前登录用户的主目录
~用户名	波浪号后跟用户名	切换至指定用户的主目录

cd 命令中特殊符号的用法如例 3-31 所示。

例 3-31：cd 命令中特殊符号的用法

```
[zys@centos7 www]$ pwd
/home/zys/www  <== 当前工作目录
[zys@centos7 www]$ cd  .            // 进入当前目录
```

```
[zys@centos7 www]$ pwd
/home/zys/www          <== 当前工作目录并未改变
[zys@centos7 www]$ cd  ..          // 进入上一级目录
[zys@centos7 ~]$ pwd
/home/zys              <== 当前工作目录变为父目录
[zys@centos7 ~]$ cd  -          // 进入上次所在的目录，即 /home/zys/www
/home/zys/www
[zys@centos7 www]$ pwd
/home/zys/www          <== 当前工作目录发生改变
[zys@centos7 www]$ cd  ~          // 进入当前登录用户的主目录
[zys@centos7 ~]$ pwd
/home/zys
[zys@centos7 ~]$ cd  ~root          // 进入 root 用户的主目录
[zys@centos7 root]$ pwd
/root                  <== /root 是 root 用户的主目录
```

（3）ls 命令。

ls 命令的主要作用是显示某个目录中的内容，经常和 cd 命令配合使用。一般是先通过 cd 命令切换到新的目录，然后利用 ls 命令查看这个目录中有哪些内容。ls 命令的基本语法如下。

```
ls  [-CFRacdilqrtu]  [dir]
```

其中，参数 *dir* 表示要查看具体内容的目标目录，如果省略，则表示查看当前工作目录的内容。ls 命令有许多选项，这使得 ls 命令的显示结果形式多样。ls 命令的常用选项及其功能说明如表 3-6 所示。

表 3-6 ls 命令的常用选项及其功能说明

选项	功能说明
-a	列出所有文件，包括以 "." 开头的隐藏文件
-d	将目录作为一种特殊的文件显示，而不是列出目录的内容
-f	按磁盘存储顺序显示文件，而不是按文件名顺序显示文件
-i	显示文件的 inode 编号
-l	显示文件的详细信息，且一行只显示一个文件
-u	将文件按其最近访问时间排序
-t	将文件按其最近修改时间排序
-c	将文件按其状态修改时间排序
-r	将输出结果逆序排列，和-t、-S 等选项配合使用
-R	显示目录及其所有子目录的内容
-S	按文件大小排序，默认大文件在前

默认情况下，ls 命令按文件名的顺序显示所有的非隐藏文件。ls 命令用颜色区分不同类型的文件，其中，蓝色表示目录，黑色表示普通文件。可以使用一些选项改变 ls 命令的默认显示方式。在表 3-6 中，-u、-t 和-c 这 3 个选项表示按照文件的相应时间戳排序，分别是最近访问时间（Access Time，ATime）、最近修改时间（Modify Time，MTime）及状态修改时间（Change Time，CTime）。

使用-a 选项可以显示隐藏文件。前文说过，Linux 中文件名以"."开头的文件是隐藏文件，使用-a 选项可以方便地显示这些文件。

ls 命令中使用最多的选项应该是-l，通过它可以在每一行中显示每个文件的详细信息。文件的详细信息包含 7 列，每一列的含义如表 3-7 所示。

表 3-7　文件的详细信息中每一列的含义

列数	含义
第 1 列	文件类型及权限
第 2 列	引用计数
第 3 列	文件所有者
第 4 列	文件所属用户组
第 5 列	文件大小，默认以字节为单位
第 6 列	文件时间戳（具体取决于-u、-t 或-c 选项）
第 7 列	文件名

ls 命令的基本用法如例 3-32 所示。当使用-l 选项时，第 1 列的第 1 个字符表示文件类型，如 "d" 表示目录文件、"-" 表示普通文件、"l" 表示链接文件等。

例 3-32：ls 命令的基本用法

```
[zys@centos7 tmp]$ ls                      // 默认按文件名排序，只显示非隐藏文件
dir1   file1
[zys@centos7 tmp]$ ls  -a                   // 显示隐藏文件
.  ..  dir1  file1  .hiddenfile
[zys@centos7 tmp]$ ls  -l                   // 使用长格式显示文件信息
drwxrwxr-x.  2    zys zys     6    1 月 19 19:25      dir1
-rw-rw-r--.  1    zys zys     0    1 月 19 19:25      file1
[zys@centos7 tmp]$ ls  -l  -d dir1          // 显示目录 dir1 本身的详细信息
drwxrwxr-x.  2    zys zys     6    1 月 19 19:25      dir1
```

（4）cat 命令。

cat 命令的作用是把文件内容显示在标准输出设备（通常是显示器）上。cat 命令的基本语法如下。

```
cat   [-AbeEnstTuv]   [file_list]
```

其中，参数 file_list 表示一个或多个文件名，文件名以空格分隔。

cat 命令的常用选项及其功能说明如表 3-8 所示。

表 3-8　cat 命令的常用选项及其功能说明

选项	功能说明
-b	只显示非空行的行号
-E	在每行结尾处显示 "$" 符号
-n	显示所有行的行号
-s	将连续的空行替换为一个空行
-T	把制表符 Tab 显示为 "^I"

例 3-33 显示了 cat 命令的基本用法，示例中的文件 file1 有 3 行，其中第 2 行是空行。

例 3-33：cat 命令的基本用法

```
[zys@centos7 tmp]$ cat  file1           // 显示文件内容
line 1
                        <== 注意，第 2 行是空行
line 3
[zys@centos7 tmp]$ cat  -b  file1        // 只显示非空行的行号
    1    line 1
                        <== 注意，未显示空行行号
    2    line 3
```

```
[zys@centos7 tmp]$ cat  -n  file1          // 显示所有行的行号
    1      line 1
    2                        <== 注意，显示空行行号
    3      line 3
[zys@centos7 tmp]$ cat  -E  file1          // 在每行结尾处显示"$"符号
line 1$
$
line 3$
```

cat 命令还可以同时打开并显示多个文件，如例 3-34 所示。

例 3-34：cat 命令的基本用法——同时打开并显示多个文件

```
[zys@centos7 tmp]$ cat  -n  file1
    1      line 1 in file1
    2      line 2 in file1
[zys@centos7 tmp]$ cat  -n  file2
    1      line 1 in file2
    2      line 2 in file2
[zys@centos7 tmp]$ cat  -n  file1  file2          // 同时打开并显示两个文件
    1      line 1 in file1
    2      line 2 in file1
    3      line 1 in file2
    4      line 2 in file2
```

（5）head 命令。

cat 命令会一次性地把文件的所有内容全部显示出来，但有时候只想查看文件的开头部分而不是文件的全部内容。此时，使用 head 命令可以方便地实现这个功能。head 命令的基本语法如下。

```
head    [-cnqv]    file_list
```

head 命令的常用选项及其功能说明如表 3-9 所示。

表 3-9　head 命令的常用选项及其功能说明

选项	功能说明
-c *size*	显示开始的 *size* 字节
-n *number*	显示开始的 *number* 行

默认情况下，head 命令只显示文件的前 10 行。head 命令的基本用法如例 3-35 所示。

例 3-35：head 命令的基本用法

```
[zys@centos7 tmp]$ cat   file1
line 1
line 2
line 3
line 4
[zys@centos7 tmp]$ head  -c  8  file1          // 显示文件 file1 的前 8 字节
line 1     <== 注意，下一行命令提示符前的字符"l"也是本条命令的输出
l[zys@centos7 tmp]$ head  -n  2  file1          // 显示文件 file1 的前 2 行
line 1
line 2
```

在这个例子中，文件 file1 包含 4 行文本内容。在显示前 8 字节时，第 1 行连同第 2 行的第 1 个字符看起来只有 7 个字符（包括一个空格）。这是因为在 Linux 中，每行行末的换行符占用一个字节。

也就是说，在这个文件中，每一行实际上有 7 个字符（包括一个空格符和一个换行符），这一点和 Windows 操作系统有所不同。在 Windows 操作系统中，行末的回车符和换行符各占一个字节。

（6）tail 命令。

和 head 命令相反，tail 命令只显示文件的末尾部分。-c 和-n 选项对 tail 命令也同样适用。tail 命令的基本用法如例 3-36 所示。其中，文件 *file1* 即例 3-35 中的文件 file1。

例 3-36：tail 命令的基本用法

```
[zys@centos7 tmp]$ tail  -c  9  file1          // 显示文件 file1 的后 9 字节
3
line 4
[zys@centos7 tmp]$ tail  -n  3  file1          // 显示文件 file1 的后 3 行
line 2
line 3
line 4
```

tail 命令的强大之处在于当它使用-f 选项时，可以动态刷新文件内容。这个功能在调试程序或跟踪日志文件时尤其有用。例如，在一个终端窗口中使用 systemctl restart dhcp 命令重启 DHCP 服务，在另一个终端窗口中可以查看日志文件的动态变化，如例 3-37 所示。按【Ctrl+C】组合键可终止 tail 命令。

例 3-37：tail 命令的基本用法——动态刷新文件内容

```
[root@centos7 log]# tail  -f  /var/log/messages
Jun 17 14:22:54 centos7 systemd: Stopping DHCPv4 Server Daemon...
Jun 17 14:22:54 centos7 systemd: Starting DHCPv4 Server Daemon...
Jun 17 14:22:54 centos7 dhcpd: Internet Systems Consortium DHCP Server 4.2.5
...
```

（7）more 命令。

使用 cat 命令显示文件内容时，如果文件内容太长，则终端窗口中只能显示文件的最后一页，即最后一屏。若想查看前面的内容，则必须使用垂直滚动条。more 命令可以分页显示文件，即一次显示一页内容。more 命令的基本语法如下。

```
more    [选项]  文件名
```

使用 more 命令时一般不加任何选项。当使用 more 命令打开文件后，可以按 F 键或空格键向下翻一页，按 D 键或【Ctrl+D】组合键向下翻半页，按 B 键或【Ctrl+B】组合键向上翻一页，按 Enter 键向下移动一行，按 Q 键退出，具体操作这里不再演示。

（8）less 命令。

less 命令是 more 命令的增强版，它除了具有 more 命令的功能外，还可以按 U 键或【Ctrl+U】组合键向上翻半页，或按上、下、左、右方向键改变显示窗口，具体操作这里不再演示。

（9）wc 命令。

wc 命令用于统计并输出一个文件的行数、单词数和字节数。wc 命令的基本语法如下。

```
wc    [-clLw]   [文件列表]
```

wc 命令的常用选项及其功能说明如表 3-10 所示。

表 3-10 wc 命令的常用选项及其功能说明

选项	功能说明
-c	显示文件字节数
-l	显示文件行数
-L	显示文件最长的行的长度
-w	显示文件单词数

wc 命令的基本用法如例 3-38 所示。

例 3-38：wc 命令的基本用法

```
[zys@centos7 tmp]$ cat  file1
hello world          <== 注意，每一行的换行符占用 1 字节
12345
[zys@centos7 tmp]$ wc  file1              // 显示文件行数、单词数和字节数
 2  3  18  file1
[zys@centos7 tmp]$ wc  -c  file1          // 显示文件字节数
18  file1
[zys@centos7 tmp]$ wc  -l  file1          // 显示文件行数
2  file1
[zys@centos7 tmp]$ wc  -L  file1          // 显示文件最长的行的长度
11  file1
[zys@centos7 tmp]$ wc  -w  file1          // 显示文件单词数
3  file1
```

如果在文件列表中同时指定多个文件，那么 wc 命令会汇总各个文件的统计信息并显示在最后一行，如例 3-39 所示。

例 3-39：wc 命令的基本用法——统计多个文件

```
[zys@centos7 tmp]$ cat  file1
hello world
12345
[zys@centos7 tmp]$ cat  file2
I like Linux
6789
[zys@centos7 tmp]$ wc  file1  file2
 2  3  18  file1         <== 这是文件 file1 的统计信息
 2  4  18  file2         <== 这是文件 file2 的统计信息
 4  7  36  总用量        <== 这是文件 file1 和 file2 的汇总统计信息
```

2. 操作类命令

（1）touch 命令。

touch 命令的基本语法如下。

touch [-acmt] *文件名*

touch 命令的第 1 个主要作用是创建一个新文件。当指定文件名的文件不存在时，touch 命令会在当前目录下用指定的文件名创建一个新文件。

touch 命令的第 2 个主要作用是修改已有文件的时间戳。touch 命令的常用选项及其功能说明如表 3-11 所示。

V3-8　文件和目录
常用命令

表 3-11　touch 命令的常用选项及其功能说明

选项	功能说明
-a	修改文件访问时间
-m	修改文件修改时间
-c	修改 3 个时间戳。但当文件不存在时，不会自动创建文件
-t time	使用指定的时间值 time 作为文件相应时间戳的新值，格式为[[CC]YY]MMDDhhmm[.SS]，其中，CC 和 YY 分别表示年份的前两位和后两位

如果不使用-t 选项，那么-a 和-m 选项默认使用系统当前时间作为相应时间戳的新值。touch 命令的基本用法如例 3-40 所示。

例 3-40：touch 命令的基本用法

```
[zys@centos7 tmp]$ touch   file1
[zys@centos7 tmp]$ ls   -l   file1
-rw-rw-r--.   1   zys  zys   15   1月 20 16:54       file1
[zys@centos7 tmp]$ touch  -a  -t  2001201703  file1
[zys@centos7 tmp]$ ls   -l   --time=atime  file1
-rw-rw-r--.   1   zys  zys   15   1月 20 2020        file1
[zys@centos7 tmp]$ touch  -m  -t  2001201803  file1
[zys@centos7 tmp]$ ls   -l   file1
-rw-rw-r--.   1   zys  zys   15   1月 20 2020        file1
```

（2）dd 命令。

dd 命令用于从标准输入（键盘）或源文件中复制指定大小的数据，然后输出到标准输出（显示器）或目标文件中，复制时可以同时对数据进行格式转换。dd 命令的基本语法如下。

```
dd  [if=file]  [of=file]  [ibs | obs | bs | cbs]=bytes  [skip | seek | count]=blocks  [conv=method]
```

dd 命令的常用选项及其功能说明如表 3-12 所示。

表 3-12   dd 命令的常用选项及其功能说明

选项	功能说明
if=file	源文件名，即输入文件。默认为标准输入（键盘）
of=file	目标文件名，即输出文件。默认为标准输出（显示器）
ibs=bytes	一次读入 bytes 个字节，即指定一个大小为 bytes 个字节的块
obs=bytes	一次输出 bytes 个字节，即指定一个大小为 bytes 个字节的块
bs=bytes	同时设置读入/输出的块的大小为 bytes 个字节
cbs=bytes	一次转换 bytes 个字节，即指定转换缓冲区大小
skip=blocks	从源文件开头跳过 blocks 个块后再开始复制
seek=blocks	从目标文件开头跳过 blocks 个块后再开始复制
count=blocks	仅复制 blocks 个块，块的大小等于 ibs 指定的字节数
conv=method	指定转换方式，包括 conversion、ascii、ebcdic、ibm、block、unblock、lcase、ucase、swab、noerror、notrunc、sync 等

下面举两个简单的例子。例 3-41 是从源文件/dev/zero 中读取 5MB 的数据，然后输出到目标文件 file1 中。/dev/zero 是一个特殊的文件，可以认为这个文件中包含无穷多个 0。例 3-41 使用 dd 命令创建指定大小的文件并用 0 来初始化该文件。

例 3-41：dd 命令的基本用法——创建指定大小的文件

```
[zys@centos7 tmp]$ dd   if=/dev/zero  of=file1  bs=1M  count=5
记录了 5+0 的读入
记录了 5+0 的写出
5242880 字节(5.2 MB)已复制, 0.031476 秒，167 MB/秒
[zys@centos7 tmp]$ ls   -lh  file1          // 注意 ls 命令的-h 选项的用法
-rw-rw-r--.   1   zys  zys      5.0M     1月 20 17:11       file1
```

例 3-42 演示了如何把从标准输入（键盘）中获取的内容转换为大写英文字母的方法。通过 conv 参数还可以指定其他转换方式，每种转换方式的具体含义这里不再详细介绍，大家可以查阅相关资料自行学习。

例 3-42：dd 命令的基本用法——转换数据格式

```
[zys@centos7 tmp]$ dd   conv=ucase
I Love Linux        <== 输入完这一行后按 Enter 键，然后按【Ctrl+D】组合键结束输入
I LOVE LINUX        <== 这一行是转换后的结果
```

记录了 0+1 的读入

记录了 0+1 的写出

13 字节(13 B)已复制，10.3761 秒，0.0 kB/秒

（3）mkdir 命令。

mkdir 命令可以创建一个新目录，其基本语法如下。

mkdir　[-pm]　*目录名*

mkdir 命令的常用选项及其功能说明如表 3-13 所示。

表 3-13　mkdir 命令的常用选项及其功能说明

选项	功能说明
-p	递归创建所有子目录
-m　*mode*	为新建的目录设置指定的权限 *mode*

默认情况下，mkdir 命令只能直接创建下一级目录。如果在目录名参数中指定了多级目录，则必须使用-p 选项。例如，想要在当前目录中创建目录 *dir1* 并为其创建子目录 *dir2*，正常情况下可以使用两次 mkdir 命令分别创建目录 *dir1* 和目录 *dir2*。如果将目录名指定为 *dir1/dir2* 并且使用-p 选项，那么 mkdir 命令会先创建目录 *dir1*，然后在目录 *dir1* 中创建子目录 *dir2*。mkdir 命令的基本用法如例 3-43 所示。

例 3-43：mkdir 命令的基本用法

```
[zys@centos7 tmp]$ mkdir  dir1                      // 创建一个新目录
[zys@centos7 tmp]$ ls  -ld  dir1
drwxrwxr-x.   2   zys zys      6    1 月 20 17:31      dir1
[zys@centos7 tmp]$ mkdir  dir2/subdir               // 不使用-p 选项连续创建两级目录
mkdir: 无法创建目录"dir2/subdir": 没有那个文件或目录
[zys@centos7 tmp]$ mkdir  -p  dir2/subdir           // 使用-p 选项连续创建两级目录
[zys@centos7 tmp]$ ls  -ld  dir2  dir2/subdir
drwxrwxr-x.   3   zys zys 20   1 月 20 17:36      dir2
drwxrwxr-x.   2   zys zys  6   1 月 20 17:36      dir2/subdir  <== 自动创建子目录 subdir
```

另外，mkdir 命令会为新创建的目录设置默认权限，除非使用-m 选项手动指定其他权限，如例 3-44 所示。文件和目录权限的具体含义会在 3.2.4 小节中详细介绍。

例 3-44：mkdir 命令的基本用法——为新创建的目录设置权限

```
[zys@centos7 tmp]$ mkdir  dir1                      // 使用默认权限创建目录
[zys@centos7 tmp]$ mkdir  -m  755  dir3             // 手动指定新目录的权限
[zys@centos7 tmp]$ ls  -ld  dir1  dir3
drwxrwxr-x.   2   zys zys 6   1 月 20 17:31  dir1   <== 注意输出中第 1 列的不同
drwxr-xr-x.   2   zys zys 6   1 月 20 17:42  dir3
```

（4）rmdir 命令。

rmdir 命令的作用是删除一个空目录。如果是非空目录，那么使用 rmdir 命令就会报错。如果使用-p 选项，则 rmdir 命令会递归地删除多级目录，但它要求各级子目录都是空目录。rmdir 命令的基本用法如例 3-45 所示。

例 3-45：rmdir 命令的基本用法

```
[zys@centos7 tmp]$ rmdir  dir1                  <== 目录 dir1 是空的
[zys@centos7 tmp]$ rmdir  dir2                  <== 目录 dir2 中有子目录 subdir
rmdir: 删除 "dir2" 失败: 目录非空
[zys@centos7 tmp]$ rmdir  -p  dir2/subdir       <== 递归删除各级子目录
```

（5）cp 命令。

cp 命令的主要作用是复制文件或目录，其基本语法如下。

> cp [–abdfilprsuvxPR] *源文件或源目录 目标文件或目标目录*

　　cp 命令的功能非常强大，使用不同的选项可以实现不同的复制功能。cp 命令的常用选项及其功能说明如表 3-14 所示。

表 3-14　cp 命令的常用选项及其功能说明

选项	功能说明
-d	如果源文件为软链接，则复制软链接，而不是复制源文件
-i	如果目标文件已经存在，则提示是否覆盖现有目标文件
-l	建立源文件的硬链接文件而不是复制源文件
-s	建立源文件的软链接文件而不是复制源文件
-p	保留源文件的所有者、组、权限和时间信息
-r	递归复制目录
-u	如果目标文件有相同或更新的修改时间，则不复制源文件
-a	相当于-d、-p 和-r 这 3 个选项的组合，即 -dpr

　　使用 cp 命令可以把一个或多个源文件或目录复制到指定的目标文件或目录中。如果第 1 个参数是一个普通文件，第 2 个参数是一个已经存在的目录，则 cp 命令会将源文件复制到已存在的目标目录中，而且保持文件名不变。如果两个参数都是普通文件名，则第 1 个文件名代表源文件，第 2 个文件名代表目标文件，cp 命令会把源文件复制为目标文件。如果目标文件参数没有路径信息，则默认把目标文件保存在当前目录中，否则按照目标文件指明的路径存放。cp 命令的基本用法如例 3-46 所示。

　　例 3-46：cp 命令的基本用法

```
[zys@centos7 tmp]$ ls  -l
drwxrwxr-x.   2    zys  zys  6    1月 20 17:50      dir1
-rw-rw-r--.   1    zys  zys  0    1月 20 17:50      file1
-rw-rw-r--.   1    zys  zys  0    1月 20 17:50      file2
[zys@centos7 tmp]$ cp  file1  file2  dir1        // 复制文件 file1 和 file2 到目录 dir1 中
[zys@centos7 tmp]$ ls  -l  dir1
-rw-rw-r--.   1    zys  zys  0    1月 20 17:51      file1
-rw-rw-r--.   1    zys  zys  0    1月 20 17:51      file2
[zys@centos7 tmp]$ cp  file1  file3             // 复制文件 file1 为 file3，保存在当前目录中
[zys@centos7 tmp]$ cp  file2  ~/file4           // 复制文件 file2 为 file4，保存在用户主目录中
```

　　使用-r 选项时，cp 命令还可以用于复制目录。如果第 2 个参数是一个不存在的目录，则 cp 命令会把源目录复制为目标目录，并将源目录内的所有内容复制到目标目录中，如例 3-47 所示。

　　例 3-47：cp 命令的基本用法——复制目录（目标目录不存在）

```
[zys@centos7 tmp]$ ls  -ld  dir1  dir1/*
drwxrwxr-x.   2    zys  zys  19   1月 20 17:55      dir1
-rw-rw-r--.   1    zys  zys  0    1月 20 17:51      dir1/file1
[zys@centos7 tmp]$ cp  -r  dir1  dir2                        // 目标目录 dir2 不存在
[zys@centos7 tmp]$ ls  -ld  dir2  dir2/*
drwxrwxr-x.   2    zys  zys  19   1月 20 17:56      dir2        <== 创建目录 dir2
-rw-rw-r--.   1    zys  zys  0    1月 20 17:56      dir2/file1  <== 一并复制源目录的内容
```

　　如果第 2 个参数是一个已经存在的目录，则 cp 命令会把源目录及其所有内容作为一个整体复制到目标目录中，如例 3-48 所示。

　　例 3-48：cp 命令的基本用法——复制目录（目标目录已存在）

```
[zys@centos7 tmp]$ mkdir  dir3
[zys@centos7 tmp]$ ls  -lR  dir1
```

```
dir1:
-rw-rw-r--.   1    zys  zys  0    1月 20 17:51        file1
[zys@centos7 tmp]$ cp  -r  dir1  dir3        <== 目录 dir3 已存在
[zys@centos7 tmp]$ ls  -lR  dir1  dir3
dir1:
-rw-rw-r--.   1    zys  zys  0    1月 20 17:51        file1
dir3:
drwxrwxr-x.   2    zys  zys  19   1月 20 18:02        dir1
dir3/dir1:
-rw-rw-r--.   1    zys  zys  0    1月 20 18:02        file1
```

（6）mv 命令。

mv 命令类似于 Windows 操作系统中常用的剪切操作，用于移动或重命名文件或目录。mv 命令的基本语法如下。

mv [-fiuv] *源文件或源目录 目标文件或目标目录*

mv 命令的常用选项及其功能说明如表 3-15 所示。

表 3-15 mv 命令的常用选项及其功能说明

选项	功能说明
-f	如果目标文件已存在，则强制覆盖目标文件且不给出提示
-i	如果目标文件已存在，则提示是否覆盖目标文件
-u	如果源文件的修改时间更新，则移动源文件
-v	显示移动过程

在移动文件时，如果第 2 个参数是一个和源文件同名的文件，则源文件会覆盖目标文件。如果使用-i 选项，则覆盖前会有提示。如果源文件和目标文件在相同的目录下，则 mv 命令的作用相当于将源文件重命名。mv 命令的基本用法如例 3-49 所示。

例 3-49：mv 命令的基本用法——移动文件

```
[zys@centos7 tmp]$ ls  -l
drwxrwxr-x.   2    zys  zys   6    1月 20 18:12        dir1
-rw-rw-r--.   1    zys  zys   0    1月 20 18:12        file1
-rw-rw-r--.   1    zys  zys   0    1月 20 18:12        file2
[zys@centos7 tmp]$ mv  file1  dir1            // 把文件 file1 移动到目录 dir1 中
[zys@centos7 tmp]$ touch  file1               // 在当前目录中重新创建文件 file1
[zys@centos7 tmp]$ mv  -i  file1  dir1/file1   // 此时目录 dir1 中已经有文件 file1
mv: 是否覆盖"dir1/file1"? y         <== 使用-i 选项会有提示
[zys@centos7 tmp]$ mv  file2  file3           // 把文件 file2 重命名为 file3
[zys@centos7 tmp]$ ls  -l
drwxrwxr-x.   2    zys  zys   19   1月 20 18:15        dir1
-rw-rw-r--.   1    zys  zys   0    1月 20 18:12        file3
```

如果 mv 命令的两个参数都是已经存在的目录，则 mv 命令会把第 1 个目录（源目录）及其所有内容作为一个整体移动到第 2 个目录（目标目录）中，如例 3-50 所示。

例 3-50：mv 命令的基本用法——移动目录

```
[zys@centos7 tmp]$ ls  -lR  dir1  dir2
dir1:
-rw-rw-r--.   1    zys  zys  0    1月 20 18:14  file1        <== 目录 dir1 中有文件 file1
dir2:
```

```
-rw-rw-r--.    1    zys  zys  0    1月 20 18:18    file2          <== 目录 dir2 中有文件 file2
[zys@centos7 tmp]$ mv  dir1  dir2
[zys@centos7 tmp]$ ls  -lR  dir2
dir2:
drwxrwxr-x.    2    zys  zys  19   1月 20 18:15    dir1  <== 目录 dir1 被整体移动到目录 dir2 中
-rw-rw-r--.    1    zys  zys  0    1月 20 18:18    file2
dir2/dir1:
-rw-rw-r--.    1    zys  zys  0    1月 20 18:14    file1
```

（7）rm 命令。

rm 命令用于永久删除文件或目录，其基本语法如下。

rm [-dfirvR] *文件或目录*

rm 命令的常用选项及其功能说明如表 3-16 所示。

表 3-16 rm 命令的常用选项及其功能说明

选项	功能说明
-f	删除文件或目录前不给出提示，即使文件或目录不存在
-i	和-f 选项相反，删除文件或目录前会给出提示
-r	递归删除目录及其所有内容
-v	删除文件前输出文件名

使用 rm 命令删除文件或目录时，如果使用-i 选项，则删除前会给出提示；如果使用-f 选项，则删除前不会给出任何提示，因此使用-f 选项时一定要谨慎。rm 命令的基本用法如例 3-51 所示。

例 3-51：rm 命令的基本用法——删除文件

```
[zys@centos7 tmp]$ ls
file1    file2
[zys@centos7 tmp]$ rm  -i  file1
rm: 是否删除普通文件 "file1"? y          <== 使用-i 选项时有提示
[zys@centos7 tmp]$ rm  -f  file2         <== 使用-f 选项时没有提示
```

另外，不能使用 rm 命令直接删除目录，而必须加上-r 选项。如果-r 和-i 选项组合使用，则在删除目录的每一个子目录和文件前都会有提示。使用 rm 命令删除目录的基本用法如例 3-52 所示。

例 3-52：rm 命令的基本用法——删除目录

```
[zys@centos7 tmp]$ ls  -R  dir1
dir1:
file1    file2                          <== 目录 dir1 中包含文件 file1 和 file2
[zys@centos7 tmp]$ rm  dir1
rm: 无法删除"dir1": 是一个目录            <== rm 命令不能直接删除目录
[zys@centos7 tmp]$ rm  -ir  dir1
rm: 是否进入目录"dir1"? y
rm: 是否删除普通文件 "dir1/file1"? y
rm: 是否删除普通文件 "dir1/file2"? y     <== 每删除一个文件前都会有提示
rm: 是否删除目录 "dir1"? y               <== 删除目录自身也会有提示
```

3. 查找文件

find 是一个功能十分强大的命令，用于根据指定的条件查找文件。find 命令的基本语法如下。

find [*目录*] [*匹配表达式*]

其中，*目录*参数表示查找文件的起点，find 会在这个目录及其所有子目录中查找满足匹配表达式的文件。find 命令的常用选项及其功能说明如表 3-17 所示。

表 3-17　find 命令的常用选项及其功能说明

选项	功能说明
-name　*pattern* -iname　*pattern*	查找文件名符合指定模式 *pattern* 的文件，*pattern* 一般用正则表达式指定。-iname 不区分英文字母大小写。正则表达式的相关内容详见任务 4.2
-user　*uname* -uid　*uid*	查找文件所有者是 *uname* 或文件所有者标识是 *uid* 的文件
-group　*gname* -gid　*gid*	查找文件属组是 *gname* 或文件属组标识是 *gid* 的文件
-atime　[+-]*n*	查找文件访问时间在 *n* 天之内、*n* 天之外或 *n* 天前的文件（取决于 *n* 的符号）
-ctime　[+-]*n*	同-atime，查找时间为文件状态修改时间
-mtime　[+-]*n*	同-atime，查找时间为文件内容修改时间
-amin　[+-]*n*	同-atime，时间单位为分钟
-cmin　[+-]*n*	同-ctime，时间单位为分钟
-mmin　[+-]*n*	同-mtime，时间单位为分钟
-newer　*file*	查找比指定文件 *file* 还要新（即修改时间更晚）的文件
-empty	查找空文件或空目录
-perm　*mode*	查找文件权限为 *mode* 的文件
-size　[+-]*n*[bckw]	查找文件大小为 *n* 个存储单元的文件
-type　*type*	查找文件类型为 *type* 的文件，文件类型包括设备文件（b、c）、目录文件（d）、管道文件（p）、普通文件（f）、链接文件（l）、套接字文件（s）

匹配表达式中有些选项的参数是数值，可以在数值前指定加号或减号。"+*n*"表示比 *n* 大，"-*n*"表示比 *n* 小。例 3-53 演示了如何根据文件访问时间查找文件。

例 3-53：find 命令的基本用法——根据文件访问时间查找文件

```
[zys@centos7 tmp]$ date
2021 年 01 月 20 日 星期三 19:35:39 CST          <== 当前系统时间
[zys@centos7 tmp]$ ls  -l  -u
-rw-rw-r--.   1   zys zys 4    1月 19 19:30          file1
[zys@centos7 tmp]$ find  .  -atime  -1       // 1 天内访问过的文件
[zys@centos7 tmp]$ find  .  -atime  1        // 1 天前的 24 小时之内访问过的文件
./file1
[zys@centos7 tmp]$ find  .  -atime  +1       // 1 天前的 24 小时之外访问过的文件
```

find 命令最常见的用法是根据文件名查找文件。find 命令除了用完整的文件名作为查找条件外，还可以使用正则表达式。有关正则表达式的内容详见项目 4。例 3-54 演示了如何根据文件名查找文件。

例 3-54：find 命令的基本用法——根据文件名查找文件

```
[zys@centos7 tmp]$ ls
file1 file2 file3     <== 当前目录下有 3 个文件
[zys@centos7 tmp]$ find  .  -name  "file1"       <== 查找文件名为 file1 的文件
./file1
[zys@centos7 tmp]$ find  .  -name  "fi*"         <== 查找文件名以 fi 开头的文件
./file1
./file2
./file3
```

find 命令在根据文件大小查找文件时，可以指定文件的容量单位。默认的容量单位是大小为 512字节的文件块，用"b"表示，也可以用"c""k""w""M""G"分别表示单字节（1B）、千字节（KB）、双字节（2B）、兆字节（MB）和吉字节（GB），如例 3-55 所示。

例 3-55：find 命令的基本用法——根据文件大小查找文件

```
[zys@centos7 tmp]$ ls   -l  -h
-rw-rw-r--. 1  zys   zys   1016      1月 20 19:30  file1
-rw-rw-r--. 1  zys   zys   1150      1月 20 19:31  file2
-rw-rw-r--. 1  zys   zys   5030      1月 20 19:31  file3
[zys@centos7 tmp]$ find  .  -size  2     // 2 个文件块
./file1
[zys@centos7 tmp]$ find  .  -size  +3k    // 3KB
./file3
```

4. 文件打包和压缩

当系统使用时间长了，文件会越来越多，占用的空间也会越来越大，如果没有有效管理，就会给系统的正常运行带来一定的隐患。归档和压缩是 Linux 系统管理员管理文件经常使用的两种方法，下面介绍与归档和压缩相关的概念和命令。

（1）归档和压缩的基本概念。

归档就是人们常说的"打包"，下文用打包代替归档。顾名思义，打包就是把一组目录和文件合并成一个文件，这个文件的大小是原来目录和文件大小的总和。可以将打包操作形象地比喻为把几块海绵放到一个篮子中形成一块大海绵。压缩虽然也是把一组目录和文件合并成一个文件，但是它会使用某种算法对这个新文件进行处理，以减少其占用的存储空间。可以把压缩想象成对这块大海绵进行"脱水"处理，使它的体积变小，以达到节省空间的目的。

V3-9 find 命令与 xargs 命令结合使用

（2）打包和压缩命令。

tar 是 Linux 操作系统中最常用的打包命令。tar 命令除了支持传统的打包功能外，还可以从打包文件中恢复原文件，这是和打包相反的操作。打包文件通常以".tar"作为文件扩展名，又被称为 tar 包。tar 命令的选项和参数非常多，但常用的只有几个。tar 命令的常用选项及其功能说明如表 3-18 所示。

表 3-18 tar 命令的常用选项及其功能说明

选项	功能说明
-c	创建打包文件（和-x、-t 选项不能同时使用）
-r	将文件追加到打包文件的末尾
-A	合并两个打包文件
-f *filename*	指定打包文件名
-v	显示正在处理的文件
-x	展开打包文件
-t	查看打包文件包含哪些文件或目录
-C *dir*	在特定目录中展开打包文件

例 3-56 演示了如何对一个目录和一个文件进行打包。

例 3-56：tar 命令的基本用法——打包

```
[zys@centos7 tmp]$ ls
dir1  file1
[zys@centos7 tmp]$ tar  -cvf  1.tar  dir1  file1     // 1.tar 是目标打包文件名
dir1/       <== 使用-v 选项可以显示文件处理过程
file1
[zys@centos7 tmp]$ ls
1.tar  dir1  file1
[zys@centos7 tmp]$ tar  -tf  1.tar     // 使用-t 选项可以查看打包文件内容
dir1/
```

V3-10 文件打包和压缩

```
file1
```

从打包文件中恢复原文件时只需以-x 选项代替-c 选项即可，如例 3-57 所示。

例 3-57：tar 命令的基本用法——恢复原文件

```
[zys@centos7 tmp]$ tar  -xf  1.tar  -C  /tmp      // 在目录/tmp 中展开打包文件
[zys@centos7 tmp]$ ls  -d  /tmp/dir1  /tmp/file1
/tmp/dir1  /tmp/file1
```

如果想将一个文件追加到 tar 包的末尾，则需要使用-r 选项，如例 3-58 所示。

例 3-58：tar 命令的基本用法——将一个文件追加到 tar 包的结尾

```
[zys@centos7 tmp]$ touch   file2
[zys@centos7 tmp]$ tar   -rf  1.tar  file2
[zys@centos7 tmp]$ tar   -tvf  1.tar
dir1/
file1
file2           <== 文件 file2 被追加到 1.tar 包的结尾
```

可以对打包文件进行压缩操作。gzip 是 Linux 操作系统中常用的压缩工具，gunzip 是和 gzip 对应的解压缩工具。使用 gzip 工具压缩后的压缩文件的扩展名为 ".gz"。这里不详细讲解 gzip 和 gunzip 的具体选项和参数，只演示它们的基本用法，如例 3-59 和例 3-60 所示。

例 3-59：gzip 命令的基本用法

```
[zys@centos7 tmp]$ touch   file1  file2
[zys@centos7 tmp]$ tar  -cf  1.tar  file1  file2   // 打包文件 file1 和 file2
[zys@centos7 tmp]$ ls
1.tar file1 file2
[zys@centos7 tmp]$ gzip  1.tar    // 对 1.tar 进行压缩
[zys@centos7 tmp]$ ls
1.tar.gz file1 file2      <== 1.tar 被删除
```

使用 gzip 对打包文件 1.tar 进行压缩时，压缩文件自动被命名为 1.tar.gz，而且原打包文件 1.tar 会被删除。如果想对 1.tar.gz 进行解压缩，则有两种办法：一种方法是使用 gunzip 命令，后跟压缩文件名，如例 3-60 所示；另一种方法是使用 gzip 命令，但是要使用-d 选项。

例 3-60：gunzip 命令的基本用法

```
[zys@centos7 tmp]$ gunzip  1.tar.gz          // 也可以使用命令 gzip  -d  1.tar.gz
[zys@centos7 tmp]$ ls
1.tar  file1  file2
```

bzip2 也是 Linux 操作系统中常用的压缩工具，使用 bzip 工具压缩后的压缩文件的扩展名为 ".bz2"，它对应的解压缩工具是 bunzip。bzip2 和 bunzip 的关系与 gzip 和 gunzip 的关系相同，这里不再赘述，大家可以使用 man 命令自行学习。

（3）使用 tar 命令同时打包和压缩。

前面介绍了如何先打包文件，再对打包文件进行压缩。其实 tar 命令可以同时进行打包和压缩操作，也可以同时解压缩并展开打包文件，只要使用额外的选项指明压缩文件的格式即可。其常用的选项有两个：-z 选项指明压缩和解压缩 ".tar.gz" 格式的文件，而-j 选项指明压缩和解压缩 ".tar.bz2" 格式的文件。例 3-61 和例 3-62 分别演示了 tar 命令的这两种高级用法。

例 3-61：tar 命令的高级用法——压缩和解压缩 ".tar.gz" 格式的文件

```
[zys@centos7 tmp]$ touch   file1   file2
[zys@centos7 tmp]$ tar  -zcf  1.tar.gz  file1  file2      // -z 和-c 选项结合使用
[zys@centos7 tmp]$ ls
1.tar.gz  file1  file2
```

```
[zys@centos7 tmp]$ tar  -zxf  1.tar.gz  -C  /tmp        // -z 和-x 选项结合使用
[zys@centos7 tmp]$ ls  /tmp/file1  /tmp/file2
/tmp/file1   /tmp/file2
```

例 3-62：tar 命令的高级用法——压缩和解压缩 ".tar.bz2" 格式的文件

```
[zys@centos7 tmp]$ touch  file1  file2
[zys@centos7 tmp]$ tar  -jcf  1.tar.bz2  file1  file2        // -j 和-c 选项结合使用
[zys@centos7 tmp]$ ls
1.tar.bz2  file1  file2
[zys@centos7 tmp]$ tar  -jxf  1.tar.bz2  -C  /tmp        // -j 和-x 选项结合使用
[zys@centos7 tmp]$ ls  /tmp/file1  /tmp/file2
/tmp/file1   /tmp/file2
```

5. 其他相关命令

（1）查看文件类型。

可以使用 file 命令查看文件的类型，即前面提到的文本文件、二进制文件或数据文件等。file 命令的基本用法非常简单，只要在命令后面加上文件名即可。文件名可以采用相对路径或绝对路径，如例 3-63 所示。

例 3-63：file 命令的基本用法

```
[zys@centos7 tmp]$ file   f1
f1: ASCII text
[zys@centos7 tmp]$ file   /usr/bin/ls
/usr/bin/ls: ELF 64-bit LSB executable, x86-64, version 1 (SYSV), dynamically linked (uses shared libs), for GNU/Linux 2.6.32, BuildID[sha1]=ceaf496f3aec08afced234f4f36330d3d13a657b, stripped
```

（2）获取文件和目录名。

basename 和 dirname 命令可以从文件的绝对路径中分别提取文件名和目录名，如例 3-64 所示。

例 3-64：提取文件名和目录名

```
[zys@centos7 tmp]$ basename   /usr/bin/ls
ls
[zys@centos7 tmp]$ dirname   /usr/bin/ls
/usr/bin
```

（3）匹配行内容。

grep 命令是一个功能十分强大的行匹配命令，可以从文本文件中提取符合指定匹配表达式的行。grep 命令的基本语法如下。

grep [选项] [匹配表达式] 文件

grep 命令的常用选项及其功能说明如表 3-19 所示。

表 3-19 grep 命令的常用选项及其功能说明

选项	功能说明
-A *num*	提取符合条件的行及紧随其后的 *num* 行
-B *num*	提取符合条件的行及在其之前的 *num* 行
-C *num*	提取符合条件的行及其前后各 *num* 行
-m *num*	最多提取符合条件的 *num* 行
-i	不区分英文字母大小写
-n	输出行号
-r	递归地查找目录下的所有文件
-v	反向查找，即只显示不满足条件的行

grep 命令的基本用法如例 3-65 所示。

例 3-65：grep 命令的基本用法

```
[zys@centos7 tmp]$ cat  -n  file1
     1    1122
     2    2233
     3    3344
     4    4455
[zys@centos7 tmp]$ grep  -n  33  file1        // 提取包含 33 的行
2: 2233
3: 3344
[zys@centos7 tmp]$ grep  -n  -v  44  file1    // 提取不包含 44 的行
1: 1122
2: 2233
```

要想发挥 grep 命令的强大功能，必须将它和正则表达式配合使用。在项目 4 中学习正则表达式时会再次使用 grep 命令。

3.2.3　文件所有者与属组

Linux 是一个支持多用户的操作系统。为了方便对用户的管理，Linux 将多个用户组织在一起形成一个用户组。同一个用户组中的用户具有相同或类似的权限。在本小节中，主要学习文件与用户和用户组的关系。

1. 文件所有者和属组

文件与用户和用户组有千丝万缕的联系。文件是由用户创建的，用户必须以某种身份或角色访问文件。Linux 操作系统把用户的身份分成 3 类：所有者（user，又称属主）、属组（group）和其他人（others）。每种用户对文件都可以进行读、写和执行操作，分别对应文件的 3 种权限，即读权限、写权限和执行权限。

文件的所有者就是创建文件的用户。如果有些文件比较敏感（如工资单），不想被所有者以外的任何人访问，那么就要把文件的权限设置成"所有者可以读取或修改，其他所有人无权这么做"。

属组和其他人这两种身份在涉及团队项目的工作环境中特别有用。假设 A 是一个软件开发项目组的项目经理，A 的团队有 5 名成员，成员都是合法的 Linux 用户并且在同一个用户组中。A 创建了项目需求分析、概要设计等文件。显然，A 是这些项目文件的所有者，这些文件应该能被团队成员访问。当 A 的团队成员访问这些文件时，他们的身份就是"属组"，也就是说，他们是以某个用户组的成员的身份访问这些文件的。如果有另外一个团队的成员也要访问这些文件，由于他们和 A 不属于同一个用户组，那么对于这些文件来说，他们的身份就是"其他人"。

需要特别说明的是，只有用户才能对文件拥有权限，用户组本身是无法对文件拥有权限的。当提到某个用户组对文件拥有权限时，其实指的是属于这个用户组的成员对文件拥有权限。这一点请大家务必牢记。

了解了文件与用户和用户组的关系后，下面来学习如何修改文件的所有者和属组。

2. 修改文件所有者和属组

chgrp 命令可以修改文件属组，其最常用的选项是-R，表示同时修改所有子目录及其中所有文件的属组，即所谓的"递归修改"。修改后的属组必须是已经存在于文件*/etc/group* 中的用户组。chgrp 命令的基本用法如例 3-66 所示。

V3-11　文件和
用户的关系

例 3-66：chgrp 命令的基本用法

```
[root@centos7 ~]# cd  /home/zys/tmp
[root@centos7 tmp]# ls  -l  file1
```

```
-rw-rw-r--.   1    zys zys 8    1月 20 20:02       file1        <== 文件原属组为 zys
[root@centos7 tmp]# chgrp  devteam  file1  // 将文件属组改为 devteam，要用 root 用户身份执行
[root@centos7 tmp]# ls  -l  file1
-rw-rw-r--.   1    zys devteam 8    1月 20 20:02       file1
```

修改文件所有者的命令是 chown，其基本语法如下。

```
chown  [-R]  用户名  文件或目录
```

同样，这里的 -R 选项也表示递归修改。chown 可以同时修改文件的用户名和属组，只要把用户名和属组用 ":" 分隔即可，其基本语法如下。

```
chown  [-R]  用户名：属组  文件或目录
```

chown 甚至可以取代 chgrp 的功能，只修改文件的属组，此时要在属组的前面加一个 "."。chown 命令的基本用法如例 3-67 所示。

例 3-67：chown 命令的基本用法

```
[root@centos7 tmp]# ls  -l  file1
-rw-rw-r--.   1    zys devteam 8    1月 20 20:02       file1
[root@centos7 tmp]# chown  root  file1      // 只修改文件的所有者
[root@centos7 tmp]# ls  -l  file1
-rw-rw-r--.   1    root devteam 8    1月 20 20:02       file1
[root@centos7 tmp]# chown  zys：zys  file1  // 同时修改文件的所有者和属组
[root@centos7 tmp]# ls  -l  file1
-rw-rw-r--.   1    zys zys 8    1月 20 20:02       file1
[root@centos7 tmp]# chown  .devteam  file1  // 只修改文件的属组，注意属组前有 "."
[root@centos7 tmp]# ls  -l  file1
-rw-rw-r--.   1    zys devteam 8    1月 20 20:02       file1
```

V3-12 chgrp 与
chown 命令

3.2.4 文件权限管理

一般来说，Linux 操作系统中除了 root 用户外，还有其他不同角色的普通用户。每个用户都可以在规定的权限内创建、修改或删除文件。因此，文件的权限管理非常重要，这是关系到整个 Linux 操作系统安全性的大问题。在 Linux 操作系统中，每个文件都有很多和安全相关的属性，这些属性决定了哪些用户可以对这个文件执行何种操作。

1. 文件权限的基本概念

在之前的学习中已多次使用 ls 命令的 -l 选项显示文件的详细信息，现在从文件权限的角度重点分析第 1 列输出的含义，如例 3-68 所示。

例 3-68：ls -l 命令的输出

```
[zys@centos7 tmp]$ ls  -l
drwxrwxr-x.   2    zys zys 6    1月 20 20:27       dir1
-rw-rw-r--.   1    zys zys 8    1月 20 20:27       file1
-rw-rw-r--.   1    zys zys 3    1月 20 20:27       file2
```

输出的第 1 列一共有 10 个字符（暂时不考虑最后的小数点 "."）。第 1 个字符表示文件的类型，这一点之前已经有所提及。接下来的 9 个字符表示文件的权限，从左至右每 3 个字符为一组，分别表示文件所有者的权限、属组的权限及其他人的权限。每一组的 3 个字符是 "r" "w" "x" 3 个字母的组合，分别表示读权限（read, r）、写权限（write, w）和执行权限（execute, x），"r" "w" "x" 的顺序不能改变，如图 3-2 所示。如果没有相应的权限，则用减号 "-" 代替。

图 3-2 文件权限的组成

第 1 组权限为"rwx"时，表示文件所有者对该文件可读、可写、可执行。

第 2 组权限为"rw-"时，表示文件属组用户对该文件可读、可写，但不可执行。

第 3 组权限为"r--"时，表示其他人对该文件可读，但不可写，也不可执行。

2. 文件权限和目录权限的区别

现在已经知道了文件有 3 种权限（读、写、执行）。虽然目录本质上也是一种文件，但是这 3 种权限对于普通文件和目录有不同的含义。普通文件用于存储文件的实际内容，对于文件来说，这 3 种权限的含义如下。

（1）读权限：可以读取文件的实际内容，如使用 vim、cat、head、tail 等命令查看文件内容。

（2）写权限：可以新增、修改或删除文件内容（注意是删除文件内容而非删除文件本身）。

（3）执行权限：文件可以作为一个可执行程序被系统执行。

需要特别说明的是文件的写权限。对一个文件拥有写权限意味着可以编辑文件内容，但是不能删除文件本身。

目录作为一种特殊的文件，存储的是其子目录和文件的名称列表。对目录而言，3 种权限的含义如下。

（1）读权限：可以读取目录的内容列表。也就是说，对一个目录具有读权限就可以使用 ls 命令查看其中有哪些子目录和文件。

（2）写权限：可以修改目录的内容列表，这对目录来说是非常重要的。对一个目录具有写权限，表示可以执行以下操作。

① 在此目录中新建文件和子目录。

② 删除该目录中已有的文件和子目录。

③ 重命名该目录中已有的文件和子目录。

④ 移动该目录中已有的文件和子目录。

（3）执行权限：目录本身并不能被系统执行。对目录具有执行权限表示可以使用 cd 命令进入这个目录，即将其作为当前工作目录。

结合文件权限和目录权限的意义，请大家思考这样一个问题：删除一个文件时，需要具有什么权限？（其实，此时需要的是对这个文件所在目录的写权限。）

3. 修改文件权限的两种方法

修改文件权限所用的命令是 chmod。下面来学习两种修改文件权限的方法：一种是使用符号法修改文件权限，另一种是使用数字法修改文件权限。

V3-13 文件权限和目录权限的不同含义

（1）使用符号法修改文件权限。

符号法指分别用 r（read，读）、w（write，写）、x（execute，执行）3 个字母表示 3 种文件权限，分别用 u（user，所有者）、g（group，属组）、o（others，其他人）3 个字母表示 3 种用户身份，并用 a（all，所有人）来表示所有用户。修改权限操作的类型分成 3 类，即添加权限、移除权限和设置权限，并分别用"+""-""="表示。使用符号法修改文件权限的格式如下。

chmod [-R]	u g o a	+ - =	[rwx] *文件或目录*

"[rwx]"表示 3 种权限的组合，如果没有相应的权限，则省略对应字母。可以同时为用户设置多种权限，每种用户权限之间用逗号分隔，逗号左右不能有空格。

现在来看一个实际的例子。对例 3-68 中的目录 *dir1*、文件 *file1* 和 *file2* 执行下列操作。

dir1：移除属组用户的执行权限，移除其他人的读和执行权限。

file1：移除所有者的执行权限，将属组和其他人的权限设置为可读。

file2：为属组添加写权限，为所有人添加执行权限。

符号法的具体用法如例 3-69 所示。

例 3-69：chmod 命令的基本用法——使用符号法修改文件权限

```
[zys@centos7 tmp]$ ls  -l
drwxrwxr-x.   2    zys  zys     6   1月 20 20:27        dir1
-rw-rw-r--.   1    zys  zys     8   1月 20 20:27        file1
-rw-rw-r--.   1    zys  zys     3   1月 20 20:27        file2
[zys@centos7 tmp]$ chmod  g-x,o-rx dir1   // 注意，逗号左右不能有空格
[zys@centos7 tmp]$ chmod  u-x,go=r file1
[zys@centos7 tmp]$ chmod  g+w,a+x file2
[zys@centos7 tmp]$ ls  -l
drwxrw----.   2    zys  zys     6   1月  20 20:27 dir1
-rw-r--r--.   1    zys  zys     8   1月  20 20:27 file1
-rwxrwxr-x.   1    zys  zys     3   1月  20 20:27 file2
```

其中，"+""-"只影响指定位置的权限，其他位置的权限保持不变；而"="相当于先移除文件的所有权限，再为其设置指定的权限。

（2）使用数字法修改文件权限。

数字法指用数字表示文件的 3 种权限，权限与数字的对应关系如下。

```
r    : 4   （读）
w    : 2   （写）
x    : 1   （执行）
-    : 0   （表示没有这种权限）
```

设置权限时，把每种用户的 3 种权限对应的数字相加。例如，现在要把文件 *file1* 的权限设置为"rwxr-xr--"，其计算过程如图 3-3 所示。

3 种用户的权限分别相加后的数字组合是 754，数字法的具体使用方法如例 3-70 所示。

4	2	1	4	2	1	4	2	1
r	w	x	r	w	x	r	w	x

r	w	x	r	-	x	r	-	-
4	2	1	4	0	1	4	0	0
	7			5			4	

图 3-3　修改文件权限的数字法的计算过程

例 3-70：chmod 命令的基本用法——使用数字法修改文件权限

```
[zys@centos7 tmp]$ ls  -l  file1
-rw-r--r--.   1   zys zys 8   1月 20 20:27        file1
[zys@centos7 tmp]$ chmod  754  file1  // 相当于 chmod u=rwx,g=rx,o=r file1
[zys@centos7 tmp]$ ls  -l  file1
-rwxr-xr--.   1   zys zys 8   1月 20 20:27        file1
```

4．修改文件默认权限

知道了如何修改文件权限，现在来思考这样一个问题：当创建文件和目录时，其默认的权限是什么？默认的权限又是在哪里设置的？

之前已经提到，执行权限对于文件和目录的意义是不同的。普通文件一般用于保存特定的数据，不需要具有执行权限，所以文件的执行权限默认是关闭的。因此，文件的默认权限是 rw-rw-rw-，用数字表示即 666。而对于目录来说，具有执行权限才能进入这个目录，这个权限在大多数情况下是需要的，所以目录的执行权限默认是开放的。因此，目录的默认权限是 rwxrwxrwx，用数字表示即 777。但是新建的文件或目录的默认权限并不是 666 或 777，如例 3-71 所示。

V3-14　修改文件权限的两种方法

例 3-71：文件和目录的默认权限

```
[zys@centos7 tmp]$ mkdir   dir1
[zys@centos7 tmp]$ touch   file1
[zys@centos7 tmp]$ ls  -ld  dir1   file1
drwxrwxr-x.   2   zys  zys  6    1月 20 20:58   dir1     <== 默认权限是 775
-rw-rw-r--.   1   zys  zys  5    1月 20 20:58   file1    <== 默认权限是 664
```

这是为什么呢？其实，是 umask 命令在其中"动了手脚"。在 Linux 操作系统中，umask 命令的值会影响新建文件或目录的默认权限。例 3-72 显示了 umask 命令的输出。

例 3-72：umask 命令的输出

```
[zys@centos7 tmp]$ umask
0002     <== 注意右边 3 位数字
```

在终端窗口中直接输入 umask 命令就会显示以数值方式表示的权限值，暂时忽略第 1 位数字，只看后面 3 位数字。umask 命令输出的数字表示要从默认权限中移除的权限。"002"即表示要从文件所有者、文件属组和其他人的权限中分别移除"0""0""2"对应的部分。可以这样理解 umask 命令输出的数字：r、w、x 对应的数字分别是 4、2、1，如果要移除读权限，则写上 4；如果要移除写或执行权限，则分别写上 2 或 1；如果要同时移除写和执行权限，则写上 3；0 表示不移除任何权限。最终，文件和目录的实际权限就是默认权限移除 umask 的结果，如下所示。

```
文件： 默认权限（666）    移除   umask（002）        （664）
      (rw-rw-rw-)      -     (-------w-)    =   (rw-rw-r--)

目录： 默认权限（777）    移除   umask（002）        （775）
      (rwxrwxrwx)      -     (-------w-)    =   (rwxrwxr-x)
```

这正是在例 3-71 中看到的结果。如果把 umask 的值设置为 245（即-w-r--r-x），那么新建文件和目录的权限应该如下所示。

```
文件： 默认权限（666）    移除   umask（245）        （422）
      (rw-rw-rw-)      -     (-w-r--r-x)    =   (r---w--w-)

目录： 默认权限（777）    移除   umask（245）        （532）
      (rwxrwxrwx)      -     (-w-r--r-x)    =   (r-x-wx-w-)
```

修改 umask 值的方法是在 umask 命令后跟修改值，如例 3-73 所示，这和上面的分析结果是一致的。

例 3-73：设置 umask 值

```
[zys@centos7 tmp]$ umask   245          // 设置 umask 的值
[zys@centos7 tmp]$ umask
0245
[zys@centos7 tmp]$ mkdir   dir2
[zys@centos7 tmp]$ touch   file2
[zys@centos7 tmp]$ ls  -ld  dir2  file2
dr-x-wx-w-.   2   zys  zys  6    1月 20 21:11   dir2  // 用数字表示即 532
-r---w--w-.   1   zys  zys  0    1月 20 21:11   file2  // 用数字表示即 422
```

这里请大家思考一个问题：在计算文件和目录的实际权限时，能不能把默认权限和 umask 对应位置的数字直接相减呢？例如，777-002=775，或者 666-002=664。（其实，这种方法对目录适用，但对文件不适用，请大家分析其中的原因。）

5. 修改文件隐藏属性

除了上面提到的文件的 3 种基本权限和默认权限外，在 Linux 操作系统中，

V3-15 了解
umask

文件的隐藏属性也会影响用户对文件的访问。这些隐藏属性对提高系统的安全性非常重要。lsattr 和 chattr 两个命令分别用于查看和设置文件的隐藏属性。

使用 lsattr 命令可以查看文件的隐藏属性。lsattr 命令的基本语法格式如下。

lsattr [-adR] *文件或目录*

使用-a 选项可以显示所有文件的隐藏属性，包括隐藏文件；使用-d 选项可以查看目录本身的隐藏属性，而不是目录中文件的隐藏属性；使用-R 选项可以递归地显示目录及其中文件的隐藏属性。

chattr 命令的基本语法如下。

chattr [+-=] [*属性*] *文件或目录*

（1）"+"表示向文件添加属性，其他属性保持不变。

（2）"-"表示移除文件的某种属性，其他属性保持不变。

（3）"="表示为文件设置属性，相当于先清除所有属性，再重新进行属性设置。

常用的文件隐藏属性及其功能说明如表 3-20 所示。

表 3-20 常用的文件隐藏属性及其功能说明

隐藏属性	功能说明
A	如果设置了 A 属性，则访问文件时，它的访问时间保持不变
a	如果对文件设置了 a 属性，则只能向文件中追加数据，而不能删除文件中的数据 如果对目录设置了 a 属性，则只能在目录中新建文件，而不能删除文件
i	如果对文件设置了 i 属性，则这个文件不能被删除、重命名，也不能向文件中添加数据和修改文件中的数据 如果对目录设置了 i 属性，则不能在目录中新建和删除文件，只能修改文件的内容
s	如果设置了 s 属性，则对文件执行删除操作时，将从硬盘中彻底删除该文件，不可恢复
u	和 s 属性正好相反，执行删除操作时文件未被彻底删除，可以恢复该文件

例 3-74 演示了设置和查看文件隐藏属性的方法。

例 3-74：设置和查看文件隐藏属性的方法

```
[root@centos7 ~]# cd  /tmp
[root@centos7 tmp]# touch  file1
[root@centos7 tmp]# lsattr  file1
---------------- file1                       <== 默认没有隐藏属性
[root@centos7 tmp]# chattr  +i  file1
[root@centos7 tmp]# lsattr  file1
----i----------- file1                       <== 设置了隐藏属性 i
[root@centos7 tmp]# echo  "abc"  >file1
-bash: file1: 权限不够                         <== 无法修改文件内容
[root@centos7 tmp]# rm  -f  file1
rm: 无法删除"file1": 不允许的操作               <== 无法删除文件，即使是 root 用户也无法删除
[root@centos7 tmp]# chattr  -i  file1         // 移除隐藏属性 i
[root@centos7 tmp]# lsattr  file1
---------------- file1                       <== 隐藏属性 i 被移除
[root@centos7 tmp]# echo  "abc"  >file1       // 可以添加内容
[root@centos7 tmp]# cat  file1
abc
[root@centos7 tmp]# rm  file1
rm: 是否删除普通文件 "file1"? y                <== 可以删除文件
```

任务实施

实验：文件和目录管理综合实验

上一次，张经理带着小朱在开发服务器上为开发中心的所有同事创建了用户和用户组，现在张经理要继续为这些同事配置文件和目录的访问权限，在这个过程中，张经理要向小朱演示文件和目录相关命令的基本用法。

第 1 步，登录到开发服务器，在一个终端窗口中使用 su－root 命令切换到 root 用户。

第 2 步，创建用户组 devteam，并将开发中心的所有员工加入该组，如例 3-75.1 所示。

例 3-75.1：文件和目录管理综合实验——把开发中心员工加入用户组 devteam

```
[root@centos7 ~]# groupadd  devteam
[root@centos7 ~]# groupmems  -a  xf  -g  devteam        // 对其他用户执行相同操作
```

第 3 步，创建目录/home/dev_pub，用于存放开发中心的共享资源。该目录对开发中心的所有员工开放读权限，但只有开发中心的负责人（即用户 ss）有读写权限，如例 3-75.2 所示。

例 3-75.2：文件和目录管理综合实验——设置目录权限

```
[root@centos7 ~]# cd  /home
[root@centos7 home]# mkdir  dev_pub
[root@centos7 home]# ls  -ld  dev_pub
drwxr-xr-x.   2   root root    6   1月 30 21:50      dev_pub
[root@centos7 home]# chown  ss:devteam  dev_pub
[root@centos7 home]# chmod  750  dev_pub
[root@centos7 home]# ls  -ld  dev_pub
drwxr-x---.   2   ss  devteam 27  1月 30 21:56      dev_pub
```

第 4 步，在目录/home/dev_pub 中新建文件 readme.devpub，用于记录有关开发中心共享资源的使用说明。该文件的权限同目录 dev_pub，如例 3-75.3 所示。

例 3-75.3：文件和目录管理综合实验——设置文件权限

```
[root@centos7 home]# cd  dev_pub
[root@centos7 dev_pub]# touch  readme.devpub
[root@centos7 dev_pub]# ls  -l  readme.devpub
-rw-r--r--.   1   root root    0   1月 30 21:56      readme.devpub
[root@centos7 dev_pub]# chown  ss:devteam  readme.devpub
[root@centos7 dev_pub]# chmod  640  readme.devpub
[root@centos7 dev_pub]# ls  -l  readme.devpub
-rw-r-----.   1   ss  devteam 0   1月 30 21:56      readme.devpub
```

做完这一步，张经理让小朱观察目录 dev_pub 和文件 readme.devpub 的权限有何不同，并思考读、写和执行权限对文件和目录的不同含义。

第 5 步，创建目录/home/devteam1 和/home/devteam2 分别作为开发一组和开发二组的工作目录，对组内人员开放读写权限，如例 3-75.4 所示。

例 3-75.4：文件和目录管理综合实验——为两个开发小组创建工作目录并设置权限

```
[root@centos7 home]# mkdir  devteam1
[root@centos7 home]# mkdir  devteam2
[root@centos7 home]# ls  -ld  devteam1  devteam2
drwxr-xr-x.   2   root root    6   1月 30   22:53      devteam1
drwxr-xr-x.   2   root root    6   1月 30   22:53      devteam2
```

```
[root@centos7 home]# chown  ss:devteam1  devteam1
[root@centos7 home]# chmod  g+w,o-rx  devteam1
[root@centos7 home]# chown  ss:devteam2  devteam2
[root@centos7 home]# chmod  g+w,o-rx  devteam2
[root@centos7 home]# ls  -ld  devteam1  devteam2
drwxrwx---.  2   ss   devteam1   6   1月 30 22:49   devteam1
drwxrwx---.  2   ss   devteam2   6   1月 30 22:49   devteam2
```

第 6 步，分别切换到用户 ss、xf 和 wbk，然后执行下面两项测试，检查设置是否成功。具体操作这里不再演示。

① 使用 cd 命令分别进入目录 *dev_pub*、*devteam1* 和 *devteam2*，检查用户能否进入这 3 个目录。如果不能进入，则分析失败的原因。

② 如果能进入上面这 3 个目录，则使用 touch 命令新建测试文件，并用 mkdir 命令创建测试目录，检查操作能否成功。如果成功，则用 rm 命令删除测试文件和测试目录。如果不成功，则分析失败的原因。

📎 知识拓展

上面在介绍文件权限时，把文件的用户分为所有者、属组和其他人 3 种，每种用户都有读、写和执行 3 种权限。这种权限可以认为是文件的基本权限。如果想对文件权限进行更精细的设置，例如，只对某个用户或某个属组开放某种权限，那么上面介绍的方法是无能为力的，只有使用文件访问控制列表（Access Control List，ACL）设置文件的扩展权限才能实现这个功能。

1. 什么是文件 ACL

ACL 突破了传统文件权限的划分方式，允许为特定用户或属组设置特别的权限。例如，如果某个文件的权限是 "rw-r--r--"，那么除了文件所有者之外，所有用户都只有读权限。利用文件 ACL 可以为某个用户额外设置写或执行权限。总的来说，ACL 的用途主要体现在以下 3 个方面。

➢ 针对特定用户设置权限。

➢ 针对特定用户组设置权限。

➢ 规定在某个目录中创建文件或子目录时的默认权限。

下面针对 ACL 的这 3 种用途逐一介绍具体的操作方法。

2. 配置文件 ACL

（1）setfacl 命令的基本用法。

配置文件 ACL 使用的命令是 setfacl，其基本语法如下。

setfacl [-bRdk] [{-m|-x} *acl_rule*] *目标文件或目录*

setfacl 命令的选项和参数非常复杂，这里只介绍其基本用法。setfacl 命令的常用选项及其功能说明如表 3-21 所示。

表 3-21　setfacl 命令的常用选项及其功能说明

选项	功能说明
-m *acl_rule*	把目标文件或目录的 ACL 规则设置为 *acl_rule*，*acl_rule* 的具体格式详见下文
-x *acl_rule*	删除目标文件或目录指定的 ACL 规则，即只删除 *acl_rule* 指定的部分
-b	删除目标文件或目录的所有 ACL 规则
-R	为目录及其中的所有文件和子目录递归设置 ACL 规则
-d	设置默认的 ACL 规则，只对目录有效
-k	删除默认的 ACL 规则

-m 和-x 选项分别用于设置和删除文件或目录的 ACL 规则，两者不能同时使用。选项后面的
acl_rule 参数表示具体的 ACL 规则，其具体格式如表 3-22 所示。

表 3-22 ACL 规则的具体格式

ACL 规则	功能说明
u:*uid* [:*perms*] user:*uid* [:*perms*]	设置用户的权限，如果没有指定 *uid*，则表示指定文件所有者的权限。perms 是 r（读）、 w（写）、x（执行）3 种权限的组合。如果没有某种权限，则省略对应的字母，下同
g:*gid* [:*perms*] group:*gid* [:*perms*]	设置用户组的权限，如果没有指定 *gid*，则表示指定文件属组的权限
o [:*perms*] other [:*perms*]	指定其他人的权限
m [:*perms*] mask [:*perms*]	指定有效权限。有效权限的具体含义详见下文

下面先来演示如何为特定用户设置特殊的文件访问权限，如例 3-76 所示。本例中，文件 *file1* 的
基本权限是 "rw-r--r--"，使用 setfacl 命令为用户 shaw 设置读和写权限（如果系统当前没有用户
shaw，则需要提前创建此用户）。

例 3-76：setfacl 命令的基本用法——设置用户权限

```
[zys@centos7 tmp]$ ls  -l  file1
-rw-r--r--.    1   zys  zys  0   1 月 20 21:47        file1
[zys@centos7 tmp]$ setfacl  -m  u:shaw:rw  file1
[zys@centos7 tmp]$ ls  -l  file1
-rw-rw-r--+  1   zys  zys  0   1 月 20 21:47        file1
```

注意到文件 *file1* 的权限发生了两个变化。一个是权限的后面多了一个 "+" 符号，表示为文件设置
了 ACL 规则。另一个变化是文件属组的权限变为 "rw-"。其实一旦对文件设置了 ACL 规则，ls -l 命令
显示的基本权限就有可能不准确，此时需要使用 getfacl 命令查看文件的实际权限，如例 3-77 所示。

例 3-77：getfacl 命令的基本用法

```
[zys@centos7 tmp]$ getfacl  file1
# file: file1           <== 文件名
# owner: zys            <== 文件所有者
# group: zys            <== 文件属组
user::rw-               <== 用户名为空，表示文件所有者的权限
user:shaw:rw-           <== 用户 shaw 的权限
group::r--              <== 用户组名为空，表示文件属组的权限
mask::rw-               <== 文件默认的有效权限
other::r--              <== 其他人的权限
```

在 getfacl 命令的输出中，以 "#" 开头的前 3 行是文件的基本信息，可以使用--omit-header
选项省略掉这 3 行信息。后面几行是文件的 ACL 条目（entry），定义了特定类别的对象所拥有的操作
权限。ACL 条目由 3 部分组成，各部分之间用 ":" 分隔。可以看到上面为用户 shaw 设置的 ACL 权
限已经显示了出来。下面先把用户组 devteam 的 ACL 权限设置为可读和可执行，再用 getfacl 命令
查看相应的结果，如例 3-78 所示。

例 3-78：setfacl 命令的基本用法——设置用户组权限

```
[zys@centos7 tmp]$ setfacl  -m  g:devteam:rx  file1
[zys@centos7 tmp]$ ls  -l  file1
-rw-rwxr--+  1   zys  zys  0   1 月 20 21:47        file1
[zys@centos7 tmp]$ getfacl  --omit-header  file1
```

```
user::rw-
user:shaw:rw-
group::r--
group:devteam:r-x
mask::rwx
other::r--
```

（2）设置有效权限。

下面介绍上文提到的文件有效权限的含义。例 3-79 把文件的有效权限设置为可读，然后测试这个设置对文件的 ACL 权限有何影响。

例 3-79：setfacl 命令的基本用法——设置文件有效权限

```
[zys@centos7 tmp]$ setfacl  -m  m:r  file1
[zys@centos7 tmp]$ ls  -l  file1
-rw-r--r--+   1    zys  zys  0    1月 20 21:47        file1
[zys@centos7 tmp]$ getfacl  --omit-header  file1
user::rw-
user:shaw:rw-              #effective:r--       <==  注意 effective 后面的权限
group::r--
group:devteam:r-x         #effective:r--       <==  注意 effective 后面的权限
mask::r--
other::r--
```

此时，用户 shaw 和用户组 devteam 所在的行除了显示之前设置的 ACL 权限外，还额外显示了"effective:r--"信息。这是文件 ACL 权限和有效权限共同作用的结果。准确地说，有效权限（effective permission）应该被称为"最大权限"（maximum permission），意思是文件的 ACL 权限不能超过这个最大权限的限制。在本例中，有效权限是可读（r--），因此在用户 shaw 和用户组 devteam 的 ACL 权限（分别为 rw-和 r-x）中，除了读权限之外的其他权限都被"屏蔽"了，最终剩下的实际权限就是"r--"。

（3）继承 ACL 权限。

下面来看 ACL 权限的继承问题。也就是说，当对一个目录设置 ACL 权限后，在该目录下新建的文件或子目录是否会继承该目录的 ACL 权限。例 3-80 给出了这个问题的答案。

例 3-80：setfacl 命令的基本用法——ACL 权限的继承

```
[zys@centos7 tmp]$ mkdir   pdir
[zys@centos7 tmp]$ setfacl  -m  u:shaw:rwx  pdir
[zys@centos7 tmp]$ getfacl  --omit-header  pdir
user::rwx
user:shaw:rwx
group::rwx
mask::rwx
other::r-x
[zys@centos7 tmp]$ cd   pdir
[zys@centos7 pdir]$ touch   file2
[zys@centos7 pdir]$ mkdir   sdir
[zys@centos7 pdir]$ ls -ld   file2 sdir
-rw-rw-r--.   1    zys  zys  0    1月 20 21:50    file2     <== 没有继承父目录的 ACL 权限
drwxrwxr-x.   2    zys  zys  6    1月 20 21:50    sdir
```

显然，文件 *file2* 和子目录 *sdir* 的权限中没有出现"+"符号，所以它们并没有继承父目录 *pdir* 的 ACL 权限。要想让一个父目录的 ACL 权限被文件或子目录继承，需要设置父目录的默认的 ACL 权限，如例 3-81 所示。

例 3-81：setfacl 命令的基本用法——设置默认的 ACL 权限

```
[zys@centos7 tmp]$ setfacl  -m  d:u:shaw:rx  pdir        // 设置默认的 ACL 权限（第 1 种方法）
```

或者

```
[zys@centos7 tmp]$ setfacl  -d  -m  u:shaw:rx  pdir    // 设置默认的 ACL 权限（第 2 种方法）
[zys@centos7 tmp]$ getfacl  --omit-header  pdir
user::rwx
user:shaw:rwx
group::rwx
mask::rwx
other::r-x
default:user::rwx
default:user:shaw:r-x
default:group::rwx
default:mask::rwx
default:other::r-x
```

例 3-81 演示了两种设置目录默认 ACL 权限的方法。getfacl 的输出中显示了目录 *pdir* 的默认 ACL 权限。其中，用户 shaw 对该目录具有读和执行权限，这是明确设置的，其他几条默认 ACL 权限来源于上面几条基本 ACL 权限。下面在目录 *pdir* 中创建文件和子目录，验证 ACL 权限是否被继承，如例 3-82 所示。

例 3-82：继承 ACL 权限 1

```
[zys@centos7 tmp]$ cd  pdir
[zys@centos7 pdir]$ touch  file3
[zys@centos7 pdir]$ mkdir  sdir2
[zys@centos7 pdir]$ ls  -ld  file3  sdir2
-rw-rw-r--+  1  zys  zys  0   1月 20 21:55      file3    // 继承了父目录的 ACL 权限
drwxrwxr-x+  2  zys  zys  6   1月 20 21:55      sdir2    // 继承了父目录的 ACL 权限
[zys@centos7 pdir]$ getfacl  --omit-header  file3
user::rw-
user:shaw:r-x           #effective:r--
group::rwx              #effective:rw-
mask::rw-
other::r--
[zys@centos7 pdir]$ getfacl  --omit-header  sdir2
user::rwx
user:shaw:r-x
group::rwx
mask::rwx
other::r-x
default:user::rwx
default:user:shaw:r-x
default:group::rwx
default:mask::rwx
default:other::r-x
```

很明显，此时文件 *file3* 和子目录 *sdir2* 继承了父目录 *pdir* 的 ACL 权限。有两点需要说明。第一，默认 ACL 权限只适用于目录，因此文件 *file3* 没有默认 ACL 权限。第二，对于文件 *file3* 而言，用户

shaw 和属组的有效 ACL 权限中没有执行权限，这是因为文件 *file3* 的基本文件权限（rw-rw-r--，664）中没有执行权限。如果为文件 *file3* 加上执行权限，那么其 ACL 权限也会相应变化，如例 3-83 所示。

例 3-83：继承 ACL 权限 2

```
[zys@centos7 pdir]$ chmod  a+x  file3
[zys@centos7 pdir]$ ls  -l  file3
-rwxrwxr-x+  1  zys  zys  0  1月 20 21:55         file3
[zys@centos7 pdir]$ getfacl  --omit-header  file3
user::rwx
user:shaw:r-x      <== 此时没有显示 #effective
group::rwx
mask::rwx
other::r-x
```

（4）删除 ACL 权限。

使用-x 选项可以删除文件或目录的指定的 ACL 权限。例如，删除用户 shaw 对目录 *pdir* 的 ACL 权限，如例 3-84 所示。

例 3-84：删除指定的 ACL 权限

```
[zys@centos7 tmp]$ setfacl  -x  u:shaw  pdir
[zys@centos7 tmp]$ getfacl  --omit-header  pdir
user::rwx
group::rwx
mask::rwx
other::r-x
default:user::rwx
default:user:shaw:r-x        <== 默认的 ACL 权限还存在
default:group::rwx
default:mask::rwx
default:other::r-x
```

使用-k 选项可以删除默认的 ACL 权限，如例 3-85 所示。

例 3-85：删除默认的 ACL 权限

```
[zys@centos7 tmp]$ setfacl  -k  pdir
[zys@centos7 tmp]$ getfacl  --omit-header  pdir
user::rwx
group::rwx
mask::rwx
other::r-x
```

使用-b 选项可以删除全部的 ACL 权限，如例 3-86 所示。注意到删除目录 *pdir* 的全部 ACL 权限后，ls 命令显示的基本文件权限中已没有 "+" 符号，这说明目录 *pdir* 目前只有基本文件权限。getfacl 的输出也证明了这一点，因为 getfacl 只显示了所有者、属组和其他人的权限，没有任何 ACL 权限。

例 3-86：删除全部的 ACL 权限

```
[zys@centos7 tmp]$ setfacl  -b  pdir
[zys@centos7 tmp]$ ls  -ld  pdir
drwxrwxr-x.  2  zys  zys  6  1月 20 21:49         pdir
[zys@centos7 tmp]$ getfacl  --omit-header  pdir
user::rwx
group::rwx
```

other::r-x

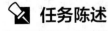 **任务实训**

本实训的主要任务是练习修改文件权限的两种方法，并通过修改 umask 的值观察新建文件和目录的默认权限。结合文件权限与用户和用户组的设置，理解文件的 3 种用户身份及权限对于文件和目录的不同含义。

【实训目的】

（1）掌握文件与用户和用户组的基本概念及关系。

（2）掌握修改文件的所有者和属组的方法。

（3）理解文件和目录的 3 种权限的含义。

（4）掌握使用符号法和数字法设置文件权限的方法。

（5）理解 umask 影响文件和目录默认权限的工作原理。

【实训内容】

文件和目录的访问权限直接关系到整个 Linux 操作系统的安全性，作为一名合格的 Linux 操作系统管理员，必须深刻理解 Linux 文件权限的基本概念并能够熟练地进行权限设置。请按照以下步骤完成 Linux 用户管理和文件权限配置的综合练习。

（1）以 zys 用户登录操作系统，在终端窗口中切换到 root 用户。

（2）创建用户组 it，将 zys 用户添加到该组中。

（3）添加两个新用户 jyf 和 zcc，并分别为其设置密码，将 jyf 用户添加到 it 组中。

（4）在/tmp 目录中创建文件 file1 和目录 dir1，并将其所有者和属组分别设置为 zys 和 it。

（5）将文件 file1 的权限依次修改为以下 3 种。对于每种权限，分别切换到 zys、jyf 和 zcc 这 3 个用户，验证这 3 个用户能否对 file1 进行读、写、重命名和删除操作。

① rw-rw-rw-。

② rw-r--r--。

③ r---w-rw-。

（6）将目录 dir1 的权限依次修改为以下 4 种。对于每种权限，分别切换到 zys、jyf 和 zcc 这 3 个用户，验证这 3 个用户能否进入 dir1、在 dir1 中新建文件、在 dir1 中删除和重命名文件、修改 dir1 中文件的内容，并分析原因。

① rwxrwxrwx。

② rwxr-xr-x。

③ rwxr-xrw-。

④ r-x-wx--x。

任务 3.3　磁盘管理与文件系统

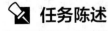 **任务陈述**

计算机的主要功能是存储数据和处理数据。本任务的关注点是计算机如何存储数据。现在能够买到的数据存储设备有很多，常见的有硬盘、U 盘、CD 和 DVD 等，不同存储设备的容量、外观、转速、价格和用途各不相同。硬盘是计算机硬件系统的主要外部存储设备，本任务将以硬盘为例，讲述磁盘的物理组成、分区的基本概念及分区管理工具、文件系统的基本概念。

📧 知识准备

3.3.1 磁盘的基本概念

磁盘是计算机系统的外部存储设备。相比于内存，磁盘的存取速度较慢，但存储空间要大很多。磁盘分为两种，即硬盘和软盘，软盘现已基本上被淘汰，常用的是硬盘。现在主流的硬盘基本都在 100 GB 以上，TB 级别容量的硬盘也很常见。如何有效地管理拥有如此大存储空间的硬盘，使数据存储更安全、数据存取更快速，是管理员必须面对和解决的问题。本任务从硬盘的物理组成开始讲起，重点介绍文件系统的相关概念和磁盘分区等操作，通过具体实例演示如何进行磁盘配额管理和逻辑卷管理。

1. 硬盘的物理组成

硬盘主要由主轴马达、磁头、磁头臂和盘片组成，如图 3-4（a）所示。主轴马达驱动盘片转动，可伸展的磁头臂牵引磁头在盘片上读取数据。

为了更有效地组织和管理数据，盘片又被分割成许多小的组成部分。和硬盘存储相关的两个主要概念是磁道（track）和扇区（sector），如图 3-4（b）所示。

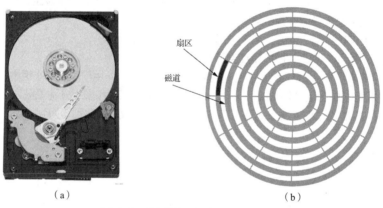

（a）　　　　　　　　　　　　　　（b）

图 3-4　硬盘的物理组成、磁道和扇区

（1）磁道：如果固定磁头的位置，当盘片绕着主轴转动时，磁头在盘片上划过的区域是一个圆，则这个圆就是硬盘的一个磁道。磁头与盘片中心主轴的不同距离对应硬盘的不同磁道。这样，磁道以主轴为中心由内向外扩散，构成了整个盘片。一块硬盘由多张盘片构成。所有盘片的同一磁道就组合成了所谓的柱面（cylinder）。

（2）扇区：对于每一个磁道，要把它进一步划分成若干个大小相同的小区域，这就是扇区。扇区是磁盘的最小物理存储单元。过去每个扇区的大小一般为 512 字节，目前大多数大容量磁盘把扇区设计为 4KB。

显然，外圈磁道的面积比内圈磁道的面积大，如果把每个磁道分成相同数量的扇区，那么外圈磁道扇区的数据密度就要低一些，这样就会造成存储空间利用率下降。这是传统的扇区划分方式。新的扇区划分方式则有所不同，其外圈磁道包含的扇区更多，提高了磁盘的空间利用率。

2. 为什么要磁盘分区

磁盘是不能直接使用的，必须先进行分区。在 Windows 操作系统中常见的 C 盘、D 盘等不同的盘符，其实就是给磁盘进行分区的结果。磁盘分区是把磁盘分成若干逻辑独立的部分，磁盘分区能够优化磁盘管理，并提高系统运行效率和安全性。具体来说，给磁盘分区有以下好处。

（1）易于管理和使用。磁盘分区相当于把一个大柜子分成一个个小抽屉，每个抽屉可以分门别类地存放物品，即把不同类型和用途的文件存放在不同的分区中，可以实现分类管理、互不影响，防止用户误操作（如磁盘格式化）给整个磁盘带来意想不到的后果。

（2）有利于数据安全。可以对不同分区设置不同的数据访问权限。如果某个分区受到了病毒攻击，则可以把病毒的影响范围控制在该分区之内，使其他分区不被感染。这大大提高了数据的安全性。

（3）提高系统运行效率。显然，在一个分区中查找数据要比在整个硬盘上查找快得多。

3. MBR 与 GPT 分区表

磁盘的分区信息保存在被称为"磁盘分区表"的特殊磁盘空间中。现在有两种典型的磁盘分区格式，分别对应两种不同格式的磁盘分区表：一种是传统的主引导记录（Master Boot Record，MBR）格式，另一种是 GUID 磁盘分区表（GUID Partition Table，GPT）格式。

（1）MBR 分区表。

在 MBR 格式下，磁盘的第 1 个扇区最重要，因为在这个扇区中保存了以下两样非常重要的数据。

V3-16 MBR 与
GPT 分区表

➢ 主引导记录：即操作系统的启动引导程序（boot loader），大小为 446 字节。

➢ 分区表：记录磁盘的分区信息，占 64 字节。每个分区对应一个分区条目。早期磁盘分区的最小单位是柱面，现在通常以扇区作为最小分区单位，这样分区容量的大小可以划分得更细。每个扇区都有自己的编号，分区条目记录了该分区的开始与结束扇区号码。

MBR 格式的分区表只有 64 字节，而描述每个分区的分区条目需要 16 字节，因此 MBR 格式最多支持 4 个分区，这 4 个分区被称为主分区（primary partition）。只把磁盘分成 4 个主分区往往是不够的。如果想划分更多分区，则必须把其中一个主分区作为扩展分区（extended partition），在扩展分区上划分出更多逻辑分区（logical partition）。因此，主分区和扩展分区的总数最多可以有 4 个，其中扩展分区最多只能有 1 个。主分区和扩展分区的编号是 1 至 4，从编号 5 开始的分区是逻辑分区。扩展分区只是利用额外的扇区来存储更多的分区条目，因此扩展分区本身并不能用于存放用户数据。图 3-5（a）和图 3-5（b）分别显示了 MBR 分区的逻辑示意图及内部结构。

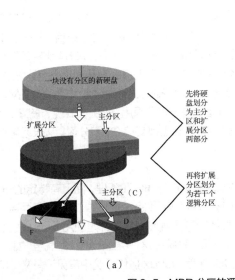

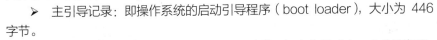

图 3-5　MBR 分区的逻辑示意图及内部结构

MBR 分区在实际使用时有诸多限制。例如，每个分区条目中只有 4 字节代表该分区的总扇区数，因此 MBR 格式支持的单个分区的最大容量是 2TB（$2^{32} \times 512B$）。现在硬盘的容量早就突破了 2TB，所以 MBR 格式显得不再适用。MBR 分区只用磁盘的第 1 个扇区保存分区表，如果这个扇区遭到破坏，整个磁盘都将无法使用，因此 MBR 分区的安全性较差。另外，MBR 分区仅提供 446 字节存储启动引导程序，这意味着无法在启动引导程序中添加更多的代码以实现更复杂的功能。

（2）GPT 分区表。

MBR 最主要的问题在于它只使用一个 512 字节的扇区存放分区表。考虑到现在的磁盘扇区已提高到 4KB，为了打破 MBR 的限制，GPT 分区使用逻辑区块地址（Logical Block Address，LBA）来规划磁盘空间。LBA 的大小可以是 512 字节，也可以是 4KB，默认为 512 字节。LBA 的编号从 0 开始，即第 1 个 LBA 为 LBA0。GPT 使用磁盘的前 34 个 LBA 存储分区条目，与 MBR 仅仅使用一个扇区保存分区表相比，GPT 大大扩展了分区表的存储空间。除此之外，GPT 还利用磁盘的最后 34 个 LBA 对分区表进行备份，这两份分区表分别称为主 GPT 分区表和备份 GPT 分区表。这样，即使主 GPT 分区表遭到破坏，也能够利用备份 GPT 分区表进行快速恢复，使分区信息不易丢失，从而提高分区表的安全性。GPT 分区表的结构如图 3-6 所示。

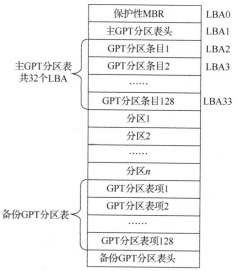

图 3-6　GPT 分区表的结构

出于兼容性考虑，GPT 在 LBA0 中存储了一份传统的 MBR，因此 LBA0 也被称为保护性 MBR（protective MBR）。和 MBR 类似，LBA0 也提供了 446 字节用于保存启动引导程序。另外，LBA0 中还存放了一个特殊标志符 0xEE，标识这是一个采用 GPT 分区的磁盘，用于防止不支持 GPT 分区表的硬盘管理工具错误识别硬盘并破坏其中的数据。

LBA1 是主 GPT 分区表的表头（primary GPT header）。LBA1 记录了 GPT 分区表本身的大小及备份 GPT 分区表的存放位置。另外，为了使操作系统能够检验主分区表数据是否遭到破坏，LBA1 中还存放了主分区表的校验码。

从 LBA2 到 LBA33 的共 32 个 LBA 中保存了实际的 GPT 分区条目。每个 GPT 分区条目占用 128 字节，如果 LBA 是 512 字节的，那么每个 LBA 可以记录 4 个 GPT 分区条目，32 个 LBA 一共可以记录 128 个分区条目。另外，在每个分区条目所占用的 128 个字节中，有 64 比特用于记录该分区的开始和结束的扇区号码，因此 GPT 格式能够支持的单个分区的最大容量理论上可达 8ZB（$2^{64} \times 512B$）。不夸张地说，这几乎是一个天文数字，若干年内我们都无法见到这么大容量的硬盘。

既然 GPT 分区具有这么明显的优点，在分区时是不是一定要采用 GPT 格式呢？答案是否定的。因为不是所有的操作系统都支持 GPT 分区，也不是所有的磁盘都支持 GPT 分区。从长远来看，GPT 分区肯定会成为主流。

4. 磁盘和分区的名称

在 Linux 操作系统中，所有的硬件设备都被抽象成文件进行命名和管理，而且有特定的命名规则。硬件设备对应的文件都在目录/dev 内，/dev 后面的内容代表硬件设备的种类。就磁盘而言，旧式的 IDE 接口的硬盘用/dev/hd[a～d]标识；SATA、USB、SAS 等磁盘接口都是使用 SCSI 模块驱动的，这种磁盘统一用/dev/sd[a～p]标识。中括号内的字母表示系统中这种类型的硬件的编号，如*/dev/sda* 表示第 1 块 SCSI 硬盘，*/dev/sdb* 表示第 2 块 SCSI 硬盘。Linux 操作系统中常见设备文件的命名规则如表 3-23 所示。

表 3-23　Linux 操作系统中常见设备文件的命名规则

设备	设备文件名
IDE 磁盘	/dev/hd[a-d]，现在 IDE 设备已很少见，因此一般的硬盘设备会以/dev/sd 开头
SCSI 设备	/dev/sd[a-p]，SAS/SATA/USB 硬盘，一台主机可以有多块硬盘，因此系统采用 a～p 代表 16 块不同的硬盘
	/dev/scd：SCSI 音频光驱
	/dev/sr：SCSI 数据光驱
	/dev/st：SCSI 磁带
打印机	/dev/lp[0～15]
CD-ROM	/dev/cdrom
鼠标	/dev/mouse

分区名则是在硬盘名之后附加表示分区顺序的数字，例如，*/dev/sda1* 和 */dev/sda2* 分别表示第 1 块 SCSI 硬盘上的第 1 个分区和第 2 个分区。

3.3.2　磁盘管理的相关命令

上一小节提到了为什么要对磁盘进行分区，同时详细说明了 MBR 和 GPT 这两种不同的分区表格式。MBR 出现得较早，而且目前仍有很多磁盘采用 MBR 分区。但 MBR 的某些限制使得它不能适应现今大容量磁盘的发展。GPT 相比 MBR 有诸多优势，采用 GPT 分区是大势所趋。磁盘分区后要在分区上创建文件系统，也就是通常所说的格式化。最后要把分区和一个目录关联起来，即分区挂载，这样就可以通过这个目录访问和管理分区。

V3-17　磁盘分区的完整操作

1. 磁盘分区相关命令

（1）lsblk 命令。

在进行磁盘分区前要先了解系统当前的磁盘与分区状态，如系统有几块磁盘、每块磁盘有几个分区、每个分区的大小和文件系统、采用哪种分区方案等。

lsblk 命令以树状结构显示系统中的所有磁盘及磁盘的分区，如例 3-87 所示。

例 3-87：使用 lsblk 命令查看磁盘及分区信息

```
[root@centos7 ~]# lsblk  -p
NAME            MAJ:MIN   RM    SIZE   RO    TYPE    MOUNTPOINT
/dev/sda        8:0       0     50G    0     disk
├─/dev/sda1     8:1       0     476M   0     part    /boot
...
```

lsblk 命令的默认输出有 7 个字段，每个字段的含义如下。有关 lsblk 命令的其他选项，大家可通过 man 命令进行查看。

> 设备名（NAME）：磁盘或分区的名称。
> 设备代码（MAJ:MIN）：操作系统内核识别设备所使用的代码，分别为主设备代码和辅设备代码。
> 可卸载设备（RM）：说明设备是否为可卸载设备（removable device），如光盘、USB 磁盘等。
> 容量（SIZE）：磁盘或分区的容量。
> 只读设备（RO）：说明设备是否是只读的（read only）。
> 设备类型（TYPE）：设备的类型，如磁盘（disk）、分区（part）或只读存储器（ROM）等。
> 挂载点（MOUNTPOINT）：分区的挂载点，下文会详细介绍。

（2）blkid 命令。

使用 blkid 命令可以快速查询每个分区的全局唯一标识符（Universally Unique Identifier，UUID）

和文件系统，如例 3-88 所示。UUID 是操作系统为每个磁盘或分区分配的唯一标识符。

例 3-88：使用 blkid 命令查看分区的 UUID

```
[root@centos7 ~]# blkid
/dev/sda1:  UUID="a6cfd479-1ad1-4295-896f-9b8d58bdc975"    TYPE="xfs"
…
```

（3）parted 命令。

知道了系统有几块磁盘和几个分区，还要使用 parted 命令查看磁盘的大小、磁盘分区表的类型及分区详细信息，如例 3-89 所示。

例 3-89：使用 parted 命令查看磁盘分区表的类型

```
[root@centos7 ~]# parted  /dev/sda  print
Model: VMware, VMware Virtual S (scsi)
Disk /dev/sda: 53.7GB
Sector size (logical/physical): 512B/512B
Partition Table: msdos
…
```

（4）fdisk 和 gdisk 命令。

MBR 分区表和 GPT 分区表需要使用不同的分区工具。MBR 分区表使用 fdisk 命令，而 GPT 分区表使用 gdisk 命令。如果在 MBR 分区表上使用 gdisk 命令或者在 GPT 分区表上使用 fdisk 命令，则会对分区表造成破坏，所以在分区前一定要先确定磁盘的分区格式。

fdisk 命令的使用方法非常简单，只要把磁盘名称作为参数即可。fdisk 命令提供了一个交互式的操作环境，可以在其中通过不同的子命令提示执行相关操作。fdisk 常用的子命令及其功能说明如表 3-24 所示。gdisk 命令的相关操作和 fdisk 命令的相关操作非常类似，这里不再赘述。

表 3-24 fdisk 常用的子命令及其功能说明

子命令	功能说明
d	删除分区
l	显示磁盘分区表类型
m	获取 fdisk 分区帮助
n	添加新分区
p	显示磁盘分区表信息
q	不保存分区操作并退出 fdisk
w	保存分区操作并退出 fdisk

2. 磁盘格式化

磁盘分区后必须对其进行格式化才能使用，即在分区中创建文件系统。但格式化除了清除磁盘或分区中的所有数据外，还对磁盘做了什么操作呢？其实，文件系统需要特定的信息才能有效管理磁盘或分区中的文件，而格式化更重要的意义就是在磁盘或磁盘分区的特定区域写入这些信息，以达到初始化磁盘或磁盘分区的目的，使其成为操作系统可以识别的文件系统。在传统的文件管理方式中，一个分区只能被格式化为一个文件系统，因此通常认为一个文件系统就是一个分区。但新技术的出现打破了文件系统和磁盘分区之间的这种限制，现在可以将一个分区格式化为多个文件系统，也可以将多个分区合并成一个文件系统。本书的所有实验都采用传统的方法，因此分区和文件系统的概念并不严格加以区分。

使用 mkfs 命令可以为磁盘分区创建文件系统，其基本语法如下。-t 选项可以指定要在分区中创建的文件系统类型。mkfs 命令看似非常简单，但实际上创建一个文件系统涉及的设置非常多，如果没有特殊需要，则使用 mkfs 命令的默认值即可。

```
mkfs  -t  文件系统类型  分区名
```

3. 挂载与卸载

挂载分区又称为挂载文件系统，这是分区可以正常使用前的最后一步。简单地说，挂载分区就是把一个分区与一个目录绑定，使目录作为进入分区的入口。将分区与目录绑定的操作称为"挂载"，这个目录就是"挂载点"。分区必须被挂载到某个目录后才可以使用。挂载分区的命令是 mount，它的选项和参数非常复杂，但目前只需要了解其最基本的语法，如下所示。

```
mount  [ -t  文件系统类型 ]  分区名  目录名
```

-t 选项指明了目标分区的文件系统类型，mount 命令能自动检测出分区格式化时使用的文件系统，因此其实不需要使用-t 选项。关于文件系统挂载，需要特别注意以下 3 点。

（1）不要把一个分区挂载到不同的目录中。

（2）不要把多个分区挂载到同一个目录中。

（3）作为挂载点的目录最好是一个空目录。

对于第 3 点，如果作为挂载点的目录不是空目录，那么挂载后该目录中原来的内容会被暂时隐藏，只有把分区卸载才能看到原来的内容。卸载就是解除分区与挂载点的绑定关系，所用的命令是 umount，其基本用法如下所示，可以把分区名或挂载点作为参数进行卸载。

```
umount  分区名 | 挂载点
```

4. 启动挂载分区

使用 mount 命令挂载分区的方法有一个很麻烦的问题，即当系统重启后分区的挂载点没有保留下来，需要再次手动挂载才能使用。如果系统有多个分区都要这样处理，则意味着每次系统重启后都要执行一些重复工作。能不能让操作系统启动时自动挂载这些分区？方法当然是有的，这涉及启动挂载的配置文件*/etc/fstab*。先来查看文件*/etc/fstab* 的内容，如例 3-90 所示。

例 3-90：启动挂载的配置文件/etc/fstab 的内容

```
[root@centos7 ~]# cat  /etc/fstab
UUID=285f8653-7173-4372-80d9-009b9106b45a      /       xfs      defaults      0  0
UUID=a6cfd479-1ad1-4295-896f-9b8d58bdc975      /boot    xfs      defaults      0  0
…
```

文件*/etc/fstab* 的每一行代表一个分区的文件系统，包括 6 个字段，用空格或 Tab 键分隔，每个字段的含义如下。

➢ 设备名：这个字段是文件系统的标识，可以是设备或分区的名称（device），也可以是全局唯一标识符（UUID）或分区卷标（LABEL）。

➢ 挂载点：文件系统的挂载点。

➢ 文件系统类型：如 ext4、xfs、swap 等。

➢ 文件系统挂载参数：表示使用 mount 命令挂载文件系统时使用的参数。mount 命令的常用挂载参数如表 3-25 所示。

➢ 是否使用 dump 备份文件：dump 命令用于备份文件系统，可将目录或整个文件系统备份至指定的设备或备份成一个大文件。0 表示不使用 dump 备份文件。

➢ 是否使用 fsck 检验文件系统：fsck 工具用于检查文件系统是否完整，也可以修复文件系统。在 Linux 早期的启动过程中，会使用 fsck 工具检查文件系统。0 表示不进行检查。

表 3-25 mount 命令的常用挂载参数

参数	说明
auto/noauto	执行 mount -a 命令时是否会被主动挂载。auto：自动挂载（默认值）。noauto：需要手动挂载
sync/async	磁盘运行方式是同步（sync）还是异步（async）。默认值为 async，性能较好
ro/rw	以只读（ro）或可读写（rw）的方式挂载
exec/noexec	允许（exec）或不允许（noexec）在文件系统上执行程序

续表

参数	说明
user/nouser	user: 任何用户都可以挂载。nouser: 只有 root 用户可以挂载
usrquota	支持用户磁盘配额（详见 3.3.4 小节）
grpquota	支持用户组磁盘配额（详见 3.3.4 小节）
defaults	rw、suid、dev、exec、auto、nouser、async 参数的集合。一般情况下使用 defaults 即可

在 Linux 启动过程中，会从文件*/etc/fstab*中读取文件系统信息并进行自动挂载。因此只需把想要自动挂载的文件系统加入这个文件，就可以实现自动挂载的目的。

上面分别介绍了磁盘分区、文件系统和挂载的基本概念，现在用图 3-7 来说明三者的关系。

可以看到，当使用 cd 命令在不同的目录之间切换时，逻辑上只是把工作目录从一处切换到另外一处，但物理上很可能从一个分区转移到另外一个分区。Linux 文件系统的这种设计，实现了文件系统在逻辑层面和物理层面上的分离，使用户能够以统一的方式管理文件而不用考虑文件所在的分区或实际的物理位置。

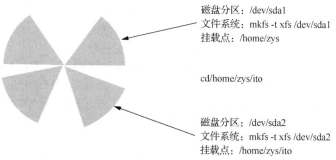

磁盘分区：/dev/sda1
文件系统：mkfs -t xfs /dev/sda1
挂载点：/home/zys

cd/home/zys/ito

磁盘分区：/dev/sda2
文件系统：mkfs -t xfs /dev/sda2
挂载点：/home/zys/ito

图 3-7　磁盘分区、文件系统和挂载的关系

3.3.3　认识 Linux 文件系统

文件系统这个概念相信大家或多或少听说过。了解文件系统的基本概念和内部结构，对于学习 Linux 操作系统的其他方面有很大的帮助。文件管理是操作系统的核心功能之一，而文件系统的主要作用正是组织和分配存储空间，提供创建、读取、修改和删除文件的接口，并对这些操作进行权限控制。文件系统是操作系统的重要组成部分。不同的文件系统采用不同的方式管理文件，这主要取决于文件系统的内部数据结构。

V3-18　文件系统的内部数据结构

下面来了解 Linux 文件系统的内部数据结构。

1. 文件系统的内部数据结构

对一个文件而言，除了文件本身的内容（即用户数据）之外，还有很多附加信息（即元数据），如文件的所有者和属组、文件权限、文件大小、最近访问时间、最近修改时间等。一般来说，文件系统会将文件的内容和元数据分开存放。文件系统内部数据结构如图 3-8 所示。下面重点介绍其中几个关键要素。

（1）数据块（data block）。

文件系统管理磁盘空间的基本单位是区块（block，简称块），每个区块都有

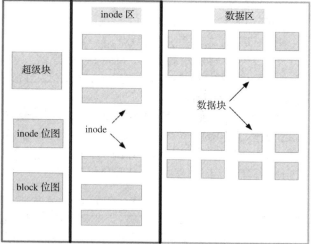

图 3-8　文件系统的内部数据结构

唯一的编号。区块的大小有 1KB、2KB 和 4KB 这 3 种。在磁盘格式化的时候确定区块的大小和数量。除非重新格式化，否则区块的大小和数量不允许改变。

用于存储文件实际内容的区块是数据块。如果文件内容超出一个数据块的大小，则会为这个文件分配多个数据块。但是不管怎样，每个数据块只允许存放一个文件的内容。这个限制带来的潜在问题是，如果文件内容小于数据块的大小，那么剩余的空间将无法分配给其他文件使用，这其实是一种磁盘空间的浪费。因此，如果系统中有大量的小文件，那么磁盘空间的浪费将会很严重。但这并不意味着区块的容量越小越好。因为区块的容量越小，意味着大文件占用的数据块越多，这会造成文件的读取时间变长，降低文件系统的整体性能。因此，要根据操作系统的用途合理确定区块的大小。

（2）索引节点（index node）。

索引节点常常简称 inode。inode 用于记录文件的元数据。同时，inode 记录了文件占用的数据块的编号。inode 的大小和数量也是在磁盘格式化时确定的。在 Linux 早期的文件系统中（如 ext2），一个 inode 占用 128 字节，较新的文件系统（如 ext4 和 xfs）可以把 inode 设置为 256 字节。一个文件对应一个唯一的 inode，每个 inode 都有唯一的编号，inode 编号是文件的唯一标识。注意，普通文件的 inode 并未记录该文件的文件名。实际上，文件名保存在文件所在目录对应的数据块中（目录其实也是一种文件，也有 inode 和数据块）。

inode 对于文件非常重要，因为操作系统正是利用 inode 编号定位文件所在的数据块的。只要知道 inode 的位置，就可以取出存放文件内容的数据块编号，进而快速存取文件内容。采用这种方式访问文件的文件系统称为索引式文件系统，因为 inode 就像是文件数据块的索引，通过 inode 可以得到文件的所有数据块。与之相对的是所谓的链式文件系统。在这种文件系统中，没有类似 inode 的结构保存文件的数据块。如果一个文件占用多个数据块，那么可以把这些数据块按照顺序排列，在一个数据块中记录下一个数据块的编号，所以必须读取前一个数据块的内容之后才能知道下一个数据块在什么位置。Windows 操作系统中常用的 FAT 文件系统就采用这种方式存储文件。

使用带 -i 选项的 ls 命令可以显示文件或目录的 inode 编号，如例 3-91 所示。

例 3-91：显示文件或目录的 inode 编号

```
[zys@centos7 tmp]$ ls  -ldi  dir1  file1
1415    drwxrwxr-x.  2    zys  zys  6    1 月 21 09:38      dir1
 763    -rw-rw-r--.  1    zys  zys  0    1 月 21 09:38      file1
```

以大小为 128 字节的 inode 为例，记录一个区块的编号需要使用 4 字节，所以即使 inode 全部用于记录区块编号（这是不可能的，因为 inode 中还要记录其他信息），最多也只能记录 32 个区块的编号。难道文件最多只能占用 32 个区块，最大 128KB（假设区块的大小为 4KB）吗？显然不是。inode 可以支持比 128KB 大得多的文件，原因就在于 inode 结合使用了直接索引和间接索引。图 3-9 显示了 inode 的结构，下面以 1KB 的区块为例详细介绍 inode 的索引机制。

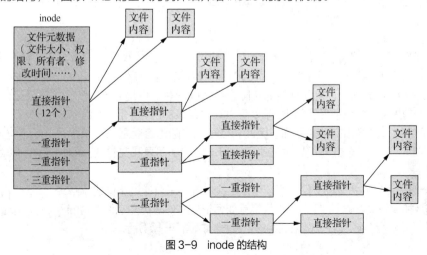

图 3-9　inode 的结构

可以将 inode 中记录区块编号的区域称为指针，每个指针占用 4 个字节。一个指针代表一个区块编号，指向一个区块。从图 3-9 中可以看出，inode 中有 12 个直接指针、1 个一重指针，1 个二重指针和 1 个三重指针，这些指针的含义和作用各不相同。

➢ 直接指针指向的区块保存文件的实际内容，所以 12 个直接指针支持的最大文件是 12KB（12×1KB）。

➢ 一重指针指向的区块保存的是直接指针，而这些直接指针指向的区块才用于保存文件内容，所以一重指针引入了一层间接性。一个区块可以保存 256 个直接指针（1KB/4B），因此一个一重指针支持的最大文件是 256KB（256×1KB）。

➢ 二重指针在一重指针的基础上又引入了一层间接性，它指向的区块保存的是一重指针。一个二重指针支持的最大文件是 2^{16}KB（256×256×1KB），即 64MB。

➢ 三重指针又比二重指针多了一层间接性，它指向的区块保存的是二重指针。一个三重指针支持的最大文件是 2^{24}KB（256×256×256×1KB），即 16GB。

由此可见，inode 通过间接索引的方式大大扩展了文件的容量。注意，上面的计算是基于 128 字节的 inode 和 1KB 的区块进行的。如果 inode 是 256 字节的且区块大小为 4KB，那么 inode 支持的最大文件将更为可观（文件容量可达 16TB）。

（3）超级块（super block）。

超级块记录和文件系统有关的信息，包括下面几项对文件存储和访问影响重大的文件系统信息。

➢ 数据块总量、已使用和未使用的数据块数量，以及数据块大小（1KB、2KB、4KB）。

➢ inode 总量、已使用和未使用的 inode 数量，以及 inode 大小（1KB、2KB、4KB）。

➢ 区块位图（block bitmap）和 inode 位图（inode bitmap）。

➢ 文件系统挂载时间、挂载目录和默认挂载参数。

超级块是文件系统的控制块，是处于文件系统最顶层的数据结构。文件系统中所有的数据块和 inode 都要连接到超级块并接受超级块的管理。因此可以说超级块就代表了一个文件系统，没有超级块就没有文件系统。

（4）区块位图。

区块位图又称区块对照表，用于记录文件系统中所有区块的使用状态。新建文件时，利用区块位图可以快速找到未使用的数据块以存储文件数据。删除文件时，其实只是将区块位图中相应数据块的状态置为可用，数据块中的文件内容并未被删除。

（5）inode 位图。

和区块位图类似，inode 位图用于记录每个 inode 的状态。利用 inode 位图可以查看哪些 inode 已被使用，哪些 inode 未被使用。

2. 文件的存取

前文说过，每个文件都对应一个 inode，并且根据文件的大小分配一个或多个数据块。inode 记录了文件数据块的编号，而数据块记录的则是文件的实际内容。目录作为一种特殊的文件，也有自己的 inode 和数据块。普通文件的实际内容很好理解，可是目录的实际内容又是什么呢？前文曾经讲过，进入一个目录后使用 ls 命令可以查看目录的内容，而 ls 命令输出的是目录中的子目录和文件的名称。因此，目录的实际内容就是该目录中子目录及文件的名称。目录的数据块中记录了该目录中的子目录和文件的 inode 编号及名称。

我们一般使用文件名访问文件内容。可是上文说过，只有通过文件的 inode 才能得到文件的数据块编号。那么操作系统是如何根据文件名访问文件内容的？下面以文件 */var/log/boot.log* 为例来说明这个过程，如图 3-10 所示。

V3-19 文件的
存取过程

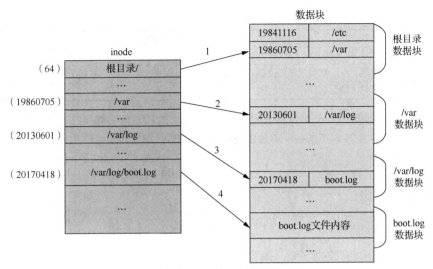

图 3-10　文件数据访问过程

首先注意到的是，文件*/var/log/boot.log*采用的是绝对路径，以根目录"/"开头。根目录的 inode 编号是在文件系统挂载时确定的，在本例中为 64。

第 1 步，根据根目录的 inode 编号在 inode 表中找到根目录对应的 inode，从中读取根目录的数据块编号，并根据这个编号找到根目录的数据块。

第 2 步，从根目录的数据块中找到目录*/var*对应的 inode 编号，假设为 19860705。根据这个编号从 inode 表中找到目录*/var*的 inode，从中读取目录*/var*的数据块编号，进而找到目录*/var*的数据块。

第 3 步，从目录*/var*的数据块中找到目录*/var/log*对应的 inode 编号，假设为 20130601。根据这个编号从 inode 表中找到目录*/var/log*的 inode，从中读取目录*/var/log*的数据块编号，进而找到目录*/var/log*的数据块。

第 4 步，从目录*/var/log*的数据块中找到文件 *boot.log* 的 inode 编号，假设为 20170418。根据这个编号从 inode 表中找到文件 *boot.log* 的 inode，从中读取文件 *boot.log* 的数据块编号，进而找到文件 *boot.log* 的数据块。

总的来说，文件的访问过程如下：从根目录开始，依次向下找到下级目录的 inode 编号和数据块，最后得到文件的 inode 编号和数据块并进行文件访问。

3. 文件系统相关命令

（1）查看文件系统磁盘空间使用情况：df 命令。

超级块用于记录和文件系统有关的信息，如 inode 和数据块的数量、使用情况、文件系统的格式等。df 命令从超级块中读取信息，显示整个文件系统的磁盘空间使用情况。df 命令的基本语法如下。

df 　[-ahHiklmPtTv] 　*[目录或文件名]*

df 命令的常用选项及其功能说明如表 3-26 所示。

表 3-26　df 命令的常用选项及其功能说明

选项	功能说明
-a	显示所有文件系统，包括*/proc*、*/sysfs*等系统特有的文件系统
-m	以 MB 为单位显示文件系统空间
-k	以 KB 为单位显示文件系统空间
-h	使用人们习惯的 KB、MB 或 GB 为单位显示文件系统空间
-H	指定容量的换算以 1000 进位，即 1KB=1000B，1MB=1000KB

选项	功能说明
-T	显示每个分区的文件系统类型
-i	使用 inode 数量代替磁盘容量来显示磁盘使用情况
-t	只显示特定类型的文件系统

不加任何选项和参数时，df 命令默认显示系统中所有的文件系统，如例 3-92 所示。

例 3-92：df 命令的基本用法——不加任何选项和参数

```
[root@centos7 ~]# df
文件系统          1K-块        已用        可用        已用%    挂载点
/dev/sda2      20961280    3663052    17298228    18%      /
/dev/sda5      10475520      41172    10434348     1%      /home
/dev/sda1       1038336     178068      860268    18%      /boot
...
```

例 3-92 中 df 命令各列输出的含义如下。

① 文件系统（File System）：文件系统所在的分区名称。

② 1K-块（1K-Blocks）：文件系统的空间大小（以 KB 为单位）。

③ 已用（Used）：已使用的磁盘空间。

④ 可用（Available）：剩余的磁盘空间。

⑤ 已用%（Use%）：磁盘空间使用率。

⑥ 挂载点：分区的挂载目录。

使用-h 选项会以用户易读的方式显示磁盘容量信息，如例 3-93 所示。

例 3-93：df 命令的基本用法——使用-h 选项

```
[root@centos7 ~]# df  -h      // 以用户易读的方式显示磁盘容量信息
文件系统          容量      已用      可用      已用%    挂载点
/dev/sda2        20G      3.5G      17G      18%      /
/dev/sda5        10G       41M      10G       1%      /home
/dev/sda1      1014M      174M     841M      18%      /boot
...
```

如果把目录名或文件名作为参数，那么 df 命令会自动分析该目录或文件所在的分区，并把该分区的信息显示出来，如例 3-94 所示。本例中，df 命令分析出目录/bin 所在的分区是/dev/sda2，因此会显示这个分区的磁盘容量信息。

例 3-94：df 命令的基本用法——使用目录名

```
[root@centos7 ~]# df  -h  /bin      // 自动分析目录/bin 所在的分区
文件系统      容量      已用      可用      已用%    挂载点
/dev/sda2    20G      3.5G      17G       18%      /
```

（2）查看文件磁盘空间使用情况：du 命令。

du 命令用于计算目录或文件所占的磁盘空间大小，其基本语法如下。

```
du    [-abcDhHklLmsSxX]    [目录或文件名]
```

不加任何选项和参数时，du 命令会显示当前目录及其所有子目录的容量，如例 3-95 所示。

例 3-95：du 命令的基本用法——不加任何选项和参数

```
[zys@centos7 tmp]$ du
4      ./dir/subdir
8      ./dir
16     .              <== 当前目录
```

可以通过一些选项改变 du 命令的输出。du 命令的常用选项及其功能说明如表 3-27 所示。

表 3-27 du 命令的常用选项及其功能说明

选项	功能说明
-a	显示所有目录和文件的容量（默认只显示目录容量）
-k	以 KB 为单位显示容量
-m	以 MB 为单位显示容量
-h	以人们习惯的 KB、MB 或 GB 为单位显示容量
-s	仅显示目录总容量，不显示子目录和文件的磁盘占用量
-S	显示目录容量，但不包括子目录的大小

如果想查看当前目录的总磁盘占用量，则可以使用-s 选项。-S 选项仅会显示每个目录本身的磁盘占用量，但不包括其中的子目录的容量，如例 3-96 所示。

例 3-96：du 命令的基本用法——-s 和-S 选项

```
[zys@centos7 tmp]$ du  -s
16       .                 <== 当前目录的总磁盘占用量
[zys@centos7 tmp]$ du  -S
4       ./dir/subdir
4       ./dir
8       .                 <== 不包括子目录容量
```

df 和 du 命令的区别在于，df 命令直接从超级块中读取数据，统计整个文件系统的容量信息。而 du 命令会在文件系统中查找所有目录和文件的数据。因此，如果查找的范围太大，则 du 命令可能需要较长的执行时间。

（3）创建链接文件：ln 命令。

ln 命令可以在两个文件之间建立链接关系，有点像 Windows 操作系统中的快捷方式，但又不完全一样。Linux 文件系统中的链接分为硬链接（hard link）和符号链接（symbolic link）。下面简单说明这两种链接的不同。

首先来看看硬链接文件是如何工作的。前文说过，每个文件都对应一个 inode，指向保存文件实际内容的数据块，因此通过 inode 可以快速找到文件的数据块。简单地说，硬链接就是一个指向原文件的 inode 的链接文件。也就是说，硬链接文件和原文件共享同一个 inode，因此这两个文件的属性是完全相同的，硬链接文件只是原文件的一个"别名"。删除硬链接文件或原文件时，只是删除了这个文件和 inode 的对应关系，inode 本身及数据块都不受影响，仍然可以通过另一个文件名打开。硬链接的原理如图 3-11（a）所示。例 3-97 演示了如何创建硬链接文件。

例 3-97：硬链接示例

```
[zys@centos7 tmp]$ ls  -li  ori_file           // 使用-i 选项显示文件的 inode 编号
1429      -rw-rw-r--.  1   zys zys 14  1月 21 10:33        ori_file
[zys@centos7 tmp]$ cat  ori_file
I LIKE CENTOS
[zys@centos7 tmp]$ ln  ori_file  hardlink_file      // ln 命令默认建立硬链接
[zys@centos7 tmp]$ ls  -li  ori_file  hardlink_file
1429      -rw-rw-r--.  2   zys zys 14  1月 21 10:33        hardlink_file
1429      -rw-rw-r--.  2   zys zys 14  1月 21 10:33        ori_file
[zys@centos7 tmp]$ rm  ori_file                 // 删除原文件
[zys@centos7 tmp]$ ls  -li  hardlink_file          // 硬链接文件仍在
1429      -rw-rw-r--.  1   zys zys 14  1月 21 10:33        hardlink_file
[zys@centos7 tmp]$ cat  hardlink_file
I LIKE CENTOS          <== 内容不变
```

从例 3-97 可以看出，链接文件 *hardlink_file* 与原文件 *ori_file* 的 inode 编号相同，都是 1429。删除原文件 *ori_file* 后，链接文件 *hardlink_file* 仍然可以正常打开。另一个值得注意的地方是，创建硬链接文件后，ls -li 命令的第 3 列从 1 变为 2，这个数字表示链接到此 inode 的文件的数量，所以当删除原文件后，这一列的数字又变为 1。

V3-20 软链接和硬链接

符号链接也称为软链接（soft link）。符号链接是一个独立的文件，有自己的 inode，和原文件的 inode 并不相同。符号链接的数据块保存的是原文件的文件名，也就是说，符号链接只是通过这个文件名打开原文件。删除符号链接并不影响原文件，但如果原文件被删除了，那么符号链接将无法打开原文件，从而变成一个死链接，如图 3-11（b）所示。和硬链接相比，符号链接更接近于 Windows 操作系统的快捷方式功能。例 3-98 演示了如何创建符号链接文件。从例 3-98 可以看出，符号链接与原文件的 inode 编号并不相同。在删除原文件后，符号链接文件将无法打开原文件。

例 3-98：符号链接示例

```
[zys@centos7 tmp]$ ls  -li  ori_file2
1432      -rw-rw-r--.  1   zys zys 8   1 月 21 10:52      ori_file2
[zys@centos7 tmp]$ ln  -s  ori_file2  softlink_file      // 使用-s 选项建立符号链接
[zys@centos7 tmp]$ ls  -li  ori_file2  softlink_file      // 两个文件的属性并不相同
1432      -rw-rw-r--.  1   zys zys 8   1 月 21 10:52      ori_file2
 763      lrwxrwxrwx.  1   zys zys 9   1 月 21 10:53      softlink_file -> ori_file2
[zys@centos7 tmp]$ rm  ori_file2
[zys@centos7 tmp]$ cat  softlink_file
cat: softlink_file: 没有那个文件或目录
```

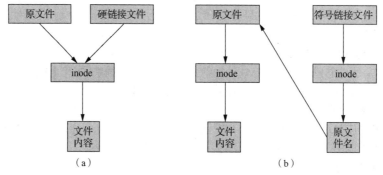

图 3-11　硬链接和符号链接

3.3.4　磁盘配额管理

Linux 是一个多用户多任务的操作系统，多个用户可以同时登录操作系统完成工作。在没有特别设置的情况下，所有用户共享磁盘空间，只要磁盘还有剩余空间可用，用户就可以在其中创建文件。这其中非常关键的一点是，文件系统对所有用户都是"公平"的。也就是说，所有用户平等地使用磁盘，不存在某个用户可以多使用一些磁盘空间，或者多创建几个文件的问题。因此，如果有个别用户创建了很多文件，占用了大量的磁盘空间，那么其他用户的可用空间自然就相应地减少了。这引出了如何在用户之间分配磁盘空间的问题。

1. 什么是磁盘配额

默认情况下，所有用户共用磁盘空间，每个用户能够使用的磁盘空间的上限就是磁盘或分区的大小。为了防止某个用户不合理地使用磁盘，如创建大量的文件或占用大量的磁盘空间，从而影响其他用户的正常使用，系统管理员必须要通过某种方法对这种问题加以控制。磁盘配额（quota）就是这样一种在用户之间合理分配磁盘空间的机制。系统管理员可以利用磁盘配额限制用户能够创建的文件的数量或是能够使用的磁盘空间。简单地说，磁盘配额就是给用户分配一定数量的"额度"，用户使用完这个额度就无法再创建文件了。

（1）磁盘配额的用途。

根据不同的应用场景和实际需求，磁盘配额可以用于实现不同的目的。

➢ 限制某个用户的最大磁盘配额。系统管理员可以根据用户的角色或行为习惯为不同用户分配不同的磁盘配额。例如，在一个软件开发团队中，开发人员经常需要创建大量文件，因而需要较多的磁盘配额。项目经理主要负责项目的协调和控制，很少直接创建文件，所以不需要太多磁盘配额。需要说明的是，只能对一般用户设置磁盘配额，root 用户不受磁盘配额的限制。

➢ 限制某个用户组的磁盘配额。在这种情况下，用户组内的所有成员共享磁盘配额。例如，有一台 Linux 主机供多个软件开发团队使用，每个开发团队可以使用 2GB 的磁盘空间。假设某个团队成员创建了一个 10MB 的文件，那么这个成员只是占用其所属用户组的磁盘配额，其他用户组不受影响。

➢ 限制某个目录的最大磁盘配额。前面两种磁盘配额都是针对文件系统实施限制的，只要是在文件系统的挂载目录中创建文件，都会受到磁盘配额的限制。ext4 文件系统支持这两种方式。如果只想针对某一目录进行磁盘配额，则必须使用 xfs 文件系统提供的 project 方式。

（2）磁盘配额的相关参数。

磁盘配额主要是通过限制用户或用户组可以创建文件的数量或使用的磁盘空间来实现的。前文曾经提到，每个文件都对应一个 inode，文件的实际内容存储在数据块中。因此，限制用户或用户组可以使用的 inode 数量，也就相当于限制其可以创建文件的数量。同样，限制用户或用户组的数据块使用量，也就限制了其磁盘空间的使用量。

不管是 inode 还是数据块，在设置具体的参数值时，Linux 都支持同时设置"软限制"（soft）和"硬限制"（hard）两个值，还支持设置"宽限时间"（grace time）。举例来说，如果为某个用户设置的软限制为 100MB，硬限制为 150MB，宽限时间为 10 天，则其含义如下。

➢ 软限制：当用户的磁盘使用量在软限制之内（小于 100MB）时，用户可以正常使用磁盘。如果使用量超过软限制，但小于硬限制（100～150MB），那么用户就会收到操作系统的警告信息。如果在宽限时间内用户将磁盘使用量降至软限制以内，则其仍旧可以正常使用磁盘。

➢ 硬限制：这是允许用户使用的最大磁盘空间（150MB），用户的实际使用量不会超过这个值。

➢ 宽限时间：当用户的磁盘使用量超过软限制时，宽限时间开始倒数计时。如果在宽限时间（10天）内用户未能将磁盘使用量降至软限制以内，那么软限制就会取代硬限制。如果在宽限时间内降至软限制以内，那么宽限时间就会自动停止。宽限时间的默认值是 7 天。

在进行磁盘配额设置时，要针对不同的文件系统使用不同的命令。下面分别介绍在 ext4 和 xfs 文件系统中设置磁盘配额的步骤及相关命令。

2. 设置 ext4 磁盘配额

一般来说，在 ext4 文件系统中设置磁盘配额需要按照以下步骤进行，涉及的命令及基本用法解释如下。

（1）添加磁盘配额挂载参数。

默认情况下，操作系统在启动过程中没有使用磁盘配额参数自动挂载文件系统，因此文件系统默认并不支持磁盘配额功能。要想使用磁盘配额功能，首先要做的就是为文件系统添加磁盘配额挂载参数，即在文件 */etc/fstab* 的第 4 列中添加 usrquota 或 grpquota。添加磁盘配额挂载参数后，需要重新挂载分区才能使设置生效。

V3-21 设置 ext4
磁盘配额

（2）创建磁盘配额文件。

在 ext4 文件系统中使用磁盘配额功能必须手动创建磁盘配额文件。磁盘配额文件位于挂载点目录下，用于保存用户和用户组的磁盘配额设置、磁盘空间及文件数量的使用情况等信息。创建磁盘配额文件的命令是 quotacheck，其基本语法如下。其中，-u 和-g 选项分别用于创建用户和用户组的磁盘配额配置文件，文件名分别为 *aquota.user* 和 *aquota.group*。

> quotacheck [-u|-g] *挂载点或分区名*

（3）设置磁盘配额。

设置用户和用户组的磁盘配额时，可以使用 edquota 或 setquota 命令。edquota 命令会打开一个 vi 编辑窗口，在窗口中设置用户或用户组的磁盘配额。setquota 命令的基本语法如下。

> setquota [-u|-g] *容量软限制　容量硬限制　文件软限制　文件硬限制　挂载点或分区名*

-u 和-g 选项分别用于设置用户和用户组的磁盘配额。其他几个参数的含义如下。

> ➢ 容量软限制：用户或用户组磁盘容量软限制，单位是 KB。
> ➢ 容量硬限制：用户或用户组磁盘容量硬限制，单位是 KB。
> ➢ 文件软限制：用户或用户组创建文件的数量的软限制。
> ➢ 文件硬限制：用户或用户组创建文件的数量的硬限制。

（4）启用磁盘配额。

可以使用 quotaon 命令启用磁盘配额功能，其基本语法如下。其中，-u 和-g 选项分别用于启用用户和用户组的磁盘配额功能。如果要关闭磁盘配额功能，则使用 quotaoff 命令替换 quotaon 即可。

> quotaon [-u|-g] *挂载点或分区名*

（5）测试磁盘配额。

这一步通过新建一定数量的文件并写入特定大小的内容来测试用户和用户组的磁盘配额是否有效。在测试过程中经常需要查看磁盘配额的使用情况。普通用户可以使用 quota 命令进行查看，其基本语法如下。

> quota [-u|-g|-q|-v|-s] *用户或组名*

quota 命令的常用选项及其功能说明如表 3-28 所示。

表 3-28　quota 命令的常用选项及其功能说明

选项	功能说明
-u	查看用户的磁盘配额使用情况
-g	查看用户组的磁盘配额使用情况
-q	只显示超过限制的部分
-s	使用 MB、GB 为容量单位
-v	即使没有占用磁盘配额也显示出来

root 用户除了可以使用 quota 命令外，还可以使用 repquota 命令进行查看。repquota 命令和 quota 命令的用法类似，如下所示。其中，-a 选项用于对文件*/etc/fstab* 中所有已挂载的文件系统进行统计。

> repquota [-a|-u|-g|-v] *挂载点或分区名*

3. 设置 xfs 磁盘配额

在 xfs 文件系统中设置磁盘配额的步骤和在 ext4 文件系统中基本相同，但 xfs 对磁盘配额的支持相比 ext4 有所增强。除了支持用户和用户组磁盘配额外，xfs 文件系统还支持目录磁盘配额，即限制在特定目录中所能使用的磁盘空间或创建文件的数量。目录磁盘配额和用户组磁盘配额不能同时启用，所以启用目录磁盘配额时必须关闭用户组磁盘配额。和 ext4 不同，在 xfs 中使用磁盘配额不需要创建磁盘配额文件。另一处不同是 xfs 文件系统使用 xfs_quota 命令完成全部的磁盘配额操作，不像 ext4 那样使用多个命令完成不同的操作。xfs_quota 命令非常复杂，其基本语法如下。

V3-22　设置 xfs
磁盘配额

> xfs_quota -x -c 子命令 分区或挂载点

使用-x选项开启专家模式，这个选项和-c选项指定的子命令有关，因为有些子命令只能在专家模式下使用。xfs_quota 命令通过子命令完成不同的任务，其常用的子命令及其功能说明如表 3-29 所示。

表 3-29　xfs_quota 命令常用的子命令及其功能说明

子命令	功能说明
print	显示文件系统的基本信息
df	和 Linux 中的 df 命令一样
state	显示文件系统支持哪些磁盘配额功能，专家模式下才能使用
limit	设置磁盘配额的具体值，专家模式下才能使用
report	显示文件系统的磁盘配额使用信息，专家模式下才能使用
timer	设置宽限时间，专家模式下才能使用
project	设置目录磁盘配额的具体值，专家模式下才能使用

这里重点介绍 limit、report 和 timer 这 3 个子命令的具体用法。

limit 子命令用于设置磁盘配额，只有在专家模式下才能使用，相当于 ext4 中的 setquota 命令。limit 子命令的基本语法如下。

> xfs_quota -x -c "limit [-u|-g] [bsoft|bhard]=N [isoft|ihard]=N name" partition

limit 子命令常用的选项与参数及其功能说明如表 3-30 所示。

表 3-30　limit 子命令常用的选项与参数及其功能说明

选项与参数	功能说明
-u	设置用户磁盘配额
-g	设置用户组磁盘配额
bsoft	设置磁盘空间的软限制
bhard	设置磁盘空间的硬限制
isoft	设置文件数量的软限制
ihard	设置文件数量的硬限制
name	用户或用户组名
partition	分区或挂载点

report 子命令用于显示文件系统的磁盘配额使用信息，只有在专家模式下才能使用。report 子命令的基本语法如下。

> xfs_quota -x -c "report [-u|-g|-p|-b|-i|-h]" partition

report 子命令常用的选项与参数及其功能说明如表 3-31 所示。

表 3-31　report 子命令常用的选项与参数及其功能说明

选项与参数	功能说明
-u	查看用户磁盘配额使用信息
-g	查看用户组磁盘配额使用信息
-p	查看目录磁盘配额使用信息
-b	查看磁盘空间配额信息
-i	查看文件数量配额信息
-h	以常用的 KB、MB 或 GB 为单位显示磁盘空间
partition	分区或挂载点

timer 子命令用于设置宽限时间，只有在专家模式下才能使用，其基本语法如下。

> xfs_quota -x -c "timer [-u|-g|-p|-b|-i] grace_value" partition

timer 子命令常用的选项与参数及其功能说明如表 3-32 所示。

表 3-32　timer 子命令常用的选项与参数及其功能说明

选项与参数	功能说明
-u	设置用户宽限时间
-g	设置用户组宽限时间
-p	设置目录宽限时间
-b	设置磁盘空间宽限时间
-i	设置文件数量宽限时间
grace_value	实际宽限时间，默认以秒为单位，也可以使用 minutes、hours、days、weeks 分别表示分钟、小时、天、周，分别简写为 m、h、d、w
partition	分区或挂载点

 任务实施

实验 1：磁盘分区综合实验

张经理之前为开发一组和开发二组分别创建了工作目录。考虑到日后的管理需要，张经理决定为两个开发小组分别创建新的分区，并挂载到相应的工作目录。下面是张经理的操作步骤。

第 1 步，登录到开发服务器，在一个终端窗口中使用 su - root 命令切换到 root 用户。

第 2 步，使用 lsblk 命令查看系统磁盘及分区信息，如例 3-99.1 所示。

例 3-99.1：磁盘分区综合实验——使用 lsblk 命令查看系统磁盘及分区信息

```
[root@centos7 ~]# lsblk  -p
NAME              MAJ:MIN   RM    SIZE   RO   TYPE   MOUNTPOINT
/dev/sda          8:0       0     50G    0    disk
├──/dev/sda1      8:1       0     476M   0    part   /boot
├──/dev/sda2      8:2       0     15G    0    part   /
├──/dev/sda3      8:3       0     512B   0    part
├──/dev/sda5      8:5       0     8G     0    part   /home
└──/dev/sda6      8:6       0     4G     0    part   [SWAP]
/dev/sr0          11:0      1     4.3G   0    rom
```

张经理告诉小朱，系统当前有/dev/sda 和/dev/sr0 两个设备，/dev/sr0 是光盘镜像，而/dev/sda 是通过 VMware Workstation 软件虚拟出来的一块硬盘。/dev/sda 上有 5 个分区，其中，/dev/sda3 的大小显示为 512B，这是因为它是一个扩展分区，不能用于存储数据。/dev/sda5 和/dev/sda6 是在/dev/sda3 中划分出来的逻辑分区。接下来要在/dev/sda 上新建两个分区。

第 3 步，在新建分区前，要先使用 parted 命令查看磁盘分区表的类型，如例 3-99.2 所示。编号为 3 的分区的类型是 extended（扩展分区），这和 lsblk 命令的输出是一致的。系统当前的磁盘分区表类型是 msdos，也就是 MBR，因此下面使用 fdisk 工具进行磁盘分区。

例 3-99.2：磁盘分区综合实验——使用 parted 命令查看磁盘分区表的类型

```
[root@centos7 ~]# parted  /dev/sda  print
Model: VMware, VMware Virtual S (scsi)
Disk /dev/sda: 53.7GB
Sector size (logical/physical): 512B/512B
Partition Table: msdos
Disk Flags:
```

Number	Start	End	Size	Type	File system	标志
1	3146kB	502MB	499MB	primary	xfs	启动
2	502MB	16.6GB	16.1GB	primary	xfs	
3	16.6GB	53.7GB	37.1GB	extended		
5	16.6GB	25.2GB	8590MB	logical	xfs	
6	25.2GB	29.5GB	4295MB	logical	linux-swap(v1)	

第 4 步，使用 fdisk 命令新建磁盘分区。fdisk 工具的使用方法非常简单，只要把磁盘名称作为参数即可，如例 3-99.3 所示。

例 3-99.3：磁盘分区综合实验——使用 fdisk 命令进行磁盘分区

```
[root@centos7 ~]# fdisk  /dev/sda      // 注意 fdisk 的参数是磁盘名称而不是分区名称
...
命令(输入 m 获取帮助)：
```

第 5 步，启用 fdisk 工具后，会进入交互式的操作环境，输入 m 获取 fdisk 子命令提示，输入 p 查看当前的磁盘分区表信息，如例 3-99.4 所示。

例 3-99.4：磁盘分区综合实验——查看当前的磁盘分区表信息

```
命令(输入 m 获取帮助)：p    <== 输入 p 查看当前的磁盘分区表信息

磁盘 /dev/sda: 53.7 GB, 53687091200 字节, 104857600 个扇区
Units = 扇区 of 1 * 512 = 512 bytes
扇区大小(逻辑/物理)：512 字节 / 512 字节
I/O 大小(最小/最佳)：512 字节 / 512 字节
磁盘标签类型：dos
磁盘标识符：0x0000f25c
```

设备	Boot	Start	End	Blocks	Id	System
/dev/sda1	*	6144	980991	487424	83	Linux
/dev/sda2		980992	32438271	15728640	83	Linux
/dev/sda3		32438272	104857599	36209664	5	Extended
/dev/sda5		32440320	49217535	8388608	83	Linux
/dev/sda6		49219584	57608191	4194304	82	Linux swap / Solaris

输入子命令 p 后显示的分区表信息和第 3 步中 parted 命令的输出基本相同，具体包括分区名称、是否为启动分区（Boot，用 "*" 标识）、起始扇区号（Start）、终止扇区号（End）、区块数（Blocks）、文件系统标识（Id）及文件系统名称（System）。从上面的输出中至少可以得到下面 3 点信息。

① 当前几个分区的扇区是连续的，每个分区的起始扇区号就是前一个分区的终止扇区号加 1。

② 扇区的大小是 512 字节，区块的大小是 1KB，即两个扇区（980991 - 6143 - 1 = 487424×2）。

③ 磁盘一共有 104857600 个扇区，目前只用到 57608191 号扇区，说明磁盘还有可用空间可以进行分区。注意：未使用的扇区均在扩展分区*/dev/sda3*中，因为它的最后一个扇区是 104857599。

第 6 步，输入 n 为开发一组添加一个大小为 4GB 的分区，如例 3-99.5 所示。

例 3-99.5：磁盘分区综合实验——为开发一组添加新分区

```
命令(输入 m 获取帮助)：n    <== 输入 n 添加新分区
Partition type:
   p   primary (2 primary, 1 extended, 1 free)
   l   logical (numbered from 5)
Select (default p):
```

系统询问是要添加主分区还是逻辑分区。正如上文所述，在 MBR 分区方式下，主分区和扩展分

115

区的编号是 1~4，从编号 5 开始的分区是逻辑分区。目前磁盘已使用的分区编号是 1、2、3、5 和 6，因此编号 4 可以用于添加一个主分区，逻辑分区的编号从 7 开始。需要说明的是，如果编号 1~4 已经被主分区或扩展分区占用，那么输入 n 后不会有这个提示，因为在这种情况下只能添加逻辑分区。下面以添加逻辑分区为例继续进行分区操作。

第 7 步，输入 l 添加逻辑分区，并指定分区的初始扇区和大小，如例 3-99.6 所示。

例 3-99.6：磁盘分区综合实验——添加逻辑分区

```
Select (default p): l          <== 输入 l 添加逻辑分区
添加逻辑分区 7
起始 扇区 (57610240-104857599，默认为 57610240)：          <== 直接按 Enter 键采用默认值
将使用默认值 57610240
Last 扇区,+扇区 or +size{K,M,G} (57610240-104857599，默认为 104857599)：+4G
分区 7 已设置为 Linux 类型，大小设为 4 GiB
```

fdisk 会根据当前的系统分区状态确定新分区的编号，并询问新分区的起始扇区号。可以指定新分区的起始扇区号，但建议采用系统默认值，所以这里直接按 Enter 键。下一步要指定新分区的大小，fdisk 提供了 3 种方式：第 1 种方式是输入新分区的终止扇区号；第 2 种方式是采用"+扇区"的格式，即指定新分区的扇区数；第 3 种方式最简单，采用"+*size*"的格式直接指定新分区的大小。这里采用第 3 种方式指定新分区的大小。

第 8 步，再次输入 p 查看磁盘分区表信息，如例 3-99.7 所示。

例 3-99.7：磁盘分区综合实验——再次查看磁盘分区表信息

```
命令(输入 m 获取帮助): p
…
```

设备	Boot	Start	End	Blocks	Id	System
/dev/sda1	*	6144	980991	487424	83	Linux
/dev/sda2		980992	32438271	15728640	83	Linux
/dev/sda3		32438272	104857599	36209664	5	Extended
/dev/sda5		32440320	49217535	8388608	83	Linux
/dev/sda6		49219584	57608191	4194304	82	Linux swap / Solaris
/dev/sda7		57610240	65998847	4194304	83	Linux

可以看到，新建的分区出现在分区表中，名称为*/dev/sda7*。张经理提醒小朱，如果此时输入 q 退出 fdisk，并使用 lsblk 命令查看磁盘及分区信息，会发现并没有*/dev/sda7*分区。其原因是刚才的操作只是保存在内存中，并没有被真正写入磁盘分区表。

第 9 步，输入 w 使以上操作生效，如例 3-99.8 所示。提示信息显示系统正在使用这块磁盘，因此内核无法更新磁盘分区表，必须重新启动系统或通过 partprobe 命令重新读取磁盘分区表。

例 3-99.8：磁盘分区综合实验——输入 w 使操作生效

```
命令(输入 m 获取帮助): w          <== 输入 w 使操作生效
The partition table has been altered!

Calling ioctl() to re-read partition table.

WARNING: Re-reading the partition table failed with error 16: 设备或资源忙.
The kernel still uses the old table. The new table will be used at
the next reboot or after you run partprobe(8) or kpartx(8)
正在同步磁盘。
```

第 10 步，使用 partprobe 命令重新读取分区表，如例 3-99.9 所示。至此，成功地为开发一组添加了一个新分区*/dev/sda7*。

例 3-99.9：磁盘分区综合实验——使用 partprobe 命令重新读取分区表

```
[root@centos7 ~]# partprobe  -s /dev/sda          // 重新读取磁盘分区表
/dev/sda: msdos partitions 1 2 3 <5 6 7>
```

第 11 步，张经理让小朱使用同样的方法为开发二组添加分区，具体操作这里不再演示，最终结果如例 3-99.10 所示。

例 3-99.10：磁盘分区综合实验——添加两个新分区

```
[root@centos7 ~]# lsblk  -p /dev/sda7  /dev/sda8          // 查看分区信息
NAME         MAJ:MIN  RM  SIZE  RO    TYPE    MOUNTPOINT
/dev/sda7    8:7      0   4G    0     part
/dev/sda8    8:8      0   4G    0     part
```

第 12 步，为新创建的分区*/dev/sda7*和*/dev/sda8*分别创建 ext4 和 xfs 文件系统，如例 3-99.11 所示。

例 3-99.11：磁盘分区综合实验——为新创建的分区创建文件系统

```
[root@centos7 ~]# mkfs  -t  ext4  /dev/sda7          // 为/dev/sda7创建 ext4 文件系统
mke2fs 1.42.9 (28-Dec-2013)
文件系统标签=
OS type: Linux
块大小=4096 (log=2)
分块大小=4096 (log=2)
Stride=0 blocks, Stripe width=0 blocks
262144 inodes, 1048576 blocks
...
[root@centos7 ~]# mkfs  -t  xfs  /dev/sda8          // 为/dev/sda8创建 xfs 文件系统
meta-data=/dev/sda8           isize=512     agcount=4, agsize=262144 blks
         =                    sectsz=512    attr=2, projid32bit=1
         =                    crc=1         finobt=0, sparse=0
data     =                    bsize=4096    blocks=1048576, imaxpct=25
         =                    sunit=0       swidth=0 blks
naming   =version 2           bsize=4096    ascii-ci=0 ftype=1
log      =internal log        bsize=4096    blocks=2560, version=2
         =                    sectsz=512    sunit=0 blks, lazy-count=1
realtime =none                extsz=4096    blocks=0, rtextents=0
```

第 13 步，再次使用 parted 命令查看两个新分区的信息，确认文件系统是否创建成功，如例 3-99.12 所示。

例 3-99.12：磁盘分区综合实验——确认新建分区的文件系统

```
[root@centos7 ~]# parted  /dev/sda  print
Number   Start      End       Size      Type      File system    标志
7        26.3GB     30.6GB    4295MB    logical   ext4
8        30.6GB     34.9GB    4295MB    logical   xfs
...
```

第 14 步，将分区*/dev/sda7*和*/dev/sda8*分别挂载至目录*/home/devteam1*和*/home/devteam2*，如例 3-99.13 所示。

例 3-99.13：磁盘分区综合实验——挂载分区

```
[root@centos7 ~]# mount  /dev/sda7  /home/devteam1
[root@centos7 ~]# mount  /dev/sda8  /home/devteam2
```

第 15 步，使用 lsblk 命令确认挂载分区是否成功，如例 3-99.14 所示。

例 3-99.14：磁盘分区综合实验——确认挂载分区是否成功

```
[root@centos7 ~]# lsblk  -p /dev/sda7 /dev/sda8
NAME          MAJ:MIN  RM  SIZE   RO    TYPE     MOUNTPOINT
/dev/sda7     8:7       0    4G    0     part     /home/devteam1
/dev/sda8     8:8       0    4G    0     part     /home/devteam2
```

至此，开发一组和开发二组的分区添加成功，而且创建了相应的文件系统并挂载到各自的工作目录。张经理叮嘱小朱，今后执行类似任务时一定要提前做好规划，保持思路清晰，在操作过程中要经常使用相关命令来确认操作是否成功。

实验 2：配置启动挂载分区

做完前面的实验，小朱觉得很过瘾，想到开发中心以后在自己创建的分区中工作，小朱很有满足感。看到小朱得意的表情，张经理让小朱重启机器后再查看两个分区的挂载信息。小朱惊奇地发现，虽然两个分区还在，但是挂载点却是空的。张经理对小朱解释说，上面使用的挂载方式在系统重启后就会失效。如果想一直保留挂载信息，就必须让操作系统在启动过程中自动挂载分区，这涉及在挂载配置文件/etc/fstab 中配置相关分区的操作。下面是张经理的操作步骤。

第 1 步，以 root 用户身份打开文件/etc/fstab，并修改分区/dev/sda7 的配置文件，如例 3-100.1 所示。

例 3-100.1：配置启动挂载分区——修改配置文件

```
[root@centos7 ~]# cat  /etc/fstab
/dev/sda7        /home/devteam1        ext4          defaults        0    0
...
```

第 2 步，张经理提醒小朱，文件/etc/fstab 是非常重要的系统配置文件，其配置错误可能会造成系统无法正常启动。为了保证添加到文件/etc/fstab 中的信息没有语法错误，配置完成后一定要记得使用带-a 选项的 mount 命令进行测试。-a 选项的作用是使用 mount 命令对文件/etc/fstab 中的文件系统依次进行挂载。如果有语法错误，则会有相应的提示，如例 3-100.2 所示。

例 3-100.2：配置启动挂载分区——使用 mount –a 命令测试/dev/sda7 分区

```
[root@centos7 ~]# lsblk  -p /dev/sda7
NAME          MAJ:MIN  RM  SIZE   RO  TYPE    MOUNTPOINT
/dev/sda7     8:7       0    4G    0   part                            <== 当前挂载点为空
[root@centos7 ~]# mount  -a            // 验证添加的信息是否正确
[root@centos7 ~]# lsblk  -p /dev/sda7
NAME          MAJ:MIN  RM  SIZE   RO  TYPE    MOUNTPOINT
/dev/sda7     8:7       0    4G    0   part    /home/devteam1          <== 已挂载
```

第 3 步，在文件/etc/fstab 中为分区/dev/sda8 配置信息。配置完之后同样要使用 mount –a 命令进行测试，如例 3-100.3 所示。

例 3-100.3：配置启动挂载分区——使用 mount –a 命令测试/dev/sda8 分区

```
[root@centos7 ~]# cat  /etc/fstab
/dev/sda7        /home/devteam1        ext4          defaults        0    0
/dev/sda8        /home/devteam2        xfs           defaults        0    0
...
[root@centos7 ~]# mount  -a
[root@centos7 ~]# lsblk  -p /dev/sda7 /dev/sda8
NAME          MAJ:MIN  RM  SIZE   RO    TYPE     MOUNTPOINT
/dev/sda7     8:7       0    4G    0     part     /home/devteam1
/dev/sda8     8:8       0    4G    0     part     /home/devteam2
```

第 4 步，卸载分区 /dev/sda7 和 /dev/sda8，然后重启系统，测试系统自动挂载是否成功，如例 3-100.4 所示。

例 3-100.4：配置启动挂载分区——卸载分区后重启系统

```
[root@centos7 ~]# umount  /dev/sda7
[root@centos7 ~]# umount  /dev/sda8
[root@centos7 ~]# lsblk  -p  /dev/sda7  /dev/sda8
NAME          MAJ:MIN   RM  SIZE  RO    TYPE     MOUNTPOINT
/dev/sda7     8:7       0   4G    0     part
/dev/sda8     8:8       0   4G    0     part
[root@centos7 ~]# shutdown  -r  now  // 重启系统
```

系统重启后使用 lsblk 命令查看两个分区的挂载信息，可以看到挂载点确实得以保留，说明操作系统启动过程中成功挂载了分区，具体过程这里不再演示。

经过这个实验，小朱似乎明白了学无止境的道理，他告诉自己在今后的学习过程中不能满足于眼前的成功，要有刨根问底的精神，这样才能学到更多的知识。

实验 3：设置 ext4 文件系统磁盘配额

为了规范开发人员在开发服务器上的操作，合理控制开发人员的磁盘使用量，张经理需要为两个开发小组的分区设置磁盘配额。这是 Linux 磁盘管理中比较重要和复杂的操作，所以张经理要求小朱在实验前一定要完成理论知识学习，熟悉磁盘配额操作的基本概念和主要参数。开发一组所在的分区 /dev/sda7 使用 ext4 文件系统，张经理先在这个分区上向小朱演示配置 ext4 文件系统磁盘配额的方法和要点。这个实验还需要用到开发一组的另一个用户 cgy，实验前要先建立好相关用户，并将其分配到用户组 devteam1 和 devteam 中。下面是张经理的操作步骤。

第 1 步，检查分区和用户基本信息，如例 3-101.1 所示。

例 3-101.1：设置 ext4 文件系统磁盘配额——检查分区和用户基本信息

```
[root@centos7 ~]# lsblk  -fp  /dev/sda7
NAME          FSTYPE    LABEL UUID                                  MOUNTPOINT
/dev/sda7     ext4            63d0fd9b-0487-40f9-8d3c-cafb82920a91  /home/devteam1
[root@centos7 ~]# groupmems  -l  -g  devteam1
ss  xf  cgy
```

第 2 步，在文件 /etc/fstab 的第 4 列中为分区 /dev/sda7 添加 usrquota 或 grpquota 两个挂载参数。添加磁盘配额挂载参数后，需要重新挂载分区才能使设置生效，如例 3-101.2 所示。

例 3-101.2：设置 ext4 文件系统磁盘配额——添加磁盘配额挂载参数

```
[root@centos7 ~]# vim  /etc/fstab
/dev/sda7  /home/devteam1  ext4  defaults,usrquota,grpquota  0  0  <==添加磁盘配额挂载参数
…
[root@centos7 ~]# mount  -o  remount  /dev/sda7     // 重新挂载分区使设置生效
```

第 3 步，使用 quotacheck 命令创建用户和用户组磁盘配额配置文件，如例 3-101.3 所示。

例 3-101.3：设置 ext4 文件系统磁盘配额——创建磁盘配额配置文件

```
[root@centos7 ~]# cd  /home/devteam1
[root@centos7 devteam1]# quotacheck  -ug  /dev/sda7 // 创建磁盘配额配置文件
[root@centos7 devteam1]# ls  -l  aquota*
-rw-------.  1   root   root   6144   2月 1 15:56   aquota.group
-rw-------.  1   root   root   6144   2月 1 15:56   aquota.user
```

第 4 步，设置磁盘配额。为了方便后面的测试，张经理把用户 xf 的容量软限制和硬限制分别设为 1MB 和 5MB，文件软限制和硬限制分别设为 3 个和 5 个；用户组 devteam1 的容量软限制和硬限制

分别设为 5MB 和 10MB，文件软限制和硬限制分别设为 5 个和 10 个，如例 3-101.4 所示。

例 3-101.4：设置 ext4 文件系统磁盘配额——设置磁盘配额

```
[root@centos7 ~]# setquota -u xf 1024 5120 3 5 /dev/sda7
[root@centos7 ~]# setquota -g devteam1 5120 10240 5 10 /dev/sda7
```

第 5 步，启用磁盘配额。这一步操作很简单，使用的命令是 quotaon，如例 3-101.5 所示。

例 3-101.5：设置 ext4 文件系统磁盘配额——启用磁盘配额

```
[root@centos7 ~]# quotaon -ug /dev/sda7
```

第 6 步，测试用户磁盘配额。

① 以用户 xf 的身份在目录*/home/devteam1*中新建 1 个大小为 1MB 的文件 *file1*。在创建文件前要先把用户 xf 的有效用户组设为 devteam1，以保证新建文件的属组为 devteam1，如例 3-101.6 所示。

例 3-101.6：设置 ext4 文件系统磁盘配额——新建指定大小的文件 file1

```
[root@centos7 ~]# su - xf                      // 切换到用户 xf
[xf@centos7 ~]$ newgrp devteam1                // 修改有效用户组，测试用户组磁盘配额时使用
[xf@centos7 ~]$ dd if=/dev/zero of=/home/devteam1/file1  bs=1M  count=1
…
[xf@centos7 ~]$ls -lh /home/devteam1/file1
-rw-r--r--.  1  xf  devteam1  1.0M   2月 1 16:28 /home/devteam1/file1
```

② 使用 quota 命令查看用户 xf 和用户组 devteam1 的磁盘配额使用情况，如例 3-101.7 所示。

例 3-101.7：设置 ext4 文件系统磁盘配额——查看磁盘配额使用情况

```
[xf@centos7 ~]$ quota -u xf                    // 查看用户 xf 的磁盘配额使用情况
Disk quotas for user xf (uid 1003):
    Filesystem   blocks   quota   limit   grace   files   quota   limit   grace
    /dev/sda7    1024     1024    5120            1       3       5
[xf@centos7 ~]$ quota -g devteam1              // 查看用户组 devteam1 的磁盘配额使用情况
Disk quotas for group devteam1 (gid 1004):
    Filesystem   blocks   quota   limit   grace   files   quota   limit   grace
    /dev/sda7    1028     5120    10240           2       5       10
```

为了帮助小朱理解磁盘配额的测试过程，张经理仔细说明了 quota 命令的输出中几个重要字段的含义。

➢ blocks：已使用的磁盘容量。

➢ files：已创建的文件数量。

➢ quota：第 1 个 quota 字段表示磁盘容量的软限制，第 2 个 quota 字段表示文件数量的软限制。

➢ limit：第 1 个 limit 字段表示磁盘容量的硬限制，第 2 个 limit 字段表示文件数量的硬限制。

➢ grace：第 1 个 grace 字段表示磁盘容量的宽限时间，第 2 个 grace 字段表示文件数量的宽限时间。

小朱按照张经理的解释仔细检查了 quota 命令的输出，他奇怪地发现用户组 devteam1 当前已创建的文件数量是 2，可是用户 xf 明明只创建了一个文件，难道这个目录中有一个隐藏文件的属组也是 devteam1？他把这个想法告诉了张经理。张经理笑着表示赞同小朱的想法，然后执行例 3-101.8 的操作加以验证。

例 3-101.8：设置 ext4 文件系统磁盘配额——检查用户组文件数量

```
[xf@centos7 ~]$ ls -al /home/devteam1
drwxrwx---.  2  ss  devteam1  4096     2月 1 16:57  .
-rw-r--r--.  1  xf  devteam1  1048576  2月 1 16:57  file1
[xf@centos7 ~]$ ls -ld /home/devteam1
drwxrwx---.  2  ss  devteam1  4096     2月 1 16:57  /home/devteam1
```

看到这个结果，小朱豁然明白，原来是表示当前目录的"."，即目录*/home/devteam1*的属组是

devteam1，而它也占用了用户组 devteam1 的磁盘配额。

③ 以用户 xf 的身份在目录/home/devteam1中新建 1 个大小为 2MB 的文件 file2，然后查看用户和用户组的磁盘配额使用情况，如例 3-101.9 所示。

例 3-101.9：设置 ext4 文件系统磁盘配额——新建指定大小的文件 file2

```
[xf@centos7 ~]$ dd  if=/dev/zero  of=/home/devteam1/file2  bs=1M  count=2
sda7: warning, user block quota exceeded.
…
[xf@centos7 ~]$ls  -lh  /home/devteam1/file2
-rw-r--r--. 1      xf  devteam1  2.0M      2月 1 17:35          /home/devteam1/file2
[xf@centos7 ~]$ quota  -u  xf           // 查看用户 xf 的磁盘使用情况
Disk quotas for user xf (uid 1003):
    Filesystem   blocks   quota   limit    grace      files  quota   limit   grace
    /dev/sda7    3072*    1024    5120     6days        2      3       5
[xf@centos7 ~]$ quota  -g  devteam1       // 查看用户组 devteam1 的磁盘使用情况
Disk quotas for group devteam1 (gid 1004):
    Filesystem   blocks   quota   limit    grace      files  quota   limit   grace
    /dev/sda7    3076     5120    10240               3      5       10
```

注意到在创建文件 file2 时 dd 命令有一个警告信息，提示文件数据块超出了磁盘配额的限制。查看用户 xf 的磁盘使用情况可以发现，blocks 字段的值是"3072*"，星号表示已经超出软限制。第 1 个 grace 字段的值是"6days"，表示已经开始宽限时间的倒计时。这里的限制指的是软限制，因此文件 file2 仍然能够创建成功。当前创建的文件数量是 2，还没有超过软限制 3，因此 quota 命令的输出显示文件数量是正常的。可以对用户组 devteam1 的磁盘使用情况进行类似分析。

④ 以用户 xf 的身份在目录/home/devteam1中新建 1 个大小为 3MB 的文件 file3，然后查看用户和用户组的磁盘配额使用情况，如例 3-101.10 所示。

例 3-101.10：设置 ext4 文件系统磁盘配额——新建指定大小的文件 file3

```
[xf@centos7 ~]$ dd  if=/dev/zero  of=/home/devteam1/file3  bs=1M  count=3
sda7: warning, group block quota exceeded.
sda7: write failed, user block limit reached.
dd: 写入"/home/devteam1/file3" 出错: 超出磁盘限额
…
[xf@centos7 ~]$ls  -lh  /home/devteam1/file3
-rw-r--r--. 1      xf  devteam1  2.0M      2月 1 17:39          /home/devteam1/file3
[xf@centos7 ~]$ quota  -u  xf           // 查看用户 xf 的磁盘使用情况
Disk quotas for user xf (uid 1003):
    Filesystem   blocks   quota   limit    grace      files  quota   limit   grace
    /dev/sda7    5120*    1024    5120     6days        3      3       5
[xf@centos7 ~]$ quota  -g  devteam1       // 查看用户组 devteam1 的磁盘使用情况
Disk quotas for group devteam1 (gid 1004):
    Filesystem   blocks   quota   limit    grace      files  quota   limit   grace
    /dev/sda7    5124*    5120    10240               4      5       10
```

这一次，在创建文件 file3 时系统给出了错误提示。因为指定的文件大小超出了用户 xf 的磁盘空间硬限制。虽然文件 file3 创建成功了，但实际写入的内容只有 2MB，也就是创建完文件 file2 后剩下的磁盘配额空间。对于用户组 devteam1 来说，整个用户组占用的磁盘空间已超过软限制（5MB），距离硬限制（10MB）还有大约 5MB 的余量，所以系统给出警告而非错误提示。

第 7 步，测试用户组磁盘配额。

① 以用户 cgy 的身份在目录/home/devteam1中新建 1 个大小为 6MB 的文件 file4，然后查看

用户和用户组的磁盘配额使用情况，如例 3-101.11 所示。

例 3-101.11：设置 ext4 文件系统磁盘配额——新建指定大小的文件 file4

```
[root@centos7 ~]# su  -  cgy
[cgy@centos7 ~]$ newgrp  devteam1
[cgy@centos7 ~]$ dd  if=/dev/zero  of=/home/devteam1/file4  bs=1M  count=6
sda7: write failed, group block limit reached.
dd: 写入"/home/devteam1/file4" 出错: 超出磁盘限额
…
[cgy@centos7 ~]$ ls  -lh  file4
-rw-r--r--.  1  cgy  devteam1  5.0M  2月 1 17:51  /home/devteam1/file4
```

② 使用 quota 命令查看用户 cgy 和用户组 devteam1 的磁盘配额使用情况，如例 3-101.12 所示。

例 3-101.12：设置 ext4 文件系统磁盘配额——查看磁盘配额使用情况

```
[cgy@centos7 ~]$ quota  -u  cgy                    // 查看用户 cgy 的磁盘使用情况
Disk quotas for user cgy (uid 1006): none
[cgy@centos7 ~]$ quota  -g  devteam1               // 查看用户组 devteam1 的磁盘使用情况
Disk quotas for group devteam1 (gid 1004):
   Filesystem   blocks   quota   limit   grace   files   quota   limit   grace
   /dev/sda7   10240*    5120   10240   6days     5       5      10
```

之前只为用户 xf 启用了用户磁盘配额功能，所以在查看用户 cgy 的磁盘使用情况时，系统提示其磁盘配额为空（none）。但是以用户 cgy 的身份创建文件 *file4* 时，系统却提示超出磁盘限额。这是因为用户 cgy 当前的有效用户组是 devteam1，而用户组 devteam1 已经启用了用户组磁盘配额功能，所以用户 cgy 的操作也会受到相应的限制。最终的结果是虽然文件 *file4* 创建成功，但实际只写入了 5MB 的内容。

实验 4：设置 xfs 文件系统磁盘配额

现在张经理准备带着小朱为开发二组设置磁盘配额。开发二组的分区是 */dev/sda8*，挂载点是目录 */home/devteam2*，下面是张经理的操作步骤。

第 1 步，检查分区和用户基本信息。张经理直接使用 df 子命令查看分区信息，而不是使用 lsblk 命令，如例 3-102.1 所示。

例 3-102.1：设置 xfs 文件系统磁盘配额——检查分区和用户基本信息

```
[root@centos7 ~]# xfs_quota  -c  "df  -h  /home/devteam2"
Filesystem     Size    Used    Avail   Use%   Pathname
/dev/sda8      4.0G    32.2M   4.0G    1%     /home/devteam2
[root@centos7 ~]# groupmems  -l  -g  devteam2
wbk  ss
```

第 2 步，添加磁盘配额挂载参数。在 xfs 文件系统中启用磁盘配额功能同样需要为文件系统添加磁盘配额挂载参数，即在 */etc/fstab* 文件的第 4 列中添加 usrquota、grpquota 或 prjquota，如例 3-102.2 所示。张经理特别提醒小朱，prjquota 和 grpquota 不能同时使用。

例 3-102.2：设置 xfs 文件系统磁盘配额——添加磁盘配额挂载参数

```
[root@centos7 ~]# vim  /etc/fstab
/dev/sda8 /home/devteam2 xfs defaults,usrquota,grpquota 0 0    <==添加磁盘配额挂载参数
…
```

第 3 步，添加了分区的磁盘配额挂载参数后，需要先卸载原分区再重新挂载分区才能使设置生效，如例 3-102.3 所示。

例 3-102.3：设置 xfs 文件系统磁盘配额——重新挂载分区

```
[root@centos7 ~]# umount  /dev/sda8              // 卸载原分区
```

```
[root@centos7 ~]# mount  -a                    // 重新挂载分区使设置生效
[root@centos7 ~]# xfs_quota  -c  "df -h  /home/devteam2"
Filesystem    Size      Used      Avail    Use%     Pathname
/dev/sda8     4.0G      32.2M     4.0G     1%       /home/devteam2
```

第 4 步，查看分区是否启用了磁盘配额功能，如例 3-102.4 所示。print 子命令和 state 子命令都可以显示磁盘配额信息。print 子命令的输出比较简单，state 子命令的输出则详细列出了分区对用户、用户组和目录磁盘配额的支持情况。张经理向小朱演示了这两个子命令的区别。从 state 子命令的输出中可以看到，分区 *dev/sda8* 已经启用了用户和用户组的磁盘配额功能，目录磁盘配额功能未启用。

例 3-102.4：设置 xfs 文件系统磁盘配额——查看磁盘配额状态

```
[root@centos7 ~]# xfs_quota  -c  print  /dev/sda8
Filesystem                 Pathname
/home/devteam2             /dev/sda8 (uquota, gquota)      <== 已启用用户和用户组磁盘配额功能
[root@centos7 ~]# xfs_quota  -x  -c  state  /dev/sda8
User quota state on /home/devteam2 (/dev/sda8)
  Accounting: ON              <== 启用用户磁盘配额计算功能
  Enforcement: ON             <== 启用用户磁盘配额限制功能
  Inode: #67 (2 blocks, 2 extents)
Group quota state on /home/devteam2 (/dev/sda8)
  Accounting: ON              <== 启用用户组磁盘配额计算功能
  Enforcement: ON             <== 启用用户组磁盘配额限制功能
  Inode: #68 (2 blocks, 2 extents)
Project quota state on /home/devteam2 (/dev/sda8)
  Accounting: OFF             <== 未启用目录磁盘配额计算功能
  Enforcement: OFF            <== 未启用目录磁盘配额限制功能
  Inode: #68 (2 blocks, 2 extents)
Blocks grace time: [7 days]
Inodes grace time: [7 days]
Realtime Blocks grace time: [7 days]
```

第 5 步，设置磁盘配额。张经理接下来开始设置具体的磁盘配额。

① 使用 limit 子命令设置用户和用户组磁盘配额，如例 3-102.5 所示。张经理把用户 wbk 的容量软限制和硬限制分别设为 10MB 和 50MB，文件软限制和硬限制分别设为 3 个和 5 个；用户组 devteam2 的容量软限制和硬限制分别设为 50MB 和 100MB，文件软限制和硬限制分别设为 5 个和 10 个，如下所示。

例 3-102.5：设置 xfs 文件系统磁盘配额——设置用户和用户组磁盘配额

```
[root@centos7 ~]# xfs_quota  -x  -c  "limit -u bsoft=10M bhard=50M wbk"  /dev/sda8
[root@centos7 ~]# xfs_quota  -x  -c  "limit -u isoft=3 ihard=5 wbk"  /dev/sda8
[root@centos7 ~]# xfs_quota  -x  -c  "limit -g bsoft=50M bhard=100M devteam2"  /dev/sda8
[root@centos7 ~]# xfs_quota  -x  -c  "limit -g isoft=5 ihard=10 devteam2"  /dev/sda8
```

② 使用 report 子命令查看文件系统的磁盘配额使用信息，结果如例 3-102.6 所示。Blocks 和 Inodes 两个字段分别表示磁盘空间和文件数量配额的使用量。小朱看到用户组 devteam2 已经占用了一个文件磁盘配额，他马上想到了前一个实验中隐藏文件的问题。还没等张经理开口，小朱就说出了自己的想法。张经理会意地点了点头，但他同时给小朱抛出了一个新问题：为什么 root 用户占用了两个文件磁盘配额？张经理让小朱在实验后自己找出这个问题的答案。

例 3-102.6：设置 xfs 文件系统磁盘配额——查看磁盘配额使用信息

```
[root@centos7 ~]# xfs_quota  -x  -c  "report -gubih"  /home/devteam2
```

```
User quota on /home/devteam2 (/dev/sda8)
                        Blocks                                    Inodes
User ID    Used   Soft   Hard   Warn/Grace   Used   Soft   Hard Warn/Grace
---------- ------ ------ ------ ----------   ------ ------ -----------------
root         0      0      0    00 [------]     2     0      0   00 [------]
wbk          0     10M    50M   00 [------]     0     3      5   00 [------]
ss           0      0      0    00 [------]     1     0      0   00 [------]
Group quota on /home/devteam2 (/dev/sda8)
                        Blocks                                    Inodes
Group ID   Used   Soft   Hard   Warn/Grace   Used   Soft   Hard Warn/Grace
---------- ------ ------ ------ ----------   ------ ------ -----------------
root         0      0      0    00 [------]     2     0      0   00 [------]
devteam2     0     50M   100M   00 [------]     1     5     10   00 [------]
```

③ 设置宽限时间。张经理将磁盘空间宽限时间设为 10 天，文件数量宽限时间设为 2 周，如例 3-102.7 所示。

例 3-102.7：设置 xfs 文件系统磁盘配额——设置宽限时间

```
[root@centos7 ~]# xfs_quota  -x  -c  "timer -b 10d"  /dev/sda8
[root@centos7 ~]# xfs_quota  -x  -c  "timer -i 2w"  /dev/sda8
```

④ 使用 state 子命令查看磁盘配额宽限时间，如例 3-102.8 所示。

例 3-102.8：设置 xfs 文件系统磁盘配额——查看磁盘配额宽限时间

```
[root@centos7 ~]# xfs_quota  -x  -c  state  /dev/sda8
Blocks grace time: [10 days]
Inodes grace time: [14 days]
…
```

用户和用户组的磁盘配额设置完毕，张经理没有接着向小朱演示用户和用户组磁盘配额的测试步骤，因为这个过程和前一个实验是相同的，他让小朱参照前一个实验的步骤在自己的计算机中完成测试工作。张经理把重点放在设置目录磁盘配额上。下面是张经理的操作步骤。

第 6 步，设置目录磁盘配额。用户组磁盘配额和目录磁盘配额不能同时使用，因此张经理首先把分区*/dev/sda8* 的 grpquota 参数改为 prjquota，如例 3-102.9 所示。

例 3-102.9：设置 xfs 文件系统磁盘配额——添加磁盘配额挂载参数

```
[root@centos7 ~]# vim  /etc/fstab
/dev/sda8  /home/devteam2  xfs    defaults,usrquota,prjquota  0  0   <==添加磁盘配额挂载参数
…
```

第 7 步，和第 3 步类似，张经理先卸载原分区再重新挂载分区以使设置生效，如例 3-102.10 所示。

例 3-102.10：设置 xfs 文件系统磁盘配额——卸载分区后重新挂载

```
[root@centos7 ~]# umount  /dev/sda8
[root@centos7 ~]# mount  -a       // 重新挂载分区以使设置生效
```

第 8 步，再次查看磁盘配额状态，如例 3-102.11 所示。

例 3-102.11：设置 xfs 文件系统磁盘配额——再次查看磁盘配额状态

```
[root@centos7 ~]# xfs_quota  -c  print  /dev/sda8
Filesystem              Pathname
/home/devteam2          /dev/sda8 (uquota, pquota)        <== 已启用用户和目录磁盘配额功能
[root@centos7 ~]# xfs_quota  -x  -c  state
User quota state on /home/devteam2 (/dev/sda8)
    Accounting: ON          <== 启用用户磁盘配额计算功能
    Enforcement: ON         <== 启用用户磁盘配额限制功能
```

```
    Inode: #67 (2 blocks, 2 extents)
  Group quota state on /home/devteam2 (/dev/sda8)
    Accounting: OFF          <== 未启用用户组磁盘配额计算功能
    Enforcement: OFF         <== 未启用用户组磁盘配额限制功能
    Inode: #68 (2 blocks, 2 extents)
  Project quota state on /home/devteam2 (/dev/sda8)
    Accounting: ON           <== 启用目录磁盘配额计算功能
    Enforcement: ON          <== 启用目录磁盘配额限制功能
    Inode: #68 (2 blocks, 2 extents)
  Blocks grace time: [10 days]
  Inodes grace time: [14 days]
  Realtime Blocks grace time: [7 days]
```

第 9 步，设置目录磁盘配额。张经理先在目录 */home/devteam2* 中创建了子目录 *log*，然后将其磁盘空间软限制和硬限制分别设为 50MB 和 100MB，文件软限制和硬限制分别设为 10 个和 20 个。在 xfs 文件系统中设置目录磁盘配额时需要为该目录创建一个项目，在 project 子命令中指定目录和项目标识，如例 3-102.12 所示。

例 3-102.12：设置 xfs 文件系统磁盘配额——设置目录磁盘配额

```
[root@centos7 ~]# mkdir   /home/devteam2/log
[root@centos7 ~]# chown   ss : devteam2   /home/devteam2/log
[root@centos7 ~]# chmod   770   /home/devteam2/log
[root@centos7 ~]# xfs_quota  -x  -c  "project -s -p /home/devteam2/log 16"   /dev/sda8
…
[root@centos7 ~]# xfs_quota  -x  -c  "limit  -p  bsoft=50M bhard=100M isoft=10 ihard=20
16"   /dev/sda8    // 指定项目数字标识
```

张经理将项目标识符设为 16，这个数字可以自己设定。张经理提醒小朱，还有一种方法也可以设置目录磁盘配额，但是要使用配置文件。张经理要求小朱查阅相关资料自行完成这个作业。

第 10 步，测试目录磁盘配额。

① 张经理以 root 用户的身份创建了 1 个大小为 40MB 的文件 *file1*，并查看了磁盘配额的使用情况，如例 3-102.13 所示。张经理告诉小朱，report 子命令的输出中 Project ID 为 16 的那一行就是前面为目录 */home/devteam2/log* 设置的目录磁盘配额。

例 3-102.13：设置 xfs 文件系统磁盘配额——创建文件 *file1* 并测试目录磁盘配额

```
[root@centos7 ~]# cd   /home/devteam2/log
[root@centos7 log]# dd   if=/dev/zero  of=file1   bs=1M   count=40
…
[root@centos7 log]# ls  -lh  file1
-rw-r--r--.  1    root  root      40M      2 月 1 22:03         file1
[root@centos7 log]# xfs_quota  -x  -c  "report -pbih"  /dev/sda8
Project quota on /home/devteam2 (/dev/sda8)
                      Blocks                              Inodes
Project ID  Used  Soft   Hard Warn/Grace    Used  Soft   Hard Warn/Grace
---------------------------------------- ----------------------------------------
#0            0     0      0  00 [------]      3     0      0  00 [------]
#16          40M   50M   100M 00 [------]      2    10     20  00 [------]
```

② 张经理又创建了 1 个大小为 50MB 的文件 *file2*，并查看了磁盘配额的使用情况，如例 3-102.14 所示。虽然文件 *file2* 创建成功，但此时文件 *file1* 和 *file2* 的总大小（90MB）已经超过了目录磁盘配额的软限制（50MB），所以宽限时间开始启动。

例 3-102.14：设置 xfs 文件系统磁盘配额——创建文件 *file2* 并测试目录磁盘配额

```
[root@centos7 log]# dd  if=/dev/zero  of=file2  bs=1M  count=50
[root@centos7 log]# ls  -lh  file2
-rw-r--r--. 1     root  root      50M        2月 1 22:11          file2
[root@centos7 log]# xfs_quota  -x  -c  "report -pbih"  /dev/sda8
Project quota on /home/devteam2 (/dev/sda8)
                          Blocks                              Inodes
Project ID   Used    Soft   Hard Warn/Grace      Used    Soft   Hard Warn/Grace
---------- -------------------------------------- --------------------------------
#0            0       0       0  00 [------]        3       0       0  00 [------]
#16          90M     50M    100M  00 [10 days]      3       10      20  00 [------]
```

③ 张经理又创建了一个大小为 20MB 的文件 *file3*，如例 3-102.15 所示。这一次，系统提示设备上没有空间，即分配给目录*/home/devteam2/log* 的磁盘空间已用完，所以实际写入文件 *file3* 的内容只有 10MB。

例 3-102.15：设置 xfs 文件系统磁盘配额——创建文件 *file3* 并测试目录磁盘配额

```
[root@centos7 log]# dd  if=/dev/zero  of=file3  bs=1M  count=20
dd: 写入"file3" 出错: 设备上没有空间
…
[root@centos7 log]# ls  -lh  file3
-rw-r--r--. 1     root  root      10M        2月 1 22:15          file3
[root@centos7 log]# xfs_quota  -x  -c  "report -pbih"  /dev/sda8
Project quota on /home/devteam2 (/dev/sda8)
                          Blocks                              Inodes
Project ID   Used    Soft   Hard Warn/Grace      Used    Soft   Hard Warn/Grace
---------- -------------------------------------- --------------------------------
#0            0       0       0  00 [------]        3       0       0  00 [------]
#16         100M     50M    100M  00 [ 9 days]      4       10      20  00 [------]
```

张经理还特别提醒小朱，上面 3 个文件是用 root 用户创建的，所以即使是 root 用户也突破不了目录磁盘配额的限制。

知识拓展

很多 Linux 系统管理员都或多或少遇到过这样的问题：如何精确评估并分配合适的磁盘空间以满足用户未来的需求？往往一开始以为分配的空间很合适，可是经过一段时间的使用后，随着用户创建的文件越来越多，磁盘空间逐渐变得不够用。常规的解决方法是新增磁盘，重新进行磁盘分区，分配更多的磁盘空间，然后把原分区中的文件复制到新分区中。这个过程可能要花费管理员很长时间，而且很可能在未来的某个时候又要面对这个问题。还有一种可能是一开始为磁盘分区分配的磁盘空间太大，可是用户实际上只使用了其中很少一部分，导致大量磁盘空间被浪费。所以系统管理员需要一种既能灵活调整磁盘分区空间，又不用反复移动文件的方法，这就是接下来要介绍的逻辑卷管理器（Logical Volume Manager，LVM）。

1. LVM 基本概念

LVM 之所以能允许管理员灵活调整磁盘分区空间，是因为它在物理磁盘之上添加了一个新的抽象层次。LVM 将一块或多块磁盘组合成一个存储池，称为卷组（Volume Group，VG），然后在卷组上划分出不同大小的逻辑卷（Logical Volume，LV）。物理磁盘称为物理卷（Physical Volume，PV）。LVM 维护物理卷和逻辑卷的对应关系，通过逻辑卷向上层应用程序提供和物理磁盘相同的功能。逻辑卷的大小可根据需要调整，而且可以跨越多个物理卷。相比于传统的磁盘分区方式，LVM 更加灵活，可扩展性更好。要想深入理解 LVM 的工作原理，需要明确下面几个基本概念和术语。

➢ 物理存储设备：物理存储设备（physical storage device）就是系统中实际的物理磁盘，实际的数据最终都要存储在物理磁盘中。

➢ 物理卷：物理卷（PV）是指磁盘分区或逻辑上与磁盘分区具有同样功能的设备。和基本的物理存储介质（如磁盘、分区等）相比，PV 有与 LVM 相关的管理参数，是 LVM 的基本存储逻辑块。

➢ 卷组：卷组（VG）是 LVM 在物理存储设备上虚拟出来的逻辑磁盘，由一个或多个 PV 组成。

➢ 逻辑卷：逻辑卷（LV）是逻辑磁盘，而 LV 是在 VG 上划分出来的分区，所以 LV 也要经过格式化和挂载才能使用。

➢ 物理块：物理块（Physical Extent，PE）类似于物理磁盘上的数据块，是 LV 的划分单元，也是 LVM 的最小存储单元。

图 3-12 显示了上面几个基本概念的相互关系。

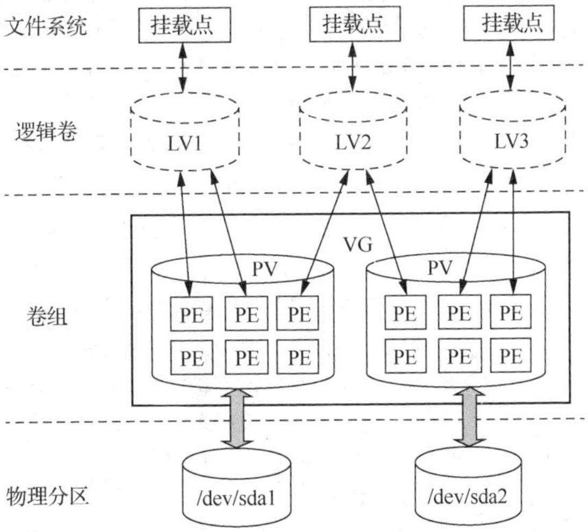

图 3-12　LVM 基本概念

2. 配置 LVM

下面从物理分区开始，逐步演示如何使用 LVM。本例使用了 5 个物理分区：/dev/sda6~ /dev/sda10。为简单起见，5 个分区的大小均为 1GB，如例 3-103.1 所示。

例 3-103.1：配置 LVM——查看磁盘及分区信息

```
[root@centos7 ~]# lsblk  -p
NAME              MAJ:MIN RM  SIZE      RO  TYPE   MOUNTPOINT
├──/dev/sda6       8:6     0   1G        0   part
├──/dev/sda7       8:7     0   1G        0   part
├──/dev/sda8       8:8     0   1G        0   part
├──/dev/sda9       8:9     0   1G        0   part
└──/dev/sda10      8:10    0   1G        0   part
...
```

（1）PV 阶段。

PV 阶段的主要任务是通过物理设备建立 PV，这一阶段的常用命令包含 pvcreate、pvscan、pvdisplay 和 pvremove，简单介绍如下。

➢ pvcreate：通过磁盘或分区建立 PV。

➢ pvscan：检查系统中目前具有 PV 属性的磁盘或分区。

➢ pvdisplay：显示 PV 的详细信息。

➢ pvremove：移除磁盘或分区的 PV 属性，恢复正常的状态。

创建 PV 的具体操作如例 3-103.2 所示。

例 3-103.2：配置 LVM——创建 PV

```
[root@centos7 ~]# pvscan                    // 检查系统中当前的 PV
   No matching physical volumes found
[root@centos7 ~]# pvcreate  /dev/sda6        // 把一个分区创建为 PV
   Physical volume "/dev/sda6" successfully created.
[root@centos7 ~]# pvcreate  /dev/sda{7,8,9}  // 一次性把多个分区创建为 PV
```

```
    Physical volume "/dev/sda7" successfully created.
    Physical volume "/dev/sda8" successfully created.
    Physical volume "/dev/sda9" successfully created.
[root@centos7 ~]# pvscan                              // 再次检查系统中当前的 PV
    PV /dev/sda7                      lvm2 [1.00 GiB]
    PV /dev/sda8                      lvm2 [1.00 GiB]
    PV /dev/sda6                      lvm2 [1.00 GiB]
    PV /dev/sda9                      lvm2 [1.00 GiB]
    Total: 4 [4.00 GiB] / in use: 0 [0     ] / in no VG: 4 [4.00 GiB]
```

上面把分区/dev/sda6~/dev/sda9 创建为 PV，分区/dev/sda10 留到后面扩展 LV 容量时再使用。pvcreate 命令可以一次把一个分区创建为 PV，也可以一次性把多个分区创建为 PV，只要将分区编号放在大括号中即可。pvscan 命令的最后一行显示了 3 个信息：当前的 PV 数量（4 个）、已经加入 VG 中的 PV 数量（0 个），以及未使用的 PV 数量（4 个）。如果想查看某个 PV 的详细信息，则可以使用 pvdisplay 命令，如例 3-103.3 所示。

例 3-103.3：配置 LVM——查看 PV 详细信息

```
[root@centos7 ~]# pvdisplay /dev/sda6
    "/dev/sda6" is a new physical volume of "1.00 GiB"
    --- NEW Physical volume ---
    PV Name          /dev/sda6             <== PV 名称，和物理分区相同
    VG Name                                <== 所属 VG 名，未分配到 VG 之前为空
    PV Size          1.00 GiB              <== PV 容量
    Allocatable      NO                    <== 当前是否已被分配
    PE Size          0                     <== PV 内的 PE 的大小
    Total PE         0                     <== PV 内的 PE 的数量
    Free PE          0                     <== PV 内未使用的 PE 数量
    Allocated PE     0                     <== PV 内已分配的 PE 数量
    PV UUID          pPJkhs-vzXS-BQ4O-kpFg-ORbq-CVgc-XOjm8s    <== PV 唯一标识符
```

注意到 PV 的名称和物理分区的名称相同。另外，在没有把 PV 分配给 VG 之前，和 PE 相关的几个参数的值均为 0。

（2）VG 阶段。

VG 阶段的主要任务是创建 VG，并把 VG 和 PV 关联。和 VG 相关的常用命令如下。

➢ vgcreate：创建 VG，指定 VG 的名称和关联的 PV 等。

➢ vgremove：删除指定的 VG。

➢ vgscan：检查系统中已有的 VG。

➢ vgdisplay：显示指定 VG 的详细信息。

➢ vgextend：在 VG 中增加额外的 PV。

➢ vgreduce：从 VG 中移除指定的 PV。

➢ vgchange：修改 VG 的参数和属性。

在创建 VG 时要为 VG 选择一个合适的名称，指定 PE 的大小及关联的 PV。在本例中，要创建的 VG 名为 itovg，PE 大小为 4MB，把/dev/sda6~/dev/sda8 这 3 个 PV 分配给 itovg，/dev/sda9 先暂时保留不用，如例 3-103.4 所示。

例 3-103.4：配置 LVM——关联 PV 和 VG

```
[root@centos7 ~]# vgcreate -s 4M itovg /dev/sda6          // 关联一个 PV
    Volume group "itovg" successfully created
[root@centos7 ~]# vgextend itovg /dev/sda{7,8}            // 关联多个 PV
```

```
    Volume group "itovg" successfully extended
```

vgcreate 命令的-s 选项可以指定 PE 的大小，单位可以使用 k/K（KB）、m/M（MB）、g/G（GB）等。为了演示 VG 相关命令的用法，上面先用 vgcreate 命令把*/dev/sda6* 和 itovg 关联起来，然后用 vgextend 命令把*/dev/sda7*和*/dev/sda8*一次性分配给 itovg，其实 vgcreate 命令也可以一次性指定多个 PV。itovg 创建好之后可以使用 vgscan 命令或 vgdisplay 命令查看 VG 信息，如例 3-103.5 所示。

例 3-103.5：配置 LVM——查看 VG 信息

```
[root@centos7 ~]# vgscan
    Reading volume groups from cache.
    Found volume group "itovg" using metadata type lvm2
[root@centos7 ~]# vgdisplay itovg
    --- Volume group ---
    VG Name        itovg            <== VG 名称
    VG Size        <2.99 GiB        <== VG 总容量
    PE Size        4.00 MiB         <== PE 大小
    Total PE       765              <== 包含的 PE 数量
    Alloc PE / Size  0 / 0          <== 已分配的 PE 数量及总空间
    Free  PE / Size  765 / <2.99 GiB<== 尚可分配的 PE 数量及总空间
    ...
```

如果此时再查看*/dev/sda6*~*/dev/sda8*的详细信息，可以看到这 3 个 PV 已经关联到 itovg，如例 3-103.6 所示。

例 3-103.6：配置 LVM——查看 PV 信息

```
[root@centos7 ~]# pvscan
    PV /dev/sda6   VG itovg      lvm2 [1020.00 MiB / 1020.00 MiB free]
    PV /dev/sda7   VG itovg      lvm2 [1020.00 MiB / 1020.00 MiB free]
    PV /dev/sda8   VG itovg      lvm2 [1020.00 MiB / 1020.00 MiB free]
    PV /dev/sda9                 lvm2 [1.00 GiB]
    Total: 4 [<3.99 GiB] / in use: 3 [<2.99 GiB] / in no VG: 1 [1.00 GiB]
```

（3）LV 阶段。

现在 itovg 已经创建好，相当于系统中有了一块虚拟的逻辑磁盘。下面要做的就是在这块逻辑磁盘上进行分区操作，也就是把 VG 划分为多个 LV。和 LV 相关的常用命令如下。

➤ lvcreate：在 VG 上创建 LV。
➤ lvremove：删除指定的 LV。
➤ lvscan：检查系统中已有的 LV。
➤ lvdisplay：显示指定 LV 的详细信息。
➤ lvextend：增加 LV 的容量。
➤ lvreduce：减少 LV 的容量。
➤ lvresize：调整 LV 的容量。

lvcreate 命令的基本格式如下。

```
lvcreate  [-L Size[UNIT]]  -l Number  -n lvname  vgname
```

其中，-L 和-l 选项分别用于指定 LV 容量和 LV 包含的 PE 数量，*lvname* 和 *vgname* 分别表示 LV 名称和 VG 名称。

使用 lvcreate 命令创建 LV 时，有两种指定 LV 大小的方式。第 1 种方式是在-L 选项后跟 LV 容量，单位可以是常见的 m/M（MB）、g/G（GB）等。使用这种方式时，指定的容量必须是 PE 大小的整数倍，否则系统会计算出最相似的容量作为 LV 的大小。第 2 种方式是在-l 选项后指定 LV 包含的 PE 的数量。本例使用第 1 种方式为 LV 指定 2GB 的容量。创建好的 LV 的完整名称的格式是

/dev/vgname/lvname，其中 vgname 和 lvname 分别是 VG 和 LV 的实际名称，可以使用 lvscan 和 lvdisplay 命令查看，如例 3-103.7 所示。

例 3-103.7：配置 LVM——创建 LV

```
[root@centos7 ~]# lvcreate  -L  2G  -n  sielv  itovg        <== 创建 LV，大小为 2GB
    Logical volume "sielv" created.
[root@centos7  ~]# lvscan
    ACTIVE                '/dev/itovg/sielv' [2.00 GiB] inherit
[root@centos7  ~]# lvdisplay  /dev/itovg/sielv
    --- Logical volume ---
    LV Path                /dev/itovg/sielv        <== LV 全称，即完整的路径名
    LV Name                sielv                   <== LV 名称
    VG Name                itovg                   <== VG 名称
    LV Size                2.00 GiB                <== LV 实际容量
    Current LE             512                     <== LV 包含的 PE 数量
    ...
```

（4）文件系统阶段。

这一阶段的主要任务是为 LV 创建文件系统并挂载，如例 3-103.8 所示。

例 3-103.8：配置 LVM——创建文件系统并挂载

```
[root@centos7 ~]# mkfs  -t  xfs  /dev/itovg/sielv            <== 创建 xfs 文件系统
...
[root@centos7  ~]# mkdir  -p  /mnt/lvm/sie                  <== 创建挂载点
[root@centos7  ~]# mount  /dev/itovg/sielv  /mnt/lvm/sie    <== 挂载
[root@centos7 ~]# df  -Th  /mnt/lvm/sie
文件系统                类型    容量    已用    可用    已用%    挂载点
/dev/mapper/itovg-sielv  xfs    2.0G    33M    2.0G    2%      /mnt/lvm/sie
```

至此，成功地完成了 LVM 的配置，大家可以在挂载点目录 /mnt/lvm/sie 中尝试新建文件或其他操作，看看和普通分区有没有什么不同。实际上，在 LV 中进行的所有操作都会被映射到物理分区，这个映射是由 LVM 自动完成的，作为普通用户感觉不到任何不同。

3. 调整逻辑卷容量

LVM 的优势是能够让管理员灵活调整分区磁盘空间的容量，这是通过调整 LV 的大小实现的。以增加 LV 的空间为例，当要增加 LV 的空间时，可以从下面两个方面考虑。

第一，如果 VG 内还有剩余空间，那么可以通过 lvresize 命令进行调整。在配置 LVM 的示例中，创建的 itovg 的容量在 3GB 左右，而 sielv 的容量是 2GB，因此 itovg 内应该还有 1GB 左右的剩余空间可以使用。下面为 sielv 增加 300MB 的容量，如例 3-104 所示。

例 3-104：增加 LV 容量

```
[root@centos7 ~]# vgdisplay  itovg | grep  -i  free
    Free  PE / Size        253 / 1012.00 MiB            <== 有 1GB 左右的剩余空间
[root@centos7 ~]# lvresize  -L  +300M  /dev/itovg/sielv        // 为 LV 增加 300MB 的容量
    ...
    Logical volume itovg/sielv successfully resized.
[root@centos7 ~]# vgdisplay  itovg | grep  -i  free
    Free  PE / Size        178 / 712.00 MiB            <== 还有 712MB 左右的剩余空间
```

lvresize 命令的使用方法和 lvcreate 命令类似，可以使用 -L 和 -l 选项调整 LV 的空间。在数字前添加 "+" 或 "-" 分别表示增加空间或减少空间。

第二，如果 VG 内已经没有剩余空间可用，那么要先给 VG 增加容量。一般的做法是通过 vgextend 命令把物理磁盘或分区添加到 VG 中。在配置 LVM 的示例中，可以先把 /dev/sda10 创建为 PV，再

将其添加到 itovg 中以增加 itovg 的容量，或者直接把*/dev/sda9* 添加到 itovg 中，因为*/dev/sda9* 已经是 PV 了。具体的步骤上面已有演示，这里不再赘述，大家可以自己动手尝试完成这个操作。

4. 停用 LVM

如果想从 LVM 恢复到传统的磁盘分区管理方式，则要按照特定的顺序删除已创建的 LV 和 VG 等。一般来说，可以按照下面的流程停用 LVM。

（1）使用 umount 命令卸载已挂载的 LV。

（2）使用 lvremove 命令删除 LV。

（3）使用 vgremove 命令删除 VG。

（4）使用 pvremove 命令删除 PV。

例 3-105 演示了关闭 LVM 的具体方法。

例 3-105：关闭 LVM

```
[root@centos7  ~]# umount  /mnt/lvm/sie           // 卸载 LV
[root@centos7  ~]# lvremove  /dev/itovg/sielv      // 删除 LV
Do you really want to remove active logical volume itovg/sielv? [y/n]: y <== 输入 y 确认
   Logical volume "sielv" successfully removed
[root@centos7  ~]# lvscan                          // 确认 LV 信息
[root@centos7  ~]# vgremove  itovg                 // 删除 VG
[root@centos7  ~]# vgscan                          // 确认 VG 信息
   Reading volume groups from cache.
[root@centos7  ~]# pvremove  /dev/sda{6,7,8,9,10}  // 删除 PV
[root@centos7  ~]# pvscan                          // 确认 PV 信息
   No matching physical volumes found
```

任务实训

本实训的主要任务是练习使用 fdisk 工具进行磁盘分区，熟练掌握 fdisk 的各种命令及选项的使用。

【实训目的】

（1）掌握在 Linux 中使用 fdisk 工具管理分区的方法。

（2）掌握使用 mkfs 命令创建文件系统的方法。

（3）掌握文件系统的挂载与卸载的方法。

【实训内容】

按照以下步骤完成磁盘分区管理的练习。

（1）进入 CentOS 7.6，在一个终端窗口中使用 su - root 命令切换到 root 用户。

（2）使用 lsblk -p 命令查看当前系统的所有磁盘及分区，分析 lsblk 的输出中每一列的含义。思考问题：当前系统有几块磁盘？每块磁盘各有什么接口，有几个分区？磁盘名称和分区名称有什么规律？使用 man 命令学习 lsblk 的其他选项并进行试验。

（3）使用 parted 命令查看磁盘分区表的类型，根据磁盘分区表的类型确定分区管理工具。如果是 MBR 格式的磁盘分区表，则使用 fdisk 命令进行分区。如果是 GPR 格式的磁盘分区表，则使用 gdisk 命令进行分区。

（4）以 fdisk 工具为例，为系统当前磁盘添加分区。进入 fdisk 交互工作模式，依次完成以下操作。

① 输入 m，获取 fdisk 的子命令提示。在 fdisk 交互工作模式下有很多子命令，每个子命令用一个字母表示，如 n 表示添加分区，d 表示删除分区。

② 输入 p，查看磁盘分区表信息。这里显示的磁盘分区表信息包括分区名称、启动分区标识、起始扇区号、终止扇区号、扇区数、文件系统标识及文件系统名称等。

③ 输入 n，添加新分区。fdisk 根据已有分区自动确定新分区号，并提示输入新分区的起始扇区号。这里直接按 Enter 键，即采用默认值。

④ fdisk 提示输入新分区的大小。采用"+*size*"的方式指定分区大小。

⑤ 输入 p，再次查看磁盘分区表信息。虽然现在可以看到新添加的分区，但是这些操作目前只是保存在内存中，重启系统后才会真正写入磁盘分区表。

⑥ 输入 w，保存操作并退出 fdisk 交互工作模式。

（5）使用 shutdown -r now 命令重启系统。在终端窗口中切换到 root 用户。再次使用 lsblk -p 命令查看当前系统的所有磁盘及分区，此时应该能够看到新分区已经出现在磁盘分区表中了。

（6）使用 mkfs 命令为新建的分区创建 xfs 文件系统。

（7）使用 mkdir 命令创建新目录，使用 mount 命令将新分区挂载到新目录。

（8）使用 lsblk 命令再次查看新分区的挂载点，检查挂载是否成功。

项目小结

本项目的 3 个任务是全书的重点内容。任务 3.1 介绍了用户和用户组的基本概念以及与配置文件相关的命令。Linux 是一个多用户操作系统，每个用户有不同的权限，熟练掌握用户和用户组管理的相关命令是 Linux 系统管理员必须具备的基本技能。任务 3.2 是全书的核心内容之一，不管是难度还是重要性，都需要大家格外重视。Linux 操作系统扩展了文件的概念，目录也是一种特殊的文件。不管是 Linux 系统管理员还是普通用户，日常工作都离不开文件和目录，文件与目录的相关命令可以说是最常用的 Linux 命令。除了文件和目录的相关命令外，还应该理解文件所有者和属组的基本概念，以及配置文件权限的两种常用方法。文件的默认权限、隐藏属性及文件访问控制列表是文件权限中较难的内容，需要多加练习以加深理解。任务 3.3 主要介绍磁盘的基本概念、磁盘管理的相关命令、Linux 文件系统的结构，以及在 ext4 文件系统和 xfs 文件系统中设置磁盘配额的方法。普通用户平时不会经常进行磁盘分区和磁盘配额管理，因此对这部分内容的学习要求可适当降低。强烈建议大家尽量多了解一些 Linux 文件系统的内部结构，这对大家日后深入学习 Linux 大有裨益。

项目练习题

1. 选择题

（1）要将当前目录下的文件 file1.c 重命名为 file2.c，正确的命令是（　　）。

    A. cp file1.c file2.c   B. mv file1.c file2.c

    C. touch file1.c file2.c   D. mv file2.c file1.c

（2）下列关于文件/etc/passwd 的描述中，（　　）项是正确的。

    A. 记录系统中每个用户的基本信息   B. 只有 root 用户有权查看该文件

    C. 存储用户的密码信息   D. 详细说明用户的文件访问权限

（3）关于用户和用户组的关系，下列说法正确的是（　　）。

    A. 一个用户只能属于一个用户组

    B. 用户创建文件时，文件的属组就是用户的主组

    C. 一个用户可能属于多个用户组，但只能有一个主组

    D. 用户的主组确定后无法修改

（4）下列（　　）命令能将文件 a.dat 的权限从"rwx------"改为"rwxr-x---"。

    A. chown rwxr-x--- a.dat   B. chmod rwxr-x--- a.dat

    C. chmod g+rx a.dat   D. chmod 760 a.dat

（5）创建新文件时，（　　　）用于定义文件的默认权限。

　　A. chmod　　　　　B. chown　　　　　C. chattr　　　　　D. umask

（6）关于 Linux 文件名，下列说法正确的是（　　　）。

　　A. Linux 文件名不区分字母大小写　　　　B. Linux 文件名可以没有后缀

　　C. Linux 文件名最多可以包含 64 个字符　D. Linux 文件名和文件的隐藏属性无关

（7）下列（　　　）命令可以显示文件和目录占用的磁盘空间大小。

　　A. df　　　　　　　B. du　　　　　　　C. ls　　　　　　　D. fdisk

（8）对一个目录具有写权限，下列说法错误的是（　　　）。

　　A. 可以在此目录中新建文件和子目录

　　B. 可以删除该目录中已有的文件和子目录

　　C. 可以移动或重命名该目录中已有的文件和子目录

　　D. 可以修改目录中文件的内容

（9）若一个文件的权限是"rw-r--r--"，则说明该文件的所有者的权限是（　　　）。

　　A. 读、写、执行　　B. 读、写　　　　　C. 读、执行　　　　D. 执行

（10）在 Linux 操作系统中，新建立的普通用户的主目录默认位于（　　　）目录下。

　　A. /bin　　　　　　B. /etc　　　　　　C. /boot　　　　　D. /home

（11）如果删除原链接文件，是否能够使用软链接访问原文件（　　　）。

　　A. 无法再访问　　　　　　　　　　　B. 仍然可以访问

　　C. 能否访问取决于文件的所有者　　　D. 能否访问取决于文件的权限

（12）和权限 rw-rw-r--对应的数字是（　　　）。

　　A. 551　　　　　　B. 771　　　　　　C. 664　　　　　　D. 660

（13）使用 ls -l 命令列出下面的文件列表，（　　　）表示目录。

　　A. drwxrwxr-x.　　2　zys　zys　　6　6月　17 03:10　dir1

　　B. -rw-rw-r--.　　1　zys　zys　　32　6月　17 04:29　file1

　　C. -rw-rw-r--.　　1　zys　zys　　0　6月　19 03:43　file2

　　D. lrw-rw-r--.　　1　zys　zys　　0　6月　19 03:43　file3

（14）下列说法错误的是（　　　）。

　　A. 文件一旦创建，所有者是不可改变的

　　B. chown 和 chgrp 都可以修改文件属组

　　C. 默认情况下文件的所有者就是创建文件的用户

　　D. 文件属组的用户对文件拥有相同的权限

（15）对于目录而言，执行权限意味着（　　　）。

　　A. 可以对目录执行删除操作　　　　　B. 可以在目录内创建或删除文件

　　C. 可以进入目录　　　　　　　　　　D. 可以查看目录的内容

（16）如果/home/tmp 目录中有 3 个文件，那么要删除这个目录，应该使用命令（　　　）。

　　A. cd /home/tmp　B. rm /home/tmp　C. rmdir /home/tmp　D. rm -r /home/tmp

（17）关于使用符号法修改文件权限，下列说法错误的是（　　　）。

　　A. 分别用 r、w、x 这 3 个字母表示 3 种文件权限

　　B. 权限操作分为 3 类，即添加权限、移除权限和设置权限

　　C. 分别用 u、g、o 这 3 个字母表示 3 种用户身份

　　D. 不能同时修改多个用户的权限

（18）关于 Linux 文件系统的内部数据结构，下列说法错误的是（　　　）。

    A. 文件系统管理磁盘空间的基本单位是区块，每个区块都有唯一的编号

    B. inode 用于记录文件的元数据，每个文件可以有多个 inode

    C. inode 通过间接索引的方式扩展文件的容量

    D. 超级块记录和文件系统有关的信息，所有数据块和 inode 都受到超级块的管理

2. 填空题

（1）Linux 操作系统中的文件路径有两种形式，即_____和_____。

（2）为了保证系统的安全，Linux 将用户密码信息保存在_____文件中。

（3）为了能够把新建立的文件系统挂载到系统目录中，还需要指定该文件系统在整个目录结构中的位置，这个位置被称为_____。

（4）为了能够使用 cd 命令进入某个目录，并使用 ls 命令列出目录的内容，用户需要拥有对该目录的_____和_____权限。

（5）Linux 默认的系统管理员账号是_____。

（6）创建新用户时会默认创建一个和用户名同名的组，称为_____。

（7）Linux 操作系统把用户的身份分为 3 类：_____、_____和_____。

（8）用数字法修改文件权限时，读、写和执行权限对应的数字分别是_____、_____和_____。

（9）在 Linux 的文件系统层次结构中，最顶层的节点是_____，用_____表示。

（10）影响文件默认权限的设置是_____。

3. 简答题

（1）简述用户和用户组的关系。用户和用户组常用的配置文件有哪些，分别记录哪些内容？

（2）简述 Linux 文件名和 Windows 文件名的不同。

（3）简述 Linux 文件系统的目录树结构以及绝对路径和相对路径的区别。

（4）简述文件和用户与用户组的关系，以及修改文件所有者与属组的相关命令。

（5）简述文件和目录的 3 种权限的含义。

（6）简述磁盘分区的作用和主要步骤。

（7）简述 Linux 文件系统的主要数据结构及作用。

项目4
学习Bash与Shell脚本

04

学习目标

【知识目标】

（1）了解Shell的作用、种类及Bash的功能和特性。

（2）熟悉Bash中变量的使用方法和常用的通配符。

（3）了解Bash重定向操作、命令流的基本概念和用法。

（4）了解Bash命令别名和命令历史记录的功能和配置。

（5）熟悉基础正则表达式的规则，了解扩展正则表达式的相关规则。

（6）了解Shell脚本的基本概念和基本语法。

（7）熟悉Shell脚本中常用的条件测试运算符。

（8）熟悉Shell脚本中的if语句分支结构。

（9）熟悉Shell脚本中3种循环结构的基本语法、区别和联系。

（10）了解Shell脚本中函数的定义和使用方法。

【技能目标】

（1）熟练掌握定义和使用Bash变量的方法和规则。

（2）熟练使用Bash重定向和管道操作。

（3）熟练使用基础正则表达式进行简单的行匹配操作。

（4）熟练使用条件测试运算符进行简单的算术、文件和字符串测试。

（5）能够使用if语句分支结构编写简单的Shell脚本。

（6）能够使用循环结构编写简单的Shell脚本。

引例描述

经过这段时间的学习，小朱自我感觉进步很大。他自认为已经比较熟悉Linux的基本概念，能够熟练使用相关命令管理用户和用户组，对文件权限的理解也比较透彻。可是他总感觉自己与身边的同事相比还有不小的差距。因为小朱经常看到他们快速地执行各种命令，有些操作方法看起来也比较奇怪，自己从来没有接触过。小朱希望能像他们那样工作，可是不知道该从何处入手学习。小朱把疑惑告诉张经理，希望张经理能给自己一些指点。张经理首先肯定了小朱最近取得的成绩，但是相比Linux的"浩瀚海洋"，这些成绩只能算是"一条小河"。张经理告诉小朱要树立学无止境的学习意识，勇于探索未知的知识领域。从小朱目前的实际情况来看，张经理建议小朱开始深入学习Bash和Shell脚本，这是Linux操作系统的精华所在。如果能够熟练掌握Bash和Shell脚本，就能像其他同事一样高效工作了。听完张经理这些话，小朱感到自己又有了新的学习方向，他决定继续踏上Linux学习之路，不管前方还有多少困难和挫折。

任务 4.1 学习 Bash Shell

 任务陈述

在前面几个任务的学习中，本书曾多次提到 Shell，并且在 Shell 终端窗口中使用 Linux 命令完成了很多工作。在本任务中，将重点介绍 Shell 的重要概念和使用方法。Bash 是 CentOS 7.6 默认的 Shell，因此本任务的所有实例均以 Bash 为载体。

 知识准备

4.1.1 认识 Bash Shell

Bash Shell（以下简称 Bash）是任何一个 Linux 爱好者都不能错过的重要内容。其实在前面的章节中，我们已经学习了 Shell 的基本概念并且一直使用它。但是不能仅仅停留在对 Shell 的应用层面，还应该有更深入的理解。Bash 是 Linux 操作系统默认的 Shell。在本任务中，将着重介绍 Bash 的基本概念和使用方法。

1. 为什么要学习 Shell

现在的 Linux 发行版已经做得非常友好，图形用户界面的功能和性能越来越强大。用户可以像在 Windows 操作系统中那样，通过滑动和单击鼠标完成绝大多数操作和配置。正是因为这一点，可能有人会有这样的疑问：既然能通过图形用户界面完成这么多事，为什么还要花那么多时间去学习看似复杂高深的 Shell 呢？确实，不能要求每个 Linux 用户都去学习 Shell。但是如果有志成为 Linux 专家，或者至少是一个合格的 Linux 操作系统管理员，那么学习并掌握 Shell 就是无论如何也逃避不了的工作。

Shell 位于操作系统内核外层。从功能上来说，Shell 与图形用户界面是一样的，都是给用户提供一个与内核交互的操作环境。但是通过 Shell 完成工作往往效率更高，而且能让操作者对工作的原理和流程更加清晰。学习 Shell 不用考虑兼容性的问题，因为同一个 Shell 在不同的 Linux 发行版中使用方式是相同的。例如，接下来要学习的 Bash，只要在 CentOS 中学会了怎么使用，就可以毫不费力地切换到其他操作系统。

自动化运维也是学习 Shell 的重要原因。Linux 系统管理员的很多日常工作都是使用 Shell 脚本完成的。Shell 脚本的运行环境当然就是 Shell，如果不了解 Shell 的使用方法和运行机制，则会影响 Shell 脚本的编写和维护。任务 4.3 中将学习 Shell 脚本。

2. Linux 中常见的 Shell

Bash 是 Linux 操作系统默认的 Shell。除了 Bash 外，还有其他几种非常优秀的 Shell。下面先来简单了解这些 Shell 的历史及相互关系。

（1）Bourne Shell。

首先要讲的是 Bourne Shell。Bourne Shell 是 UNIX 操作系统最初使用的 Shell，并且在每种 UNIX 上都可以使用。Bourne Shell 在编程方面相当优秀，但在用户交互方面做得不如其他几种 Shell。Bourne Shell 的发明人是 Steven Bourne（史蒂夫·伯恩），所以这个 Shell 被命名为 Bourne Shell。

（2）Bash。

Bash 是 Bourne-Again-Shell 的简称，是 Brian Fox（布莱恩·福克斯）于 1987 年为 GNU

计划编写的一个 Shell。Bash 的第 1 个正式版本于 1989 年发布，原本只是为 GNU 操作系统开发，但实际上它能运行于大多数类 UNIX 操作系统中，Linux 与 Mac OS 都将它作为默认 Shell，从这一点足以看出它的优秀。从其名称可以看出，Bash 是 Bourne Shell 的扩展和超集，它是 Bourne Shell 的开源版本，与 Bourne Shell 完全向后兼容，并且在 Bourne Shell 的基础上增加、增强了很多特性。Bash 有许多特色，可以提供如命令补全、命令别名和命令历史记录等功能，还包含许多 C Shell 和 Korn Shell 的优点，有灵活和强大的编程接口，同时有友好的用户界面。

（3）csh（C Shell）和 tcsh。

20 世纪 80 年代早期，Bill Joy（比尔·乔伊）在加利福尼亚大学开发了 C Shell，它是 BSD UNIX 的默认 Shell。C Shell 主要是为了让用户更容易地使用交互式功能，其采用 C 语言风格的语法结构。C Shell 有 52 个内部命令，新增了命令历史记录、命令别名、文件名替换、作业控制等功能。tcsh 是 csh 的增强版，与 csh 完全兼容，现在 csh 已被 tcsh 取代。

（4）ksh（Korn Shell）。

有很长一段时间，只有两类 Shell 供 UNIX 用户选择：Bourne Shell 用于编程，C Shell 用于交互。因为 Bourne Shell 的编程功能非常强大，而 C Shell 具有优秀的交互功能，为了改变这种状况，贝尔实验室的 David Korn（戴维·科恩）开发了 Korn Shell（简称 ksh）。ksh 沿用了 C Shell 的交互功能，并融入了 Bourne Shell 的语法。因此，ksh 出现之后受到广大用户的欢迎和喜爱。ksh 有 42 条内部命令，语法与 Bourne Shell 相同。ksh 是对 Bourne Shell 的扩展，在大部分内容上与 Bourne Shell 兼容。ksh 具备 C Shell 的易用特点，许多系统安装脚本都使用 ksh 编写。

（5）Z Shell。

Z Shell 可以说是目前 Linux 操作系统中最庞大的一种 Shell。它有 84 个内部命令，使用起来也比较复杂。Z Shell 集成了 Bash、ksh 的重要特性，同时增加了自己独有的功能。取名为 Z Shell 也是有原因的。Z 是最后一个英文字母，Z Shell 意即终极 Shell。开发者是想告诉用户，有了 Z Shell 就可以把其他 Shell 全部丢掉。由于它使用起来比较复杂，因此一般情况下不会使用它。

V4-1 各种不同的 Shell

3. Bash 的功能和特性

Bash 是一个非常优秀的 Shell。Bash 的设计既考虑到了用户使用的便利性，具有友好的用户界面，又提供了许多强大的功能，如灵活的编程接口。Bash 具有以下功能和特性。

（1）命令历史记录。

打开一个 Bash 窗口便开始了一次 Bash 会话。Bash 会将用户在当前会话过程中执行过的命令保存在内存中，在用户退出 Bash 会话时会将其保存到文件中。在 Shell 窗口中通过键盘的上、下方向键可查阅之前执行的命令，这样一方面可以快速地执行那些复杂的命令，另一方面在系统出现问题时，还可以对历史命令进行审查以查找可能的原因。Bash 历史命令的具体使用方法和相关配置会在 4.1.6 小节中进行介绍。

（2）命令别名。

命令别名可以把一个很长的命令名简化为一个较短的命令名，或者把一个命令的习惯用法用一个别名代替。例如，可以使用别名 cls 代替 clear 命令（虽然 clear 命令本身也不算长），还可以使用别名 ll 代替 ls -al 命令，这样每次只要使用 ll 就可以查看所有文件（包括隐藏文件）的详细信息。关于命令别名的使用方法详见 4.1.6 小节。

（3）命令和文件路径的补全。

命令的自动补全功能之前已经介绍过。在命令行窗口中输入命令的开头几个字符后按一次 Tab 键，如果根据这几个字符可以唯一确定一个命令，那么 Bash 就会自动补全完整的命令名。如果不能唯一确定一个命令，则可以再按一次 Tab 键，此时 Bash 会把所有以当前已输入字符开头的命令显示在窗口中。

除了命令名可以自动补全外，Bash 对文件路径也提供了自动补全功能，而且用法与命令名自动补全相同。当需要为命令指定文件路径作为参数时，Bash 会按照特定的顺序搜索目录及其中的文件。如果 Bash 能够根据已输入的路径唯一确定后续的路径，则直接补全。如果不能唯一确定后续的路径，则可以再按一次 Tab 键，Bash 会给出所有以已输入路径开头的目录或文件列表。

（4）通配符。

Bash 支持使用通配符来快速查找和处理文件。例如，如果想查看当前目录中以 log 结尾的日志文件，则可以使用 ls *log 命令。命令中的星号表示任意数量的字符。通配符的具体使用方法详见 4.1.3 小节。

（5）管道和重定向。

管道和重定向的基本概念和具体使用方法下文将会详细介绍。需要说明的是，管道和重定向操作在 Bash 中使用得非常普遍，可以说是 Linux 系统管理员或运维人员最常用的功能之一。即使是普通的 Linux 用户，也经常借助管道和重定向操作完成日常工作。因此，建议大家熟练掌握管道和重定向的使用方法。

4.1.2　Bash 变量

Bash 变量是非常重要的知识点，对于后面要学习的 Shell 脚本来说更是不可或缺。普通 Linux 用户可能平时感觉不到变量的存在，但实际上绝大部分应用程序都非常依赖变量。在这一小节中将学习什么是变量，以及 Bash 变量的使用方法。

1. 什么是变量

如果大家有一点计算机编程的基础，对变量的概念一定不会陌生。和程序设计语言中的变量一样，Bash 变量也是用一个固定的字符串代表可能发生变化的内容。这个固定的字符串被称为变量名，而它所代表的内容就是变量的值。举例来说，如果用 fname 代表操作系统中的某个文件，如 /home/zys/tmp/file1，那么当在命令行或 Shell 脚本中读取 fname 的值时，就会得到 /home/zys/tmp/file1。在这个例子中，fname 是变量名，/home/zys/tmp/file1 是变量的值。在 Bash 中引入变量至少有以下好处。

（1）变量可以简化 Shell 脚本的编写，使 Shell 脚本更简洁、更易维护。在 Shell 脚本中经常会多次用到同一个内容，如某个文件名或用户名。如果每次用到都直接使用这些内容，那么当内容变化时就需要修改 Shell 脚本中所有用到这些内容的地方。这种 Shell 脚本的可维护性很差。引入变量后，可以先用一个变量名表示这些内容，然后在 Shell 脚本的其他地方使用这个变量名。当内容发生变化时，只要把变量的值设为新的内容即可。这样就大大提高了 Shell 脚本的可维护性。另外，如果这些内容很长（如一个很长的路径名），则使用一个简单有意义的变量名能简化 Shell 脚本的编写并提高可读性。

（2）变量为进程间共享数据提供了一种新的手段。很多进程在运行时都会使用变量存储特定的数据或系统配置。不同的进程可以对同一变量进行读写，这也是进程间共享数据的一种方法。进程间通过变量传递数据涉及变量的作用域问题，下文也有所介绍。环境变量往往被许多进程共享，下文会详细介绍环境变量的概念和用法。

2. 变量的使用

（1）读取变量值。

在命令行中读取变量值最简单的方法是使用 echo 命令，其基本语法如下。

```
echo  $variable_name
```

或者

```
echo  ${variable_name}
```

V4-2　Bash变量的
基本用法

其中，variable_name 是变量名。如果 variable_name 是一个定义好的变量，echo 命令会把变量的值显示在终端窗口中，否则 echo 命令的输出为空。例 4-1 演示了使用这两种方法读取变量值的操作。

例 4-1：读取变量值

```
[zys@centos7  ~]$ echo   $SHELL          // 第 1 种方法，SHELL 是一个环境变量
/bin/bash                                <== 这是 SHELL 变量的值
[zys@centos7  ~]$ echo   ${SHELL}        // 第 2 种方法
/bin/bash
[zys@centos7  ~]$ echo   ${shell}        // shell 变量未定义
         <== 输出为空
```

虽然$*variable_name*和${*variable_name*}都可以读取变量的值，但其实这两种方法在某些场合会产生不同的效果。在设置变量值时尤其要注意这两种方法的区别，关于这一点请大家接着往下看。

（2）设置变量。

使用变量之前必须先定义一个变量并设置变量的值，具体的方法如下。

variable_name=variable_value

variable_name 和 *variable_value* 分别表示变量名和变量的值，所以设置变量的方法其实很简单，只要把变量名和变量的值用 "=" 连接起来即可。如果这个变量名已经存在，那么这个操作的实际效果就是修改变量的值，如例 4-2 所示。

例 4-2：设置变量值

```
[zys@centos7  ~]$ echo   $fname          // fname 尚未定义
         <==变量值为空
[zys@centos7  ~]$ fname=/home/zys/tmp/file1   // 定义 fname 变量并为其赋值
[zys@centos7  ~]$ echo   $fname
/home/zys/tmp/file1
[zys@centos7  ~]$ fname=/home/zys/tmp/file2   // 修改 fname 变量的值
[zys@centos7  ~]$ echo   $fname
/home/zys/tmp/file2
```

虽然设置变量的方法看似很简单，但其实有很多细节需要注意，否则很可能出现意想不到的错误。下面是设置变量时必须遵循的规则。

① 变量名由字母、数字和下画线组成，但首字符不能是数字。例如，6fname 不是一个合法的变量名。

② 变量名和变量的值用赋值符号 "=" 连接，但 "=" 左右不能直接连接空格。联想到 Shell 命令的语法，就知道这个要求是合理的。因为如果 "=" 两侧有空格，Shell 就会把变量名当作命令去执行。

③ 如果变量值中有空格，则可以使用双引号或单引号把变量值括起来，但是要切记双引号和单引号的作用是不同的。具体来说，双引号中的特殊字符（如 "$"）会保留特殊含义，而单引号中的所有字符都是一般字符。当使用一个变量的值为另一个变量赋值时，这个区别会有所体现，如例 4-3 所示。在这个例子中，SHELL 是一个环境变量。在设置新变量 myshell1 的值时，用双引号把$SHELL 包含在内，最终的效果是 Bash 读取 SHELL 变量的值并把它作为 myshell1 变量值的一部分。设置新变量 myshell2 的值时用的是单引号，所以 Bash 把 "$SHELL" 这 6 个字符本身作为 myshell2 变量值的一部分。如果不了解双引号和单引号的区别，则很可能在设置变量值时出错。

例 4-3：双引号和单引号的作用

```
[zys@centos7 tmp]$ echo   $SHELL
/bin/bash
[zys@centos7 tmp]$ myshell1="my shell is $SHELL"
[zys@centos7 tmp]$ echo   $myshell1
my shell is /bin/bash          <== 代入 SHELL 变量的值
[zys@centos7 tmp]$ myshell2='my shell is $SHELL'
```

```
[zys@centos7 tmp]$ echo   $myshell2
my shell is $SHELL                <== 把 "$SHELL" 本身作为变量值
```

④ 在变量值中，可以使用转义符 "\\" 将特殊字符转义为一般字符，如例 4-4 所示。这个例子中使用转义符对空格和 "$" 进行了转义，和例 4-3 中使用单引号的效果是相同的。

例 4-4：转义字符的使用

```
[zys@centos7 tmp]$ echo   $SHELL
/bin/bash
[zys@centos7 tmp]$ myshell2=my\ shell\ is\ \$SHELL              // 用转义符转义空格和 "$"
[zys@centos7 tmp]$ echo   $myshell2
my shell is $SHELL
```

⑤ 如果要为变量追加新的内容，则建议使用$*variable_name* 或${*variable_name*}的形式，使用$*variable* 可能会有问题，如例 4-5 所示。在这个例子的最后一步，本意是想为 myshell 变量的值追加 ef，但却被 Bash 解释为读取 myshellef 变量的值，而 myshellef 变量并不存在，因此最终的结果是 myshell 变量变为空值。

例 4-5：追加变量内容

```
[zys@centos7 tmp]$ myshell="my shell is $SHELL"          // 定义新变量 myshell
[zys@centos7 tmp]$ echo   $myshell
my shell is /bin/bash
[zys@centos7 tmp]$ myshell="$myshell"ab                  // 在原值后追加 ab
[zys@centos7 tmp]$ echo   $myshell
my shell is /bin/bashab
[zys@centos7 tmp]$ myshell=${myshell}cd                  // 在原值后追加 cd
[zys@centos7 tmp]$ echo   $myshell
my shell is /bin/bashabcd
[zys@centos7 tmp]$ myshell=$myshellef                    // 在原值后追加 ef
[zys@centos7 tmp]$ echo   $myshell
                 <== 变量值为空
```

⑥ 如果要用命令的执行结果为变量赋值，则可以将命令放到一对反单引号中，即`command`。反单引号一般在键盘上数字 1 键的左侧，*command*代表要执行的命令。也可以将命令放到一对小括号中，并加上前导符 "$"，如$(*command*)。例 4-6 演示了如何使用 date 命令的执行结果为变量赋值。

例 4-6：使用命令的执行结果为变量赋值

```
[zys@centos7 tmp]$ curdate=`date`                    // 使用反单引号获取命令执行结果
[zys@centos7 tmp]$ echo   $curdate
2020 年 12 月 16 日 星期三 14:48:33 CST
[zys@centos7 tmp]$ curdate=$(date)                   // 使用小括号获取命令执行结果
[zys@centos7 tmp]$ echo   $curdate
2020 年 12 月 16 日 星期三 14:48:46 CST
```

⑦ 使用赋值符号 "=" 为变量赋值很简单，但是在交互式 Shell 脚本中经常需要获取用户的键盘输入并赋值给一个变量，read 命令提供了获取用户键盘输入的方法。read 命令的使用方法非常简单，如例 4-7 所示。最基本的用法是 read 命令后跟变量名，也可以通过-p 选项设置输入提示。

例 4-7：通过 read 命令为变量赋值

```
[zys@centos7 bin]$ read   fname
/home/zys/bin/myscript.sh        <== 在键盘上输入这一行并按 Enter 键
[zys@centos7 bin]$ echo   $fname
/home/zys/bin/myscript.sh
[zys@centos7 bin]$ read   -p  "Your last name please: "   lastname    // 设置输入提示
```

```
Your last name please: zhang
[zys@centos7 bin]$ echo   $lastname
zhang
```

⑧ Bash 变量的默认数据类型是字符串，因此，默认情况下，var=123 和 var="123"的效果是相同的，但 var=8 和 var=3+5 是完全不同的。因为 Bash 不会把 3+5 视作一个算术表达式。如果想修改变量的数据类型，则可以使用 declare 命令，如例 4-8 所示。-i 选项的作用是把变量的数据类型修改为整数。declare 命令仅支持整数的数值运算，所以 8/5 的结果取整为 1，此外，赋值为浮点数时，Bash 会提示语法错误。

例 4-8：修改变量的数据类型

```
[zys@centos7 bin]$ declare  -i  var=3*7        // 将变量 var 声明为整数
[zys@centos7 bin]$ echo   $var
21
[zys@centos7 bin]$ var=8/5                      // 取整
[zys@centos7 bin]$ echo   $var
1
[zys@centos7 bin]$ var=2.3                      // 赋值为浮点数
bash: 2.3: 语法错误: 无效的算术运算符 （错误符号是 ".3"）
```

⑨ 可以使用 unset 命令取消或删除变量，只要在 unset 命令后跟变量名即可，如例 4-9 所示。

例 4-9：删除变量

```
[zys@centos7 tmp]$ myshell="my shell is $SHELL"  // 定义新变量
[zys@centos7 tmp]$ echo   $myshell
my shell is /bin/bash
[zys@centos7 tmp]$ unset   myshell                // 删除变量
[zys@centos7 tmp]$ echo   $myshell
           <== 变量已删除，值为空
```

⑩ 环境变量通常使用大写字符。为了与环境变量区分开，用户自定义的变量一般使用小写字符，但是这一点不是强制性的。

3. 环境变量

前面介绍的变量都是用户自己定义的，可以称为自定义变量。和自定义变量相对的是操作系统内置的变量，即环境变量。环境变量在登录操作系统后就默认存在，往往用于保存重要的系统参数，如文件和命令的默认搜索路径、系统语言编码、默认 Shell 等。环境变量可以被系统中所有的应用共享。使用 env 和 export 命令可以查看系统当前的环境变量，如例 4-10 所示。

例 4-10：查看系统当前的环境变量

```
[zys@centos7 ~]$ env             // 也可以使用 export 命令查看
HOSTNAME=centos7.localdomain
SHELL=/bin/bash
HISTSIZE=1000
USER=zys
PATH=/usr/local/bin:/usr/local/sbin:/usr/bin:/usr/sbin:/bin:/sbin:/home/zys/.local/bin:/home/zys/bin
LANG=zh_CN.UTF-8
HOME=/home/zys
...
```

上面显示了常用的一些环境变量，如 PATH、SHELL、HOME、LANG 等。这些环境变量都以大写字符表示，这也是约定俗成的规则。export 命令也能用于查看环境变量，但是它更主要的用途在于使父进程定义的变量能被子进程使用，下面就这一点进行详细介绍。

4. 变量的作用范围

在 Bash 中使用变量前必须先定义变量，否则变量的值为空，这一点是之前已经学习过的。但定义了一个变量后是不是可以一直使用下去，或者说可以在任何地方使用？答案是要视情况而定。

这里要先简单说明进程的概念。事实上，每打开一个 Bash 窗口就在操作系统中创建了一个 Bash 进程，在 Bash 窗口中执行的命令也都是进程。前者称为父进程，后者称为子进程。子进程运行时，父进程一般处于"睡眠"状态。子进程执行完毕，父进程重新开始运行。项目 6 会详细介绍进程的相关概念。现在的问题是，在父进程中定义的变量，子进程是否可以继续使用？例 4-11 给出了答案。

例 4-11：在父进程中定义变量

```
[zys@centos7 ~]$ p_var="variable in parent process"      // 在父进程中定义的变量
[zys@centos7 ~]$ bash                  // 使用 bash 命令创建子进程
[zys@centos7 ~]$ echo  $p_var          // 这里已经处于子进程的工作界面
                 <== 子进程中没有 p_var 变量，所以输出为空
[zys@centos7 ~]$ exit                  // 退出子进程
exit
[zys@centos7 ~]$                       // 返回父进程的工作界面
```

使用 bash 命令可以在当前 bash 进程中创建一个子进程，同时弹出子进程的工作界面。使用 exit 命令可以退出子进程。可以看出，默认情况下子进程不会继承父进程定义的变量，因此子进程中显示的变量值为空。如果想让父进程定义的变量在子进程中继续使用，则要借助上文提到的 export 命令，如例 4-12 所示。

例 4-12：export 命令的使用

```
[zys@centos7 ~]$ p_var="variable in parent process"
[zys@centos7 ~]$ export  p_var         // 允许子进程使用该变量
[zys@centos7 ~]$ bash
[zys@centos7 ~]$ echo  $p_var
variable in parent process                  <== 子进程继承了该变量
[zys@centos7 ~]$ exit
exit
```

export 命令解决了父子进程共享变量的问题，但 export 命令不是万能的。一方面，export 命令是单向的，即父进程把变量传递给子进程后，如果在子进程中修改了变量值，那么修改后的变量值无法传递给父进程，关于这一点大家可以自己动手验证。另一方面，如果重新打开一个 Bash 窗口，则会发现 p_var 变量并没有迁移过去。这涉及 Bash 的环境配置文件，具体原因会在知识拓展部分详细说明。

现在请大家思考一个问题：子进程定义的变量是否可以在父进程中继续使用？请大家自己动手实践，这里不再演示。

5. 几个特殊的变量

Bash 中有一些内置的变量非常特殊，主要用于设置 Bash 的操作界面或行为。下面介绍几个特殊的变量。

（1）PS1。

PS1 用于设置 Bash 的命令行提示符，也就是在之前的例子中反复出现的"[zys@centos7 ~]$"或"[root@centos7 ~]#"等。用户可以根据个人习惯和实际需要自行设置命令行提示符的格式和内容。PS1 由一些字段组成，每个字段都用一个特定的符号表示，如表 4-1 所示。

V4-3　几个特殊的
Bash 变量

表 4-1 PS1 符号

符号	含义
\d	当前日期，格式为"星期 月 日"
\H	完整的主机名
\h	主机名的第一部分，即第 1 个小数点之前的部分
\t	当前时间，格式为 24 小时制的"HH:MM:SS"
\T	当前时间，格式为 12 小时制的"HH:MM:SS"
\A	当前时间，格式为 24 小时制的"HH:MM"
\u	当前用户名
\v	Bash 的版本信息
\w	完整的工作目录名，主目录用~代替
\W	最后一个目录名，即绝对路径中最后一个反斜线"\"右侧的目录名，可用 basename 命令取得
\#	当前 Bash 窗口中执行的第几条命令
\$	用户身份提示符，普通用户为"$"，root 用户为"#"

先来查看当前的 Bash 环境中命令提示符包含哪些内容，如例 4-13 所示。

例 4-13：查看命令提示符内容

```
[root@centos7 ~]# echo  $PS1
[\u@\h \W]\$
```

对照表 4-1 可知，当前 PS1 的设置包括用户名、主机名、工作目录、用户身份提示符，以及一对中括号"[ ]"和一个"@"符号。如果想显示完整的工作目录，同时把主机名替换为 24 小时制的"HH:MM"，则可以像例 4-14 那样操作。需要说明的是，在 Bash 中修改变量 PS1 只会影响当前的 Bash 进程，如果重新打开一个 Bash 窗口或重启操作系统，则变量 PS1 会恢复为默认设置。

例 4-14：修改命令提示符

```
[zys@centos7 ~]$ echo  $PS1
[\u@\h \W]\$
[zys@centos7 ~]$ PS1="[\u@\A \w]\$"
[zys@06:35 ~]$cd  tmp/pdir          // 命令提示符发生变化
[zys@06:35 ~/tmp/pdir]$             // 显示完整的工作目录
```

（2）PS2。

PS2 也是命令提示符。在 Bash 窗口中，当使用转义符"\"换行输入命令，或者某个命令需要接收用户的输入时，后续行的命令提示符就是由 PS2 控制的。PS2 的设置比较简单，如例 4-15 所示。同样，对 PS2 的修改也只影响当前 Bash 进程。

例 4-15：修改 PS2

```
[zys@centos7 tmp]$ echo  $PS2
>                    <== 当前提示符是">"
[zys@centos7 tmp]$ ls  -l  \        // ls 命令换行输入
> file1
-rw-r--r--.  1    zys devteam     0    1 月 21 21:51        file1
[zys@centos7 tmp]$ PS2=#            // 把命令提示符修改为"#"
[zys@centos7 tmp]$ ls  -l  \
# file1                <== 修改成功
-rw-r--r--.  1    zys  devteam     0    1 月 21 21:51        file1
```

除了 PS1 和 PS2 外，Bash 中还有 PS3 和 PS4 两个命令提示符变量，感兴趣的读者可以查找相关资料进行学习，这里不过多介绍。

（3）$。

"$"本身也是一个变量，可以利用它查看当前 Bash 的进程号（PID），如例 4-16 所示。

例 4-16：利用$查看 PID

```
[zys@centos7 ~]$ echo   $$          // 查看当前 Bash 进程的 PID
10011
[zys@centos7 ~]$ bash                // 创建 Bash 子进程
[zys@centos7 ~]$ echo   $$          // 查看子进程 PID
10496
```

（4）?。

虽然看起来很奇怪，但"?"确实也是一个变量，它可以返回上一个命令的状态码。命令执行完后都会返回一个状态码，一般用 0 表示成功，非 0 表示失败或异常，如例 4-17 所示。在 Shell 脚本中经常利用这个变量判断命令的执行结果以决定后续执行步骤。在后面学习 Shell 脚本时，还会介绍几个有趣的变量，如$0、$#、$*、$@等。

例 4-17：利用?查看命令状态码

```
[zys@centos7 tmp]$ ls   file1
file1                  <== 存在 file1 文件
[zys@centos7 tmp]$ echo   $?
0                      <== 上一个命令（即 ls file1）执行成功
[zys@centos7 tmp]$ ls   file11
ls: 无法访问 file11: 没有那个文件或目录
[zys@centos7 tmp]$ echo   $?
2                      <== 上一个命令（即 ls file11）执行异常
[zys@centos7 tmp]$ echo   $?
0                      <== 上一个命令（即 echo $?）执行成功
```

4.1.3　通配符和特殊符号

通配符（wildcard）是 Bash 的一项非常实用的功能，尤其是当需要查找满足某种条件的文件名时，通配符往往能发挥巨大的作用。有些符号在 Bash 中有特殊的含义，这些特殊符号是学习 Bash 时需要特别留意的。本小节就来学习 Bash 中的通配符和特殊符号。

V4-4　Bash 中的
通配符和特殊符号

1. 通配符

通配符用特定的符号对文件名进行模式匹配（pattern matching），也就是用特定的符号表示文件名的某种模式。当 Bash 在解释命令的文件名参数时，如果遇到这些特定的符号，就用相应的模式对文件名进行扩展，生成已存在的文件名传递给命令。常用的通配符如表 4-2 所示。

表 4-2　常用的通配符

符号	含义
*	匹配 0 个或任意多个字符，即可以匹配任何内容
?	匹配任意单一字符
[]	匹配中括号内的任意单一字符，如[xyz]代表可以匹配 x、y 或者 z
[^]	如果中括号内的第 1 个字符是"^"，则表示反向匹配，即表示匹配除中括号内的字符之外的其他任意单一字符。如[^xyz]表示匹配除 x、y 和 z 之外的任意单一字符
[-]	"-"代表范围，如 0-9 表示匹配 0 和 9 之间的所有数字，a-z 表示匹配从 a 到 z 的所有小写字母

如果上面的解释不好理解，则可以通过例 4-18 来体验通配符的方便之处。

例 4-18：通配符的基本用法

```
[zys@centos7 tmp]$ ls  *            // 匹配任意文件
f1  F1  f2  F2  file1
[zys@centos7 tmp]$ ls  f?           // 匹配以 f 开头，后跟一个字符的文件
f1  f2
[zys@centos7 tmp]$ ls  f*           // 匹配以 f 开头的所有文件
f1  f2  file1
[zys@centos7 tmp]$ ls  [^f]*        // 匹配不以 f 开头的所有文件
F1  F2
[zys@centos7 tmp]$ ls  [fF]?        // 匹配以 f 或 F 开头，后跟一个字符的文件
f1  F1  f2  F2
[zys@centos7 tmp]$ ls  f[0-9]       // 匹配以 f 开头，后跟一个数字的文件
f1  f2
```

除了表 4-2 列出的通配符外，Bash 还对通配符进行了扩展，以支持更复杂的文件名匹配模式。感兴趣的读者可以自行查找相关资料进行学习。

2. 特殊符号

学习 Bash 时要注意特殊符号的使用。应该尽量避免使用特殊符号为文件命名，否则很可能出现各种意想不到的错误。Bash 中常见的特殊符号及其含义如表 4-3 所示。

表 4-3　Bash 中常见的特殊符号及其含义

特殊符号	含义
\	反斜线 "\" 有两个作用。一是作为转义字符，放在特殊符号之前，仅表示特殊符号本身；二是放在一条命令的末尾，按 Enter 键后可以换行输入命令（其实是转义后续的回车符）
/	斜线 "/" 是文件路径中目录的分隔符。以 "/" 开头的路径表示绝对路径，"/" 本身表示根目录
|	"|" 是 Bash 的管道符号。管道符号的作用是将管道左侧命令的输出作为管道右侧命令的输入，从而将多条命令连接起来
$	"$" 是变量的前导符号，"$" 后跟变量名可以读取变量值
&	"&" 可以将 Bash 窗口中的命令作为后台任务执行。后台任务的具体内容详见项目 6
;	在 Bash 窗口中连续执行多条命令时使用分号 ";" 分隔
~	"~" 表示用户的主目录
.	如果文件名以点号 "." 开头，则表示这是一个隐藏文件。在文件路径中，一个点号表示当前目录，两个点号表示父目录
> 和 >>	">" 和 ">>" 分别表示覆盖和追加形式的输出重定向
< 和 <<	"<" 和 "<<" 是 Bash 的输入重定向符号
' '	在 Bash 中为变量赋值时，单引号中的内容被视为一个字符串，其中的特殊字符为普通字符
" "	和单引号类似，双引号包括的内容被视为一个字符串。但双引号中的特殊字符保留特殊含义，允许变量扩展
` `	反引号中的内容是要执行的具体命令。命令的执行结果可用于为变量赋值或做其他用途

4.1.4　重定向操作

经过前面这些 Linux 命令的学习，相信大家已经发现了一个现象：很多命令通过参数指明命令运行所需的输入，同时会把命令的执行结果输出到屏幕中。在这个过程中其实隐含了 Linux 的两个重要概念，即标准输入和标准输出。默认情况下，标准输入是键盘，标准输出是屏幕（即显示器）。也就是说，如果没有特别的设置，Linux 命令从键盘获得输入，并在屏幕中显示出执行结果。有时需要重新指定命令的输入和输出（即所谓的重定向），这就涉及在 Linux 命令中进行输出重定向和输入重定向。

1. 输出重定向

如果想对一个命令进行输出重定向，则要在这个命令之后输入大于号"＞"并且后跟一个文件名，表示将这个命令的执行结果输出到该文件中，如例 4-19 所示。

例 4-19：输出重定向——覆盖方式

```
[zys@centos7 tmp]$ pwd
/home/zys/tmp                    <== 这一行是 pwd 命令的执行结果
[zys@centos7 tmp]$ ls
file1                            <== 当前只有文件 file1
[zys@centos7 tmp]$ pwd  > pwd.result       // 将 pwd 命令的执行结果输出到文件 pwd.result 中
[zys@centos7 tmp]$ ls
file1   pwd.result              <== 自动创建文件 pwd.result
[zys@centos7 tmp]$ cat   pwd.result
/home/zys/tmp                    <== 保存 pwd 命令的执行结果
```

从例 4-19 可以看到，默认情况下，pwd 命令将当前工作目录输出到屏幕中。进行输出重定向后，pwd 命令的执行结果被保存到 *pwd.result* 文件中。需要特别说明的是，如果输出重定向操作中指定的文件不存在，则系统会自动创建这个文件。如果这个文件已经存在，则输出重定向操作会先清空该文件中的内容，再将结果写入其中。所以，使用"＞"进行输出重定向时，实际上是对原文件的内容进行了"覆盖"。如果想保留原文件的内容，即在原文件的基础上"追加"新内容，则必须使用追加方式的输出重定向，如例 4-20 所示。追加方式的输出重定向非常简单，只要使用两个大于号"＞＞"即可。

例 4-20：输出重定向——追加方式

```
[zys@centos7 tmp]$ cat   pwd.result
/home/zys/tmp                    <== 这一行是例 4-19 中使用"＞"进行输出重定向的结果
[zys@centos7 tmp]$ pwd  >>  pwd.result
[zys@centos7 tmp]$ cat   pwd.result
/home/zys/tmp                    <== 这一行是例 4-19 中使用"＞"进行输出重定向的结果
/home/zys/tmp                    <== 这一行是本例中使用"＞＞"进行输出重定向的结果
```

2. 输入重定向

输入重定向是指将原来从键盘输入的数据改为从文件中读取。下面以 bc 命令为例演示输入重定向的使用方法。bc 命令以一种交互的方式进行数字运算，也就是说，用户通过键盘（即标准输入）在终端窗口中输入数学表达式，bc 命令会输出计算结果，如例 4-21 所示。

V4-5　输出重定向
的高级用法

例 4-21：标准输入——从键盘获得输入

```
[zys@centos7 tmp]$ bc          // 进入 bc 交互模式
23 + 34        <== 这一行通过键盘输入
57             <== bc 输出计算结果
12 * 3         <== 这一行通过键盘输入
36             <== bc 输出计算结果
quit           <== 退出 bc 交互模式
```

将例 4-21 中的两个数学表达式保存在一个文件中，并通过输入重定向使 bc 命令从这个文件中读取内容并计算结果，如例 4-22 所示。

例 4-22：输入重定向——从文件中获得输入内容

```
[zys@centos7 tmp]$ cat   file1
23 + 34
12 * 3
[zys@centos7 tmp]$ bc   < file1                // 输入重定向：从文件 file1 中获得输入内容
```

```
57
36
[zys@centos7 tmp]$ bc   < file1  > file2          // 同时进行输入重定向和输出重定向
[zys@centos7 tmp]$ cat   file2
57
36
```

在例 4-22 中，把两个数学表达式保存在文件 *file1* 中，并使用小于号"<"对 bc 命令进行输入重定向。bc 命令从文件 *file1* 中每次读取一行内容进行计算，并把计算结果显示在屏幕中。例 4-22 还演示了在一条命令中同时进行输入重定向和输出重定向，也就是说，从文件 *file1* 中获得输入内容，并把结果输出到文件 *file2* 中。大家可以结合前面的示例分析这条命令的执行结果。

4.1.5　Bash 命令流

到目前为止，执行命令最常用的方式就是在命令行中输入一条命令后按 Enter 键执行。如果命令太长，则可以在行末输入转义符"\"换行继续输入命令。不管是否换行输入，这种方式一次只能执行一条命令。有时我们希望连续执行多条命令，或者根据前一条命令的执行结果决定后一条命令是否执行，更多的时候是把前一条命令的执行结果作为后一条命令的输入。这些都涉及本小节要介绍的 Bash 命令流的概念。

V4-6　Bash
命令流

1.　连续执行命令

（1）命令间没有依赖关系。

如果想连续执行多条命令，则最简单的做法就是在命令行窗口中用分号";"分隔这些命令。此时只要按一次 Enter 键，Bash 就会依次执行这些命令。这种方式适用于命令之间没有依赖关系的情况，也就是说，不管前一条命令成功或失败，后一条命令都会执行。在例 4-23 中，用分号分隔 clear 和 ls 两条命令，这样 ls 命令的输出就显示在屏幕的上方。

例 4-23：连续执行命令——用分号";"分隔命令

```
[zys@centos7 bin]$ clear   ;   ls          // 依次执行 clear 和 ls 两条命令
myscript.sh
```

（2）命令间有依赖关系。

当命令间有依赖关系时，更好的做法是用"&&"或"||"这两种命令连接符。这两种符号的含义如表 4-4 所示。

表 4-4　命令连接符及其含义

命令连接符	含义
cmd1 && *cmd2*	如果 *cmd1* 执行成功就接着执行 *cmd2*，否则不执行 *cmd2*
cmd1 || *cmd2*	如果 *cmd1* 执行失败就接着执行 *cmd2*，否则不执行 *cmd2*

判断一条命令执行成功或失败的方法就是使用之前介绍的特殊变量"$?"。"$?"为 0 表示命令执行成功，非 0 值表示命令执行失败。"&&"和"||"的用法如例 4-24 所示。

例 4-24：连续执行命令——"&&"和"||"

```
[zys@centos7 ~]$ cd   bin  &&   ls          // 如果 cd 命令执行成功，则接着执行 ls 命令
myscript.sh
[zys@centos7 bin]$ cd   ..
[zys@centos7 ~]$ cd   bin  ||  mkdir   bin    // 如果 cd 命令执行失败，则接着执行 mkdir 命令
```

当"&&"和"||"混合使用时，命令间的逻辑关系会变得很复杂。下面是混合使用"&&"和"||"的两种形式，它们的含义如下。

```
cmd1  &&  cmd2  ||  cmd3
cmd1  ||  cmd2  &&  cmd3
```

理解上面这两种形式的关键是记住两点。第一，要记住"&&"和"||"对命令执行结果（$?）的处理方式，即表 4-4 中的规则；第二，命令的执行结果会依次传递到下一个命令连接符进行处理。

具体来说，对第 1 种形式，如果 *cmd1* 执行成功，则命令执行结果（$?=0）交给第 1 个命令连接符"&&"处理。按照表 4-4 的规则，会执行 *cmd2*。如果 *cmd2* 执行成功，则下一个命令连接符是"||"，因此不会执行 *cmd3*。如果 *cmd2* 执行失败，那么会执行 *cmd3*。如果 *cmd1* 一开始就不成功（$?为非 0 值），那么第 1 个命令连接符"&&"的处理结果是不执行 *cmd2*，$?会继续传递给后面的"||"处理，结果是执行 *cmd3*。所以这种形式最终的效果如下：如果 *cmd1* 执行成功，则接着执行 *cmd2*，否则执行 *cmd3*。

对第 2 种形式可以进行类似的分析。如果 *cmd1* 执行成功（$?=0），则第 1 个命令连接符"||"的处理结果是不执行 *cmd2*。于是$?传递给第 2 个命令连接符"&&"，并接着执行 *cmd3*。如果 *cmd1* 执行不成功（$?为非 0 值），则"||"的处理结果是执行 *cmd2*。此时，如果 *cmd2* 执行成功，那么会接着执行 *cmd3*，否则不执行 *cmd3*。

例 4-25 演示了"&&"和"||"混合使用的用法。虽然在这个例子中两种形式的执行结果相同，但是大家可以按照上面的方法分析命令间的关系，并思考如果 cd bin 命令执行失败，最终结果分别是什么。

例 4-25：连续执行命令——"&&"和"||"混合使用

```
[zys@centos7 ~]$ cd  bin  &&  ls  -l  ||  mkdir  bin
myscript.sh
[zys@centos7 bin]$ cd  ..
[zys@centos7 ~]$ cd  bin  ||  mkdir  bin  &&  ls  -l
myscript.sh
```

2. 管道命令

简单地说，通过管道命令可以让一个命令的输出成为另一个命令的输入。管道命令的基本用法如例 4-26 所示。

例 4-26：管道命令的基本用法

```
[zys@centos7 tmp]$ cat  file1
11 22 33
11 22 33
[zys@centos7 tmp]$ cat  file1  |  wc          // wc 命令把 cat 命令的输出作为输入
      2      6      18
[zys@centos7 tmp]$ cat  file1  |  wc  |  wc   // 连续使用两次管道命令
      1      3      24
```

使用管道符号"|"连接两个命令时，前一个命令（左侧）的输出成为后一个命令（右侧）的输入。还可以在一条命令中多次使用管道符号以实现更复杂的操作。例如，例 4-26 中的最后一条命令中，第 1 个 wc 命令的输出成为第 2 个 wc 命令的输入。

4.1.6 命令别名和命令历史记录

命令别名和命令历史记录是 Bash 提供的两个实用功能，可以在一定程度上提高工作效率。

1. 命令别名

在之前介绍 Bash 的特性时已经提到，为命令设置别名可以简化复杂的命令，或者以自己习惯的方式使用命令。在 Bash 中设置别名非常简单，其基本格式如下。

V4-7 Bash 命令
别名和历史记录

alias   *命令别名*='命令 [选项] [参数]'

下面简要介绍命令别名的基本概念，具体用法详见本任务的实验 2。

（1）如果没有 alias 关键字，则别名的设置和 Bash 变量几乎是相同的。

（2）单独使用 alias 命令可以查看 Bash 当前已设置的别名。

（3）使用别名还可以替换系统已有的命令。最常用的就是用 rm 代替 rm −i。这样，当使用 rm 命令删除文件时系统会有提示。

（4）在命令行中设置的命令别名只对当前 Bash 进程有效。重新登录 Bash 时这些别名会失效。如果想保留别名的设置，则可以在 Bash 的环境配置文件中设置需要的别名。这样，Bash 启动时会从配置文件中读取相关设置并应用在当前 Bash 进程中。

（5）如果想删除已设置的命令别名，则可以使用 unalias 命令。

2. 命令历史记录

Bash 会保存命令行窗口中执行过的命令，当需要查找过去执行过哪些命令或重复执行某条命令时，这个功能特别有用。Bash 把过去执行的命令保存在历史命令文件中，并且为每条命令分配唯一的编号。登录 Bash 时，Bash 会从历史命令文件中读取命令记录并加载到内存的历史命令缓冲区中。在当前 Bash 进程中执行的命令也会被暂时保存在历史命令缓冲区中。退出 Bash 时，Bash 会把历史命令缓冲区中的命令记录写入历史命令文件。

Bash 使用 history 命令处理和历史命令相关的操作。直接执行 history 命令可以显示历史命令缓冲区中的命令记录。HISTSIZE 变量指定了 history 命令最多可以显示的命令条数，默认值是 1000。历史命令文件一般是 ~/.bash_history，由 HISTFILE 变量指定。可以通过修改 HISTFILE 变量以使用其他文件保存历史命令。历史命令文件最多可以保存的命令总数是由 HISTFILESIZE 变量指定的，默认值也是 1000。

默认情况下，history 命令只显示命令编号和命令本身。如果想同时显示历史命令的执行时间，则可以通过设置 HISTTIMEFORMAT 变量来实现。

Bash 除了记录历史命令外，还允许用户快速地查找和执行某条历史命令，常用操作如下。

（1）重复执行上一条命令。

在 Bash 命令行中输入"!!"或"!−1"可以快速执行上一条命令。"!−*n*"这种形式表示执行最近的第 *n* 条命令。也可以按【Ctrl+P】组合键或键盘的向上方向键调出最近一条命令，并按 Enter 键执行。连续按【Ctrl+P】组合键或向上方向键可以一直向前显示历史命令。

（2）通过命令编号执行历史命令。

使用"!*n*"可以快速执行编号为 *n* 的历史命令。

（3）通过命令关键字执行历史命令。

使用"!*cmd*"可以查找最近一条以 *cmd* 开头的命令并执行。

（4）通过【Ctrl+R】组合键搜索历史命令。

按【Ctrl+R】组合键可以对历史命令进行搜索，找到想要重复执行的命令后按 Enter 键执行，也可以对历史命令修改后再执行。

✎ 任务实施

实验 1：Bash 综合应用

Bash 是 CentOS 7.6 默认的 Shell，张经理对小朱的要求是熟练掌握 Bash 的基本概念和使用方法。他利用为开发中心配置开发环境的机会，向小朱演示了 Bash 的基本用法。下面是张经理的操作步骤。

第 1 步，登录到开发服务器，打开一个终端窗口。

第 2 步，张经理需要查看 Bash 的环境变量，主要是 PATH 变量的值，如例 4-27.1 所示。张经理告诉小朱，环境变量是用户登录时系统自动定义的变量，使用 env 命令可以查看系统当前有哪些环境变量，PATH 是其中一个非常重要的环境变量。管道命令是 Bash 中使用最为频繁的操作之一，管道符号"|"左侧命令的输出成为右侧命令的输入，一定要熟练掌握这种用法。

例 4-27.1：Bash 综合应用——查看环境变量

```
[zys@centos7 ~]$ env | grep -i path
PATH=/usr/local/bin:/usr/local/sbin:/usr/bin:/usr/sbin:/bin:/sbin:/home/zys/.local/bin:/home/zys/bin
WINDOWPATH=1
[zys@centos7 ~]$ echo $PATH
/usr/local/bin:/usr/local/sbin:/usr/bin:/usr/sbin:/bin:/sbin:/home/zys/.local/bin:/home/zys/bin
```

第 3 步，开发中心会把编译好的可执行二进制文件保存在目录*/home/dev_pub/bin*中，张经理要把这个目录添加到 PATH 变量中，如例 4-27.2 所示。这里，张经理定义了一个临时中间变量 devbin，并将其追加到 PATH 变量尾部。

例 4-27.2：Bash 综合应用——追加环境变量

```
[zys@centos7 ~]$ devbin=/home/dev_pub/bin
[zys@centos7 ~]$ export PATH=$PATH:$devbin
[zys@centos7 ~]$ echo $PATH
/usr/local/bin:/usr/local/sbin:/usr/bin:/usr/sbin:/bin:/sbin:/home/zys/.local/bin:/home/zys/bin:/home/dev_pub/bin
```

第 4 步，张经理创建目录*/home/dev_pub/bin*并进入其中。张经理特意使用";"连接多条命令，如例 4-27.3 所示。

例 4-27.3：Bash 综合应用——使用";"连续执行多条命令

```
[zys@centos7 ~]$ mkdir /home/dev_pub/bin ; cd /home/dev_pub/bin
mkdir: 无法创建目录"/home/dev_pub/bin": 权限不够
bash: cd: /home/dev_pub/bin: 权限不够
```

这一步操作没有成功，张经理让小朱分析失败的原因。小朱仔细分析后认为，因为用户 zys 没有在目录*/home/dev_pub*中创建目录的权限，所以 mkdir 命令执行失败。但命令连接符";"不管前一条命令是否成功，都会接着执行后面的 cd 命令。目录*/home/dev_pub/bin*创建失败，因此 cd 命令执行时也以失败告终。如果想根据前一条命令的执行结果决定后续执行的命令，则可以使用"&&"和"||"这两种命令连接符。

第 5 步，张经理同意小朱的分析，并按照小朱的想法进行了例 4-27.4 所示的测试。

例 4-27.4：Bash 综合应用——使用"&&"连续执行多条命令

```
[zys@centos7 ~]$ mkdir /home/dev_pub/bin && cd /home/dev_pub/bin \
> || echo "mkdir failed"
mkdir: 无法创建目录"/home/dev_pub/bin": 权限不够
mkdir failed
```

第 6 步，小朱的想法得到验证，他觉得很开心。他看到张经理换行输入命令，就问张经理能不能修改命令提示符以改善操作体验。张经理欣然应允，通过设置环境变量 PS1 和 PS2 满足了小朱的要求，如例 4-27.5 所示。

例 4-27.5：Bash 综合应用——设置命令提示符

```
[zys@centos7 ~]$ PS1="[\u@\h \W][at \t]\$"
[zys@centos7 ~][at 19:14:43]$
[zys@centos7 ~][at 19:14:53]$ PS2="<!>"
[zys@centos7 ~][at 20:03:08]$ su - root
密码：
```

```
上一次登录: 三 2月  3 20:02:32 CST 2021pts/0 上
[root@centos7 ~]# mkdir /home/dev_pub/bin  &&  chown  ss:devteam  /home/dev_pub/bin \
> || echo "mkdir  failed"
[root@centos7 ~]# ls  -ld  /home/dev_pub/*
drwxr-xr-x.  2  ss  devteam 6  2月 3 20:05   /home/dev_pub/bin
-rw-r-----.  1  ss  devteam 0  1月 30 21:56  /home/dev_pub/readme.devpub
```

张经理这几步操作比较复杂，他给了小朱几分钟的思考时间。小朱注意到虽然命令提示符在当前 Bash 环境下发生了改变，但是当切换到 root 用户后，之前的修改就失效了。所以这种方式只对当前 Bash 有效。另外，他还注意到张经理在 ls 命令中用到了 Bash 通配符。"*"可以匹配任意字符，所以这条 ls 命令的作用就是显示目录*/home/dev_pub* 中的所有内容。

张经理告诉小朱，前面这些只是 Bash 最基础的操作。他叮嘱小朱一定不要浅尝辄止，因为关于 Bash 要学习的知识还有很多。

实验 2：命令别名和命令历史记录

命令别名和命令历史记录是 Linux 中的两种常用功能，张经理打算把这两个知识点再给小朱演示一遍。张经理首先演示命令别名的使用方法。下面是张经理的操作步骤。

第 1 步，张经理使用 ll 代替 ls -l 命令，并使用 vi 替代 vim，这是很多 Linux 用户都会使用的常用别名，如例 4-28.1 所示。张经理还单独使用 alias 命令查看了系统当前有哪些别名。

例 4-28.1：命令别名和命令历史记录——设置 ll 和 vi 别名

```
[zys@centos7 tmp]$ alias   ll='ls -l'
[zys@centos7 tmp]$ ll          // 和 ls -l 命令作用相同
-rw-r--r--.  1  zys  zys    0   12月 23 22:17   file1
-rw-r--r--.  1  zys  zys    0   12月 23 22:20   file2
[zys@centos7 tmp]$ alias   vi=vim
[zys@centos7 tmp]$ alias
alias ll='ls -l'
alias vi='vim'
…
```

第 2 步，用 rm 代替 rm -i，如例 4-28.2 所示。

例 4-28.2：命令别名和命令历史记录——代替已有命令

```
[zys@centos7 tmp]$ rm   file1
[zys@centos7 tmp]$ alias   rm='rm -i'
[zys@centos7 tmp]$ rm   file2
rm: 是否删除普通空文件 "file2"? y
```

第 3 步，删除刚才设置的 ll 别名，如例 4-28.3 所示。

例 4-28.3：命令别名和命令历史记录——删除命令别名

```
[zys@centos7 tmp]$ alias  |  grep  ll
alias ll='ls -l'
[zys@centos7 tmp]$ unalias   ll
[zys@centos7 tmp]$ alias  |  grep  ll
```

下面张经理向小朱演示了命令历史记录的使用方法。

第 4 步，张经理使用 history 命令显示历史命令缓冲区中的命令历史记录，以及最近 3 条历史命令。同时，张经理查看了和命令历史记录相关的几个环境变量的默认值，如例 4-28.4 所示。

例 4-28.4：命令别名和命令历史记录——显示命令历史记录及相关变量

```
[zys@centos7 ~]$ history
```

```
    1  echo   $$
    2  exit
    3  ll
    …
[zys@centos7  ~]$ history  3
   66   echo $HISTSIZE
   67   echo $$
   68   history 3
[zys@centos7  ~]$ echo   $HISTSIZE
1000
[zys@centos7  ~]$ echo   $HISTFILE
/home/zys/.bash_history
[zys@centos7  ~]$ echo   $HISTFILESIZE
1000
```

第 5 步，小朱希望既能看到命令编号和命令本身，又能看到历史命令的执行时间，张经理告诉他通过设置环境变量 HISTTIMEFORMAT 的值可以实现这个功能，如例 4-28.5 所示。

例 4-28.5：命令别名和命令历史记录——显示历史命令的执行时间

```
[zys@centos7  ~]$ HISTTIMEFORMAT="%F %T "
[zys@centos7  ~]$ history  4
  2020-12-24 14:24:33 history
  2020-12-24 14:24:56 HISTTIMEFORMAT="%F %T "
  2020-12-24 14:24:58 history
  2020-12-24 14:25:36 history 4
```

第 6 步，张经理向小朱演示了重复执行上一条命令的快速方法。小朱说自己平时都是通过键盘的向上方向键调出最近一条命令，并按 Enter 键执行的。张经理告诉他除此之外还有其他方法，如例 4-28.6 所示。

例 4-28.6：命令别名和命令历史记录——重复执行上一条命令

```
[zys@centos7 tmp]$ mkdir   sub_dir
[zys@centos7 tmp]$ !!            // 使用 "!!" 执行上一条命令
mkdir   sub_dir
mkdir: 无法创建目录"sub_dir": 文件已存在
```

第 7 步，使用 "!*n*" 可以快速执行编号为 *n* 的历史命令，如例 4-28.7 所示。

例 4-28.7：命令别名和命令历史记录——通过命令编号执行历史命令

```
[zys@centos7 tmp]$ history  2
   wc  -l  ~/.bash_profile
   history 2
[zys@centos7 tmp]$ !170       // 执行编号为 170 的命令
wc  -l  ~/.bash_profile
12 /home/zys/.bash_profile
```

第 8 步，使用 "!*cmd*" 查找最近一条以 *cmd* 开头的命令并执行，如例 4-28.8 所示，使用 "!ls" 重复执行 ls file2 命令。

例 4-28.8：命令别名和命令历史记录——通过命令关键字执行历史命令

```
[zys@centos7 tmp]$ ls   file1
file1
[zys@centos7 tmp]$ ls   file2
file2
```

```
[zys@centos7 tmp]$ !ls
ls file2                    <== 屏幕显示这条命令，按 Enter 键执行
file2
```

第 9 步，通过【Ctrl+R】组合键来搜索历史命令，如例 4-28.9 所示。

例 4-28.9：命令别名和命令历史记录——通过【Ctrl+R】组合键来搜索历史命令

```
[zys@centos7 tmp]$ ls    file1
file1
[zys@centos7 tmp]$ ls    file2
file2
(reverse-i-search)`ls    file1': ls    file1
```

做完这个实验，小朱再次折服于 Bash 的强大功能，同时更加清楚地认识到自己目前所掌握的知识还远远不够，需要继续努力学习。

 知识拓展

1. Bash 环境配置文件

打开一个 Bash 窗口就进入了 Bash 的操作环境。Bash 允许用户根据个人习惯配置 Bash 操作环境，如设置命令提示符的格式、设置命令的历史记录等。这些配置往往离不开 Bash 的环境配置文件。

（1）两种类型的 Shell。

在前面学习 Bash 变量时我们曾经说过，打开一个 Bash 窗口就自动拥有一些变量，这些变量称为环境变量。环境变量不需要用户手动创建，因为 Bash 会在环境配置文件中创建这些变量并为其赋值。在学习环境配置文件的具体内容之前，需要先了解两种不同类型的 Shell。这两种类型的 Shell 读取的配置文件是不同的。

第 1 种 Shell 被称为 login shell（登录 Shell）。要取得这种类型的 Shell，必须输入用户的账号和密码。例如，按【Ctrl+Alt+F1】～【Ctrl+Alt+F6】组合键，输入用户的账号和密码后，就可以分别登录 Linux 的 tty1～tty6 终端界面。

第 2 种 Shell 被称为 nologin shell（非登录 Shell）。顾名思义，不需要输入账号和密码就可以取得这种类型的 Shell。例如，在 Linux 图形用户界面中打开一个 Bash 窗口，获得的 Bash 就是 nologin shell。或者在 Bash 窗口中通过 bash 命令创建一个新的 Bash 子进程，这个子进程也是一个 nologin shell。

（2）环境配置文件。

获得 login shell 会经历完整的登录过程，所以下面先来看看 login shell 会读取哪些配置文件。注意，不同 Linux 发行版的配置会有差异，下面的讨论基于 CentOS 7.6。

login shell 读取的配置文件分为两类，即全局配置文件和用户配置文件。

① 全局配置文件。

Bash 的全局配置文件是 */etc/profile*。全局配置文件中的内容对所有用户都适用，因此最好不要轻易修改这个文件。全局配置文件主要完成下面两项任务。

一是设置常用的环境变量，如 PATH、USER、LOGNAME、UID、HOSTNAME、HISTSIZE 等。同时，全局配置文件还为 root 用户和普通用户设置了不同的 umask 值。

二是调用目录 */etc/profile.d* 中以 ".sh" 为后缀的脚本文件，即 */etc/profile.d/*.sh*。这些脚本文件负责设置 Bash 的操作环境和功能，包括操作界面的颜色和默认语言、常用的命令别名等。例 4-29 显示了全局配置文件 */etc/profile* 调用的脚本文件。

例 4-29：/etc/profile.d/*.sh

```
[zys@centos7 ~]$ ls    /etc/profile.d/*sh
256term.csh            colorgrep.csh    flatpak.sh    less.sh         vte.sh
```

256term.sh	colorgrep.sh	lang.csh	PackageKit.sh	which2.csh
abrt-console-notification.sh	colorls.csh	lang.sh	vim.csh	which2.sh
bash_completion.sh	colorls.sh	less.csh	vim.sh	

② 用户配置文件。

读完全局配置文件，Bash 会继续读取用户配置文件。用户配置文件保存在用户的主目录中，记录了和用户自己相关的配置。用户配置文件主要有 3 个，即.*bash_profile*、.*bash_login* 和.*profile*。Bash 并不会全部读取这 3 个配置文件。实际上，Bash 只会按照上面的顺序读取第 1 个存在的文件。也就是说，如果文件.*bash_profile* 不存在就读取文件.*bash_login*，文件.*bash_login* 也不存在才去读取文件.*profile*。之所以有 3 个用户配置文件，是为了兼容其他 Shell 用户的习惯。例如，文件.*bash_login* 是从 C Shell 的环境配置文件.*login* 衍生而来的，而文件.*profile* 则来自 Bourne Shell 和 Korn Shell 的环境配置文件.*profile*。文件.*bash_profile* 的内容如例 4-30 所示。

例 4-30：文件.bash_profile 的内容

```
[zys@centos7  ~]$ cat   .bash_profile
# .bash_profile
# Get the aliases and functions
if [ -f ~/.bashrc ]; then
    . ~/.bashrc
fi
# User specific environment and startup programs
PATH=$PATH:$HOME/.local/bin:$HOME/bin
export PATH
```

文件.*bash_profile* 的内容比较少，主要包含两个操作。首先检查文件～/.*bashrc* 是否存在，如果存在，则读取该文件并加载其中的设置，这是通过点号"."实现的。还可以使用 source 命令完成相同的功能，即"source *文件名*"。另外，文件.*bash_profile* 为 PATH 环境变量追加了两个目录。这样，只要用户把可执行文件放到这两个目录中，在命令行中直接输入文件名即可执行，而不必使用绝对路径。

文件～/.*bashrc* 的内容如例 4-31 所示。在 CentOS 中，它还会尝试读取文件*/etc/bashrc* 中的配置。文件*/etc/bashrc* 的内容比较复杂，这里不再深入介绍。

例 4-31：文件.bashrc 的内容

```
[zys@centos7  ~]$ cat   ~/.bashrc
# Source global definitions
if [ -f /etc/bashrc ]; then
    . /etc/bashrc
fi
```

login shell 读取配置文件的过程基本上到这里就结束了。对于 nologin shell 而言，它只会读取文件～/.*bashrc*，因此文件*/etc/profile* 和文件 ～/.*bash_profile* 中的配置在 nologin shell 中不生效。login shell 和 nologin shell 读取配置文件的流程如图 4-1 所示。

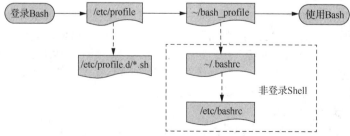

图 4-1　login shell 和 nologin shell 读取配置文件的流程

了解了 login shell 和 nologin shell 读取配置文件的流程，现在来演示 su 命令的两种用法，如例 4-32 所示。

例 4-32：su 命令的两种用法

```
[zys@centos7 ~]$ echo  $USER
zys
[zys@centos7 ~]$ su  root              // 切换到 root 用户，su 命令后没有 "-"
密码:
[root@centos7 zys]# echo  $USER
zys          <==变量值未变化
[root@centos7 zys]# exit               // 退出 root
exit
[zys@centos7 ~]$ su  -  root           // 切换到 root 用户，su 命令后有 "-"，相当于 su  -l  root
密码:
[root@centos7 ~]# echo  $USER
root         <==变量值发生变化
```

可以看出，使用 su root 命令切换到 root 用户时，USER 环境变量的值没有变化。其实除了 USER 环境变量外，还有其他环境变量也没有变化。原因在于，单独使用 su 命令虽然切换了用户身份，但仍然沿用原用户的 Shell 环境。也就是说，此时得到的 Shell 是 nologin shell。而使用 su - root 命令不仅切换了用户身份，还会得到新用户的 Shell 环境，即得到新用户的 login shell。

2. 命令搜索路径

到目前为止已经学习了 Bash 中的很多命令。其实，Bash 命令有不同的"出身"。有些命令内置在 Bash 中，被称为内置或内嵌命令（builtin）。有些命令并非由 Bash 本身提供，只是一个可以在 Bash 中运行的可执行文件，这些命令被称为外部命令。还有一些命令是通过别名（alias）设置的。使用 type 命令可以查看命令的实际种类，如例 4-33 所示。

例 4-33：查看命令的实际种类

```
[zys@centos7 ~]$ type  -t  cd
builtin      <== 内置命令
[zys@centos7 ~]$ type  -t  mkdir
file         <== 外部命令
[zys@centos7 ~]$ type  -t  ls
alias        <== 命令别名
[zys@centos7 ~]$ which  ls
alias ls='ls --color=auto'
 /usr/bin/ls
[zys@centos7 ~]$ type  -t  /usr/bin/ls
file
```

在例 4-33 的最后，使用 which ls 命令查看 Bash 中有哪些 ls 命令。结果发现一个 ls 别名和一个外部命令。那么当在命令行中输入 ls 时，执行的到底是哪一个 ls 命令呢？对于这个问题，Bash 有自己的一套优选规则，具体如下。

（1）执行通过绝对路径或相对路径指定的文件，如 */usr/bin/ls*。

（2）执行通过别名设置的命令，如 ls='ls --color=auto'。

（3）执行 Bash 的内置命令。

（4）按照 PATH 变量指定的目录依次搜索可执行文件，第 1 个出现的文件会被执行。

因此，对于上面这个问题，实际执行的是 ls 命令别名。

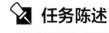

任务实训

本实训的主要任务包括练习使用 Bash 变量，熟悉变量使用的规则，使用输入重定向从文件中获取命令参数。同时，练习 Bash 命令流的基本用法，并利用命令别名和命令历史记录感受 Bash 的强大。

【实训目的】

（1）掌握 Bash 变量定义的规则和限制。

（2）熟悉 Bash 通配符和特殊符号。

（3）掌握输入/输出重定向的常规用法。

（4）掌握几种常见的命令流的用法、区别和联系。

（5）掌握命令别名和命令历史记录的基本用法。

【实训内容】

按照以下步骤完成 Bash 基本操作的练习。

（1）进入 CentOS 7.6，打开一个终端窗口。

（2）使用 env 命令查看系统当前有哪些环境变量，分析 PATH、SHELL、HOME 等常见环境变量的内容及含义。

（3）定义一个变量 var_dir，使用 read 命令从键盘读取变量值。

（4）将 var_dir 变量的值追加到 PATH 的末尾。

（5）修改命令提示符，在命令提示符中显示完整的工作目录名。

（6）使用 Bash 通配符查看目录 ~/tmp 中所有以 f 开头、以 s 结尾的文件。

（7）使用输出重定向将 ls -al 命令的结果写入文件 ~/tmp/ls.result。

（8）使用 cat 命令查看文件 ~/tmp/ls.result 的内容，并使用 rm 命令删除该文件，两条命令使用";"连接。

（9）建立两个别名，使用 cls 和 ll 分别代替 clear 和 ls -l 命令，然后删除别名 cls。

（10）查看最近执行的 10 条历史命令，使用指定编号执行倒数第 5 条命令。

任务 4.2　正则表达式

任务陈述

正则表达式用于匹配特定模式的字符串，Linux 中有很多工具支持正则表达式。使用正则表达式可以让管理员快速处理大量的文本文件，从中提取所需的信息，提高工作效率。本任务将介绍基础正则表达式和扩展正则表达式的使用方法，并通过实际的例子演示正则表达式的强大功能。

知识准备

4.2.1　什么是正则表达式

Linux 系统管理员的日常工作之一就是从大量的系统日志文件中提取需要的信息，或者对文件的内容进行查找、替换或删除操作，正则表达式（regular expression）是 Linux 系统管理员完成这些工作的"秘密武器"。如果没有正则表达式，那么管理员只能打开每一个文件，逐行进行查找和比对，这样不仅效率低下，还非常容易出错。正则表达式极大地提高了系统管理员的工作效率和准确性。

正则表达式的处理对象是字符串，它使用一系列符号对字符串进行模式匹配。正则表达式并不是一个具体的命令，而是一套对字符串进行模式匹配的规则的集合。支持正则表达式的工具有很多，如 grep、vim、sed、awk 等。总的来说，正则表达式有下面 3 个作用。

（1）验证数据的有效性。例如，在一个用户注册页面中，可以利用正则表达式对用户的个人信息进行验证，检查用户的身份证号码或手机号码格式是否正确，或者密码的复杂性是否满足要求。

（2）替换文本内容。可以先用正则表达式匹配文档中的特定文本，再将其删除或替换为其他文本。

（3）从字符串中提取子字符串。根据正则表达式设定的模式匹配规则从字符串中提取一个子字符串，多用于从文档中查找特定文本。

虽然普通的 Linux 用户可能不经常使用正则表达式，可是对于系统管理员来说，正则表达式是不可或缺的。正是因为有了正则表达式，系统管理员才得以从海量的日志信息中解脱出来，将关注点集中于有用的信息。下面先学习基础正则表达式（basic regular expression），然后在知识拓展部分学习更高级的扩展正则表达式（extended regular expression）。

4.2.2 基础正则表达式

正则表达式从给定的文本中选择满足条件的字符串，通常用于对文件的行内容进行匹配。正则表达式可以匹配普通字符串，也可以使用复杂的字符串模式匹配特定的字符串。本小节使用 grep 命令演示基础正则表达式支持的匹配模式，用到的示例文件 *reg_file* 的内容如例 4-34 所示。其中，第 3 行是空行。

V4-8 基础正则
表达式基本用法

例 4-34：正则表达式示例文件 reg_file 的内容

```
[zys@centos7 tmp]$ cat  -n  reg_file          // 正则表达式示例文件
     1    Repeat the dose after 12 hours if necessary
     2    She dozed off in front of the fire with her "cat"
     3
     4    He hesitated for the merest frAction of a second,
     5    and he said:"ohhhhhhhhho, it hurts me"
```

（1）匹配普通字符串。

正则表达式最简单的用法是直接查找特定的字符串。如果字符串中包含空格，则可以将其包含在单引号或双引号中。如果字符串中包含特殊字符，则可以使用转义符"\"，如例 4-35 所示。

例 4-35：基础正则表达式用法——匹配普通字符串

```
[zys@centos7 tmp]$ grep  -n  dose  reg_file          // 匹配普通字符串
1:Repeat the dose after 12 hours if necessary
[zys@centos7 tmp]$ grep  -n  'for the '  reg_file     // 使用引号包含空格
4:He hesitated for the merest frAction of a second,
[zys@centos7 tmp]$ grep  -n  \" cat \"  reg_file      // 使用转义符
2:She dozed off in front of the fire with her "cat"
```

（2）匹配字符集合。

在正则表达式中，"[ ]"中可以包含一个或多个大写字母、小写字母或数字的任意组合，但正则表达式只会匹配其中的一个字符（英文字母和数字都是字符）。因此"do[sz]e"实际上可以匹配 dose 和 doze 两个字符串，而"fr[oA][nc]t"则会匹配 front、froct、frAnt、frAct 这 4 个字符串，如例 4-36 所示。

例 4-36：基础正则表达式用法——匹配字符集合

```
[zys@centos7 tmp]$ grep  -n  'do [sz] e '  reg_file     // 匹配字符集合
1:Repeat the dose after 12 hours if necessary
```

```
2:She dozed off in front of the fire with her "cat"
[zys@centos7 tmp]$ grep  -n  'fr[oA][nc]t'  reg_file          // 连续匹配字符集合
2:She dozed off in front of the fire with her "cat"
4:He hesitated for the merest frAction of a second,
```

（3）匹配字符范围。

为了简化对任意英文字母及数字的匹配，还可以在"[ ]"中使用"–"表示某一范围的数字和字母，如用"[a–z]"表示从 a 到 z 的任意一个小写字母，用"[A–Z]"表示从 A 到 Z 的任意一个大写字母，用"[0–9]"表示从 0 到 9 的任意一个数字。例 4-37 采用这种简便形式实现了匹配字符范围的功能。

例 4-37：基础正则表达式用法——匹配字符范围

```
[zys@centos7 tmp]$ grep  -n  'fr[a-zA-Z][a-z]t'  reg_file      // 连续匹配字符范围
2:She dozed off in front of the fire with her "cat"
4:He hesitated for the merest frAction of a second,
```

这种方法虽然简单，但是其有效性依赖于系统的语言设置（如中文或英文，由环境变量 LANG 控制）。也就是说，按照某些语言的编码规则，a–z 或 A–Z 并不是连续的。为了不受系统语言设置的影响，正则表达式提供了一套特殊符号，用于表示特定范围的字符，如表 4-5 所示。

表 4-5 正则表达式的特殊符号

特殊符号	含义
[:alnum:]	数字和英文大小写字母，即 0-9、A-Z、a-z
[:alpha:]	英文大小写字母，即 A-Z、a-z
[:blank:]	空格和水平制表符（Tab）
[:cntrl:]	键盘上的控制键，如回车符（CR）、换行符（LF）、水平制表符（Tab）、删除符（Del）等
[:digit:]	十进制数字，即 0-9
[:graph:]	除了空格和水平制表符以外的其他所有字符
[:lower:]	英文小写字母，即 a-z
[:print:]	任何可以被输出的字符
[:punct:]	标点符号，即逗号","、句号"."、问号"?"等
[:upper:]	英文大写字母，即 A-Z
[:space:]	空白字符，即空格、水平制表符（Tab）、垂直制表符（VT）、回车符（CR）、换行符（LF）、换页符（FF）
[:xdigit:]	十六进制数字，即 0-9、A-F、a-f

例 4-38 演示了正则表达式中特殊符号的用法。注意，使用这些特殊符号时，必须使用两层"[ ]"。

例 4-38：基础正则表达式用法——特殊符号

```
[zys@centos7 tmp]$ grep  -n  '[[:digit:]]'  reg_file          // 匹配数字
1:Repeat the dose after 12 hours if necessary
[zys@centos7 tmp]$ grep  -n  '[[:punct:]]'  reg_file          // 匹配标点符号
2:She dozed off in front of the fire with her "cat"
4:He hesitated for the merest frAction of a second,
5:and he said:"ohhhhhhhhho, it hurts me"
```

（4）字符反向匹配。

"[^]"表示对"[ ]"中的内容进行反向匹配，即不包括"[ ]"中的任意一个字符。例如，如果只想匹配 er 而不要其前面的 h 或 H，则可以使用例 4-39 所示的方法。

例 4-39：基础正则表达式用法——字符反向匹配

```
[zys@centos7 tmp]$ grep  -n  '[^hH]er'  reg_file              // 字符反向匹配：er 前没有 h 或 H
1:Repeat the dose after 12 hours if necessary
4:He hesitated for the merest frAction of a second,
```

字符反向匹配同样适用于以"–"表示的字符范围或表 4-5 所示的特殊符号，如例 4-40 所示。注意，使用特殊符号反向匹配时，必须把反向匹配符号"^"放在两层"[ ]"之间。

例 4-40：基础正则表达式用法——字符范围和特殊符号反向匹配

```
[zys@centos7 tmp]$ grep  -n  '[^a-zA-Z]f'  reg_file      // 结合使用反向匹配和字符范围
2:She dozed off in front of the fire with her "cat"
4:He hesitated for the merest frAction of a second,
[zys@centos7 tmp]$ grep  -n  '[^[:blank:]]he'  reg_file   // 结合使用反向匹配和特殊符号
1:Repeat the dose after 12 hours if necessary
2:She dozed off in front of the fire with her "cat"
4:He hesitated for the merest frAction of a second,
```

（5）匹配行首和行尾。

使用正则表达式还可以非常简单地找到以某个单词或某种模式开头或结尾的行。"^*str*"表示以字符串 *str* 开头的行，而"*str*$"表示以字符串 *str* 结尾的行，如例 4-41 所示。

例 4-41：基础正则表达式用法——匹配行首与行尾

```
[zys@centos7 tmp]$ grep  -n  '^She'  reg_file         // 匹配行首字符串
2:She dozed off in front of the fire with her "cat"
[zys@centos7 tmp]$ grep  -n  '^[RH]'  reg_file        // 匹配行首字符
1:Repeat the dose after 12 hours if necessary
4:He hesitated for the merest frAction of a second,
[zys@centos7 tmp]$ grep  -n  '^[[:lower:]]'  reg_file   // 结合使用行首匹配和特殊符号
5:and he said:"ohhhhhhhho, it hurts me"
[zys@centos7 tmp]$ grep  -n  'ary$'  reg_file         // 匹配行尾字符串
1:Repeat the dose after 12 hours if necessary
```

这里要特别提醒大家注意"^"和"[ ]"的位置。如果"^"在"[ ]"内部，则表示字符反向匹配。如果"^"在"[ ]"外部，则表示匹配行首字符。匹配行首行尾的一种特殊用法是用"^$"表示空行，如例 4-42 所示。

例 4-42：基础正则表达式用法——匹配空行

```
[zys@centos7 tmp]$ grep  -n  '^$'  reg_file      // 匹配空行
3:
```

（6）匹配任意字符和重复字符。

在正则表达式中，"."表示匹配任意一个字符，且一个"."只能匹配一个字符，如例 4-43 所示。

例 4-43：基础正则表达式用法——匹配任意一个字符

```
[zys@centos7 tmp]$ grep  -n  'o.d'  reg_file      // o 和 d 之间只有一个字符
4:He hesitated for the merest frAction of a second,
[zys@centos7 tmp]$ grep  -n  'o..d'  file1        // o 和 d 之间有两个字符
2:She dozed off in front of the fire with her "cat"
```

如果要匹配 0 个或多个相同的字符，则可以使用"*"。"*"表示其前面的字符可以出现 0 次、一次或多次，如例 4-44 所示。

例 4-44：基础正则表达式用法——匹配 0 个或多个相同的字符

```
[zys@centos7 tmp]$ grep  -n  'o[a-z]*d'  reg_file   // o 和 d 之间有任意多个字符
2:She dozed off in front of the fire with her "cat"
4:He hesitated for the merest frAction of a second,
[zys@centos7 tmp]$ grep  -n  's*'  reg_file        // s 出现 0 次或多次
1:Repeat the dose after 12 hours if necessary
2:She dozed off in front of the fire with her "cat"
```

```
3:
4:He hesitated for the merest frAction of a second,
5:and he said:"ohhhhhhhho, it hurts me"
```

在例 4-44 中，"s*"表示字母 s 可以出现 0 次或多次。也就是说，不管 s 有没有出现，都满足匹配的条件。匹配 s 至少出现一次的行应使用"ss*"，匹配其至少出现两次的行应使用"sss*"。

如果想精确地限制字符出现的次数，则可以借助范围限定符"{}"。由于"{"和"}"在 Shell 中有特殊含义，因此必须使用转义符"\"对其进行转义。范围限定符的一般形式是"\{m,n\}"，表示字符可以出现 $m \sim n$ 次，也可以使用"\{m\}"表示正好出现 m 次，使用"\{m,\}"表示至少出现 m 次，或使用"\{,n\}"表示最多出现 n 次，如例 4-45 所示。

例 4-45：基础正则表达式用法——精确限制字符出现的次数

```
[zys@centos7 tmp]$ grep  -n 'oh\{5,9\}o' reg_file        //o 之后的 h 出现 5~9 次
5:and he said:"ohhhhhhhho, it hurts me"
[zys@centos7 tmp]$ grep  -n 's\{2\}' reg_file             // s 出现 2 次
1:Repeat the dose after 12 hours if necessary
[zys@centos7 tmp]$ grep  -n 's\{1,\}' reg_file            // s 至少出现 1 次
1:Repeat the dose after 12 hours if necessary
4:He hesitated for the merest frAction of a second,
5:and he said:"ohhhhhhhho, it hurts me"
[zys@centos7 tmp]$ grep  -n 'off\{,1\}' reg_file          // of 之后的 f 最多出现 1 次
2:She dozed off in front of the fire with her "cat"
4:He hesitated for the merest frAction of a second,
```

下面通过表 4-6 总结基础正则表达式的用法。

表 4-6　基础正则表达式的用法

表达式	含义	示例
str	匹配文本中的普通字符串 *str*	grep dose file1
[...]	匹配"[ ]"中的任意一个字符	grep 'do[sz]e' file1
[x-y]	匹配"[ ]"中的字符范围，如[0-9]、[A-Z]、[a-z]	grep 'fr[a-zA-Z][a-z]t' file1
特殊符号	特定的字符范围，如[:digit:]	grep [[:digit:]] file1
[^...]	反向匹配"[ ]"中的任意一个字符	grep '[^hH]er' file1
^*str*	以字符串 *str* 开头的行	grep '^She' file1
str$	以字符串 *str* 结尾的行	grep 'She$' file1
^$	空行	grep "^$" file1
.	任意一个字符	grep 'o.d' file1
*char**	字符 *char* 连续出现 0 次或多次	grep 's*' file1
char\{m,n\}	字符 *char* 连续出现 *m*~*n* 次	grep 'oh\{5,9\}o' file1
char\{m\}	字符 *char* 连续出现 *m* 次	grep 's\{2\}' file1
char\{m,\}	字符 *char* 至少连续出现 *m* 次	grep 's\{1,\}' file1
char\{,n\}	字符 *char* 最多连续出现 *n* 次	grep 'off\{,1\}' file1

 任务实施

实验：正则表达式综合应用

小朱之前已经多次使用 grep 命令，也用过正则表达式。张经理为了考查小朱对正则表达式的掌握

程度，从系统日志文件/var/log/messages 中选取部分内容，让小朱利用这个文件练习正则表达式的使用。示例文件内容如例 4-46.1 所示。

例 4-46.1：正则表达式综合应用——示例文件内容

```
[zys@centos7 tmp]$ cat  -n  messages
     1     Jan 31 18:20:01 centos7 systemd: Created slice User Slice of root.
     2     Jan 31 18:20:01 centos7 kernel: Started session 7 of user root.
     3     Jan 31 20:50:19 centos7 systemd: Started Hostname Service.
     4     Jan 31 20:50:15 centos7 kernel: sda7: WRITE SAME failed. Manually zeroing.
     5     Jan 31 20:50:22 centos7 kernel: XFS (sda8): Ending clean mount
     6     Jan 31 21:43:02 centos7 kernel: Bluetooth: RFCOMM ver 1.11
```

下面是小朱的操作步骤。

第 1 步，从文件中找出包含 systemd 字符串的文本行，如例 4-46.2 所示。

例 4-46.2：正则表达式综合应用——匹配普通字符串

```
[zys@centos7 tmp]$ grep  -n  systemd  messages
1:Jan 31 18:20:01 centos7 systemd: Created slice User Slice of root.
3:Jan 31 20:50:19 centos7 systemd: Started Hostname Service.
```

第 2 步，从文件中找出包含 sys 或 ses 的文本行，如例 4-46.3 所示。

例 4-46.3：正则表达式综合应用——匹配字符集合

```
[zys@centos7 tmp]$ grep  -n  's[ye]s'  messages
1:Jan 31 18:20:01 centos7 systemd: Created slice User Slice of root.
2:Jan 31 18:20:01 centos7 kernel: Started session 7 of user root.
3:Jan 31 20:50:19 centos7 systemd: Started Hostname Service.
```

第 3 步，从文件中找出特定时间段的文本行，如例 4-46.4 所示。

例 4-46.4：正则表达式综合应用——匹配字符串范围

```
[zys@centos7 tmp]$ grep  -n  '20:50:[1-2][0-5]'  messages
4:Jan 31 20:50:15 centos7 kernel: sda7: WRITE SAME failed. Manually zeroing.
5:Jan 31 20:50:22 centos7 kernel: XFS (sda8): Ending clean mount
```

第 4 步，使用正则表达式的特殊符号查找包含两个连续大写字母的文本行，如例 4-46.5 所示。

例 4-46.5：正则表达式综合应用——特殊符号

```
[zys@centos7 tmp]$ grep  -n  '[[:upper:]][[:upper:]]'  messages
4:Jan 31 20:50:15 centos7 kernel: sda7: WRITE SAME failed. Manually zeroing.
5:Jan 31 20:50:22 centos7 kernel: XFS (sda8): Ending clean mount
6:Jan 31 21:43:02 centos7 kernel: Bluetooth: RFCOMM ver 1.11
```

第 5 步，使用字符反向查找功能查找 er 前没有小写字母的文本行，如例 4-46.6 所示。

例 4-46.6：正则表达式综合应用——字符反向匹配

```
[zys@centos7 tmp]$ grep  -n  '[^[:lower:]]er'  messages
3:Jan 31 20:50:19 centos7 systemd: Started Hostname Service.
```

第 6 步，查找以英文字母结尾的行，如例 4-46.7 所示。

例 4-46.7：正则表达式综合应用——匹配行尾

```
[zys@centos7 tmp]$ grep  -n  '[[:alpha:]]$'  messages
5:Jan 31 20:50:22 centos7 kernel: XFS (sda8): Ending clean mount
```

第 7 步，查找空行，如例 4-46.8 所示。

例 4-46.8：正则表达式综合应用——匹配空行

```
[zys@centos7 tmp]$ grep  -n  '^$'  messages
[zys@centos7 tmp]$
```

第 8 步，匹配任意字符和重复字符，如例 4-46.9 所示。

例 4-46.9：正则表达式综合应用——匹配任意字符和重复字符

```
[zys@centos7 tmp]$ grep -n 'ooo*' messages
1:Jan 31 18:20:01 centos7 systemd: Created slice User Slice of root.
2:Jan 31 18:20:01 centos7 kernel: Started session 7 of user root.
6:Jan 31 21:43:02 centos7 kernel: Bluetooth: RFCOMM ver 1.11
[zys@centos7 tmp]$ grep -n '[[:upper:]]\{4,\}' messages
4:Jan 31 20:50:15 centos7 kernel: sda7: WRITE SAME failed. Manually zeroing.
6:Jan 31 21:43:02 centos7 kernel: Bluetooth: RFCOMM ver 1.11
```

张经理看出小朱的基本功比较扎实，已经能够熟练使用基础正则表达式的各种匹配规则。他要求小朱学习扩展正则表达式的相关规则，并比较基础正则表达式和扩展正则表达式的不同。

 知识拓展

扩展正则表达式

一般来说，基础正则表达式可以满足大部分日常工作需求。在有些情况下，为了简化正则表达式的语法，可以使用更高级的扩展正则表达式。扩展正则表达式对基础正则表达式的规则进行了扩展，提供了更多的匹配模式，在语法上也更加简单。下面仍以例 4-34 中的文件 *reg_file* 为例，继续学习扩展正则表达式的使用方法。

首先需要说明的是，grep 命令默认只支持基础正则表达式，可以添加 -E 选项使用扩展正则表达式，也可以直接利用 egrep 命令使用扩展正则表达式。grep -E 和 egrep 是等价的，本小节的实验统一使用 egrep 命令。

（1）匹配至少一个字符。

这个功能使用基础正则表达式也可以实现，方法是"\{1,\}"。但扩展正则表达式只要使用一个"+"就可以表示同样的匹配模式。另一种简化的写法是"{1,}"，不需要用"\"转义，如例 4-47 所示。

例 4-47：扩展正则表达式用法——匹配至少一个字符

```
[zys@centos7 tmp]$ grep -n 'off\{1,\}' reg_file        // 基础正则表达式
2:She dozed off in front of the fire with her "cat"
[zys@centos7 tmp]$ egrep -n off+ reg_file              // 扩展正则表达式
2:She dozed off in front of the fire with her "cat"
[zys@centos7 tmp]$ egrep -n 'off{1,}' reg_file         // 扩展正则表达式
2:She dozed off in front of the fire with her "cat"
```

（2）匹配最多一个字符。

扩展正则表达式使用"?"或"{,1}"匹配最多一个字符，相当于基础正则表达式中的"\{,1\}"，如例 4-48 所示。

例 4-48：扩展正则表达式用法——匹配最多一个字符

```
[zys@centos7 tmp]$ grep -n 'off\{,1\}' reg_file        // 基础正则表达式
2:She dozed off in front of the fire with her "cat"
4:He hesitated for the merest frAction of a second,
[zys@centos7 tmp]$ egrep -n off? reg_file              // 扩展正则表达式
2:She dozed off in front of the fire with her "cat"
4:He hesitated for the merest frAction of a second,
[zys@centos7 tmp]$ egrep -n 'off{,1}' reg_file         // 扩展正则表达式
2:She dozed off in front of the fire with her "cat"
4:He hesitated for the merest frAction of a second,
```

（3）匹配多个字符串。

扩展正则表达式支持使用字符串连接符"|"同时匹配多个字符串，这些字符串之间是"或"的关系。例如，"off | of"表示 off 或 of. 也可以使用多个字符串连接符连接更多字符串，如例 4-49 所示。

例 4-49：扩展正则表达式用法——匹配多个字符串

```
[zys@centos7 tmp]$ egrep  -n  'off|of'  reg_file
2:She dozed off in front of the fire with her "cat"
4:He hesitated for the merest frAction of a second,
[zys@centos7 tmp]$ egrep  -n  'in|of|and'  reg_file
2:She dozed off in front of the fire with her "cat"
4:He hesitated for the merest frAction of a second,
5:and he said:"ohhhhhhhho, it hurts me"
```

注意，使用"|"连接字符串时一定要用单引号或双引号将全部字符串括起来，否则"|"将被视为管道符而非字符串连接符。

（4）匹配字符串组合。

最后要介绍的扩展正则表达式匹配模式是字符串的组合。在扩展正则表达式中，使用一对小括号"( )"表示字符串的组合。例如，"(abc)"表示匹配出现"abc"这 3 个字母组合的文本行。和"|"一样，在扩展正则表达式中使用"( )"时也必须将匹配模式包含在单引号或双引号中。要注意"( )"和"[ ]"的区别。"( )"中的内容是一个整体，而"[ ]"表示匹配其中任意一个字符。"( )"还可以和"|""+""?"等规则结合使用，如例 4-50 所示。

例 4-50：扩展正则表达式用法——匹配字符串组合

```
[zys@centos7 tmp]$ egrep  -n  '(front)'  reg_file       // 相当于 grep -n front  reg_file
2:She dozed off in front of the fire with her "cat"
[zys@centos7 tmp]$ egrep  -n  'do(s|z)e'  reg_file       // 相当于 grep -n 'do[sz]e'  reg_file
1:Repeat the dose after 12 hours if necessary
2:She dozed off in front of the fire with her "cat"
[zys@centos7 tmp]$ egrep  -n  '((n|c)e)+'  reg_file
1:Repeat the dose after 12 hours if necessary
```

🗒 任务实训

本实训的主要任务是练习基础正则表达式的使用方法。Linux 中有很多命令支持正则表达式，本任务使用 grep 命令配合正则表达式查找符合特定模式的字符串。

【实训目的】

（1）了解正则表达式的基本概念和主要用途。

（2）掌握匹配字符范围的方法。

（3）掌握反向匹配字符串的方法。

（4）掌握正则表达式常用的特殊符号的使用方法。

（5）掌握匹配字符串范围的方法。

【实训内容】

按照以下步骤完成基础正则表达式的练习。

（1）用 vim 打开一个空文件，输入例 4-51 中的文本内容，将其保存为 *regexp.txt*，利用该文件完成后续操作。

（2）查找包括字符串 freedom 的文本行。

（3）查找包括字符串 our，但其之前不是 f 的文本行。

（4）利用中括号的字符匹配功能，查找包含 change 和 chance 的文本行。

（5）结合使用中括号的字符匹配和反向匹配功能，查找不以 p、s 或 o 开头的单词的文本行。

（6）利用正则表达式的特殊符号，查找以分号";"结尾的文本行。

（7）利用正则表达式的特殊符号和字符范围匹配功能，查找至少包含一个数字的文本行。

（8）利用正则表达式的字符范围匹配功能，查找 s 至少连续出现 2 次的文本行。

例 4-51：实训测试文本

The four essential freedoms:

A program is free software if the program's users have the four essential freedoms:

The freedom to run the program as you wish, for any purpose (freedom 0).

The freedom to study how the program works, and change it so it does your computing as you wish (freedom 1). Access to the source code is a precondition for this.

The freedom to redistribute copies so you can help others (freedom 2).

The freedom to distribute copies of your modified versions to others (freedom 3). By doing this you can give the whole community a chance to benefit from your changes. Access to the source code is a precondition for this.

任务 4.3　Shell 脚本

任务陈述

　　Shell 脚本是 Linux 自动化运维的主要工具，Linux 操作系统启动时会使用 Shell 脚本启动各种系统服务。Shell 脚本包含一组 Linux 命令，执行 Shell 脚本就相当于执行其中的命令。Shell 脚本更强大的功能在于它支持脚本编程语言，能够实现复杂的业务逻辑。在本任务中，将学习 Shell 脚本的基本概念和编写方法。

知识准备

4.3.1　认识 Shell 脚本

　　对于普通 Linux 用户来说，平时和 Shell 脚本接触的机会不多。但实际上，从 Linux 操作系统的启动到关闭的整个过程，Shell 脚本都发挥着重要的作用。Shell 脚本是 Linux 系统管理员和运维人员不可或缺的工具。如果大家学习 Linux 的目的不是从事系统运维工作，则可以暂时跳过本任务，继续学习后面的内容。但是，即使只是简单地了解 Shell 脚本，也会让大家在使用 Linux 的过程中避免很多不必要的麻烦。为了让大家不至于在以后的学习和工作中产生"书到用时方恨少"的遗憾，本任务将集中讲解 Shell 脚本的基本概念和使用方法。Shell 脚本应该算是本书中难度偏大的内容，好在我们已经有了 Bash 的学习基础，所以 Shell 脚本的学习会相对容易一些。

V4-9　Shell 脚本的
执行方式

1. Shell 脚本的基本概念

　　如果用一句话概括学习 Shell 脚本的原因或者 Shell 脚本的最大优势，相信很多人会选择自动化运维。确实，在 Linux 的系统运维工作中，基本上处处要用到 Shell 脚本，如系统服务监控和启停、业务部署、数据处理和备份、日志分析等。Shell 脚本特别适合用于处理文本类型的数据。而在 Linux 操作系统中，几乎所有的系统配置文件和日志文件等，都是文本文件。所以每个合格的 Linux 系统管理员和运维人员都应该深刻理解 Shell 脚本，并能够熟练编写 Shell 脚本。那么，究竟什么是 Shell 脚本呢？

Shell 的概念之前已经介绍过。在计算机体系结构中，Shell 是覆盖在操作系统内核外层的命令行界面，主要作用是解释用户输入的命令并交给内核执行，最后向用户返回命令执行的结果。Bash 就是一个非常优秀的 Shell，为用户提供了很多实用且强大的功能。借助这些功能，用户的工作效率得以提升。用户在 Bash 命令行中的操作基本上是"线性"的，操作步骤一般如下：输入命令——按 Enter 键——返回结果。在执行复杂的任务时，这种操作模式的效率不高。能不能把要执行的所有命令集中到一个文件中，执行时只要指定这个文件名，就可以批量执行其中所有的命令呢？方法当然有，那就是 Shell 脚本。

可以把 Shell 脚本简单地理解成一组命令的集合，包含 Shell 脚本的文件也称为脚本文件。当把脚本文件提交给 Bash（或其他种类的 Shell）时，Bash 会分析脚本文件中的命令并按照特定的顺序依次执行。脚本文件中的命令包括 Bash 的内置命令、命令别名或者外部命令等。基本上，可以在 Bash 命令行窗口中执行的命令都能放在脚本文件中执行。

如果仅仅是把一组命令集中到 Shell 脚本中统一执行，那么 Shell 脚本的作用至少要缩水一半。实际上，Shell 脚本的强大功能更多的来源于它支持以编程的方式编写命令。具体地说，Shell 脚本支持高级程序设计语言中的一些编程要素，如变量、数组、表达式、函数，从而支持算术运算和逻辑判断，以及更高级的分支和循环结构等程序结构。这样，Bash 执行脚本文件时就不再是线性的，而是可以根据实际需求灵活设计。因此，也可以将 Shell 脚本看作一种编程语言。和 C、Java 等编译型的高级编程语言不同的是，Shell 脚本语言是一种解释型的脚本语言。Bash 是解释器，负责解释并执行脚本文件中的语言。关于编译语言和脚本语言的异同这里不展开讨论，感兴趣的读者可以参考相关资料自行学习。

讲了这么多有关 Shell 脚本的基本概念，下面通过一个实际的例子揭开 Shell 脚本的"神秘面纱"。例 4-52 是一个非常简单的 Shell 脚本文件，脚本的内容这里暂不解释，但是相信大家对其中第 4 行的内容一定不会陌生，它其实就是 Bash 中常用的 echo 命令，用于显示一行字符串或变量的值。在之前学习 Bash 变量时曾多次使用 echo 命令。

例 4-52：Shell 脚本范例

```
[zys@centos7 bin]$ cat  -n  myscript.sh
    1    #!/bin/bash
    2    # This is my first shell script
    3
    4    echo "Hello world..."
```

需要说明的是，不同的 Shell 支持的脚本语言并不完全相同。但是这些差异并不影响对 Shell 脚本的学习和使用。本任务所讲的所有 Shell 脚本都是在 Bash 环境中执行的，介绍的语法也都是 Bash 所支持的。

2. 如何执行 Shell 脚本

有了一个包含 Bash 命令的脚本文件，该怎么执行呢？这里介绍 3 种方式并说明它们的区别。

第 1 种方式是设置脚本文件的执行权限，并在指定脚本文件的绝对路径或相对路径后直接执行，如例 4-53 所示。

例 4-53：Shell 脚本执行方式——添加执行权限

```
[zys@centos7 bin]$ chmod  a+x  myscript.sh            // 为脚本文件添加执行权限
[zys@centos7 bin]$ ls  -l  myscript.sh
-rwxr-xr-x.    1    zys devteam        69   12 月 30 21:06       myscript.sh
[zys@centos7 bin]$ myscript.sh                        // 输入脚本文件名后直接执行
Hello world...
```

第 2 种方式是使用 sh 或 bash 命令执行脚本文件，只要把文件名作为 sh 或 bash 命令的参数即可。sh 其实是 bash 的链接文件，如例 4-54 所示。不管脚本文件有没有执行权限，都可以采用这种方式执行。

例 4-54：Shell 脚本执行方式——sh 命令或 bash 命令

```
[zys@centos7 bin]$ which   sh
/usr/bin/sh
[zys@centos7 bin]$ ls   -l   /usr/bin/sh
lrwxrwxrwx.    1    root  root      4    10月 1 13:11        /usr/bin/sh -> bash
[zys@centos7 bin]$ sh   myscript.sh        // 相当于 bash myscript.sh
Hello world...
```

第 3 种方式是使用 source 命令或点号 "." 执行脚本文件，后跟脚本文件名，如例 4-55 所示。这一点很像之前学习 Bash 时用 source 命令或点号 "." 加载 Bash 环境配置文件。其实 Bash 环境配置文件本身就是脚本文件。等到学完本任务的内容后再去查看 Bash 环境配置文件，相信大家会对它们有更深的理解。

例 4-55：Shell 脚本执行方式——source 命令或点号 "."

```
[zys@centos7 bin]$ source   myscript.sh        // 相当于 . myscript.sh
Hello world...
```

从结果来看，上面 3 种方式没有任何区别，但它们其实有一个非常大的不同。对于前两种方式，脚本文件是在当前 Bash 进程的子进程中执行的，而第 3 种方式则是直接在当前 Bash 进程中执行。结合前面对 Bash 变量作用范围的介绍，可以得出一条结论：当使用前两种方式执行脚本文件时，在脚本文件中无法使用父进程创建的变量（除非使用 export 命令进行设置），第 3 种方式则没有这个问题。对上面的脚本文件进行适当修改，可以很好地说明这一点，如例 4-56 所示。

例 4-56：3 种脚本执行方式的区别

```
[zys@centos7 bin]$ cat   myscript.sh
#!/bin/bash
echo "Hello world..."
echo "current pid is $$"                    # 在脚本中查询进程 PID
echo "value of p_var is '$p_var'"           # 在脚本中使用变量 p_var
[zys@centos7 bin]$ p_var="variable in parent process"      // 在父进程中定义变量 p_var
[zys@centos7 bin]$ echo   $$
10369                <== 父进程 PID
[zys@centos7 bin]$ sh   myscript.sh                  // 第 2 种执行方式
Hello world...
current pid is 11786      <== 子进程 PID
value of p_var is "        <== 变量值为空
[zys@centos7 bin]$ source   myscript.sh              // 第 3 种执行方式
Hello world...
current pid is 10369      <== 父进程 PID
value of p_var is 'variable in parent process'
```

source 命令在当前进程中执行脚本文件，因此，如果在脚本文件中创建了一个变量，那么在脚本文件之外也是可以使用该变量的，如例 4-57 所示。正是因为 source 命令的这个特性，用户经常使用它来加载修改过的 Bash 环境配置文件，而不用重新启动 Bash。

例 4-57：在脚本文件之外使用脚本中定义的变量

```
[zys@centos7 bin]$ cat   myscript.sh
#!/bin/bash
```

```
script_var='variable defined in shell script'          # 在脚本中定义变量
echo $script_var
[zys@centos7 bin]$ source   myscript.sh               // 第3种方式
variable defined in shell script
[zys@centos7 bin]$ echo   $script_var
variable defined in shell script                       <== 脚本之外仍能使用
```

大家应该牢牢记住这 3 种方式的区别，以免使用时出现意外。本任务统一使用第 2 种方式执行脚本文件。如果没有特别说明，则脚本文件位于 ~/bin 目录中，名为 myscript.sh。

4.3.2 Shell 脚本的基本语法

在正式编写第 1 个 Shell 脚本之前，先从 Shell 脚本的基本语法开始，了解 Shell 脚本的结构和要素，然后逐步编写复杂的脚本。

1. 命令执行顺序

和其他解释型语言一样，Shell 脚本的执行顺序是从上至下、从左至右。也就是说，Bash 按照从上至下、从左至右的顺序解释分析脚本文件的内容，从第 1 条可以执行的语句开始执行。这里，"第 1 条可以执行的语句"可以暂时理解为之前在 Bash 命令行窗口中执行的各种操作。除了这些可以执行的语句外，Shell 脚本还包括不可执行的部分，这主要是指脚本文件中的注释。

V4-10 Shell 脚本
入门

Shell 脚本的注释以"#"开头。Bash 逐行读取脚本文件内容，并且把出现在"#"之后的任何内容视为注释，除非"#"是字符串的一部分。Bash 直接忽略脚本的注释，因为注释对 Bash 解释执行脚本没有任何帮助。但是对于脚本的开发人员和维护人员来说，注释是非常有必要的。开发人员利用注释说明脚本的相关信息，如脚本的作者、创建日期、版本、更新记录、主要用途，或者是脚本中某段代码的主要逻辑等。如果没有注释，那么脚本的维护将非常困难（除非脚本的内容很少而且非常简单），甚至有可能在脚本编写完一段时间后，连开发者本人也不理解脚本最初的设计意图了。所以，在脚本中合理地添加注释是对自己和他人负责的表现。为节省篇幅，本任务的脚本将尽量减少注释。但在实际工作中，强烈建议大家在脚本中添加必要的注释。

脚本文件的第 1 行一般是以"#!"开头的特殊说明行，如前几例中的"#!/bin/bash"。不能把这一行看作普通的注释。它的作用是指明这个脚本文件使用哪种 Shell 的语法、执行前要读取哪种 Shell 的配置文件。如果不明确指定执行脚本使用哪种 Shell，则系统会使用默认的 Shell（由 SHELL 环境变量定义）执行脚本。一旦系统的默认 Shell 和脚本实际的语法不一致，执行脚本时很可能会产生错误。

除了注释外，Bash 对于空行、空格或制表符（Tab）也是直接忽略的。在脚本中添加这些空白内容主要是为了让脚本更加清晰、更有条理，提高脚本的可读性。

执行脚本时，Bash 把回车符当作一条命令的结束符，读到回车符就开始执行这条命令。如果命令比较长，则可以在行末先输入转义符"\"，再直接按 Enter 键，这样就可以换行后继续输入命令。这一点和 Bash 命令行窗口的操作方法是相同的。"\"在这里的作用是对紧随其后的回车符进行转义，所以输入完"\"后必须马上按 Enter 键，后面不能有空格或 Tab 等空白字符。

2. 脚本状态码

每个脚本文件执行结束，都会向父进程（采用前两种执行方式）或当前进程（采用第 3 种执行方式）返回一个整数类型的状态码，用于表示脚本文件的执行结果。一般用 0 表示执行成功，用非 0 值表示执行失败。这个状态码可以使用"$?"特殊变量查看。另外，还可以在脚本中使用 exit 命令指定返回值，形式为 exit n，其中 n 是状态码，取值为 0～255，如例 4-58 所示。

例 4-58：指定脚本状态码

```
[zys@centos7 bin]$ cat   myscript.sh
```

```
#!/bin/bash
echo "Hello world..."
exit 0            # 在脚本中指定退出状态码为 0
[zys@centos7 bin]$ sh   myscript.sh
Hello world...
[zys@centos7 bin]$ echo   $?
0
```

Bash 读取到 exit 命令时会把其后的整数作为状态码返回，并结束脚本的运行。如果 exit 命令之后没有明确指定状态码，那么默认返回 exit 命令的前一条命令的状态码。其实，脚本文件的末尾都隐含有一条 exit 命令，默认返回文件中最后一条命令的状态码。

3. 脚本参数

如果把脚本文件名看作一条命令，那么同样可以向脚本文件传递参数。在脚本文件中使用参数时需要借助一些特殊的变量，具体包括以下几个。

（1）$*n*。

n 是参数的编号，如"$1"表示第 1 个参数，"$2"表示第 2 个参数等。

（2）$#。

"$#"表示参数的数量。

（3）$*和$@。

"$*"和"$@"都表示脚本的所有参数，但二者稍有不同。"$*"把所有参数视作一个整体，形式为"$1 $2 $3"，参数之间默认用空格分隔。"$@"的形式是"$1""$2""$3"，参数之间是独立的。"$*"和"$@"的具体区别在后面学习 for 循环时会详细介绍。

下面对例 4-58 中的脚本稍做修改，在执行时传入两个参数，如例 4-59 所示。

例 4-59：脚本参数

```
[zys@centos7 bin]$ cat   myscript.sh
#!/bin/bash
echo "Hello world..."
echo "I'm from $1, $2"
echo "Total of $# parameters: $@"
[zys@centos7 bin]$ sh   myscript.sh   Jiangsu   China          // 输入两个参数
Hello world...
I'm from Jiangsu, China
Total of 2 parameters: Jiangsu China
```

4.3.3 运算符和条件测试

使用脚本进行数据处理或日志分析时，经常涉及算术运算和关系运算、文件分析、字符串比较等条件测试操作。Shell 脚本为此提供了丰富的工具和方法，本小节将系统地学习这些工具和方法。学完本小节，将能够编写简单的 Shell 脚本来完成数据和文件的各种运算和测试，并为后面编写更复杂的 Shell 脚本打下坚实的基础。

1. 算术运算

变量值的默认类型是字符串，要使用 declare 把变量定义为整数才能进行数值运算，这是在学习 Bash 变量时就已经了解过的。除此之外，在 Shell 脚本中还有其他方法进行数值运算。

常见的方法是采用"$((*表达式*))"的形式，即"$"后跟两层小括号，内层的小括号中是算术表达式。"$(( ))"只支持整数的算术运算，如果表达式中有变量，则可以不使用"$"前导符号，如例 4-60 所示。

例 4-60：$(( )) 基本用法

```
[zys@centos7 bin]$ cat   myscript.sh
#!/bin/bash
a=5;b=6
echo   $(( 5 + 6 ))
echo   $(( $a + $b ))
[zys@centos7 bin]$ sh   myscript.sh
11
11
```

还可以使用"$(( ))"进行整数间的算术比较运算。运算符包括"<"（小于）、">"（大于）、"<="（小于等于）、">="（大于等于）、"=="（等于）和"!="（不等于）。如果比较结果为真，表达式返回1，否则返回 0，如例 4-61 所示。

例 4-61：$(( ))的算术比较运算

```
[zys@centos7 bin]$ cat   myscript.sh
#!/bin/bash
a=5;b=6
echo   $((a > b))
echo   $((a != b))
[zys@centos7 bin]$ sh   myscript.sh
0
1
```

"$(( ))"支持非常灵活的表达式。事实上，只要表达式满足 C 语言的运算规则，就可以放在小括号中进行运算。例 4-62 演示了$(( ))中的 C 语言的几个常用的表达式。

例 4-62：$(( ))中的 C 语言的几个常用的表达式

```
[zys@centos7 bin]$ cat   myscript.sh
#!/bin/bash
a=5;b=6
echo   $(( a > b ? a : b ))       # 条件运算符
echo   $(( a++ ))                 # 自增运算符
echo   $(( ++a ))                 # 自增运算符
[zys@centos7 bin]$ sh   myscript.sh
6
5
7
```

2. test 条件测试

test 命令主要用于判断一个表达式的真假，亦即表达式是否成立。可以使用之前介绍过的"$?"特殊变量获取 test 命令的返回值。如果表达式为真，test 命令返回 0，否则返回一个非 0 值（通常为1）。例如，经常需要在脚本中检查某个文件是否存在，并根据检查的结果决定下一步的操作。使用带-e 选项的 test 命令实现这个功能，如例 4-63 所示。

例 4-63：test 命令的基本用法

```
[zys@centos7 bin]$ cat   myscript.sh
#!/bin/bash
test -e myscript.sh && echo "exist" || echo "not exist"
test -e myscript2.sh && echo "exist" || echo "not exist"
[zys@centos7 bin]$ sh   myscript.sh
exist
```

not exist

test 命令可以进行数值间的关系运算、字符串运算及文件测试，下面分别介绍这些运算的语法。

V4-11 Shell 脚本
条件测试

（1）关系运算。

使用 test 命令可以进行整数间的关系运算，关系运算符及其含义如表 4-7 所示。关系运算符只支持整数，不支持字符串，除非字符串的值是整数。关系运算符的用法如例 4-64 所示。

表 4-7 关系运算符及其含义

关系运算符表达式	含义
$n1$ -eq $n2$	当 $n1$ 和 $n2$ 相等时返回真，否则返回假
$n1$ -ne $n2$	当 $n1$ 和 $n2$ 不相等时返回真，否则返回假
$n1$ -gt $n2$	当 $n1$ 大于 $n2$ 时返回真，否则返回假
$n1$ -lt $n2$	当 $n1$ 小于 $n2$ 时返回真，否则返回假
$n1$ -ge $n2$	当 $n1$ 大于等于 $n2$ 时返回真，否则返回假
$n1$ -le $n2$	当 $n1$ 小于等于 $n2$ 时返回真，否则返回假

例 4-64：test 命令的基本用法——关系运算符的用法

```
[zys@centos7 bin]$ cat   myscript.sh
#!/bin/bash
a=11 ; b=16
test $a -eq $b && echo "$a = $b" || echo "$a != $b"
test $a -gt $b && echo "$a > $b" || echo "$a <= $b"
test $a -ge $b && echo "$a >= $b" || echo "$a < $b"
[zys@centos7 bin]$ sh   myscript.sh
11 != 16
11 <= 16
11 < 16
```

（2）字符串运算。

字符串运算符及其含义如表 4-8 所示，其用法如例 4-65 所示。

表 4-8 字符串运算符及其含义

字符串运算符表达式	含义
-z str	当 str 为空字符串时返回真，否则返回假
-n str	当 str 为非空字符串时返回真，否则返回假。-n 可省略
$str1$ == $str2$	当 $str1$ 与 $str2$ 相等时返回真，否则返回假
$str1$!= $str2$	当 $str1$ 与 $str2$ 不相等时返回真，否则返回假

例 4-65：test 命令的基本用法——字符串运算符的用法

```
[zys@centos7 bin]$ cat   myscript.sh
#!/bin/bash
a="centos"
b=""
test -z "$a" && echo "'$a' is null" || echo "'$a' is not null"
test -n "$b" && echo "'$b' is not null" || echo "'$b' is null"
test "$a" == "centos" && echo "'$a' =  'centos'" || echo "'$a' != 'centos'"
[zys@centos7 bin]$ sh   myscript.sh
'centos' is not null
```

" is null
'centos' = 'centos'

字符串表达式中的常量或变量最好用双引号括起来，否则当其中包含空格时，test 命令会执行错误，如例 4-66 所示。

例 4-66：test 命令的基本用法——字符串包含空格

```
[zys@centos7 bin]$ cat  -n  myscript.sh
    1    #!/bin/bash
    2    os="centos 7"
    3    test $os == "centos 7" && echo "centos 7" || echo "not centos 7"
[zys@centos7 bin]$ sh  myscript.sh
myscript.sh: 第 3 行: test: 参数太多
not centos 7
```

在例 4-66 中，使用"$os == "centos 7""进行字符串比较时，Bash 用 os 的变量值替换了$os，结果表达式变成了"centos 7 == "centos 7""。这个表达式包括"centos""7""centos 7"3 个参数，而"=="运算符只支持两个参数，所以脚本返回"参数太多"的错误。用双引号将$os 括起来就可以避免这个错误，具体操作这里不再演示。

（3）文件测试。

文件测试的操作比较多，包括文件类型测试、文件权限测试和文件比较测试。表 4-9、表 4-10 和表 4-11 分别列出了这 3 类文件测试的运算符及其含义，例 4-67 是一个文件测试的综合示例。

表 4-9　文件类型测试运算符及其含义

文件类型测试表达式	含义
-e *fname*	当文件 *fname* 存在时返回真，否则返回假
-s *fname*	当文件 *fname* 存在且非空时返回真，否则返回假
-f *fname*	当文件 *fname* 的文件类型为普通文件（file）时返回真，否则返回假
-d *fname*	当文件 *fname* 的文件类型为目录文件（directory）时返回真，否则返回假
-b *fname*	当文件 *fname* 的文件类型为块设备文件（block device）时返回真，否则返回假
-c *fname*	当文件 *fname* 的文件类型为字符设备文件（character device）时返回真，否则返回假
-S *fname*	当文件 *fname* 的文件类型为套接字文件（socket）时返回真，否则返回假
-p *fname*	当文件 *fname* 的文件类型为管道文件（pipe）时返回真，否则返回假
-L *fname*	当文件 *fname* 的文件类型为链接文件（link）时返回真，否则返回假

表 4-10　文件权限测试运算符及其含义

文件权限测试表达式	含义
-r *fname*	当文件 *fname* 存在且具有读权限时返回真，否则返回假
-w *fname*	当文件 *fname* 存在且具有写权限时返回真，否则返回假
-x *fname*	当文件 *fname* 存在且具有执行权限时返回真，否则返回假
-u *fname*	当文件 *fname* 存在且具有 SUID 权限时返回真，否则返回假。SUID 的相关知识详见项目 6
-g *fname*	当文件 *fname* 存在且具有 SGID 权限时返回真，否则返回假。SGID 的相关知识详见项目 6
-k *fname*	当文件 *fname* 存在且具有粘滞位（sticky bit）权限时返回真，否则返回假。粘滞位的相关知识详见项目 6

表 4-11　文件比较测试运算符及其含义

文件比较测试表达式	含义
fname1 -nt *fname2*	当文件 *fname1* 比文件 *fname2* 新时返回真，否则返回假
fname1 -ot *fname2*	当文件 *fname1* 比文件 *fname2* 旧时返回真，否则返回假
fname1 -ef *fname2*	当文件 *fname1* 和文件 *fname2* 为同一文件时返回真，否则返回假

例 4-67：test 命令的基本用法——文件测试

```
[zys@centos7 bin]$ ls   -l
-rw-r--r--.   1   zys devteam     15   1月 1 22:07   file2
-rw-r--r--.   1   zys devteam    292   1月 1 22:08   myscript.sh
[zys@centos7 bin]$ cat   myscript.sh
#!/bin/bash
f1="myscript.sh"
f2="file2"
test -f "$f1" && echo "$f1: ordinary file " || echo "$f1: not ordinary file"
test -r "$f1" && echo "$f1: readable " || echo "$f1: not readable"
test "$f1" -nt "$f2" && echo "$f1 is newer than $f2" || echo "$f2 is newer than $f1"
[zys@centos7 bin]$ sh   myscript.sh
myscript.sh: ordinary file
myscript.sh: readable
myscript.sh is newer than file2
```

（4）布尔运算。

可以在 test 命令中对多个表达式进行布尔运算。两个以上的表达式称为复合表达式，复合表达式的值取决于每个子表达式的值。子表达式可以是前面介绍过的关系运算表达式、字符串运算表达式或文件测试表达式。布尔运算有与运算（and）、或运算（or）及非运算（!）3 种，对应的运算符及其含义如表 4-12 所示。布尔运算的用法如例 4-68 所示。

表 4-12　布尔运算符及其含义

布尔运算符表达式	含义
expr1 -a *expr2*	当表达式 *expr1* 和 *expr2* 同时为真时复合表达式返回真，否则返回假
expr1 -o *expr2*	当表达式 *expr1* 和 *expr2* 任意一个表达式为真时复合表达式返回真，否则返回假
! *expr*	当表达式 *expr* 为真时返回假，否则返回真

例 4-68：test 命令的基本用法——布尔运算的用法

```
[zys@centos7 bin]$ cat   myscript.sh
#!/bin/bash
a=11;b=16
f1="myscript.sh"
f2="file2"
test $a -gt $b -o $a -eq $b && echo "$a >= $b" || echo "$a < $b"
test -e "$f1" -a -r "$f1" && echo "$f1 is readable " || echo "$f1 is not exist or not readable"
[zys@centos7 bin]$ sh   myscript.sh
11 < 16
myscript.sh is readable
```

3. 中括号条件测试

中括号"[ ]"条件测试是和 test 命令等价的条件测试方法，同样支持关系运算、字符串运算、文件测试及布尔运算，只是中括号中的表达式在书写格式上有特别的规定。具体地说，表达式中的操作数、运算符及中括号要用空格分隔。例 4-69 展示了几个使用中括号进行条件测试的例子，大家注意和 test 命令进行对比，看看二者在形式上是不是非常相似。

例 4-69：中括号条件测试基本用法

```
[zys@centos7 bin]$ cat   myscript.sh
#!/bin/bash
```

```
a=11;b=16
fname="myscript.sh"
[ $a -eq $b ] && echo "$a = $b" || echo "$a != $b"
[ -n "$fname" -a "$fname" != "file2" ] && echo "'$fname' != 'file2'"    \          # 换行输入
|| echo "'$fname' is null or '$fname' = 'file2'"
[ -w "$fname" ] && echo "$fname is writable" || echo "$fname is not writable"
[zys@centos7 bin]$ sh   myscript.sh
11 != 16
'myscript.sh' != 'file2'
myscript.sh is writable
```

4.3.4　分支结构

上一小节给出了几个在 Shell 脚本中进行条件测试的例子，但其实条件测试更多地用在分支结构和循环结构中。这两种结构都需要根据条件测试的结果决定后续的操作。本小节先介绍分支结构的使用方法，下一小节再介绍循环结构的使用方法。

从整体形式上看，分支结构有 if 语句和 case 语句两种。相比较而言，if 语句的使用范围更加广泛，下面详细介绍如何使用 if 语句进行条件测试。case 语句的相关介绍详见本任务的知识拓展部分。

V4-12　if 分支结构

1. 基本的 if 语句

基本的 if 语句比较简单，只是对某个条件进行测试。如果条件成立，则执行特定的操作。基本的 if 语句采用下面这种结构。

```
if  条件表达式 ；  then
       条件表达式成立时执行的命令
fi
```

关于这个结构，有下面几点需要说明。

（1）if 语句以关键字 if 开头。条件表达式可以采用上一小节介绍的 test 命令或中括号"[ ]"两种形式。中括号条件测试在 if 语句中用得更多一些，所以后面的示例统一使用中括号。条件表达式可以只包含单一的条件测试，也可以是多个条件测试组成的复合表达式。表 4-12 所示的复合表达式都可以在 if 语句中使用。

（2）可以把复合表达式拆分为多个条件测试，每个中括号包含一个条件测试，并用"&&"或"||"连接各个条件测试。"&&"表示与关系（and），相当于布尔运算中的"-a"运算符。"||"表示或关系（or），相当于"-o"运算符。

（3）关键字 then 可以和 if 处于同一行，也可以换行书写。处于同一行时，必须在条件表达式后添加分号";"作为条件表达式的结束符，处于不同行时则不需要添加分号。为节省篇幅，下文统一把 then 和 if 置于同一行。

（4）当条件表达式成立时，可以执行一条或多条命令。在脚本的编写方式上，通常使用 Tab 键对命令进行缩进。虽然这不是强制要求，但这样做会让脚本显得有条理、有层次，可读性比较好，所以强烈建议大家从一开始就养成这种良好的脚本编写习惯。

（5）if 语句以关键字 fi 结束。这是一个很有趣的设计，因为 fi 和 if 正好是倒序关系。

例 4-70 演示了基本的 if 语句。需要说明的是，这个例子只是为了演示 if 语句的基本形式，并不能算是一个结构良好或逻辑严密的脚本。后面将对这个脚本进行优化。

例 4-70：基本的 if 语句

```
[zys@centos7 bin]$ cat   myscript.sh
```

```
#!/bin/bash
read -p "Do you like CentOS Linux(Y/N): " ans        # 从键盘读入 ans 变量值
if [ "$ans" == "y" ] || [ "$ans" == "Y" ]; then      # 如果 ans 是 y 或 Y
        echo " Very good!!!"
fi
if [ "$ans" == "n" ] || [ "$ans" == "N" ]; then      # 如果 ans 是 n 或 N
        echo " Oh, I'm sorry to hear that!!!"
fi
[zys@centos7 bin]$ sh   myscript.sh
Do you like CentOS Linux(Y/N): Y                     <== 输入 "Y"
Very good!!!
```

2. 多重 if 语句

如果仔细分析例 4-70 中的脚本，会发现它至少有两个不足需要改进。第一，如果输入是"y"或"Y"，则经过第 1 个 if 语句的测试后，还要在第 2 个 if 语句中进行一次测试，而第二次测试显然是多余的。第二，该脚本假设用户会输入"y""Y""n""N"中的一种答案，但是这个假设在很多情况下是不成立的，而且对于假设之外的输入，脚本没有给出任何提醒或错误提示。对于第 1 个问题，可以通过 if-else 结构加以解决，如下所示。

```
if 条件表达式; then
        条件表达式成立时执行的命令
else
        条件表达式不成立时执行的命令
fi
```

和基本的 if 语句相比，if-else 语句用关键字 else 指定当 if 条件不成立时执行哪些命令，其余部分与基本的 if 语句完全相同。改进后的脚本如例 4-71 所示。

例 4-71：if-else 结构

```
[zys@centos7 bin]$ cat   myscript.sh
#!/bin/bash
read -p "Do you like CentOS Linux(Y/N): " ans
if [ "$ans" == "y" ] || [ "$ans" == "Y" ]; then
        echo " Very good!!!"
else        # 如果 if 中的条件不成立
        echo " Oh, I'm sorry to hear that!!!"
fi
[zys@centos7 bin]$ sh   myscript.sh
Do you like CentOS Linux(Y/N): Y
Very good!!!
```

这一次，如果输入"y"或"Y"，则只会进行 if 后面的条件测试。这确实解决了上面提到的第一个问题，但这种改进却引入了一个新问题。因为 if-else 语句是一种"二选一"的结构。也就是说，if 和 else 之后的命令肯定有一个会执行，而且只有一个会执行。对于例 4-71 中的脚本而言，"y""Y"之外的所有输入都会引发脚本执行 else 之后的命令。这不是一个理想的结果。用户希望的结果如下：对"y""Y"和"n""N"分别给出不同的提示，对其他输入再给出另外一种提示。if-elif 结构可以帮助用户实现这个目标，如下所示。

```
if 条件表达式 1; then
        条件表达式 1 成立时执行的命令
elif 条件表达式 2; then
        条件表达式 2 成立时执行的命令
```

```
…
else
        以上所有条件都不成立时执行的命令
fi
```

关键字 elif 是 "else if" 的意思，if-elif 结构可以有多条 elif 语句。Bash 从 if 语句中的*条件表达式 1* 开始检查。如果条件成立，则执行对应的命令，执行完之后退出 if-elif 结构。如果条件不成立，则继续检查下一条 elif 语句中的表达式，直到某条 elif 语句中的表达式成立为止。如果 if 语句和所有 elif 语句之后的表达式都不成立，则执行 else 语句之后的命令。使用 if-elif 结构修改后的脚本如例 4-72 所示。

例 4-72：if-elif 结构

```
[zys@centos7 bin]$ cat   myscript.sh
#!/bin/bash
read -p "Do you like CentOS Linux(Y/N): " ans
if [ "$ans" == "y" ] || [ "$ans" == "Y" ]; then
        echo " Very good!!!"
elif [ "$ans" == "n" ] || [ "$ans" == "N" ]; then
        echo " Oh, I'm sorry to hear that!!!"
else        # 如果 if 和 elif 中的条件都不成立
        echo "Wrong answer!!!"
fi
[zys@centos7 bin]$ sh   myscript.sh
Do you like CentOS Linux(Y/N): Y
Very good!!!
[zys@centos7 bin]$ sh   myscript.sh
Do you like CentOS Linux(Y/N): X
Wrong answer!!!
```

3. 嵌套 if 语句

在 if 结构中，当条件表达式成立时会执行相应的命令。如果这些命令中包含 if 结构，则形成了嵌套的 if 语句，复杂的 Shell 脚本往往使用这种结构。例 4-73 是一个嵌套 if 语句的简单示例。

例 4-73：嵌套 if 语句

```
[zys@centos7 bin]$ cat   myscript.sh
#!/bin/bash
read -p "Do you like CentOS Linux(Y/N): " ans
if [ "$ans" == "y" ] || [ "$ans" == "Y" ]; then
        read -p "Are you sure(Y/N): " ans_confirm
        if [ "$ans_confirm" == "y" ] || [ "$ans_confirm" == "Y" ]; then
            echo "Very good!!!"
        fi
elif [ "$ans" == "n" ] || [ "$ans" == "N" ]; then
        echo "Oh, I'm sorry to hear that!!!"
else
        echo "Wrong answer!!!"
fi
[zys@centos7 bin]$ sh   myscript.sh
Do you like CentOS Linux(Y/N): Y
Are you sure(Y/N): Y
```

Very good!!!

内层的 if 语句在语法上和外层的 if 语句完全相同。另外，这个例子中的脚本其实还有优化的空间。因为内层的 if 语句只处理输入是"y"或"Y"的情况，对其他输入没有响应。大家可以自己动手优化这个脚本，这里不再演示。

4.3.5　循环结构

循环结构在 Shell 脚本中使用得非常多。在自动化运维中，经常需要反复执行某种有规律的操作，直到某个条件不成立或不成立；还有一种常见的情形是把某种操作执行固定的次数，这些都可以使用循环结构实现。本小节将学习几种常见的循环结构，以及控制循环结构执行流程的 break 和 continue 语句。

V4-13　Shell 脚本
的 3 种循环结构

1. while 循环

while 循环主要用于执行次数不确定的某种操作，其结构如下。

```
while  [ 循环表达式 ]                              while  [ 循环表达式 ] ; do
do                          或者                        循环体
    循环体                                            done
done
```

关于 while 循环，有以下几点需要说明。

（1）while 循环以关键字 while 开头，后跟循环表达式。循环表达式可以是用 test 命令或中括号表示的简单条件测试表达式，也可以是使用布尔运算符的复合表达式。

（2）循环体是在关键字 do 和 done 之间的一组命令。关键字 do 可以和 while 处于同一行，也可以换行书写。如果处于同一行，则需要在循环表达式后添加分号";"作为表达式结束符。这一点和 if 语句中关键字 if 和 then 的关系相同。

（3）while 循环的执行顺序是这样的：首先检查循环表达式是否成立，若成立，则执行循环体中的命令，若不成立，则退出 while 循环结构。循环体执行完之后，再次检查循环表达式是否成立，然后根据检查结果决定是执行循环体还是退出 while 循环。所以 while 循环的执行流程可以概括如下：只要循环表达式为真，就执行循环体，除非循环表达式不成立。

（4）如果循环表达式第一次的检查结果就为假，则直接退出循环结构，循环体一次也不会执行。所以对于 while 循环来说，循环体的执行次数是 0 到任意次。

（5）循环体中应该包含影响循环表达式结果的操作，否则 while 循环会因为循环表达式永远为真而陷入"死循环"。

例 4-74 是一个使用 while 循环的简单例子。在这个例子中，使用了一个特殊的 Bash 变量 RANDOM，它会生成一个介于 0～32767 的随机数。$(($RANDOM*100/32767))的作用是把随机数的范围缩小到 0～99。用户猜测一个数字并输入，脚本对随机数和用户输入的数字进行比较，根据比较结果给出相应提示。这个过程一直持续到用户猜出正确的数字。

例 4-74：while 循环的基本用法

```
[zys@centos7 bin]$ cat  myscript.sh
#!/bin/bash
random_num=$(( $RANDOM*100/32767 ))              # 生成 0～99 的随机数
read  -p  "Input your guess: " guess_num         # 获取用户输入
while [ $random_num -ne $guess_num ]             # 如果不相等就一直执行
do
      if [ $random_num -gt $guess_num ]; then
          read  -p "Input a bigger num: " guess_num
```

```
        else
                read  -p  "Input a smaller num: " guess_num
        fi
done
echo "Great!!!"
[zys@centos7 bin]$ sh   myscript.sh
Input your guess: 50
Input a bigger num: 75
Input a bigger num: 87
Input a smaller num: 82
Input a smaller num: 79
Input a bigger num: 81
Input a smaller num: 80
Great!!!
```

2. until 循环

until 循环的结构如下。

```
until  [ 循环表达式 ]                          until  [ 循环表达式 ] ;  do
do                          或者                      循环体
      循环体                                      done
done
```

从形式上看，until 循环仅仅是用关键字 until 替换了关键字 while，但其实 until 循环和 while 循环的含义正好相反。until 循环的执行流程可以概括如下：当循环表达式为真时结束循环，否则一直执行循环体。将例 4-74 用 until 循环改写后的脚本如例 4-75 所示。

例 4-75：until 循环的基本用法

```
[zys@centos7 bin]$ cat   myscript.sh
#!/bin/bash
random_num=$(( $RANDOM*100/32767 ))
read  -p  "Input your guess: " guess_num
until [ $random_num -eq $guess_num ]                # 如果相等就停止循环
do
      if [ $random_num -gt $guess_num ]; then
              read  -p "Input a bigger num: " guess_num
      else
              read  -p  "Input a smaller num: " guess_num
      fi
done
echo "Great!!!"
[zys@centos7 bin]$ sh   myscript.sh
Input your guess: 50
Input a smaller num: 25
Input a bigger num: 37
Input a bigger num: 44
Input a smaller num: 40
Input a bigger num: 42
Input a bigger num: 43
Great!!!
```

177

3. for 循环

和前面两种循环不同，for 循环主要用于执行次数确定的某种操作。如果事先知道循环要执行多少次，则使用 for 循环是最合适的。for 循环的结构如下。

```
for   var  in  value_list                    for  var  in  value_list  ;  do
do                          或者                       循环体
      循环体                                  done
done
```

for 循环以关键字 for 开头。for 循环的关键要素是循环变量 *var* 和用空格分隔的变量值列表 *value_list*。for 循环每次把循环变量 var 设为 *value_list* 中的一个值，然后代入循环体执行，直到 *value_list* 中的每个值都使用一遍。所以 for 循环的执行次数就是变量值的数量。例 4-76 是一个简单的 for 循环例子，从这个例子中可以清楚地看到 Shell 脚本参数"$@"和"$*"的不同。

例 4-76：for 循环的基本用法 1

```
[zys@centos7 bin]$ cat  myscript.sh
#!/bin/bash
i=1 ; j=1
echo 'parameters from $* are: '
for var in "$*"         # 把 $* 中的每个值代入循环
do
      echo "parameter $i : " $var
      i=$(( $i + 1 ))
done
echo 'parameters from $@ are: '
for var in "$@"         # 把 $@ 中的每个值代入循环
do
      echo "parameter $j : " $var
      j=$(( $j + 1 ))
done
[zys@centos7 bin]$ sh  myscript.sh  Jiangsu  China
parameters from $* are:
parameter 1 :  Jiangsu China
parameters from $@ are:
parameter 1 :  Jiangsu
parameter 2 :  China
```

需要注意的是，变量值列表 *value_list* 不能用双引号括起来，否则会作为一个整体被赋值给循环变量，但列表中的每个变量值可以用双引号括起来，尤其是当变量值中包含空格时。另外，在实际的自动化运维脚本中，像例 4-76 那样直接把所有的变量值编写到脚本中是不常见的，例 4-76 只适用于变量值很少的情形。通常的做法是通过一些命令产生一个变量值列表，具体的做法这里不再演示，大家可以查阅相关资料，了解变量值列表的更多形式。

for 循环的另一种形式如下。

```
for  (( 初始化操作；循环表达式；赋值操作 ))
do
      循环体
done
```

这种形式的 for 循环有一个特点：循环变量的取值一般是一个整数，通过控制取值的上限或下限来确定循环体的执行次数。它的执行流程大致如下。

第 1 步，通过初始化操作为循环变量赋初始值。

第 2 步，检查循环表达式是否成立。如果成立则进入第 3 步执行循环体，否则退出 for 循环。

第 3 步，执行循环体。循环体可以包含一条或多条命令，也可以包含分支结构或嵌套循环结构。

第 4 步，通过赋值操作改变循环变量的值。检查循环表达式是否成立。如果成立则返回第 3 步执行循环体，否则退出 for 循环。

初始化操作、循环表达式和赋值操作可以用类似 C 语言的语法编写，如 i=1、i<8、i=i+1 或 i++ 等，具体语法这里不展开介绍，请大家参考相关资料进一步学习。例 4-77 使用 for 循环计算了 1 到 100 相加的结果。

例 4-77：for 循环的基本用法 2

```
[zys@centos7 bin]$ cat   myscript.sh
#!/bin/bash
sum=0
for (( i=1; i<=100; i++ ))
do
        sum=$(( $sum + $i ))
done
echo "sum(1...100) = $sum"
[zys@centos7 bin]$ sh   myscript.sh
sum(1...100) = 5050
```

4. break 和 continue 语句

正常情况下，前面所讲的 3 种循环都会持续执行循环体直到某个条件成立（或不成立）。Shell 脚本提供了 break 和 continue 这两种语句，它们和条件测试结合使用可以改变循环结构的执行流程。这两种语句的作用稍有不同。break 语句的作用是终止整个循环结构，也就是退出循环结构。而 continue 语句是终止循环结构的本轮执行，直接进入下一轮循环。下面通过一个例子来说明这两种语句的不同，如例 4-78 所示。

例 4-78：continue 语句的基本用法

```
[zys@centos7 bin]$ cat   -n   myscript.sh
    #!/bin/bash
    sum=0
    for (( i=1; i<=100; i++ ))
    do
        if [ $(($i % 2)) -eq 0 ]; then          # 如果 i 为偶数，则停止本轮迭代
            continue
        fi
        sum=$(($sum + $i))
    done
    echo "sum(1...100) = $sum"
[zys@centos7 bin]$ sh   myscript.sh
sum(1...100) = 2500
```

在例 4-78 中，for 循环的循环体包括一个 if 条件测试，当循环变量是偶数（即对 2 取余为 0）时执行 continue 语句。continue 在这里的作用是停止本轮执行（不执行第 8 行的命令），直接进入 for 循环的赋值操作（i++）。所以这个 for 循环实际计算的是 1 到 100 之间所有奇数的和。如果把本例中的 continue 换成 break，那么当 i 的值为 2 时，整个 for 循环就终止了，最终的输出是 sum(1...100) = 1。大家可以自己动手修改这个脚本来验证结果。

4.3.6 Shell 函数

函数是 Shell 脚本编程的重要内容。函数代表一段已经编写好的代码，或者说函数就是这段代码的"别名"。在脚本中调用函数就相当于执行它所代表的这段代码。引入函数的最主要目的是提高代码的复用性和将代码模块化。本小节将简单介绍 Shell 函数的基本用法。

V4-14　Shell 函数
的基本用法

1. 定义和使用 Shell 函数

Bash 按照从上到下的顺序执行 Shell 脚本，所以在使用函数时必须先定义一个函数。定义函数的标准格式如下。

```
function  函数名 ( )
{
    函数体
    [ return  val ]
}
```

定义函数时有以下几点需要注意。

（1）函数定义以关键字 function 开头，function 后跟函数名，然后是一对小括号。可以省略（但不可以同时省略）function 或小括号。一般选择有意义的字符串作为函数名，最好让其他人看到函数名就能明白函数的主要用途。

（2）大括号括起来的部分称为函数体，也就是调用函数时要执行的命令。

（3）关键字 return 的作用是手动指定函数的返回值或退出码，下面将专门讨论函数的返回值。

（4）和其他绝大多数高级程序设计语言不同的是，调用 Shell 函数时直接使用函数名即可，不需要后跟小括号。

例 4-79 演示了 Shell 函数的基本用法。在本例中，定义了一个名为 foo 的函数。该函数用于从用户那里获得一个输入并给出响应。

例 4-79：Shell 函数的基本用法——定义和调用函数

```
[zys@centos7 bin]$ cat  myscript.sh
#!/bin/bash
function  foo ( )        # 定义一个函数，函数名为 foo
{
    read -p "Do you like CentOS Linux(Y/N): " ans
    if [ "$ans" == "y" ] || [ "$ans" == "Y" ]; then
        echo " Very good!!!"
    elif [ "$ans" == "n" ] || [ "$ans" == "N" ]; then
        echo " Oh, I'm sorry to hear that!!!"
    else
        echo "Wrong answer!!!"
    fi
}

foo          # 调用函数
[zys@centos7 bin]$ sh  myscript.sh
Do you like CentOS Linux(Y/N): Y
 Very good!!!
```

2. 参数和返回值

（1）函数参数。

大家应该还记得，执行脚本时可以使用参数，其实调用 Shell 函数时也可以使用参数，而且两者使用参数的方法一样，都用到了"$@""$*""$#""$n"这几个特殊的变量。不能在定义 Shell 函数时指定参数，这是 Shell 函数和其他编程语言的另一处不同。例 4-80 定义了一个简单的函数 sum，它的作用是计算传入的两个参数的和。

例 4-80：Shell 函数的基本用法——使用参数

```
[zys@centos7 bin]$ cat   myscript.sh
#!/bin/bash
function sum ( )        # 定义一个函数，函数名为 sum
{
     echo 'input parameters are: $@ = "'"$@"'"'
     if [ $# -ne 2 ]; then
          echo "usage: sum n1 n2"
          return 1
     fi
     echo "$1 + $2 = " $(($1 + $2))
}

sum 11 16          # 调用函数，传入两个参数
sum 84             # 调用函数，传入一个参数
[zys@centos7 bin]$ sh   myscript.sh
input parameters are: $@ = "11 16"
11 + 16 =   27
input parameters are: $@ = "84"
usage: sum n1 n2
```

现在给大家提出一个问题，如果脚本和函数都带有参数，那么函数中的$1 和$2 等变量究竟表示脚本的参数还是函数的参数呢？请大家自己动手编写脚本来验证答案。

（2）函数返回值。

Shell 函数的返回值是一个带有迷惑性的概念，经常给熟悉 C 语言或其他高级程序设计语言的人带来困扰。因为 Shell 函数的返回值表示函数执行是否成功（一般返回 0），或者执行时遇到的某些异常情况（一般返回非 0 值），而不是指函数体的运行结果。Shell 函数的返回值通过"$?"特殊变量获得。以例 4-81 中的 sum 函数为例。使用 sum 11 16 调用 sum 函数，函数执行成功。因此返回值为 0，而不是函数体的运行结果 27。如果使用 sum 84 调用函数，那么返回值就是一个非 0 值（本例中为 1）。所以函数的返回值用退出码表述更准确。可以使用 return 语句手动指定函数的返回值，如果省略，则默认使用函数中最后一条命令的退出码。

有什么办法可以获得函数体的运行结果呢？一种可行的办法是使用 Bash 变量，如例 4-81 所示。注意，这种方法要求改变脚本的执行方式，即必须让脚本运行在当前 Bash 进程中。如果脚本在子进程中运行，那么当子进程结束时，对变量的所有修改也会消失。

例 4-81：Shell 函数的基本用法——返回函数体的运行结果

```
[zys@centos7 bin]$ var_sum=0
[zys@centos7 bin]$ cat   myscript.sh
#!/bin/bash
function sum ( )             # 定义一个函数，函数名为 sum
{
```

```
        echo 'input parameters are: $@ = "'$@'"'
        if [ $# -ne 2 ]; then
            echo "usage: sum n1 n2"
            return 1
        fi

        var_sum=$(($1 + $2))              # 在函数中定义变量
}

    sum 11 16                            # 调用函数，传入两个参数
[zys@centos7 bin]$ source   myscript.sh        // 注意脚本调用方式
input parameters are: $@ = "11 16"
[zys@centos7 bin]$ echo $var_sum
27
```

🖎 任务实施

实验：Shell 脚本编写实践

为了向小朱演示 Shell 脚本的强大功能，张经理准备编写一个脚本，从文件*/etc/passwd* 中读取用户信息，从中筛选出指定用户并输出其用户名、UID 和主目录。实验中用到了本任务学习到的条件测试、分支和循环结构，还用到了之前没学过的 cut 命令。下面是张经理的操作步骤。

第 1 步，登录到开发服务器，在一个终端窗口中切换到目录*/home/zys/bin* 下。

第 2 步，创建一个脚本文件，名为 *getuser.sh*。在脚本的开始处，先检查传入脚本的参数数量。由于执行该脚本时需要指定用户名，如果参数数量小于 1（即未传入参数），则直接退出脚本，如例 4-82.1 所示。

例 4-82.1：Shell 脚本编写实践——第 2 步

```
[zys@centos7 bin]$ cat   -n   getuser.sh
    #!/bin/bash
    if [ $# -lt 1 ] ; then         # 如果参数数量小于 1
        echo "usage : getuser uname"
        exit 1
    fi
```

第 3 步，编写用于文件读取的脚本主循环，如例 4-82.2 所示。张经理使用 Shell 脚本中常用的 while 循环结构，每次从文件*/etc/passwd* 中读取一行内容，然后赋值给 userinfo 变量。在循环体的第 9 行使用 echo 命令输出 userinfo 变量的值，这一行只是为了测试每轮循环中 userinfo 变量的值，测试无误后即可删去。

例 4-82.2：Shell 脚本编写实践——第 3 步

```
[zys@centos7 bin]$ cat   -n   getuser.sh
    cat  /etc/passwd  |  while  read  userinfo     # 从文件/etc/passwd中读取内容
    do
        echo   "read test : ( $userinfo )"          # 注意，此行仅测试时使用
    done
```

第 4 步，使用 cut 命令从 userinfo 变量中提取用户名、UID 和主目录，如例 4-82.3 所示。cut 命令使用分号";"作为分隔符把 userinfo 变量的值分隔为若干字段，并从中提取第 1 个、第 3 个和

第 6 个字段并分别赋值给 uname、uid 和 homedir 这 3 个变量。

例 4-82.3：Shell 脚本编写实践——第 4 步

```
[zys@centos7 bin]$ cat  -n  getuser.sh
    uname=`echo  $userinfo  |  cut  -d':'  -f  1`          # 提取第 1 个字段
    uid=`echo  $userinfo  |  cut  -d':'  -f  3`            # 提取第 3 个字段
    homedir=`echo  $userinfo  |  cut  -d':'  -f  6`        # 提取第 6 个字段
```

第 5 步，检查 uname 变量的值是否和传入的用户名相同。如果不相同，则使用 continue 语句结束本轮循环，直接进入下一轮。如果相同，则输出 uname、uid 和 homedir 这 3 个变量的值，如例 4-82.4 所示。

例 4-82.4：Shell 脚本编写实践——第 5 步

```
[zys@centos7 bin]$ cat -n  getuser.sh
    if [ "$uname" != "$1" ] ; then          # 如果和传入的用户名相同
            continue
    else
            echo "uname=($uname),uid=($uid),homedir=($homedir)"
    fi
```

第 6 步，写到这里，脚本已初具雏形。张经理先演示脚本目前的效果，如例 4-82.5 所示。

例 4-82.5：Shell 脚本编写实践——第 6 步

```
[zys@centos7 bin]$ sh   getuser.sh                // 不传入参数
usage : getuser uname
[zys@centos7 bin]$ sh   getuser.sh   zys           // 传入一个真实的用户
uname=(zys),uid=(1000),homedir=(/home/zys)
[zys@centos7 bin]$ sh getuser.sh   zyshihihi        // 传入一个不存在的用户
[zys@centos7 bin]$
```

脚本的执行结果看起来符合预期。张经理让小朱思考现在这个版本有没有可以优化的地方。小朱认真分析脚本后发现，在找到指定的用户后，循环结构并没有马上退出，而是继续读取后续的用户信息。虽然在执行结果中没有体现出来，但其实这降低了脚本的执行效率。小朱建议在找到指定的用户后使用 break 语句退出循环。

第 7 步，张经理同意小朱的想法，然后对脚本进行了相应修改，如例 4-82.6 所示。

例 4-82.6：Shell 脚本编写实践——第 7 步

```
[zys@centos7 bin]$ cat  -n  getuser.sh
    if [ "$uname" != "$1" ] ; then
            continue
    else
            echo "uname=($uname),uid=($uid),homedir=($homedir)"
            break
    fi
```

第 8 步，张经理补充说，如果循环结束之后没有找到指定的用户，则脚本最好能给出一条提示信息，这样会提高脚本的易用性。为了实现这个功能，可以先定义一个变量 userfound，默认值为 0。如果找到指定的用户，就将其值设为 1。在循环外部，根据 userfound 变量的值给出相应的提示。修改后的版本如例 4-82.7 所示。

例 4-82.7：Shell 脚本编写实践——第 8 步

```
[zys@centos7 bin]$ cat  -n  getuser.sh
    userfound=0          # 变量初始值为 0
    cat  /etc/passwd  |  while  read  userinfo
```

```
        do
                if [ "$uname" != "$1" ] ; then
                        continue
                else
                        userfound=1          # 如果找到用户则设为 1
                        echo "uname=($uname),uid=($uid),homedir=($homedir)"
                        break
                fi
        done

        test  $userfound -eq 1  &&  echo  "user $1 exists"  ||  echo  "user $1 not found"
```

第 9 步，张经理问小朱这样写有没有问题，小朱信心满满地表示没有任何问题。于是张经理再次对脚本进行了测试，如例 4-82.8 所示。

例 4-82.8：Shell 脚本编写实践——第 9 步

```
[zys@centos7 bin]$ sh  getuser.sh  zys              // 传入一个真实的用户
uname=(zys),uid=(1000),homedir=(/home/zys)
user zys not found               <== 提示用户不存在
[zys@centos7 bin]$ sh  getuser.sh  zyshihihi          // 传入一个不存在的用户
user zyshihihi not found          <== 提示用户不存在
```

出乎小朱意料，不管用户是否存在，脚本都提示用户不存在。这说明循环内部对 userfound 变量的赋值没有效果。张经理让小朱思考脚本失败的原因。遗憾的是，这个问题的难度超出了小朱的能力范围。看到小朱一筹莫展的样子，张经理告诉他，问题出在循环体的执行方式上。脚本的第 8 行使用了管道操作，cat 命令的输出成为 while 循环的输入。但使用管道时，管道右侧的命令实际上会在子进程中执行。根据 4.1.2 小节中关于 Bash 变量的介绍，如果在子进程中修改了变量的值，则修改后的变量值是无法传递给父进程的。在本实验中，while 循环在子进程中执行，所以即使在 while 循环体中修改了 userfound 变量的值，在循环的外部（即父进程），userfound 变量的值仍始终为 0。

第 10 步，经过张经理这一番解释，小朱恍然大悟，没想到管道会和 Bash 子进程联系在一起。可是这个问题该如何解决呢？张经理告诉他，使用输入重定向即可避免这个问题，如例 4-82.9 所示。

例 4-82.9：Shell 脚本编写实践——第 10 步

```
[zys@centos7 bin]$ cat  -n  getuser.sh
        userfound=0
        #cat  /etc/passwd  |  while  read  userinfo
        while  read  userinfo
        do
        done < /etc/passwd      # 使用输入重定向从/etc/passwd 文件中读取用户信息
```

第 11 步，张经理又对脚本进行了测试，如例 4-82.10 所示。

例 4-82.10：Shell 脚本编写实践——第 11 步

```
[zys@centos7 bin]$ sh  getuser.sh  zys              // 传入一个真实的用户
uname=(zys),uid=(1000),homedir=(/home/zys)
user zys exists               <== 提示用户存在
[zys@centos7 bin]$ sh  getuser.sh  zyshihih          // 传入一个不存在的用户
user zyshihih not found          <== 提示用户不存在
```

现在脚本终于可以正常工作了，完整的脚本如例 4-82.11 所示。小朱感觉自己又从张经理身上学到了宝贵的经验。他也暗自告诉自己，一定要成为像张经理那样优秀的人，不管要付出多少努力。

例 4-82.11：Shell 脚本编写实践——完整的脚本

```
[zys@centos7 bin]$ cat  -n  myscript.sh
    #!/bin/bash
    if [ $# -lt 1 ] ; then
            echo "usage : getuser uname"
            exit 1
    fi

    userfound=0
    #cat  /etc/passwd  |  while  read  userinfo
    while  read  userinfo
    do
        uname=`echo  $userinfo  |  cut  -d':'  -f 1`
        uid=`echo  $userinfo  |  cut  -d':'  -f 3`
        homedir=`echo  $userinfo  |  cut  -d':'  -f 6`

        if [ "$uname" != "$1" ] ; then
            continue
        else
            userfound=1
            echo "uname=($uname),uid=($uid),homedir=($homedir)"
            break
        fi
    done < /etc/passwd

    test  $userfound -eq 1 && echo "user $1 exists" || echo "user $1 not found"
```

📝 知识拓展

case 语句

case 语句也是一种在 Shell 脚本中经常使用的条件测试方法。如果一个变量有几个明确的取值，或者符合几种固定的模式，就可以使用 case 语句区分每种情况并进行相应处理。case 语句的结构如下。

```
case  $var  in
    pattern1)
            匹配第 1 种模式时执行的命令
            ;;
    pattern2)
            匹配第 2 种模式时执行的命令
            ;;
    …
    *)
            以上所有模式都不匹配时执行的命令
            ;;
esac
```

关于 case 语句的结构，有以下几点需要说明。

（1）case 语句以关键字 case 开始，以关键字 esac 结束。esac 和 case 是倒序关系，可以利用这个关系帮助记忆。

（2）*var* 是待检查的变量，后跟关键字 in。

（3）*pattern1*、*pattern2* 等是变量 *var* 的可能取值，每种取值后跟 "）"。变量取值可以是数字、单个字符或字符串。如果是包含空格的字符串，则需要将其包含在双引号中，否则执行时会有语法错误。case 语句还支持使用正则表达式匹配变量的取值。这里有一点请大家特别注意，不要用双引号把正则表达式括起来，否则 Bash 会把正则表达式视作普通字符串。例如，[1-5]作为正则表达式表示匹配 1 至 5 之间的任意一个数字，但 "[1-5]" 表示一个普通字符串，这个字符串由一对中括号、1 和 5 两个数字及一个短横线共 5 个字符组成。

（4）对变量的每一种取值，可以指定对应要执行的一条或多条命令。使用两个连续的分号 ";;" 结束对当前取值的处理。

（5）"*" 表示所有取值都不匹配时的默认操作，类似于 if-elif 结构中 else 语句的作用。

下面使用 case 语句改写例 4-72，如例 4-83 所示。

例 4-83：case 语句的基本用法

```
[zys@centos7 bin]$ cat   myscript.sh
#!/bin/bash
read -p "Do you like CentOS Linux(Y/N): " ans
case $ans in
   [yY] )        # 注意，不要写成 "[yY]"
      echo "Very good!!!"
      ;;
   n|N )         # 注意，不要写成 "n|N"
      echo "Oh, I'm sorry to hear that!!!"
      ;;
   * )
      echo "Wrong answer!!!"
      ;;
esac
[zys@centos7 bin]$ sh   myscript.sh
Do you like CentOS Linux(Y/N): Y
Very good!!!
[zys@centos7 bin]$ sh   myscript.sh
Do you like CentOS Linux(Y/N): n
Oh, I'm sorry to hear that!!!
[zys@centos7 bin]$ sh   myscript.sh
Do you like CentOS Linux(Y/N): X
Wrong answer!!!
```

任务实训

在编写 Shell 脚本时，除了基本的 Bash 命令外，还会经常用到运算符和条件测试、分支和循环结构，以及函数等 Shell 编程要素。本实训的主要任务是练习编写一个简单的 Shell 脚本，巩固本任务学习的 Shell 脚本知识。

【实训目的】

（1）熟悉 Shell 脚本的基本语法。

（2）掌握 Shell 脚本中执行条件测试的常用运算符和规则。

（3）掌握 if 语句的基本结构和几种变体。

（4）掌握几种循环结构的语法和异同之处。

【实训内容】

按照以下步骤完成 Shell 脚本的练习。

（1）编写一个 Shell 脚本，脚本中只包含 echo $$这一条有效命令。使用 3 种不同的方式执行脚本文件，查看脚本内部的进程 PID 和当前 Bash 进程的 PID。比较 3 种方式的区别。

（2）编写一个 Shell 脚本，在脚本中执行简单的算术运算，如 3*5、11+16 等。

（3）使用 test 条件测试完成以下几步操作。

① 编写一个 Shell 脚本，在脚本中使用关系测试运算符比较数字的大小关系。

② 编写一个 Shell 脚本，在脚本中使用字符串测试运算符检查字符串是否为空、字符串是否相等。

③ 编写一个 Shell 脚本，在脚本中使用文件测试运算符检查文件是否存在、文件的类型、文件的权限及文件的新旧等。

④ 编写一个 Shell 脚本，在脚本中使用布尔运算符构造复合条件测试表达式，综合运用关系运算、字符串条件测试、文件条件测试。

（4）使用中括号"[ ]"条件测试完成上一步的操作。

（5）使用 if 语句检查某个文件是否存在，如果不存在，则给出相应提示。

（6）使用 if-else 结构检查某个字符串是否为空，根据结果给出相应提示。

（7）使用 if-elif 结构将用户输入的数字月份转换成对应的英文表示。如果数字不在 1～12 内，则给出错误提示。

（8）分别使用 while 循环、until 循环和 for 循环实现以下功能。

① 计算 1～100 内的所有整数之和。

② 计算 1～100 内的所有偶数之和。

③ 计算 1～100 内的所有奇数之和。

（9）编写一个 Shell 函数。该函数接收一个 UID 作为参数，并根据 UID 显示对应的用户名。

项目小结

本项目通过 3 个任务重点介绍了 Bash 的基本概念和重要功能、正则表达式的匹配规则及 Shell 脚本的编写方法。任务 4.1 包括每个 Linux 用户平时都会经常使用的 Bash 功能，如通配符、特殊符号、重定向操作、Bash 命令流、命令别名和命令历史记录等。即使是普通的 Linux 用户，也应该熟练掌握这些基本概念和使用技巧。任务 4.2 介绍的正则表达式包含一套匹配字符串的规则，Linux 中有很多工具支持正则表达式。利用正则表达式可以从大量的文本中快速提取所需的有用信息，提高工作效率。Shell 脚本是自动化运维的重要工具。任务 4.3 介绍了常用的条件测试运算符、分支结构和循环结构，以及 Shell 函数等。在学习时要注意将这些概念付诸实践，通过反复练习来理解其使用方法。

项目练习题

1. 选择题

（1）查看 Bash 变量值的正确方法是（　　）。

A. echo $var_name   B. echo !var_name

C. echo #var_name   D. echo $(var_name)

（2）关于 Bash 变量，下列说法错误的是（　　　）。

    A. 变量可以简化 Shell 脚本的编写，使 Shell 脚本更简洁、更易维护

    B. 变量为进程间共享数据提供了一种新的手段

    C. 使用变量之前必须先定义一个变量并设置变量的值

    D. 6name 是一个合法的变量名

（3）下面和 Linux 命令提示符有关的变量是（　　　）。

    A. PATH   B. HOSTNAME   C. SHELL   D. PS1

（4）关于 Bash 通配符"[^]"，下列说法正确的是（　　　）。

    A. 匹配中括号内的任意单一字符

    B. 中括号内的第 1 个字符是"^"，表示反向匹配

    C. 匹配 0 个或任意多个字符，即可以匹配任何内容

    D. 匹配任意单一字符

（5）Bash 中的特殊符号"$"的作用是（　　　）。

    A."$"可以将 Bash 窗口中的命令作为后台任务执行

    B. 在 Bash 窗口中连续执行多条命令时使用符号"$"分隔

    C."$"是变量的前导符号，"$"后跟变量名可以读取变量值

    D."$"表示用户的主目录

（6）关于 Bash 重定向操作，下列说法错误的是（　　　）。

    A. 默认情况下，标准输入是键盘，标准输出是屏幕

    B. 在一个命令后输入">"，并且后跟文件名，表示将命令执行结果输出到该文件中

    C.">>"也能实现输出重定向，和">"作用相同

    D. 输入重定向是指将原来从键盘输入的数据改为从文件中读取，使用"<"实现

（7）不能实现连续执行多条命令的是（　　　）。

    A. cd bin ; ls   B. mkdir bin && cd bin || ls

    C. mkdir bin || ls && cd bin   D. cd bin \ ls

（8）以下设置命令别名的方法正确的是（　　　）。

    A. rm=rm -i   B. alias rm=rm -I   C. unalias ls=ls -l   D. set ls=ls -l

（9）正则表达式的作用不包括（　　　）。

    A. 验证数据的有效性   B. 替换文本内容

    C. 从字符串中提取子字符串   D. 快速执行多条命令

（10）下列使用了正则表达式的反向匹配功能的是（　　　）。

    A. grep '[^ She]' reg_file   B. grep dose reg_file

    C. grep 'do [sz] e' reg_file   D. grep 'o.d' reg_file

（11）下列可以从文件 reg_file 中匹配 s 至少出现 1 次的文本行的是（　　　）。

    A. grep 's *' reg_file   B. grep 'ss*' reg_file

    C. grep 's \{ 1 \}' reg_file   D. grep 's \{ , 1 \}' reg_file

（12）在 Bash 中查看某条命令的执行结果，使用的变量是（　　　）。

    A. $#   B. $*   C. $?   D. $$

（13）在 Bash 脚本中判断文件 fname 是否存在，使用的方法是（　　　）。

    A. test -f fname   B. test -r fname

      C. test -e fname   D. test -x fname

（14）关于 Bash 脚本中 if 语句的说法，错误的是（　　　）。

     A. if 语句中的条件表达式可以使用 test 条件测试，也可以使用"[ ]"

     B. if 语句中的条件表达式可以使用单个表达式或复合表达式

     C. if 语句中关键字 if 和 then 可以处于同一行，不需要另加分隔符

     D. if 语句以关键字 fi 结束

（15）关于 while 和 until 循环的关系，下列说法正确的是（　　　）。

     A. 如果表达式第一次检查结果为假，则两种循环直接退出循环结构

     B. while 循环可以执行 0 至多次，until 循环至少执行 1 次

     C. while 循环和 until 循环不能相互转换

     D. 循环表达式为真时，while 循环继续执行。until 循环与之相反

2. 填空题

（1）如果要连续执行多条没有依赖关系的命令，则可以使用＿＿＿＿＿＿＿＿＿＿来分隔命令。

（2）为变量赋值时，变量名和变量值之间用＿＿＿＿＿＿＿＿连接。变量名＿＿＿＿＿＿＿＿大小写，删除变量时使用＿＿＿＿＿＿＿＿命令。

（3）把前一个命令的输出作为后一个命令的输入，这种机制称为＿＿＿＿＿＿＿＿。

（4）把一个命令的输出写入一个文件中，并且覆盖原内容，应该使用＿＿＿＿＿＿重定向操作。如果是追加到原文件，则应该使用＿＿＿＿＿＿＿＿重定向操作。

（5）查看变量 var_name 的值的两种方法是＿＿＿＿＿＿＿＿和＿＿＿＿＿＿＿。

（6）为匹配以"001"开头的行，可以使用正则表达式＿＿＿＿＿＿＿＿＿＿。

（7）设置和取消命令别名时分别使用＿＿＿＿＿＿＿＿和＿＿＿＿＿＿＿＿命令。

（8）history 命令最多可以显示＿＿＿＿＿＿＿＿条命令，由环境变量＿＿＿＿＿＿＿＿定义。

（9）Bash 脚本中两种常用的条件测试语法是＿＿＿＿＿＿＿＿和＿＿＿＿＿＿＿。

（10）Bash 脚本中有 3 种循环结构，分别是＿＿＿＿＿＿＿＿、＿＿＿＿＿＿＿＿和＿＿＿＿＿＿＿＿。

（11）在循环结构中，想要结束本轮循环，可以使用＿＿＿＿＿＿＿＿语句。

（12）在循环结构中，想要退出循环，可以使用＿＿＿＿＿＿＿＿语句。

（13）Bash 脚本中的函数以＿＿＿＿＿＿＿＿开头，调用函数时直接使用＿＿＿＿＿＿＿＿即可。

3. 简答题

（1）简述 Bash 变量的作用及定义变量时的注意事项。

（2）简述两种输出重定向的区别。

（3）简述几种 Bash 命令流的基本用法。

（4）简述基础正则表达式的几种基本规则。

（5）分析 Bash 脚本中基本 if 语句及其变体的执行流程。

（6）分析 Bash 脚本中 3 种常用循环结构的执行流程。

项目5
配置网络、防火墙与远程桌面

05

学习目标

【知识目标】

（1）了解网络配置的几种常用方法。

（2）熟悉常用的网络命令。

（3）了解VNC远程桌面的配置方法。

（4）了解SSH服务器的配置方法。

【技能目标】

（1）熟练掌握使用系统图形界面配置网络的方法。

（2）熟练掌握通过网卡配置文件配置网络的方法。

（3）掌握使用nmtui工具和nmcli命令配置网络的方法。

（4）能够使用VNC软件配置远程桌面。

（5）能够配置SSH服务器。

引例描述

学习Linux这么久，小朱已经深深喜欢上了这个优秀的操作系统。尤其是对于Shell终端界面，小朱更是"爱不释手"。但是小朱内心其实一直有一个遗憾，用了这么久的Linux操作系统，他还从未在上面上网、聊天、玩儿游戏。要知道，这些可是小朱每天的"必修课"。那么，怎样才能让他的Linux虚拟机连接网络呢？Linux的网络配置是否复杂呢？Linux中有没有免费的即时聊天软件呢？能不能在Linux中畅快地玩儿游戏呢？带着这些疑问，小朱又一次走进了张经理的办公室。张经理告诉小朱，Linux操作系统对网络的支持一点也不比Windows操作系统差。为了后面的工作需要，现在可以开始学习如何配置Linux网络。

任务 5.1　配置网络

 任务陈述

有人说 Linux 操作系统就是为网络而生的。配置网络就是让一台 Linux 计算机能够与其他计算机通信，这是一个 Linux 系统管理员必须掌握的基本技能，也是后续进行网络服务配置的前提。本任务将介绍 4 种配置网络的方法，在实际的工作中，大家可以选择适合自己的配置方法。

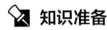 **知识准备**

5.1.1　网络配置

本书所有的实验均基于 VMware Workstation 虚拟机，因此必须首先确定使用哪些网络连接方式。前文说过，VMware Workstation 软件提供了 3 种网络连接方式，分别是桥接模式、NAT 模式和仅主机模式，这 3 种方式有不同的应用场合。

V5-1　虚拟机的
3 种网络连接方式

（1）桥接模式。在这种模式下，物理机变成一台虚拟交换机，物理机网卡与虚拟机的虚拟网卡利用虚拟交换机进行通信，物理机与虚拟机在同一网段中，虚拟机可直接利用物理网络访问外网。

（2）NAT 模式。NAT 的全称是 Network Address Translation，即网络地址转换。在 NAT 模式下，物理机更像一台路由器，兼具 NAT 与 DHCP 服务器的功能。物理机为虚拟机分配不同于自己网段的 IP 地址，虚拟机必须通过物理机才能访问外网。

（3）仅主机模式。这种模式阻断了虚拟机与外网的连接，虚拟机只能与物理机相互通信。

下面以 NAT 模式为例说明如何配置网络。

首先，为当前虚拟机选择 NAT 网络连接方式。在 VMware Workstation 软件中，选择【虚拟机】→【设置】选项，弹出【虚拟机设置】对话框，如图 5-1 所示。选择【网络适配器】选项，选中【NAT 模式：用于共享主机的 IP 地址】单选按钮，单击【确定】按钮。

其次，在 VMware Workstation 软件中，选择【编辑】→【虚拟网络编辑器】选项，弹出【虚拟网络编辑器】对话框，如图 5-2 所示。选中【NAT 模式（与虚拟机共享主机的 IP 地址）】单选按钮，单击【NAT 设置】按钮，弹出【NAT 设置】对话框，查看 NAT 的默认设置，如图 5-3 所示。

图 5-1　【虚拟机设置】对话框

图 5-2　【虚拟网络编辑器】对话框

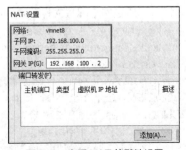

图 5-3　查看 NAT 的默认设置

191

这里需要大家记住【NAT 设置】对话框中的子网 IP、子网掩码和网关 IP，在后面进行网络配置时会用到这些信息。

1. 图形界面网络配置

Linux 初学者适合使用图形界面配置网络，其操作比较简单。打开 CentOS 7.6，单击桌面右上角的快捷启动按钮，即带有声音和电源图标的部分，展开【有线连接】下拉列表，如图 5-4 所示。因为现在还未正确配置网络，所以有线连接处于关闭状态。单击【有线设置】按钮，弹出网络系统设置界面，如图 5-5 所示。单击【有线连接】选项组中的齿轮按钮，设置有线网络，如图 5-6 所示。

图 5-4 【有线连接】下拉列表

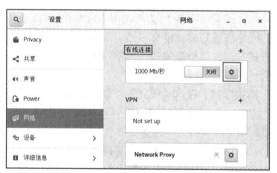

图 5-5 网络系统设置界面

在图 5-6 中，选择【IPv4】选项卡，设置 IP 地址获取方式为【手动】，分别设置 IP 地址、子网掩码、网关和 DNS。本例中将 IP 地址设置为 192.168.100.100，子网掩码和网关沿用图 5-3 中 NAT 的默认设置，DNS 设置和网关 IP 相同，均为 192.168.100.2，单击【应用】按钮保存设置。回到图 5-5 所示的界面，单击【有线连接】选项组中齿轮左侧的开关按钮，开启有线网络。

2. 网卡配置文件

在 Linux 操作系统中，所有的系统设置都保存在特定的文件中，因此，配置网络其实就是修改网卡配置文件。不同的网卡对应不同的配置文件，而配置文件的命名与网卡的来源有关。自 CentOS 7 开始，eno 代表由主板 BIOS 内置的网卡，ens 代表由主板 BIOS 内置的 PCI-E 接口网卡，eth 是默认的网卡编号。网

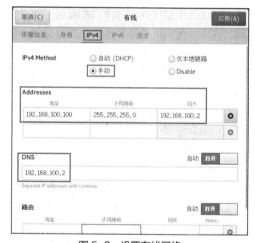

图 5-6 设置有线网络

卡配置文件名以 ifcfg 为前缀，位于目录 */etc/sysconfig/network-scripts* 中。可以通过 ifconfig -a 命令查看当前系统的默认网卡配置文件，这里的网卡配置文件名为 *ifcfg-ens33*。通过网卡配置文件配置网络如例 5-1 所示。

例 5-1：通过网卡配置文件配置网络

```
[root@centos7 ~]# cd  /etc/sysconfig/network-scripts
[root@centos7 network-scripts]# ls  ifcfg*
ifcfg-ens33  ifcfg-lo
[root@centos7 network-scripts]# vim  ifcfg-ens33    // 以 root 用户打开网卡配置文件
BOOTPROTO=none
ONBOOT=yes
IPADDR=192.168.100.100
PREFIX=24
```

```
GATEWAY=192.168.100.2
DNS1=192.168.100.2
...
[root@centos7 network-scripts]# systemctl  restart  network    // 重启网络服务
```

在例 5-1 中，有些配置项已经存在，有些配置项需要手动添加。其中，IPADDR 表示 IP 地址；PREFIX 表示网络前缀的长度，设置为 24 表示子网掩码是 255.255.255.0；GATEWAY 和 DNS1 分别表示网关和 DNS 服务器，这里均设置为 192.168.100.2。编辑好网卡配置文件后需要使用 systemctl restart network 命令重启网络服务。关于 systemctl 命令的具体用法详见项目 6。

有经验的 Linux 系统管理员可能更喜欢通过修改网卡配置文件的方式来配置网络，因为这种方法最直接。但对于 Linux 新用户而言，这种方式很容易出错。尤其是在重启网络服务时，如果因为文件配置错误而无法正常重启服务，新用户排查这些错误往往要花费很长时间。

V5-2 网卡配置
文件的其他参数

3. nmtui 配置工具

nmtui 是 Linux 操作系统提供的一个具有字符界面的文本配置工具，在终端窗口中，以 root 用户身份运行 nmtui 命令即可弹出【网络管理器】界面，如图 5-7 所示。

在 nmtui 的【网络管理器】界面中，通过键盘的上、下方向键可以选择不同的操作，通过左、右方向键可以在不同的功能区之间跳转。在【网络管理器】界面中，选择【编辑连接】选项后按 Enter 键，可以看到系统当前已有的网卡及操作列表，如图 5-8 所示。这里选择【ens33】选项并对其进行编辑操作，按 Enter 键后弹出 nmtui 的【编辑连接】界面，如图 5-9 所示。

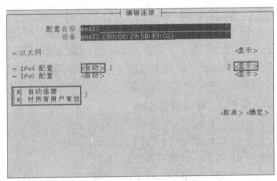

图 5-7 【网络管理器】界面　图 5-8　网卡及操作列表　　　　图 5-9 【编辑连接】界面

通过 nmtui 配置网络的主要操作都集中在【编辑连接】界面中。在【编辑连接】界面位置 1 处的【自动】按钮处按空格键，将 IP 地址的配置方式设为【手动】，在位置 2 处的【显示】按钮处按空格键，显示和 IP 地址相关的文本输入框，依次配置 IP 地址、网关和 DNS 服务器，相关配置信息如图 5-10 和图 5-11 所示。配置结束后，单击【确定】按钮，保存配置并退出 nmtui 工具。

虽然 nmtui 的操作界面不像图形界面那么清晰明了，但是熟悉相关操作之后，会发现 nmtui 是一个非常方便的网络配置工具。

4. nmcli 配置命令

下面介绍使用 nmcli 命令配置网络的方法。Linux 操作系统通过 NetworkManager 守护进程管理和监控网络设置，而 nmcli 命令可以控制 NetworkManager 守护进程。使用 nmcli 命令可以创建、修改、删除、激活、禁用网络连接，还可以控制和显示网络设备状态。例 5-2 显示了如何使用 nmcli 命令查看系统当前的网络连接。

V5-3 网卡配置
文件与 nmcli

193

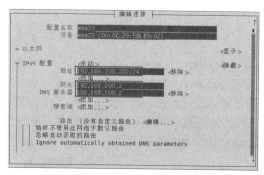

图 5-10　相关配置信息 1

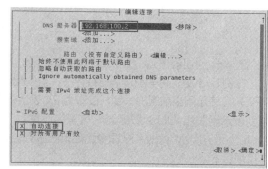

图 5-11　相关配置信息 2

例 5-2：使用 nmcli 命令查看系统当前的网络连接

```
[root@centos7 ~]# nmcli  connection  show              // 查看网络连接
NAME       UUID                                    TYPE       DEVICE
ens33      e1b9ec5f-8c41-44a4-afee-b069bbbf5c0e    ethernet   ens33
virbr0     fbd5eb68-e8aa-4cb5-b608-1a6752de2ebc    bridge     virbr0
[root@centos7 ~]# nmcli  connection  show ens33       // 查看指定网络连接
connection.id:                      ens33
ipv4.method:                        manual
ipv4.dns:                           192.168.100.2
ipv4.addresses:                     192.168.100.100/24
ipv4.gateway:                       192.168.100.2
...
```

　　例 5-2 选取了关于 ens33 的一些重要的参数，根据参数的名称和值可以很容易地推断出其代表的含义。例如，ipv4.method 表示 IP 地址的获取方式，当前的设置是 manual（手动）；ipv4.addresses 表示 IP 地址和子网掩码长度。如果现在要将 IP 地址修改为 192.168.100.200，同时将 DNS 服务器改为 192.168.100.254，那么可以采用例 5-3 所示的方式。

例 5-3：修改网络连接

```
[root@centos7 ~]# nmcli  connection  modify   ens33  \       // 换行继续输入
> ipv4.addresses  192.168.100.200  \
> ipv4.dns   192.168.100.254
[root@centos7 ~]# nmcli  connection   up  ens33
连接已成功激活（D-Bus 活动路径:
/org/freedesktop/NetworkManager/ActiveConnection/17）
```

　　注意，在例 5-3 中，因为完整的命令比较长，因此用转义符"\"将命令换行继续输入。另外，例 5-3 中的 modify 操作只修改了网卡配置文件，要想使配置生效，还必须手动启用这些设置。现在来查看网卡配置文件，确认配置是否成功写入文件，如例 5-4 所示。

例 5-4：查看网卡配置文件

```
[root@centos7 ~]# cd  /etc/sysconfig/network-scripts
[root@centos7 network-scripts]# cat  ifcfg-ens33
IPADDR=192.168.100.200
PREFIX=32
GATEWAY=192.168.100.2
DNS1=192.168.100.254
...
```

　　nmcli 命令的功能比较强大，用法也比较复杂，大家可以通过 man 命令查看更详细的用法说明。

5.1.2 常用网络命令

Linux 网络管理员经理使用一些命令进行网络配置和调试。这些命令功能强大、使用简单。下面介绍几个 Linux 操作系统中常用的网络命令。

（1）ping 命令。

ping 命令是最常用的测试网络连通性的工具之一。ping 命令向目的主机连续发送多个 ICMP 分组，记录目的主机是否正常响应及其响应时间。ping 命令的基本语法如下。其中，*dest_ip* 是目的主机的 IP 地址或域名。表 5-1 列出了 ping 命令的常用选项及其功能说明。

V5-4 Linux 操作系统中常用的网络命令

ping ［-c｜-i｜-s｜-t｜-w］ *dest_ip*

表 5-1 ping 命令的常用选项及其功能说明

选项	功能说明
-c *count*	指定发送 *count* 个分组后停止发送
-i *interval*	指定发送分组的间隔，默认为 1 秒
-s *packetsize*	指定发送分组的字节数，默认为 56
-t *ttl*	指定发送分组的生存时间（其实是指路由器跳数）
-w *waitsecs*	指定 ping 命令在 *waitsecs* 秒后停止发送分组

例 5-5 演示了 ping 命令的基本用法，目的主机分别为人民邮电出版社和教育部的官方网站域名。需要注意的是，如果没有特殊设置，则 ping 命令会不停地发送数据包，因此需要手动终止 ping 命令，方法是按【Ctrl+C】组合键。

例 5-5：ping 命令的基本用法

```
[zys@centos7 ~]$ ping  www.ptpress.com.cn
PING www.ptpress.com.cn (39.96.127.170) 56(84) bytes of data.
64 bytes from 39.96.127.170 (39.96.127.170): icmp_seq=1 ttl=40 time=44.5 ms
64 bytes from 39.96.127.170 (39.96.127.170): icmp_seq=2 ttl=40 time=45.1 ms
64 bytes from 39.96.127.170 (39.96.127.170): icmp_seq=3 ttl=40 time=43.3 ms
64 bytes from 39.96.127.170 (39.96.127.170): icmp_seq=4 ttl=40 time=43.8 ms
64 bytes from 39.96.127.170 (39.96.127.170): icmp_seq=5 ttl=40 time=43.5 ms
^C        <== 按【Ctrl+C】组合键手动终止 ping 命令
--- www.ptpress.com.cn ping statistics ---
5 packets transmitted, 5 received, 0% packet loss, time 4010ms
rtt min/avg/max/mdev = 43.351/44.102/45.184/0.689 ms
[zys@centos7 ~]$ ping  -c  3  www.moe.gov.cn        // 只发送 3 个分组
PING moe-gov-cn.cname.saaswaf.com (42.51.199.149) 56(84) bytes of data.
64 bytes from 42.51.199.149 (42.51.199.149): icmp_seq=1 ttl=49 time=60.2 ms
64 bytes from 42.51.199.149 (42.51.199.149): icmp_seq=2 ttl=49 time=63.0 ms
64 bytes from 42.51.199.149 (42.51.199.149): icmp_seq=3 ttl=49 time=58.9 ms

--- moe-gov-cn.cname.saaswaf.com ping statistics ---
3 packets transmitted, 3 received, 0% packet loss, time 6718ms
rtt min/avg/max/mdev = 58.937/60.742/63.042/1.712 ms
```

（2）traceroute 命令。

另一个经常用于测试网络连通性的命令是 traceroute（在 Windows 操作系统中是 tracert）。

traceroute 命令向目的主机发送特殊的分组，并跟踪分组从源主机到目的主机的传输路径。traceroute 命令的基本用法如例 5-6 所示，目的主机为百度公司的官方域名。

例 5-6：traceroute 命令的基本用法

```
[zys@centos7 ~]$ traceroute  www.baidu.com
traceroute to www.baidu.com (36.152.44.95), 30 hops max, 60 byte packets
 1  192.168.0.1 (192.168.0.1)  5.693 ms  5.572 ms  5.465 ms
 2  192.168.1.1 (192.168.1.1)  5.376 ms  5.288 ms  5.197 ms
 3  221.178.235.218 (221.178.235.218)  4.955 ms  5.263 ms  5.632 ms
...
 7  10.203.195.2 (10.203.195.2)  13.180 ms  12.140 ms  13.021 ms
 8  * * *
 9  * * *
...
30  * * *
```

（3）netstat 命令。

netstat 命令是一个综合的网络状态查询命令，可以查看系统开放的端口、服务及路由表等。netstat 命令的基本语法如下。表 5-2 列出了 netstat 命令的常用选项及其功能说明。

```
netstat  [-al-c|-l|-tl-u|-n|-r]
```

表 5-2 netstat 命令的常用选项及其功能说明

选项	功能说明
-a	显示系统当前所有的网络连接
-c	每隔 1 秒刷新一次输出
-l	只显示处于侦听状态（LISTEN）的网络套接字
-t	显示 TCP 连接
-u	显示 UDP 连接
-n	直接使用 IP 地址，不解析主机名
-r	显示内核路由表

例如，要查询系统当前所有的 TCP 连接，直接显示 IP 地址，可以如例 5-7 所示那样操作。

例 5-7：netstat 命令的基本用法——查询 TCP 连接

```
[zys@centos7 ~]$ netstat  -ant
Active Internet connections (servers and established)
Proto Recv-Q  Send-Q  Local Address       Foreign Address       State
tcp       0       0  0.0.0.0:22345       0.0.0.0:*             LISTEN
tcp       0       0  0.0.0.0:111         0.0.0.0:*             LISTEN
tcp       0       0  0.0.0.0:6000        0.0.0.0:*             LISTEN
tcp       0       0  192.168.122.1:53    0.0.0.0:*             LISTEN
...
```

如果想查询路由表，则使用-r 选项即可，如例 5-8 所示。

例 5-8：netstat 命令的基本用法——查询路由表

```
[zys@centos7 ~]$ netstat  -r
Kernel IP routing table
Destination      Gateway         Genmask          Flags  MSS  Window  irtt  Iface
default          192.168.0.1     0.0.0.0          UG       0   0          0  ens33
192.168.0.0      0.0.0.0         255.255.255.0    U        0   0          0  ens33
192.168.122.0    0.0.0.0         255.255.255.0    U        0   0          0  virbr0
```

（4）ifconfig 命令。

ifconfig 命令可用于查看或配置 Linux 中的网络设备。ifconfig 命令的参数比较多，这里不展开介绍。下面仅演示使用 ifconfig 命令查看指定网络接口信息的方法，如例 5-9 所示。

例 5-9：ifconfig 命令的基本用法

```
[zys@centos7 ~]$ ifconfig  ens33       // 查看 ens33 网络接口的相关信息
ens33: flags=4163<UP,BROADCAST,RUNNING,MULTICAST>  mtu 1500
        inet 192.168.0.150  netmask 255.255.255.0  broadcast 192.168.0.255
        inet6 fe80::58cd:8c2b:9a0d:cc25  prefixlen 64  scopeid 0x20<link>
        ether 00:0c:29:5d:e9:02  txqueuelen 1000  (Ethernet)
        RX packets 2309  bytes 1970151 (1.8 MiB)
        RX errors 0  dropped 0  overruns 0  frame 0
        TX packets 1607  bytes 126696 (123.7 KiB)
        TX errors 0  dropped 0 overruns 0  carrier 0  collisions 0
```

（5）arp 命令。

地址解析协议（Address Resolution Protocol，ARP）是根据 IP 地址获取物理地址（即 MAC 地址）的一种网络协议。IP 地址与物理地址的映射关系保存在计算机的 ARP 缓冲区中。使用 arp 命令可以显示 ARP 缓冲区的 ARP 条目，也可以删除或手动添加静态 ARP 条目。arp 命令的基本用法如例 5-10 所示。

例 5-10：arp 命令的基本用法

```
[zys@centos7 ~]$ arp           // 查询 ARP 条目
Address           HWtype   HWaddress            Flags Mask   Iface
192.168.0.104     ether    00:e1:8c:fd:9d:1e    C            ens33
192.168.0.1       ether    f4:83:cd:9a:45:35    C            ens33
192.168.0.102              (incomplete)                      ens33
[zys@centos7 ~]$ sudo  arp  -d  192.168.0.104    // 删除指定主机的 ARP 条目
[sudo] zys 的密码：
[zys@centos7 ~]$
```

（6）nslookup 命令。

nslookup 命令主要用于查询域名对应的 IP 地址等信息，如例 5-11 所示。Server 字段表示提供域名信息的 DNS 服务器，Address 表示域名对应的 IP 地址。

例 5-11：nslookup 命令的基本用法

```
[zys@centos7 ~]$ nslookup  www.ptpress.com.cn
Server:        192.168.0.1          <== DNS 服务器
Address:       192.168.0.1#53

Non-authoritative answer:
Name:        www.ptpress.com.cn
Address:     39.96.127.170          <== 域名对应的 IP 地址
```

在日常的网络管理中，系统管理员经常使用这些命令进行网络配置和调试。限于篇幅，本小节只简单介绍这些常用网络命令的基本用法。大家可以自行查询相关资料深入学习。

任务实施

实验：配置服务器网络

最近，开发中心购买了一台新的开发服务器，作为原开发服务器的备份。张经理为新机器安装了

CentOS 7.6。张经理让小朱通过网卡配置文件配置网络，下面是小朱的操作步骤。

第 1 步，登录到新开发服务器，在一个终端窗口中使用 su － root 命令切换到 root 用户。

第 2 步，使用 cd 命令切换到网卡配置文件所在目录*/etc/sysconfig/network-scripts*。

第 3 步，使用 ifconfig －a 命令查看当前系统的默认网卡配置文件，这里的网卡配置文件名为*ifcfg-ens33*。

第 4 步，使用 vim 打开 *ifcfg-ens33* 文件，添加相应内容，如例 5-12 所示。

例 5-12：修改网卡配置文件

```
BOOTPROTO=none
ONBOOT=yes
IPADDR=192.168.62.235
PREFIX=24
GATEWAY=192.168.62.2
DNS1=192.168.62.2
```

第 5 步，使用 systemctl restart network 命令重启网络服务。

第 6 步，使用 ping 命令测试新开发服务器与原开发服务器的连通性。

 知识拓展

1. 网卡配置文件和 nmcli 的对应关系

通过前面的内容可以看到，在 Linux 操作系统中配置网络有多种方式，大家可以选择自己喜欢的方式并熟练掌握。另外，可以看到，使用网卡配置文件配置网络和使用 nmcli 命令配置网络非常相似，都是对某些网络参数进行赋值。下面通过表 5-3 说明网卡配置文件参数和 nmcli 命令参数的对应关系。

表 5-3　网卡配置文件参数和 nmcli 命令参数的对应关系

网卡配置文件参数	nmcli 命令参数	功能说明
TYPE=*Ethernet*	connection.type *802-3-ethernet*	网卡类型
BOOTPROTO=*none*	ipv4.method *manual*	手动配置 IP 信息
BOOTPROTO=*dhcp*	ipv4.method *auto*	自动获取 IP 信息
IPADDR=*192.168.100.100* PREFIX=*24*	ipv4.addresses *192.168.100.100/24*	IP 地址和子网掩码
GATEWAY=*192.168.100.2*	ipv4.gateway *192.168.100.2*	网关地址
DNS1=*192.168.100.2*	ipv4.dns *192.168.100.2*	DNS 服务器地址
DOMAIN=*siso.edu.cn*	ipv4.dns-search *siso.edu.cn*	域名
ONBOOT=*yes*	connection.autoconnect *yes*	是否开机启动网络
DEVICE=*ens33*	connection.interface-name *ens33*	网卡接口名称

2. 使用桥接模式配置网络

前面的内容主要基于 NAT 模式来配置虚拟机网络。在实际的学习和研究中，桥接模式也是经常使用的一种网络连接方式。在这种模式下，物理机变为一台虚拟交换机，物理机网卡与虚拟机的虚拟网卡利用虚拟交换机进行通信，物理机与虚拟机在同一网段中，虚拟机可直接利用物理网络访问外网。下面简单介绍如何基于桥接模式为虚拟机配置网络。

在图 5-1 所示的【虚拟机设置】对话框中，选中【桥接模式：直接连接物理网络】单选按钮。在桥接模式下物理机与虚拟机在同一网段中，因此先要查看并确认物理机的网络参数。本例的物理机安装了 Windows 7 操作系统。在物理机的【控制面板】窗口中依次选择【网络和 Internet】→【网络和共享中心】→【本地连接】→【属性】→【Internet 协议版本 4】选项，单击【属性】按钮，弹出【Internet 协议版本 4（TCP/IPv4）属性】对话框，查看物理机的网络参数，如图 5-12 所示。

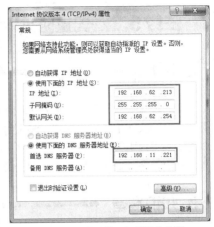

图 5-12　查看物理机的网络参数

需要记住这个对话框中显示的 IP 地址、子网掩码、默认网关和 DNS 服务器。有了这些信息，即可使用前文介绍的 4 种方法配置虚拟机网络。如果通过修改网卡配置文件来配置网络，则网卡配置文件中的相关参数应该如例 5-13 所示。在例 5-13 中，将虚拟机的 IP 地址设为 192.168.62.214，其他网络参数与物理机相同。

例 5-13：修改网卡配置文件——桥接模式

```
[root@centos7 network-scripts]# vim    ifcfg-ens33
BOOTPROTO=none
ONBOOT=yes
IPADDR=192.168.62.214
PREFIX=24
GATEWAY=192.168.62.254
DNS1=192.168.11.221
...
[root@centos7 network-scripts]# systemctl    restart    network        // 重启网络服务
```

需要强调的是，基于桥接模式为虚拟机配置的 IP 地址必须是本网段未被使用的 IP 地址。为保证这一点，推荐的做法是在物理主机上使用 ping 命令测试其到该待定 IP 地址的连通性。如果收到不成功的响应，则说明这个 IP 地址很可能未被使用（也有可能已被使用，但因为某些情况导致 ping 操作不成功）。

任务实训

为操作系统配置网络并保证计算机的网络连通性是每一个 Linux 系统管理员的主要工作之一。本实训的主要任务是练习通过不同的方式配置虚拟机网络，熟悉各种方式的操作方法。在桥接模式和 NAT 模式下分别为虚拟机配置网络并测试网络连通性。

【实训目的】
（1）掌握 Linux 操作系统中常见的网络配置方法。
（2）理解各种网络配置方法的操作要点及不同参数的含义。
（3）巩固网络配置的学习效果。

【实训内容】
按照以下步骤完成网络配置练习。
（1）登录到虚拟机，在一个终端窗口中使用 su－root 命令切换到 root 用户。
（2）使用 cd 命令切换到网卡配置文件所在目录/etc/sysconfig/network-scripts。
（3）使用 ifconfig 命令查看当前系统的默认网卡配置文件。
（4）修改网卡配置文件，添加相应内容。
（5）使用 systemctl restart network 命令重启网络服务。
（6）使用 ping 命令测试虚拟机与物理机的连通性。

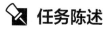

任务 5.2　配置防火墙

任务陈述

防火墙是提升计算机安全级别的重要机制，可以有效防止计算机遭受来自外部的恶意攻击和破坏。用户通过定义一组防火墙规则，对来自外部的网络流量进行匹配和分类，并根据规则决定是允许还是拒绝流量通过防火墙。firewalld 是 CentOS 7 及之后版本默认使用的防火墙。在本任务中，将介绍 firewalld 的基本概念、firewalld 的安装和启停、firewalld 的基本配置与管理。

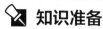

知识准备

5.2.1　firewalld 的基本概念

firewalld 是一种支持动态更新的防火墙实现机制。firewalld 的动态性是指可以在不重启防火墙的情况下创建、修改和删除规则。firewalld 使用区域和服务来简化防火墙的规则配置。

V5-5　认识
firewalld

1. 区域

区域包括一组预定义的规则。可以把网络接口（即网卡）和流量源指定到某个区域中，允许哪些流量通过防火墙取决于主机所连接的网络及用户为网络定义的安全级别。

计算机有可能通过网络接口与多个网络建立连接。firewalld 引入了区域和信任级别的概念，把网络分配到不同的区域中，并为网络及其关联的网络接口或流量源指定信任级别，不同的信任级别代表默认开放的服务有所不同。一个网络连接只能属于一个区域，但是一个区域可以包含多个网络连接。在区域中定义规则后，firewalld 会把这些规则应用到进入该区域的网络流量上。可以把区域理解为 firewalld 提供的防火墙策略集合（或策略模板），用户可以根据实际的使用场景选择合适的策略集合。

firewalld 预定义了 9 个区域，各个区域的名称和作用分别如下。

（1）丢弃区域：任何进入网络的数据包都被丢弃，并且不给出任何响应，只允许从本网络发出的数据包通过。

（2）阻塞区域：任何进入的网络连接都被拒绝，并返回 IPv4 的 icmp-host-prohibited 报文或 IPv6 的 icmp6-adm-prohibited 报文作为响应，只允许由该系统发起的网络连接接入。

（3）公共区域：在公共区域中使用，仅接受选定的网络连接接入。这是 firewalld 的默认区域。

（4）外部区域：主要应用在启用伪装功能的外部网络中，仅接受选定的网络连接接入。

（5）隔离区域：隔离区（Demilitarized Zone，DMZ）网络中的计算机可以被外部网络有限地访问，仅接受选定的网络连接接入。

（6）工作区域：在工作网络中使用，仅接受选定的网络连接接入。

（7）家庭区域：在家庭网络中使用，仅接受选定的网络连接接入。

（8）内部区域：应用在内部网络中，对网络中的其他计算机的信任度较高，仅接受选定的网络连接接入。

（9）信任区域：对网络中的计算机具有最高的信任级别，接受所有网络连接接入。

2. 服务

服务是端口和协议的组合，表示允许外部流量访问某种服务需要配置的所有规则的集合。使用服务来配置防火墙规则的最大好处就是减少了配置工作量。在 firewalld 中放行一个服务，就相当于打开与该服务相关的端口和协议、启用数据包转发等功能，可以将多步操作集成到一条简单的规则中。

5.2.2 firewalld 的安装和启停

firewalld 在 CentOS 7.6 中是默认安装的。CentOS 7.6 还支持以图形界面的方式配置防火墙，即 firewall-config 工具，这个工具会默认安装。例 5-14 列出了安装 firewalld 和 firewall-config 工具的方法。关于 yum 命令的具体使用方法详见项目 7。

例 5-14：安装 firewalld 和 firewall-config 工具

```
[root@centos7 ~]# yum  install  firewalld  -y         // 默认已安装
[root@centos7 ~]# yum  install  firewall-config  -y   // 默认已安装
```

firewalld 启动和停止的相关命令及其功能如表 5-4 所示。

表 5-4　firewalld 启动和停止的相关命令及其功能

firewalld 启动和停止的相关命令	功能
systemctl start firewalld.service	启动 firewalld 服务。firewalld.service 可简写为 firewalld，下同
systemctl restart firewalld.service	重启 firewalld 服务（先停止再启动）
systemctl stop firewalld.service	停止 firewalld 服务
systemctl reload firewalld.service	重新加载 firewalld 服务
systemctl status firewalld.service	查看 firewalld 服务的状态
systemctl enable firewalld.service	设置 firewalld 服务为开机自动启动
systemctl list-unit-files | grep firewalld.service	查看 firewalld 服务是否为开机自动启动

5.2.3 firewalld 的基本配置

配置 firewalld 可以使用 firewall-config 工具、firewall-cmd 命令和 firewall-offline-cmd 命令。在终端窗口中输入 firewall-config 命令，或者选择【应用程序】→【杂项】→【防火墙】选项，即可弹出【防火墙配置】对话框，如图 5-13 所示。

firewall-cmd 命令是 firewalld 提供的命令行接口，功能十分强大，可以完成各种规则配置。本任务主要介绍如何使用 firewall-cmd 命令配置防火墙规则。

V5-6　firewalld 图形配置界面

1. 查看 firewalld 的当前状态和当前配置

（1）查看 firewalld 的当前状态。

除了可以使用 systemctl status firewalld 命令查看 firewalld 的具体状态信息外，还可以使用 firewall-cmd 命令来快速查看 firewalld 的运行状态，如例 5-15 所示。

例 5-15：查看 firewalld 的运行状态

```
[root@centos7 ~]# firewall-cmd  --state
running
```

（2）查看 firewalld 的当前配置。

使用带 --list-all 选项的 firewall-cmd 命令可以查看默认区域的完整配置，如例 5-16 所示。

例 5-16：查看默认区域的完整配置

```
[root@centos7 ~]# firewall-cmd  --list-all
```

图 5-13　【防火墙配置】对话框

```
public (active)
  target: default
  icmp-block-inversion: no
  interfaces: ens33
  sources:
  services: ssh dhcpv6-client samba dns http ftp amanda-k5-client
  ...
```

如果想查看特定区域的信息，则可以使用--zone 选项指定区域名。也可以专门查看区域某一方面的配置，如例 5-17 所示。

例 5-17：查看区域某一方面的配置

```
[root@centos7 ~]# firewall-cmd  --list-all  --zone=work          // 指定区域名
work
  target: default
  ...
  services: ssh dhcpv6-client
  ...
[root@centos7 ~]# firewall-cmd  --list-services                  // 只查看服务信息
ssh dhcpv6-client
[root@centos7 ~]# firewall-cmd  --list-services  --zone=public   // 组合使用
ssh dhcpv6-client http
```

2. firewalld 的两种配置模式

firewalld 的配置有运行时配置和永久配置（或持久配置）之分。运行时配置是指在 firewalld 处于运行状态时生效的配置，永久配置是 firewalld 重载或重启时应用的配置。在运行模式下进行的更改只在 firewalld 运行时有效，如例 5-18 所示。

例 5-18：修改运行时配置

```
[root@centos7 ~]# firewall-cmd  --add-service=http    // 只修改运行时配置
success
```

当 firewalld 重启时，其会恢复为永久配置。如果想让更改在 firewalld 下次启动时仍然生效，则需要使用--permanent 选项。但即使使用了--permanent 选项，这些修改也只会在 firewalld 下次启动后生效。使用--reload 选项重载永久配置可以使永久配置立即生效并覆盖当前的运行时配置，如例 5-19 所示。

例 5-19：修改永久配置

```
[root@centos7 ~]# firewall-cmd  --permanent  --add-service=http   // 修改永久配置
success
[root@centos7 ~]# firewall-cmd  --reload    // 重载永久配置
success
```

一种常见的做法是先修改运行时配置，验证修改正确后，再把这些修改提交到永久配置中。可以借助--runtime-to-permanent 选项来实现这种需求，如例 5-20 所示。

例 5-20：先修改运行时配置，再提交到永久配置中

```
[root@centos7 ~]# firewall-cmd  --add-service=http          // 只修改运行时配置
success
[root@centos7 ~]# firewall-cmd  --runtime-to-permanent   // 提交到永久配置中
success
```

3. 基于服务的流量管理

服务是端口和协议的组合，合理地配置服务能够减少配置工作量，避免不必要的错误。

（1）使用预定义服务。

使用服务管理网络流量的最直接的方法就是把预定义服务添加到 firewalld 的允许服务列表中，或者从允许服务列表中移除预定义服务，如例 5-21 所示。

例 5-21：添加或移除预定义服务

```
[root@centos7 ~]# firewall-cmd  --list-services   // 查看当前的允许服务列表
ssh dhcpv6-client
[root@centos7 ~]# firewall-cmd  --permanent  --add-service=http
                                          // 添加预定义服务
success
[root@centos7 ~]# firewall-cmd  --reload        // 重载防火墙的永久配置
success
[root@centos7 ~]# firewall-cmd  --list-services
ssh dhcpv6-client http
```

使用--add-service 选项可以将预定义服务添加到 firewalld 的允许服务列表中。如果想从列表中移除某个预定义服务，则可以使用--remove-service 选项。

每个预定义服务都有一个独立的配置文件，配置文件的内容决定了添加或移除服务时到底要打开或关闭哪些端口和协议。服务配置文件的文件名格式一般是 *service-name.xml*，如 *ssh.xml*、*ftp.xml*、*http.xml*。例 5-22 显示了 HTTP 服务的配置文件 *http.xml* 的内容。

例 5-22：HTTP 服务的配置文件 http.xml 的内容

```
[root@centos7 ~]# cat  /usr/lib/firewalld/services/http.xml
<?xml version="1.0" encoding="utf-8"?>
<service>
  <short>WWW (HTTP)</short>
  <description>...这里是 HTTP 服务的描述，省略...</description>
  <port protocol="tcp" port="80"/>
</service>
```

（2）创建和删除新服务。

除了 firewalld 预定义的服务外，用户还可以使用--new-service 选项创建一个服务，此时会在 */etc/firewalld/services/*目录中自动生成相应的服务配置文件，但文件中没有任何有效的配置。使用--delete-service 选项可以删除自定义服务。这两个选项必须在永久配置模式下使用。创建和删除自定义服务如例 5-23 所示。

例 5-23：创建和删除自定义服务

```
[root@centos7 ~]# firewall-cmd  --permanent  --new-service=myservice
success
[root@centos7 ~]# ls  /etc/firewalld/services/
myservice.xml
[root@centos7 ~]# cat  /etc/firewalld/services/myservice.xml
<?xml version="1.0" encoding="utf-8"?>
<service>
</service>
[root@centos7 ~]# firewall-cmd  --permanent  --delete-service=myservice
success
[root@centos7 ~]# ls  /etc/firewalld/services
myservice.xml.old        <== 服务配置文件仍存在，但文件名改变
```

firewalld 会从*/etc/firewalld/services/*目录中加载服务配置文件，如果这个目录中没有服务配置文

件，则到 */usr/lib/firewalld/services/* 目录中加载。创建服务的另一种方法是从 */usr/lib/firewalld/ services/* 目录中复制一个服务配置模板文件到 */etc/firewalld/services/* 目录中，并使用服务配置模板文件创建自定义服务，如例 5-24 所示。

例 5-24：使用服务配置模板文件创建自定义服务

```
[root@centos7 ~]# cd   /etc/firewalld/services/
[root@centos7 services]# cp   /usr/lib/firewalld/services/http.xml   mynewservice.xml
[root@centos7 services]# firewall-cmd  --permanent  \    <== 换行输入
    --new-service-from-file=mynewservice.xml   --name=anotherservice
success
```

（3）配置服务端口。

每种预定义服务都有相应的监听端口，如 HTTP 服务的监听端口是 80，操作系统根据端口号决定把网络流量交给哪个服务处理。如果想开放或关闭某些端口，则可以采用例 5-25 所示的方法。

例 5-25：开放或关闭端口

```
[root@centos7 ~]# firewall-cmd  --list-ports
                      <== 当前没有配置
[root@centos7 ~]# firewall-cmd  --add-port=80/tcp
success
[root@centos7 ~]# firewall-cmd  --list-ports
80/tcp
[root@centos7 ~]# firewall-cmd  --remove-port=80/tcp
success
[root@centos7 ~]# firewall-cmd  --list-ports
```

4. 基于区域的流量管理

区域关联了一组网络接口和源 IP 地址，可以在区域中配置复杂的规则以管理来自这些网络接口和源 IP 地址的网络流量。

（1）查看可用区域。

使用带 --get-zones 选项的 firewall-cmd 命令可以查看系统当前可用的区域，但是不显示每个区域的详细信息。如果想查看所有区域的详细信息，则可以使用 --list-all-zones 选项；也可以结合使用 --list-all 和 --zone 两个选项来查看指定区域的详细信息，如例 5-26 所示。

V5-8 firewalld
区域配置

例 5-26：查看指定区域的详细信息

```
[root@centos7 ~]# firewall-cmd  --get-zones
block dmz drop external home internal public trusted work
[root@centos7 ~]# firewall-cmd  --list-all-zones
block
    target: %%REJECT%%
    icmp-block-inversion: no
    ...
dmz
    ...
[root@centos7 ~]# firewall-cmd  --list-all  --zone=home
home
    target: default
    icmp-block-inversion: no
    ...
```

（2）修改指定区域的规则。

如果没有特别说明，则 firewall-cmd 命令默认将修改的规则应用在当前活动区域中。要想修改其他区域的规则，则可以通过--zone 选项指定区域名，如例 5-27 所示，其表示在 work 区域中放行 SSH 服务。

例 5-27：修改指定区域的规则

```
[root@centos7 ~]# firewall-cmd  --add-service=ssh  --zone=work
success
```

（3）修改默认区域。

如果没有明确地把网络接口和某个区域关联起来，则 firewalld 会自动将其和默认区域关联起来。firewalld 启动时会加载默认区域的配置并激活默认区域。firewalld 的默认区域是 public。也可以修改默认区域，如例 5-28 所示。

例 5-28：修改默认区域

```
[root@centos7 ~]# firewall-cmd  --get-default-zone        // 查看当前默认区域
public
[root@centos7 ~]# firewall-cmd  --set-default-zone  work  // 修改默认区域
success
[root@centos7 ~]# firewall-cmd  --get-default-zone        // 再次查看当前默认区域
work
```

（4）关联区域和网络接口。

网络接口关联到哪个区域，进入该网络接口的流量就适用于哪个区域的规则。因此，可以为不同区域制定不同的规则，并根据实际需要把网络接口关联到合适的区域中，如例 5-29 所示。

例 5-29：关联区域和网络接口

```
[root@centos7 ~]# firewall-cmd  --get-active-zones        // 查看活动区域的网络接口
public
   interfaces: ens33
[root@centos7 ~]# firewall-cmd  --zone=work  --change-interface=ens33
The interface is under control of NetworkManager, setting zone to 'work'.
success
```

也可以直接修改网络接口配置文件，在文件中设置 ZONE 参数，将网络接口关联到指定区域中，如例 5-30 所示。

例 5-30：修改网络接口配置文件，将网络接口关联到指定区域中

```
[root@centos7 ~]# vim  /etc/sysconfig/network-scripts/ifcfg-ens33
...
ZONE=work
...
```

（5）创建新区域。

除了 firewalld 内置的 9 个区域外，还可以创建新区域。可以像使用内置区域一样使用创建的新区域。例 5-31 演示了如何创建新区域。

例 5-31：创建新区域

```
[root@centos7 ~]# firewall-cmd  --get-zones
block dmz drop external home internal public trusted work
[root@centos7 ~]# firewall-cmd  --permanent  --new-zone=myzone
success
[root@centos7 ~]# firewall-cmd  --reload
success
```

```
[root@centos7  ~]# firewall-cmd  --get-zones
block dmz drop external home internal myzone public trusted work
```

创建新区域的另一种方法是使用区域配置文件。和服务一样，每个区域都有一个独立的配置文件，文件名格式为 *zone-name.xml*，保存在*/usr/lib/firewalld/zones/*和*/etc/firewalld/zones/*目录中。区域配置文件包含区域的描述、服务、端口、协议等相关信息。例 5-32 显示了一个区域配置文件的常见配置，该区域允许两个服务（SSH 和 DHCP）和一个端口范围（TCP 和 UDP 的 1025～65535 端口）通过防火墙。

例 5-32：区域配置文件的常见配置

```
<?xml version="1.0" encoding="utf-8"?>
<zone>
  <short>myzone</short>
  <description>This is my zone</description>
  <service name="ssh"/>
  <service name="dhcp"/>
  <port port="1025-65535" protocol="tcp"/>
  <port port="1025-65535" protocol="udp"/>
</zone>
```

（6）配置区域的默认规则。

当数据包与区域的所有规则都不匹配时，可以使用区域的默认规则处理数据包，包括接受（ACCEPT）、拒绝（REJECT）和丢弃（DROP）3 种处理方式。ACCEPT 表示默认接受所有数据包，除非数据包被某些规则明确拒绝。REJECT 和 DROP 默认拒绝所有数据包，除非数据包被某些规则明确接受。REJECT 会向源主机返回响应信息；DROP 则直接丢弃数据包，没有任何响应信息。

可以使用--set-target 选项配置区域的默认规则，如例 5-33 所示。

例 5-33：配置区域的默认规则

```
[root@centos7 zones]# firewall-cmd  --permanent  --zone=work  --set-target=ACCEPT
success
[root@centos7 zones]# firewall-cmd  --reload
success
[root@centos7 zones]# firewall-cmd  --zone=work  --list-all
work
  target: ACCEPT
  icmp-block-inversion: no
  …
```

（7）添加和删除流量源。

流量源是指某一特定的 IP 地址或子网。可以使用--add-source 选项把来自某一流量源的网络流量添加到某个区域中，这样即可将该区域的规则应用在这些网络流量上。例如，在工作区域中允许所有来自 192.168.100.0/24 子网的网络流量通过，删除流量源时只要用--remove-source 选项替换--add-source 即可，如例 5-34 所示。

例 5-34：添加和删除流量源

```
[root@centos7  ~]# firewall-cmd  --zone=work  --add-source=192.168.100.0/24
success
[root@centos7  ~]# firewall-cmd  --runtime-to-permanent
success
[root@centos7  ~]# firewall-cmd  --zone=work  --remove-source=192.168.100.0/24
success
```

（8）添加和删除源端口。

根据流量源端口对网络流量进行分类处理也是比较常见的做法。使用--add-source-port 和 --remove-source-port 两个选项可以在区域中添加和删除源端口，以允许或拒绝来自某些端口的网络流量通过，如例 5-35 所示。

例 5-35：添加和删除源端口

```
[root@centos7 ~]# firewall-cmd  --zone=work  --add-source-port=3721/tcp
success
[root@centos7 ~]# firewall-cmd  --zone=work  --remove-source-port=3721/tcp
success
```

（9）添加和删除协议。

可以根据协议来决定是接受还是拒绝使用某种协议的网络流量。常见的协议有 TCP、UDP、ICMP 等。在内部区域中添加 ICMP 即可接受来自对方主机的 ping 测试。例 5-36 演示了如何添加和删除 ICMP。

例 5-36：添加和删除 ICMP

```
[root@centos7 ~]# firewall-cmd  --zone=internal  --add-protocol=icmp
success
[root@centos7 ~]# firewall-cmd  --zone=internal  --remove-protocol=icmp
success
```

对于接收到的网络流量具体使用哪个区域的规则，firewalld 会按照下面的顺序进行处理。

① 网络流量的源地址。

② 接收网络流量的网络接口。

③ firewalld 的默认区域。

也就是说，如果按照网络流量的源地址可以找到匹配的区域，则交给相应的区域进行处理。如果没有匹配的区域，则查看接收网络流量的网络接口所属的区域。如果没有明确配置，则交给 firewalld 的默认区域进行处理。

任务实施

实验：配置服务器防火墙

前段时间，张经理为开发服务器配置好了网络。最近，小朱听到部分开发人员反映开发服务器安全性不高，经常受到外部网络的攻击。小朱将这一情况反馈给张经理。张经理告诉小朱，不对服务器进行安全设置确实是一种非常"不专业"的做法。为了提高开发服务器的安全性，保证软件项目资源不被非法获取和恶意破坏，张经理决定使用 CentOS 7.6 自带的 firewalld "加固"开发服务器。下面是张经理的具体操作步骤。

第 1 步，登录到开发服务器，在一个终端窗口中使用 su - root 命令切换到 root 用户。

第 2 步，把 firewalld 的默认区域修改为工作区域，如例 5-37.1 所示。

例 5-37.1：配置服务器防火墙——查看并修改默认区域

```
[root@centos7 ~]# firewall-cmd --get-default-zone        // 查看当前默认区域
public
[root@centos7 ~]# firewall-cmd --set-default-zone  work  // 修改默认区域
success
```

第 3 步，关联开发服务器的网络接口和工作区域，并把工作区域的默认处理规则设为拒绝，如例 5-37.2 所示。

例 5-37.2：配置服务器防火墙——关联开发服务器的网络接口和工作区域

```
[root@centos7 ~]# firewall-cmd  --zone=work  --change-interface=ens33
The interface is under control of NetworkManager, setting zone to 'work'.
success
[root@centos7 zones]# firewall-cmd  --permanent  --zone=work  --set-target=REJECT
success
```

第 4 步，考虑到开发人员经常使用 FTP 服务上传和下载项目文件，张经理决定在防火墙中放行 FTP 服务，如例 5-37.3 所示。

例 5-37.3：配置服务器防火墙——放行 FTP 服务

```
[root@centos7 ~]# firewall-cmd  --list-services
ssh dhcpv6-client
[root@centos7 ~]# firewall-cmd  --zone=work  --add-service=ftp       // 放行 FTP 服务
success
[root@centos7 ~]# firewall-cmd  --list-services
ssh dhcpv6-client ftp
```

第 5 步，允许源于 192.168.62.0/24 子网的流量通过，即添加流量源，如例 5-37.4 所示。

例 5-37.4：配置服务器防火墙——添加流量源

```
[root@centos7 ~]# firewall-cmd  --zone=work  --add-source=192.168.62.0/24
success
```

第 6 步，将运行时配置添加到永久配置中，如例 5-37.5 所示。

例 5-37.5：配置服务器防火墙——将运行时配置添加到永久配置中

```
[root@centos7 ~]# firewall-cmd  --runtime-to-permanent
success
```

做完这个实验，张经理叮嘱小朱，对服务器的安全管理"永远在路上"，不能有丝毫松懈。张经理又向小朱详细讲解了安全风险的复杂性和多样性。最后张经理告诉小朱，应对安全风险的最好办法就是提高自身应对风险的能力，这就是"打铁还需自身硬"蕴含的道理。虽然小朱还不能完全理解张经理的深意，但他分明感觉肩上多了一份沉甸甸的压力和责任感……

 知识拓展

下面简单介绍几个 firewalld 的相关功能。

1. IP 伪装和端口转发

IP 伪装和端口转发都是 NAT 的具体实现方式。一般来说，内网的主机或服务器使用私有 IP 地址，而使用私有 IP 地址时无法与互联网中的其他主机进行通信。通过 IP 伪装，NAT 设备将数据包的源地址从私有地址转换为公有地址并转发到目的主机中。当收到响应报文时，再把响应报文中的目的 IP 地址从公有地址转换为原始的私有地址并发送到源主机中。开启 IP 伪装功能的防火墙就相当于一台 NAT 设备，能够使公司局域网中的多个私有地址共享一个公有地址，实现与外网的通信。例 5-38 演示了如何启用 firewalld 的 IP 伪装功能。

例 5-38：启用 firewalld 的 IP 伪装功能

```
[root@centos7 ~]# firewall-cmd  --query-masquerade    // 查看是否启用了 IP 伪装功能
no
[root@centos7 ~]# firewall-cmd  --add-masquerade      // 启用 IP 伪装功能
success
```

端口转发又称为目的地址转换或端口映射。通过端口转发，可以将指定 IP 地址及端口的流量转发到相同计算机的不同端口或者不同计算机的端口上。例如，把本地 80/TCP 端口的流量转发到主机 100.0.0.30 的 8080 端口上，如例 5-39 所示。

例 5-39：配置端口转发

```
[root@centos7 ~]# firewall-cmd \      // 换行输入
--add-forward-port=port=80:proto=tcp:toport=8080:toaddr=100.0.0.30
```

2. 富规则

在前面的介绍中，用户都是通过简单的单条规则来配置防火墙的。当单条规则的功能不能满足要求时，可以使用 firewalld 的富规则。富规则的功能很强大，表达能力更强，能够实现允许或拒绝流量、IP 伪装、端口转发、日志和审计等功能。例 5-40 演示了一些富规则的实例。

例 5-40：富规则的实例

```
// 允许来自 192.168.62.213 的所有流量通过
[root@centos7 ~]# firewall-cmd  --add-rich-rule='rule family="ipv4" \    // 换行
  source address="192.168.62.213" accept'

// 使用富规则配置端口转发
[root@centos7 ~]# firewall-cmd  --add-rich-rule='rule family=ipv4 destination address=
100.0.0.0/24 forward-port port=443 protocol=tcp to-addr=192.168.100.100'

// 放行 FTP 服务并启用日志和审计功能，一分钟审计一次
[root@centos7 ~]#firewall-cmd --add-rich-rule='rule service name=ftp log limit value=1/m audit accept'
```

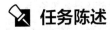

任务实训

随着计算机网络技术的迅速发展和普及，计算机受到的安全威胁越来越多，信息安全也越来越受人们重视。防火墙是提高计算机安全等级，减少外部恶意攻击和破坏的重要手段。

【实训目的】
（1）理解防火墙的重要作用和意义。
（2）熟悉 firewalld 的基本概念和常用配置命令。

【实训内容】
在本任务中，将对一台安装了 CentOS 7.6 的虚拟机配置 firewalld，具体要求如下。
（1）将 firewalld 的默认区域设为内部区域。
（2）关联虚拟机的网络接口和默认区域，并把默认区域的默认处理规则设为接受。
（3）在防火墙中放行 DNS 和 HTTP 服务。
（4）允许所有 ICMP 类型的网络流量通过。
（5）允许源端口是 2046 的网络流量通过。
（6）将运行时配置添加到永久配置中。

任务 5.3　配置远程桌面

任务陈述

经常使用 Windows 操作系统的用户都非常熟悉远程桌面。开启远程桌面功能后，可以在一台本

地计算机（远程桌面客户端）中控制网络中的另一台计算机（远程桌面服务器），并在其中执行各种操作，就像使用本地计算机一样。Linux 操作系统为计算机网络提供了强大的支持，当然也少不了远程桌面功能。本任务将介绍两种在 Linux 操作系统中实现远程桌面连接的方法。

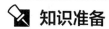 **知识准备**

5.3.1　VNC 远程桌面

1. VNC 工作流程

虚拟网络控制台（Virtual Network Console，VNC）是一款非常优秀的远程控制软件。从工作原理上讲，VNC 主要分为两部分，即 VNC Server（VNC 服务器）和 VNC Viewer（VNC 客户端），工作流程如下。

（1）用户从 VNC 客户端发起远程连接请求。

（2）VNC 服务器收到 VNC 客户端的请求后，要求 VNC 客户端提供远程连接密码。

（3）VNC 客户端输入密码并交给 VNC 服务器验证。VNC 服务器验证密码的合法性及 VNC 客户端的访问权限。

（4）通过 VNC 服务器验证后，VNC 客户端请求 VNC 服务器显示远程桌面环境。

（5）VNC 服务器利用 VNC 通信协议把桌面环境传送至 VNC 客户端，并且允许 VNC 客户端控制 VNC 服务器的桌面环境及输入设备。

2. 启动 VNC 服务

需要先安装 VNC 服务器软件才能启动 VNC 服务，具体安装方法参见任务实施部分的实验 1。在终端窗口中启动 VNC 服务的命令格式如下。

```
vncserver ：桌面号
```

VNC 服务器为每个 VNC 客户端分配一个桌面号，编号从 1 开始。注意，vncserver 命令和冒号"："之间有空格。如果要关闭 VNC 服务，则可以使用-kill 选项，如"vncserver -kill ：*桌面号*"。

VNC 服务器使用的 TCP 端口号从 5900 开始。桌面号 1 对应的端口号为 5901（5900+1），桌面号 2 对应的端口号为 5902，以此类推。可以使用 netstat 命令检查某个桌面号对应的端口是否处于监听状态。

使用 VNC 服务时，还需要安装 VNC 客户端软件，如 RealVNC。具体使用方法参见任务实施部分的实验 1。

V5-9　配置 VNC 远程桌面

5.3.2　OpenSSH

1. SSH 服务概述

常见的网络服务协议，如文件传输协议（File Transfer Protocol，FTP）和远程登录协议 Telnet 等都是不安全的网络协议。一方面是因为这些协议在网络中使用明文传输数据；另一方面，这些协议的安全验证方式有缺陷，很容易受到"中间人"攻击。所谓的"中间人"攻击，可以理解为攻击者在通信双方之间安插一个"中间人"（一般是计算机）的角色，由中间人进行信息转发，从而实现信息篡改或信息窃取。安全外壳（Secure Shell，SSH）协议是专为提高网络服务的安全性而设计的安全协议。使用 SSH 提供的安全机制，可以对数据进行加密传输，有效防止远程管理过程中的信息泄露问题。另外，使用 SSH 传输的数据是经过压缩的，可以提高数据的传输速度。

SSH 服务由客户端和服务器两部分组成。SSH 在客户端和服务器之间提供了两种级别的安全验证。第 1 种级别是基于口令的安全验证，SSH 客户端只要知道服务器的账号和密码就可以登录到远程服务器。这种安全验证方式可以实现数据的加密传输，但是不能防止"中间人"攻击。第 2 种级别是基于密钥的安全验证，这要求 SSH 客户端创建一对密钥，即公钥和私钥。详细的密钥验证原理这里不展开讨论。

配置 SSH 服务器时要考虑是否允许以 root 用户身份登录。root 用户权限太大，可以修改 SSH 配置文件以禁止 root 用户登录 SSH 服务器，降低系统安全风险。

2. OpenSSH

OpenSSH 是一款开源免费的 SSH 软件，基于 SSH 协议实现数据加密传输。OpenSSH 在 CentOS 7.6 上是默认安装的。OpenSSH 的守护进程是 sshd，主配置文件为 */etc/ssh/sshd_config*。使用 OpenSSH 自带的 ssh 命令可以访问 SSH 服务器，其基本语法如下。

V5-10 配置 OpenSSH 服务器

```
ssh [-p port] username@ip_address
```

其中，*username* 和 *ip_address* 分别表示 SSH 服务器的用户名和 IP 地址。如果不指定 *port* 参数，则 ssh 命令使用 SSH 服务的默认监听端口，即 TCP 的 22 号端口。可以在 SSH 主配置文件中修改这个端口，以免受到攻击。

 任务实施

实验 1：配置 VNC 远程桌面

自从部署好开发服务器，小朱就经常跟张经理到公司机房进行各种日常维护操作。小朱想知道能不能远程连接开发服务器，这样在办公室就能完成这些工作。张经理本来也有这个打算，所以就利用这个机会向小朱演示了如何配置开发服务器的远程桌面。张经理先指导小朱在 CentOS 7.6 中完成实验，再到开发服务器中部署。虚拟机的网络连接方式是 NAT 模式，IP 地址为 192.168.0.150。物理机的 IP 地址为 192.168.0.104。下面是张经理的操作步骤。

第 1 步，在 CentOS 7.6 中安装 VNC 服务器软件，如例 5-41.1 所示。这一步需要提前配置好 YUM 安装源，具体操作可以参考项目 7。

例 5-41.1：配置 VNC 远程桌面——安装 VNC 服务器软件

```
[root@centos7 ~]# yum install tigervnc-server -y        // 安装 VNC 服务器软件
已加载插件: fastestmirror, langpacks
Loading mirror speeds from cached hostfile
正在解决依赖关系
--> 正在检查事务
---> 软件包 tigervnc-server.x86_64.0.1.8.0-13.el7 将被安装
--> 解决依赖关系完成
...
已安装:
  tigervnc-server.x86_64 0:1.8.0-13.el7
完毕!
```

第 2 步，启动 VNC 服务，开放 1 号桌面，使用 netstat 命令检查桌面号 1 对应的 TCP 端口是否处于监听状态，如例 5-41.2 所示。

例 5-41.2：配置 VNC 远程桌面——启动 VNC 服务

```
[root@centos7 ~]# vncserver :1
...
```

```
You will require a password to access your desktops.
Password:
Verify:
Would you like to enter a view-only password (y/n)? n         <== 输入 n
A view-only password is not used
New centos7:1 (zys)' desktop is centos7:1
...
[zys@centos7 ~]$ netstat -an | grep 5901
tcp        0      0  0.0.0.0:5901          0.0.0.0:*            LISTEN
tcp6       0      0  :::5901               :::*                LISTEN
```

第 3 步，关闭防火墙。VNC 远程连接可能因为防火墙的限制而失败，这里先简单地关闭防火墙以保证 VNC 远程连接成功，如例 5-41.3 所示。

例 5-41.3：配置 VNC 远程桌面——关闭防火墙

```
[root@centos7 ~]# systemctl stop firewalld          // 关闭防火墙
[root@centos7 ~]# firewall-cmd --state              // 查询防火墙状态
not running              <== 防火墙已关闭
```

这样就完成了 VNC 服务器的安装和配置，下面要在 VNC 客户端上通过 RealVNC 软件测试 VNC 远程连接。张经理把物理机作为 VNC 客户端，并且提前在物理机中安装好了 RealVNC 软件。

第 4 步，运行 RealVNC 软件，输入 VNC 服务器的 IP 地址和桌面号，单击【Connect】按钮，发起 VNC 远程连接，如图 5-14 所示。

第 5 步，在弹出的 VNC 对话框中输入 VNC 远程连接密码，单击【OK】按钮，如图 5-15 所示。

图 5-14　发起 VNC 远程连接

图 5-15　输入 VNC 远程连接密码

如果密码验证成功，则可以看到 CentOS 桌面，即 VNC 远程连接成功，如图 5-16 所示。单击窗口上方悬浮栏中的【关闭连接】按钮即可结束 VNC 远程连接。

张经理告诉小朱，配置 VNC 服务器不涉及配置文件，因此过程比较简单。下面要介绍的配置 OpenSSH 服务器的操作相对而言要难一些，需要格外小心。

图 5-16　VNC 远程连接成功

实验 2：配置 OpenSSH 服务器

本实验需要使用两台安装了 CentOS 7.6 的虚拟机分别作为 SSH 服务器和客户端，主机名分别为 sshserver 和 sshclient，IP 地址分别为 192.168.0.150 和 192.168.0.120，网络连接方式采用 NAT 模式。张经理向小朱演示了基于口令的 SSH 安全验证方式，下面是张经理的操作步骤。

第 1 步，在 SSH 服务器上启动 SSH 服务，如例 5-42.1 所示。

例 5-42.1：配置 OpenSSH 服务器——启动 SSH 服务

```
[root@sshserver ~]# systemctl restart sshd          // 启动 SSH 服务
[root@sshserver ~]# ps -ef | grep sshd              // 查看 sshd 守护进程
```

```
root        7168        1    0 18:13 ?            00:00:00 /usr/sbin/sshd -D
root       10241    10151    0 19:42 pts/0        00:00:00 grep --color=auto sshd
[root@sshserver ~]# netstat -an | grep ":22"      // 检查 SSH 监听端口
tcp      0      0    0.0.0.0:22              0.0.0.0:*             LISTEN
tcp6     0      0    :::22                   :::*                  LISTEN
```

第 2 步，在 SSH 客户端中访问 SSH 服务，如例 5-42.2 所示。张经理告诉小朱，基于口令的安全验证基本上不需要配置，只要启动 SSH 即可（可能还需要设置防火墙）。但这种做法其实非常不安全，因为 root 用户的权限太大，以 root 用户的身份远程访问 SSH 服务会给 SSH 服务器带来一定的安全隐患。

例 5-42.2：配置 OpenSSH 服务器——访问 SSH 服务 1

```
[zys@sshclient ~]$ ssh  root@192.168.0.150
root@192.168.0.150's password:        <== 输入密码
Last login: Sat Jan  9 20:07:28 2021
```

第 3 步，修改 SSH 主配置文件，禁止使用 root 用户身份访问 SSH 服务，同时修改 SSH 服务的监听端口，如例 5-42.3 所示。注意，修改主配置文件之后一定要重启 SSH 服务。

例 5-42.3：配置 OpenSSH 服务器——修改 SSH 主配置文件

```
[root@sshserver ~]# cat  /etc/ssh/sshd_config
Port 22345            <== 修改 SSH 服务默认的监听端口为 22345
PermitRootLogin no    <== 禁止 root 用户使用 SSH 服务
...
```

第 4 步，重启 SSH 服务，如例 5-42.4 所示。semanage 命令的用途是查询和修改 SELinux 默认目录的安全上下文。张经理提醒小朱要记得使用 netstat 命令检查 SSH 服务端口是否处于监听状态。

例 5-42.4：配置 OpenSSH 服务器——重启 SSH 服务

```
[root@sshserver ~]# semanage  port  -a  -t  ssh_port_t  -p  tcp  22345
[root@sshserver ~]# systemctl  restart  sshd
[root@sshserver ~]# netstat -an | grep  22345
tcp      0        0    0.0.0.0:22345           0.0.0.0:*            LISTEN
tcp6     0        0    :::22345                :::*                 LISTEN
```

第 5 步，使用 ssh 命令默认访问 SSH 服务，但是这一次要使用-p 选项指定新的 SSH 监听端口，如例 5-42.5 所示。此例中前两条 ssh 命令都以失败告终，张经理让小朱根据错误提示分析失败的具体原因。

例 5-42.5：配置 OpenSSH 服务器——访问 SSH 服务 2

```
[zys@sshclient ~]# ssh  root@192.168.0.150
ssh: connect to host 192.168.0.150 port 22: Connection refused    <== 连接 22 号端口被拒绝
[zys@sshclient ~]# ssh  -p  22345  root@192.168.0.150
...
Are you sure you want to continue connecting (yes/no)? yes
Warning: Permanently added '[192.168.0.150]:22345' (ECDSA) to the list of known hosts.
root@192.168.0.150's password:
Permission denied, please try again.        <== 访问被拒绝
[zys@sshclient ~]# ssh  -p  22345  zys@192.168.0.150
zys@192.168.0.150's password:
Last login: Sat Jan  9 20:12:27 2021 from 192.168.0.120        <== 连接成功
```

知识拓展

基于密钥的安全验证

下面在本任务实验 2 的基础上（禁止 root 用户使用 SSH 服务、监听端口设为 22345），按照以

下步骤实现基于密钥的安全验证方式。

第 1 步，在 SSH 服务器中修改 SSH 主配置文件以禁止密码登录，并重启 SSH 服务，如例 5-43.1
所示。

例 5-43.1：基于密钥的安全验证——禁用 SSH 密码登录

```
[root@sshserver ssh]# cat  /etc/ssh/sshd_config
PasswordAuthentication no
[root@ sshserver ~]# systemctl  restart  sshd
[root@ sshserver ~]# ps  -ef  | grep  22345
root      10479    9420  0 20:58 pts/1    00:00:00 ssh zys@192.168.0.150 -p 22345
root      11025   10032  0 21:26 pts/2    00:00:00 grep --color=auto 22345
```

第 2 步，在 SSH 客户端生成密钥对，如例 5-43.2 所示。

例 5-43.2：基于密钥的安全验证——在 SSH 客户端生成密钥对

```
[zys@sshclient ~]$ ssh-keygen  -t  rsa
Generating public/private rsa key pair.
Enter file in which to save the key (/home/zys/.ssh/id_rsa):          <==直接按 Enter 键
Enter passphrase (empty for no passphrase):          <==直接按 Enter 键
Enter same passphrase again:          <==直接按 Enter 键
Your identification has been saved in /home/zys/.ssh/id_rsa.
Your public key has been saved in /home/zys/.ssh/id_rsa.pub.
The key fingerprint is:
SHA256:KePRjOCYQMviCfji9njp8QIK153Bn5wm9i1FufyB+NI zys@sshclient
...
```

第 3 步，使用 ssh-copy-id 命令将 SSH 客户端的公钥发送给 SSH 服务器，如例 5-43.3 所示。

例 5-43.3：基于密钥的安全验证——发送 SSH 客户端公钥至 SSH 服务器

```
[zys@sshclient ~]$ ssh-copy-id  -i  .ssh/id_rsa.pub  zys@192.168.0.150  -p  22345
...
zys@192.168.0.150's password:    <== 输入密码
Number of key(s) added: 1
Now try logging into the machine, with:    "ssh -p '22345' 'zys@192.168.0.150'"
and check to make sure that only the key(s) you wanted were added.
```

第 4 步，作为对第 3 步的验证，在 SSH 服务器上查看文件 */home/zys/.ssh/authorized_keys*
的内容，这里保存 SSH 客户端的公钥，如例 5-43.4 所示。

例 5-43.4：基于密钥的安全验证——检查 SSH 客户端公钥

```
[zys@sshserver ~]$ cat  .ssh/authorized_keys
ssh-rsa
AAAAB3NzaC1yc2EAAAADAQABAAABAQCelx6DGmBCuzON38K11EMiNGFqQmYOqogAC5Cq+dl
hNX2ivkryWMXovxC1DqbH6AmMKt62ysYX9NQj35NxdgeXiK7yAjJ5NEJfjriYT0cUTY043m+KCmvCY
d3wdLJPW8UlQ9eyTo902uO43qXUuuL9TflLmgca6mkDmV+qllBgdeLeW9VhvpLfTw1IOvcW5owpWf
qeV3wkV364DQGXoeE10xv3g00GU9mC9AyLbFJ+EAnumaaJ7FmEketzTtvHLQZm3lzmafp1Dv4Giu
MqLdSJY5h24Nt6WheTK6PFN0Zi7CzyRYHB6QPfuYQ+Mj25UX/qihoW8bRlWfXfTy0dyVOZ zys@
sshclient
```

第 5 步，在 SSH 客户端验证 SSH 服务，如例 5-43.5 所示。这一次不用输入密码也可以远程登
录 SSH 服务器。

例 5-43.5：基于密钥的安全验证——验证 SSH 服务

```
[zys@sshclient ~]$ ssh  -p  22345  zys@192.168.0.150
Last login: Sat Jan  9 21:40:44 2021          <== 没有输入密码，连接成功
```

📝 任务实训

利用远程桌面可以连接到 Linux 服务器进行各种操作。本实训的主要任务是配置 VNC 远程桌面和 OpenSSH 服务器，远程连接到安装 CentOS 7.6 的虚拟机。

【实训目的】

（1）理解远程桌面的基本概念和用途。

（2）理解 VNC 的工作机制。

（3）理解 SSH 服务的两种安全验证方式。

【实训内容】

按照以下步骤完成远程桌面连接练习。

（1）准备一台安装了 CentOS 7.6 的虚拟机作为远程桌面服务器。配置虚拟机服务器网络，保证虚拟机和物理机网络连通。

（2）在一个终端窗口中，使用 su – root 命令切换到 root 用户。配置 YUM 源，安装 VNC 服务器软件。

（3）启动 VNC 服务，使用 netstat 命令查看相应端口是否开放。

（4）使用物理机作为 VNC 客户端，在物理机中安装 RealVNC 软件。

（5）运行 RealVNC 软件，输入 VNC 服务器的 IP 地址及桌面号，测试 VNC 远程桌面连接。

（6）在远程桌面服务器上启用 SSH 服务，检查 22 号端口是否开放。

（7）再准备一台安装了 CentOS 7.6 的虚拟机作为 SSH 客户端。在 SSH 客户端使用 ssh 命令连接 SSH 服务器，尝试能否连接成功。

（8）在 SSH 服务器中修改 SSH 主配置文件，禁止 root 用户登录 SSH 服务器，并修改 SSH 服务端口为 12123。修改后重启 SSH 服务。

（9）在 SSH 客户端再次使用 ssh 命令连接 SSH 服务器，尝试能否连接成功。

项目小结

Linux 操作系统为网络而生，具有十分强大的网络功能和丰富的网络工具。作为 Linux 系统管理员，在日常工作中经常会遇到和网络相关的问题，因此必须熟练掌握 Linux 操作系统的网络配置和网络排错方法。任务 5.1 介绍了 4 种网络配置方法，每种方法都有不同的特点。任务 5.1 还介绍了几个常用的网络命令，这些命令有助于大家配置和调试网络。应对网络安全风险是网络管理员的重要职责。防火墙是网络管理员最常使用的安全工具。任务 5.2 介绍了 CentOS 7.6 自带的 firewalld 的基本概念和配置方法。远程桌面是计算机用户经常使用的网络服务之一，利用远程桌面可以方便地连接到远程服务器进行各种管理操作。任务 5.3 介绍了两种配置 Linux 远程桌面的方法。第 1 种方法使用 VNC 远程桌面软件，操作比较简单。第 2 种方法是配置 SSH 服务器。可以修改 SSH 主配置文件以增加 SSH 服务器的安全性。

项目练习题

1. 选择题

（1）VMware Workstation 虚拟平台中，物理机与虚拟机在同一网段，虚拟机可直接利用物理网络访问外网，这种网络连接方式是（　　　）。

    A. 桥接模式   B. NAT 模式   C. 仅主机模式   D. DHCP 模式

（2）VMware Workstation 虚拟平台中，物理机为虚拟机分配不同于自己网段的 IP 地址，虚拟机必须通过物理机才能访问外网，这种网络连接方式是（　　）。

    A. 桥接模式　　　　B. NAT 模式　　　　C. 仅主机模式　　　D. DHCP 模式

（3）VMware Workstation 虚拟平台中，虚拟机只能与物理机相互通信，这种网络连接方式是（　　）。

    A. 桥接模式　　　　B. NAT 模式　　　　C. 仅主机模式　　　D. DHCP 模式

（4）有两台运行 Linux 操作系统的计算机，主机 A 的用户能够通过 ping 命令测试与主机 B 的连接，但主机 B 的用户不能通过 ping 命令测试与主机 A 的连接，可能的原因是（　　）。

    A. 主机 A 的网络设置有问题

    B. 主机 B 的网络设置有问题

    C. 主机 A 与主机 B 的物理网络连接有问题

    D. 主机 A 有相应的防火墙设置阻止了来自主机 B 的 ping 命令测试

（5）在计算机网络中，唯一标识一台计算机身份的是（　　）。

    A. 子网掩码　　　　B. IP 地址　　　　C. 网络地址　　　　D. DNS 服务器

（6）可以测试两台计算机之间的连通性的命令是（　　）。

    A. nslookup　　　　B. nmcli　　　　C. ping　　　　D. arp

（7）要想测试两台计算机之间的报文传输路径，可以使用的命令是（　　）。

    A. ping　　　　B. traceroute　　　　C. nmcli　　　　D. nmtui

（8）不属于 netstat 命令的功能的是（　　）。

    A. 配置网络 IP 地址等信息　　　　B. 检测端口是否开放

    C. 查看路由表　　　　D. 查看网络服务状态

（9）网卡配置文件参数和 nmcli 命令参数的对应关系错误的是（　　）。

    A. TYPE 对应 connection.type　　　　B. IPADDR 对应 ipv4.addresses

    C. DOMAIN 对应 ipv4.dns-search　　　　D. GATEWAY 对应 ipv4.dns

（10）关于 SSH 服务，下列说法错误的是（　　）。

    A. SSH 服务由客户端和服务器两部分组成

    B. SSH 提供基于口令的安全验证和基于密钥的安全验证

    C. SSH 服务默认的监听端口是 23

    D. 可以通过修改配置文件禁止 root 用户登录 SSH 服务器

2. 填空题

（1）VMware Workstation 虚拟平台的网络连接方式有_____、_____和_____。

（2）CentOS 7.6 的网卡配置文件默认保存在_____目录中。

（3）重启网络服务的命令是_____。

（4）命令 nmcli connection show 的作用是_____。

（5）SSH 服务的默认监听端口是_____。

3. 简答题

（1）简述 VMware Workstation 虚拟平台的 3 种网络连接方式。

（2）简述在 Linux 操作系统中配置网络的几种方法。

（3）简述 Linux 中常用的网络配置命令及其功能。

项目6
管理进程与系统服务

06

学习目标

【知识目标】

（1）了解进程的相关概念。

（2）熟悉常用的进程监控和管理工具。

（3）了解进程与文件权限的关系。

（4）熟悉两种任务调度的方法及区别。

（5）了解系统启动的主要过程和功能。

（6）了解Linux中两种常用的初始化工具。

【技能目标】

（1）熟练使用常用的工具监控和管理进程。

（2）能够使用at命令配置一次性计划任务。

（3）熟练使用crontab命令配置周期调度任务。

（4）能够使用systemctl工具管理系统服务。

引例描述

　　随着小朱对Linux操作系统的了解越来越多，张经理觉得是时候让小朱进入学习的"深水区"了。考虑到自己平时的管理工作中经常会执行一些计划任务，尤其是开发中心有新项目上线时需要定期监控项目运行情况，张经理决定让小朱学习一些进程管理和任务调度的知识，以便今后承担一些简单的运维任务。张经理把小朱叫到办公室，跟他简单介绍了后期的工作重点和当前的主要学习任务。张经理让小朱从进程的基本概念开始，尽快掌握进程监控和管理的基本方法，并希望小朱能够独立编写任务调度程序。小朱之前虽然听说过进程的概念，但从未深入学习，更不知道任务调度是怎么回事儿。但是小朱有信心完成张经理下达的任务。经过这么长时间的学习，他相信只要掌握正确的学习方法，肯下功夫，多向同事请教，所有的困难都能克服。

后面会经常使用计划任务调度！

任务 6.1　进程管理和任务调度

任务陈述

进程是操作系统中非常重要的基本概念，进程管理是操作系统的核心功能之一。从某种程度上说，管理好进程也就相当于管理好操作系统。进程在运行过程中需要访问各种系统资源，这要求进程有相应的访问权限。如果想让操作系统在指定的时间或定期执行某个任务，则需要了解操作系统的任务调度管理。本任务首先介绍进程的基本概念，然后分别介绍进程监控和管理的常用工具、进程与文件权限的关系，以及两种常用的任务调度方法。

知识准备

6.1.1　进程的基本概念

在前面介绍 Bash 和 Shell 脚本时，曾多次提到进程的概念。作为操作系统中最基本和最重要的概念之一，不管是 Linux 系统管理员还是普通 Linux 用户，都应该熟悉进程的基本概念，并能熟练使用常用的进程监控和管理命令。下面讲解进程的相关知识，包括什么是进程，进程有哪些属性，以及进程的调度等。

V6-1　进程的基本概念

1. 进程与程序

谈到进程，一般首先要讲的是进程和程序的关系。简单来说，进程就是运行在内存中的程序。也就是说，每当启动一个应用程序，其实就在操作系统中创建了一个进程。当然，除了用户创建的进程外，操作系统本身也会自动创建很多进程，这些进程往往以"守护进程"或后台服务的形式在操作系统中运行。既然进程是通过运行程序来创建的，那么很显然，没有程序就没有进程。所以二者的关系可以用"唇齿相依"来形容。这样就更需要关注进程和程序的不同。因为对于进程而言，这是一个涉及"我从哪里来"的基本问题。总体来说，进程和程序有以下几点不同。

（1）进程存储在内部存储设备（主要指内存）中，而程序存储在外部存储设备（如硬盘、U 盘等）中。程序是一个操作系统可以识别的二进制可执行文件，程序以文件的形式存储在多种外部存储设备中。进程的存在形式是被称为进程控制块（Process Control Block，PCB）的数据结构。PCB 是操作系统为进程分配的一块内存区域，一个进程对应一个 PCB，其中记录了操作系统用于描述和管理进程所需的全部信息，具体包括下面几项。

① 进程基本信息，即进程的基本属性。每个进程都有一个进程号（Process ID，PID），这是操作系统为每个进程分配的一个唯一的数字标识，用于在管理进程时标识进程。除了进程号外，每个进程还有进程名，进程号和进程名的关系类似于用户的 UID 和用户名的关系。进程还有父进程号（Parent PID，PPID）。进程都是由其他进程创建的，被创建的进程称为子进程，而创建它的进程就是父进程。PPID 是父进程的 PID。另外，进程所有者，也就是创建进程的用户及用户所属的组，拥有进程运行时的权限，这一点将在 6.1.3 小节中详细介绍。

② 进程现场信息。这是进程运行过程中保存在 CPU 中的实时运行信息，如通用寄存器和控制寄存器的内容、用户堆栈指针和系统堆栈指针等。当 CPU 执行进程调度和切换时，需要把进程现场信息从 CPU 转移到 PCB，或者从 PCB 恢复到 CPU。

③ 进程控制信息。操作系统控制进程所需的信息，包括进程的状态、进程优先级、进程的消息队

列、进程的资源占用（CPU 和内存资源）等。

（2）进程是动态的，程序是静态的。

程序是代码和数据的集合，是代码经过编译或解释后形成的二进制可执行文件。进程是程序运行时在内存中产生的实例。一个程序可以产生多个进程实例。进程的动态性体现在进程具有多个状态，如就绪、运行、等待、挂起等。进程在从创建到结束的整个生命周期中要经历一系列状态变化。下文会详细介绍进程的状态变化。

（3）进程是临时的，程序是持久的。

程序文件一旦生成就一直存储在磁盘中，即使注销操作系统或关机也不会影响程序的存在，除非将程序文件从磁盘中删除。进程只有在程序运行时才会产生，这是进程生命周期的开始。进程可以正常运行结束，也可能异常退出。进程结束后，操作系统会回收进程对应的 PCB，相当于抹去进程在内存中的痕迹。当然，一个进程结束后，还可以再次运行同一个程序创建新的进程，但新进程和之前的进程没有任何关系。所以可以用"铁打的程序，流水的进程"来形容进程和程序之间的这种关系。

2. 父进程与子进程

在 Linux 操作系统中，除了 PID 为 1 的 systemd 进程以外，所有的进程都是由父进程通过 fork 系统调用创建的。一个父进程可以创建多个子进程。父进程先通过 fork 系统调用创建自身的一个副本作为子进程，子进程根据实际需要利用 exec 系统调用加载实际运行的程序。经过 fork 系统调用，父进程把自己的 PCB 复制给子进程，与子进程共享代码段、数据段、堆栈空间等，所以子进程的大部分属性继承自父进程。当子进程在运行过程中出现写操作时，操作系统就会为子进程分配独立的内存空间。子进程和父进程最终在各自的内存空间中独立运行。

一般来说，当父进程终止时，子进程也随之终止。反之则不然，父进程不会随着子进程的终止而终止。父进程可以向子进程发送特定的信号来对子进程进行管理。如果父进程不能成功终止子进程，或者子进程因为某些异常情况无法自行终止，则会在操作系统中产生"僵尸"进程。僵尸进程往往需要管理员通过特殊操作来手动终止。

3. 进程的状态

进程在内存中会经历一系列的状态变化。根据常用的进程五状态模型，进程的 5 种状态及其转换过程如图 6-1 所示。

（1）创建状态。这是进程从无到有的过程。操作系统在内存中为进程申请一个空白 PCB，并往 PCB 中写入管理和控制进程所需的各种信息。

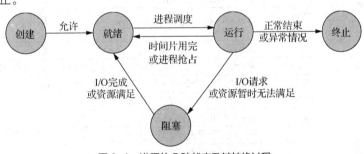

图 6-1　进程的 5 种状态及其转换过程

（2）从创建状态到就绪状态。操作系统为进程分配运行所需的空间资源，如果能够满足进程的资源需求，则把进程放入就绪队列，进程转入就绪状态。

（3）从就绪状态到运行状态。操作系统根据自己的进程调度算法，从进程就绪队列中选中一个进程并为其分配 CPU 时间片，被选中的进程转入运行状态。

（4）从运行状态到终止状态。进程终止的原因有多种，可能是进程执行完毕正常终止，也可能是遇到无法解决的问题，如内存资源请求得不到满足、试图访问不被允许访问的内存空间、算术错误，或者是随父进程终止而终止。

（5）从运行状态到阻塞状态。如果处于运行状态的进程必须等待某些事件的发生才能继续运行，则会转入阻塞状态。这些事件包括 I/O 请求，或是请求暂时无法满足的内存资源。

（6）从阻塞状态到就绪状态。当进程等待的事件发生时会重新进入就绪状态。例如，请求的 I/O 操作完成，或内存资源得到满足。

（7）从运行状态到就绪状态。当进程用完操作系统分配的 CPU 时间片，或是被优先级更高的进程抢占资源时，该进程就会转入就绪状态，等待操作系统重新调度。

（8）退出状态。进入退出状态的进程无法再运行。操作系统负责清理回收进程占用的内存空间，并将该内存空间分配给其他进程使用。

6.1.2 进程监控和管理

某个进程占用资源过多，想要手动终止它该怎么做呢？有的时候明明终止了一个进程，可是没过多久它又出现了，这是什么原因呢？这都是和进程管理相关的内容。进程监控和管理是 Linux 系统管理员的重要工作之一，也是很多普通 Linux 用户关心的问题。本小节的知识将帮助大家回答这些问题。管理进程的前提是必须先学会监控进程，知道使用哪些命令查看进程的运行状态。Linux 提供了几个查看进程的命令，下面分别学习这些命令的基本用法。

V6-2 进程管理
相关命令

1. 查看进程

（1）ps 命令。

ps 命令可用于查看系统中当前有哪些进程。ps 命令有非常多的选项，通过这些选项可查看特定进程的详细信息，或者控制 ps 命令的输出结果。ps 命令常用的选项及其功能说明如表 6-1 所示。

表 6-1 ps 命令常用的选项及其功能说明

选项	功能说明
-A 或 -e	显示所有的进程
-a	不显示与终端有关的进程
-p *pidlist* -q *pidlist*	显示 PID 列表 *pidlist* 对应的进程
-C *cmdlist*	显示命令名列表 *cmdlist* 对应的进程
-U *userlist*	显示进程用户列表 *userlist*（即创建进程的用户）对应的进程
-G *grplist*	显示进程组列表 *grplist*（即创建进程的用户所属的组）对应的进程
-t *ttylist*	显示终端列表 *ttylist* 对应的进程
-f	按完整格式显示进程信息
-l	按长格式显示进程信息
-w	按宽格式显示进程信息

以最常用的 aux 选项组合为例，ps 命令的输出如例 6-1 所示。

例 6-1：ps 命令的基本用法

```
[zys@centos7 ~]$ ps  aux        // 注意，选项前不需要使用"-"
USER       PID  %CPU  %MEM    VSZ      RSS  TTY   STAT START TIME   COMMAND
root         1   0.0   0.3  128288   6884  ?     Ss    06:41  0:03  /usr/lib/sy
stemd/systemd --switched-root --system --deserialize 22
root         2   0.0   0.0       0      0  ?     S     06:41  0:00  [kthreadd]
root         3   0.0   0.0       0      0  ?     S     06:41  0:00  [ksoftirqd/0]
...
zys      11218   0.0   0.2  151784   5500  pts/1 S+    09:15  0:00  vim file1
zys      11421   0.0   0.0  155360   1892  pts/0 R+    09:23  0:00  ps aux
```

例 6-1 中，每个输出字段的含义如下。

> ➤ 进程所属用户（USER）：即创建该进程的用户。
> ➤ 进程号（PID）：表示进程的唯一标识。
> ➤ 进程资源使用率：包括 CPU 占用百分比（%CPU）、内存占用百分比（%MEM）、虚拟内存使用量（VSZ）和驻留内存的固定使用量（RSS）。
> ➤ 进程控制终端编号（TTY）：表示进程在哪个终端中运行。"?"表示进程与终端没有关联。
> ➤ 进程状态（STAT）：表示进程的状态。例如，R 表示就绪状态或运行状态；S 表示进程当前处于休眠状态，但可被某些信号唤醒；"+"表示该进程是一个 Bash 前台进程。
> ➤ 进程命令名（COMMAND）：即触发创建该进程的命令。

（2）pstree 命令。

Linux 还提供了一个非常好用的 pstree 命令，该命令用于查看进程间的相关性。利用这个命令可以清晰地看出进程间的依赖关系，如例 6-2 所示。小括号中的数字表示 PID。如果进程的所有者和父进程的所有者不同，则会在小括号中显示进程的所有者。可以看到，所有的进程最终都可以上溯到 systemd 进程。它是 Linux 内核调用的第 1 个进程，因此 PID 为 1，其他进程都是由 systemd 直接或间接创建的。systemd 的相关内容将在任务 6.2 中专门介绍。

例 6-2：pstree 命令的基本用法

```
[zys@centos7 ~]$ pstree  -pu  |  more
systemd(1)-+-ModemManager(6553)-+-{ModemManager}(6623)
           |                     `-{ModemManager}(6625)
           |-NetworkManager(6687)-+-{NetworkManager}(6703)
           |                       `-{NetworkManager}(6709)
           |-at-spi-bus-laun(9313,zys)-+-dbus-daemon(9318)---{dbus-daemon}(9319)
           |-atd(7194)
           |-auditd(6487)-+-audispd(6489)-+-sedispatch(6491)
...
```

（3）top 命令。

ps 和 pstree 命令只能显示系统进程的静态信息，如果需要实时查看进程信息，则可以使用 top 命令。top 命令的基本语法如下。

```
top  [-bcHiOSs]
```

top 命令默认每 3 秒刷新一次进程信息。除了显示每个进程的详细信息外，top 命令还可显示系统硬件资源的占用情况等，这些信息对于系统管理员跟踪系统运行状态或进行系统故障分析非常有用。top 命令常用的选项及其功能说明如表 6-2 所示。

表 6-2　top 命令常用的选项及其功能说明

选项	功能说明
-d *secs*	指定 top 命令每次刷新的间隔，单位为秒
-n *max*	指定 top 命令结束前刷新的最大次数
-u *user*	只监视指定用户的进程信息
-p *pid*	只监视指定 PID 的进程，最多可指定 20 个 PID
-o *fid*	按指定的字段进行排序

top 命令的基本用法如例 6-3 所示。

例 6-3：top 命令的基本用法

```
[zys@centos7 ~]$ top  -d  10
top - 09:51:07 up  3:09,  3 users,  load average: 0.23, 0.11, 0.07
Tasks: 210 total,  3 running, 207 sleeping,  0 stopped,  0 zombie
```

```
%Cpu(s):  0.4 us,  0.3 sy,  0.0 ni, 99.2 id,  0.0 wa,  0.0 hi,  0.1 si,  0.0
KiB Mem :  2028088 total,   644512 free,   729608 used,   653968 buff/cache
KiB Swap:        0 total,        0 free,        0 used.  1043152 avail Mem

  PID  USER   PR  NI    VIRT    RES    SHR  S %CPU %MEM    TIME+ COMMAND
 9350  zys    20   0 3047024 214356  68452  S  0.5 10.6  0:37.00 gnome-s+
11729  zys    20   0  162012   2364   1616  R  0.3  0.1  0:00.26 top
 6554  root   20   0  320216   6876   5376  S  0.2  0.3  0:20.80 vmtoolsd
 9674  zys    20   0  567620  26968  19440  S  0.2  1.3  0:10.65 vmtoolsd
 2913  root   20   0       0      0      0  R  0.1  0.0  0:01.75 xfsaild+
 7176  root   20   0   57382  19320   6100  S  0.1  1.0  0:02.47 tuned
```

top 命令的输出主要包括两部分。上半部分显示操作系统当前的进程统计信息与资源使用情况，包括任务总数及每种状态下的任务数，CPU、物理内存和虚拟内存的使用情况等。下半部分是每个进程的资源使用情况。默认情况下，top 命令按照 CPU 使用率（%CPU）从大到小的顺序显示进程信息，如果想以内存使用率（%MEM）排序，则可以按 M 键。另外，按 P 键可以恢复默认排序方式，按 Q 键可以退出 top 命令。

2. 前后台进程切换

（1）将命令放入后台。

如果一条命令需要运行很长时间，则可以把它放入 Bash 后台运行，这样可以不影响终端窗口（又称为前台）的操作。在命令结尾输入"&"符号即可将命令放入后台运行，如例 6-4 所示。

V6-3　前台及
后台进程切换

例 6-4：后台运行命令——"&"

```
[zys@centos7 ~]$ find  .  -name  myscript.sh  &      // 将 find 命令放入后台运行
[1] 14595           <== 这一行显示任务号和进程号
./bin/myscript.sh   <== 这一行是 find 命令的输出
[1]+  完成     find . –name myscript.sh    <== 这一行表示 find 命令在后台运行结束
```

在该例中，find 命令被放入后台运行，"[1]"表示后台任务号，14595 是 find 命令的进程号。每个后台运行的命令都有任务号，任务号从 1 开始依次增加。find 命令的结果也会在终端窗口中显示出来。另外，当 find 命令在后台运行结束时，终端窗口中会有一行提示。

通过"&"放入后台的进程仍然处于运行状态。如果进程在前台运行时按【Ctrl+Z】组合键，则进程会被放入后台并处于暂停状态，如例 6-5 所示。注意到系统提示进程当前的状态是"已停止"，说明进程在后台并没有运行。

例 6-5：后台运行命令——【Ctrl+Z】组合键

```
[zys@centos7 ~]$ find  /  -name  file1  &>/dev/null   // 按 Enter 键后再按【Ctrl+Z】组合键
^Z
[1]+  已停止              find / –name file1 &>/dev/null
[zys@centos7 ~]$ bc          // 按 Enter 键后再按【Ctrl+Z】组合键
^Z
[2]+  已停止              bc
```

（2）jobs 命令。

jobs 命令主要用于查看从终端窗口放入后台的进程，使用-l 选项可同时显示进程的 PID，如例 6-6 所示。任务号之后的"+"号表示这是最后一个放入后台的进程，而"-"号表示这是倒数第 2 个放入后台的进程。

例 6-6：jobs 命令的基本用法

```
[zys@centos7 ~]$ jobs  -l
```

```
[1]- 15804 停止              find / -name file1 &>/dev/null        <== 倒数第 2 个放入后台的进程
[2]+ 15818 停止              bc        <== 最后一个放入后台的进程
```

（3）bg 命令。

如果想让后台暂停的进程重新开始运行，则可以使用 bg 命令，如例 6-7 所示。注意到 1 号任务的状态显示为"运行中"。

例 6-7：bg 命令的基本用法

```
[zys@centos7 ~]$ bg  1  ;  jobs  -l          // bg 命令后跟任务号
[1]- find / -name file1 &>/dev/null &
[1]- 15804 运行中                    find / -name file1 &>/dev/null &
[2]+ 15818 停止                     bc
```

（4）fg 命令。

fg 命令与"&"的作用正好相反，可以把后台的进程恢复到前台继续运行，如例 6-8 所示。

例 6-8：fg 命令的基本用法

```
[zys@centos7 ~]$ jobs  -l
[2]+ 15818 停止                bc
[zys@centos7 ~]$ fg  2          // fg 命令后跟任务号
bc
11+16        <== 这一行是在 bc 交互环境中输入的
27           <== 这一行是 11+16 的结果
quit         <== 退出 bc 交互环境
```

3. 管理进程

（1）nice 命令和 renice 命令。

Linux 操作系统中每个进程都有一个优先级属性，表示进程对 CPU 的使用能力。优先级越高，表示进程越有可能获得 CPU 的使用权。进程的优先级用 nice 值表示，取值为 -20～19，默认值为 0。数字越大，表示优先级越低，因此 19 是最低的优先级，-20 是最高的优先级。可以使用 nice 命令设置进程的优先级，其基本语法如下。

```
nice  [-n]  cmd
```

其中，n 是优先级值，默认为 10；cmd 表示要执行的命令，可以带选项和参数。例如，使用 nice 命令把一个 vim 进程的优先级设为 11，并把它放入后台执行，如例 6-9 所示。

例 6-9：nice 命令的基本用法

```
[zys@centos7 ~]$ nice  -11  vim  file1 &
[1] 13457
[zys@centos7 ~]$ ps  -l     // 查看进程优先级
F S   UID    PID   PPID  C  PRI  NI  ADDR SZ  WCHAN      TTY    TIME      CMD
0 S  1000  10520  10334  0   80   0    -  29165  do_wai    pts/1  00:00:00  bash
0 T  1000  13457  10520  0   92  11    -  37285  do_sig    pts/1  00:00:00  vim
0 R  1000  13472  10520  0   80   0    -  38309   -        pts/1  00:00:00  ps
[1]+ 已停止                     nice -11 vim file1
```

例 6-9 使用了带 -l 选项的 ps 命令，输出中 NI 字段的值表示进程的优先级。可以看到，PID 为 13457 的 vim 进程的优先级为 11。

还可以使用 renice 命令调整运行中的进程的优先级。renice 命令的基本语法如下。

```
renice  n  [-p  pid]  [-u  uid]  [-g  gid]
```

使用 renice 命令时，可以指定进程的 PID，也可以批量修改某个用户或用户组的所有进程的优先级。现在使用 renice 命令把例 6-9 中的 vim 进程的优先级调整为 16，如例 6-10 所示。需要注意的是，普通用户只能调整自己创建的进程的优先级，而且只能把 nice 调整为更大的值。root 用户可以调整所有人的进程优先级，且可以把 nice 调整为更小的值。

例 6-10：renice 命令的基本用法

```
[zys@centos7 ~]$ renice  16  -p  13457       // 普通用户调整自己创建的进程的优先级
13457 (进程 ID) 旧优先级为 11，新优先级为 16
[zys@centos7 ~]$ ps  -l
F S   UID    PID   PPID  C PRI  NI  ADDR SZ   WCHAN   TTY    TIME     CMD
0 S  1000  10520  10334  0  80   0   -    29165  do_wai   pts/1  00:00:00  bash
0 T  1000  13457  10520  0  96  16   -    37285  do_sig   pts/1  00:00:00  vim
0 R  1000  13659  10520  0  80   0   -    38309  -        pts/1  00:00:00  ps
[zys@centos7 ~]$ renice  9  -p  13457
renice: 设置 13457 的优先级失败(进程 ID)：权限不够    <== 普通用户只能把优先级值修改为更大的值
```

（2）kill 命令。

kill 命令通过操作系统内核向进程发送信号以执行某些特殊的操作，如挂起进程、正常退出进程或强制终止进程等。kill 命令的基本语法如下。

```
kill  [选项]  [pid]
```

信号可以通过信号名或编号的方式指定。使用-l 选项可以查看信号名及编号。kill 命令的基本用法如例 6-11 所示。

例 6-11：kill 命令的基本用法

```
[zys@centos7 ~]$ ps  -f  -C  vim,bash,ps
UID      PID    PPID   C   STIME   TTY      TIME       CMD
zys     10341  10334   0   08:31   pts/0   00:00:00   bash
zys     10520  10334   0   08:40   pts/1   00:00:00   bash
zys     13457  10520   0   11:26   pts/1   00:00:00   vim file1
zys     13744  10341   0   11:40   pts/0   00:00:00   ps -f -C vim,bash,ps
[zys@centos7 ~]$ kill  -9  13457          // 编号 9 表示信号 SIGKILL
[zys@centos7 ~]$ kill  -l                 // 显示信号列表
 1) SIGHUP      2) SIGINT      3) SIGQUIT     4) SIGILL      5) SIGTRAP
 6) SIGABRT     7) SIGBUS      8) SIGFPE      9) SIGKILL    10) SIGUSR1
11) SIGSEGV    12) SIGUSR2    13) SIGPIPE    14) SIGALRM    15) SIGTERM
...
```

6.1.3　进程与文件权限

到目前为止，已经学习完进程的基本概念，也了解了查看和管理进程的方法。下面来重点学习进程与文件、用户及用户组的关系，主要是进程与文件的权限问题。

V6-4　进程与文件权限的关系

1. 进程的权限

通过项目 3 的学习，对文件的权限有以下几点认识。

（1）Linux 操作系统把用户的身份分为 3 类：所有者、属组和其他人。

（2）用户对文件的操作也分为 3 类：读、写和执行。

（3）用户对文件分别拥有 3 种权限：读权限、写权限和执行权限。

现在思考这样一个问题：当一个进程访问某个文件时，究竟是以哪个用户的身份访问文件的？问题的答案取决于进程的所有者和属组与文件的所有者和属组的关系。

和普通文件类似，进程也有所有者和属组两个属性。进程是通过执行程序文件创建的，进程的所有者就是执行这个文件的用户，所以进程的所有者也称为执行者，而进程的属组就是执行者所属的用户组。当进程对文件进行操作时，Linux 操作系统按下面的顺序为进程赋予相应的权限。

（1）如果进程的所有者与文件的所有者相同，则为进程赋予文件所有者的权限。

（2）如果进程的所有者属于文件的属组，则为进程赋予文件属组的权限。

（3）为进程赋予其他人的权限。

根据这 3 条规则，分析例 6-12 中的操作：在例 6-12 中，尝试以用户 zys 的身份使用 cat 命令查看文件 /etc/shadow，结果 Bash 提示权限不够。原因在于，通过 cat 命令创建的 cat 进程的所有者和属组分别是 zys 和 devteam，而文件 /etc/shadow 只对 root 用户开放了读写权限。

例 6-12：进程与文件的权限——cat 命令

```
[zys@centos7  ~]$ which   cat
/usr/bin/cat
[zys@centos7  ~]$ ls  -l  /usr/bin/cat   /etc/shadow
----------.    1   root root       1511      12 月 7 22:30       /etc/shadow     // 注意权限
-rwxr-xr-x.    1   root root      54160      10 月 31 2018      /usr/bin/cat     // 注意权限
[zys@centos7  ~]$ id  zys
uid=1000(zys) gid=1003(devteam) 组=1003(devteam)
[zys@centos7  ~]$ cat   /etc/shadow
cat: /etc/shadow: 权限不够
```

再看一个使用 passwd 命令修改密码的例子，如例 6-13 所示。

例 6-13：进程与文件的权限——passwd 命令

```
[zys@centos7  ~]$ which   passwd
/usr/bin/passwd
[zys@centos7  ~]$ ls  -l  /usr/bin/passwd
-rwsr-xr-x.    1   root root      27832      6 月 10 2014      /usr/bin/passwd
[zys@centos7  ~]$ passwd
…
passwd：所有的身份验证令牌已经成功更新。
```

在例 6-13 中，用户 zys 使用 passwd 命令修改自己的密码，passwd 进程会修改文件 /etc/shadow 以更新 zys 的密码信息。这个例子的奇怪之处在于，如果按照上面的规则进行分析，那么 passwd 进程应该没有权限修改文件 /etc/shadow，因为 passwd 进程的所有者和属组也是 zys 和 devteam，可实际上 passwd 命令执行成功了。那么 passwd 命令和 cat 命令到底有什么不同？要想回答这个问题，需要在目前的学习基础上，进一步学习文件的特殊权限，也就是下面要讲的 SUID、SGID 和 SBIT。

2. 文件特殊权限

（1）SUID。

可能大家在例 6-13 中已经注意到，文件 /usr/bin/passwd 的权限是 "rwsr-xr-x"，在所有者的执行权限位置上出现了之前从未讲过的 s，这就是被称为 Set UID（简称为 SUID）的文件特殊权限。SUID 的限制和功能可以总结为下面几点。

V6-5 3 种特殊的
文件权限

① 只能对二进制程序文件设置 SUID 权限。SUID 权限对 Shell 脚本文件和目录不起作用。

② 执行设置了 SUID 权限的程序文件时，进程的所有者变为原程序文件的所有者，而不是执行程序的用户，也可以理解为执行者继承了文件所有者的权限。

③ 实现第②点的前提是用户对该程序文件具有执行权限。

下面利用 SUID 的特性分析例 6-13 中 passwd 命令执行成功的原因。文件 /usr/bin/passwd 具有 SUID 权限，因此当用户 zys 执行 passwd 命令时，passwd 进程的所有者是文件 /usr/bin/passwd 的所有者，也就是 root 用户。也就是说，passwd 进程实际上是以 root 用户的身份访问文件/etc/shadow 的，而非用户 zys。

（2）SGID。

当 s 出现在文件属组的执行权限位置上时，此时的特殊权限被称为 Set GID（简称为 SGID），如例 6-14 所示。

例 6-14：文件特殊权限——SGID

```
[zys@centos7 ~]$ ls  -l  /usr/bin | egrep  '^.{6}s'     // 查找带 SGID 权限的命令
-rwx--s--x.   1    root   slocate      40520     4 月 11 2018      locate
---x--s--x.   1    root   nobody      382240    4 月 11 2018      ssh-agent
-r-xr-sr-x.   1    root   tty         15344     6 月 10 2014      wall
-rwxr-sr-x.   1    root   tty         19624 1   0 月 31 2018      write
```

关于 SGID 的功能和限制，有下面几点说明。

① 可以对二进制程序文件和目录设置 SGID 权限。

② 对二进制程序文件设置 SGID 权限时，进程将拥有文件属组的权限，或者说执行者继承了文件属组的权限。

③ SGID 权限对二进制程序文件生效的前提是执行者对该文件具有执行权限。

④ 对目录设置 SGID 权限时，用户进入该目录后有效用户组变为该目录的属组。因此，用户在该目录中新建的文件将拥有和目录相同的属组。

⑤ SGID 权限对目录生效的前提是用户对该目录具有执行和写权限。

⑥ 用户在具有 SGID 权限的目录中新建的目录会自动继承 SGID 权限。

（3）SBIT。

最后一个特殊权限是 Sticky Bit（简称为 SBIT 或粘滞位），这个权限是用 t 代替目录的其他人的执行权限，最典型的应用是目录/tmp，如例 6-15 所示。

例 6-15：文件特殊权限——SBIT

```
[zys@centos7 ~]$ ls  -ld /tmp
drwxrwxrwt.   27   root  root       4096      1 月 14 17:52      /tmp
```

关于 SBIT 的功能和限制，有下面几点说明。

① 只能对目录设置 SBIT 权限。

② 用户在目录中新建的文件和目录，只有该用户本身和 root 用户能够删除。

③ SBIT 权限生效的前提是用户对目录具有执行和写权限。

3. 设置文件特殊权限

设置文件特殊权限同样有数字法和符号法两种方法。使用数字法设置特殊权限时，以 4、2、1 分别表示 SUID、SGID 和 SBIT，并把特殊权限汇总后添加到基本权限的左侧。使用符号法设置特殊权限时，u+s、g+s、o+t 分别表示添加 SUID、SGID 和 SBIT 权限，u-s、g-s、o-t 分别表示删除 SUID、SGID 和 SBIT 权限。下面通过 3 个例子演示 SUID、SGID 和 SBIT 权限的设置方法和具体应用。

（1）SUID 的设置和应用。

在例 6-12 中，cat 命令无法读取文件/etc/shadow。如果为 cat 命令设置 SUID 权限，则不存在这个问题，如例 6-16 所示。文件/usr/bin/cat 的所有者是 root，因此要用 root 用户身份为其设置特殊权限。需要特别强调的是，这个例子仅仅是为了演示设置 SUID 权限的方法，在实际工作中千万不能通过这种方法获取文件/etc/shadow 的访问权限！所以在该例的最后又删除了 cat 命令的 SUID 权限。

例 6-16：设置文件特殊权限——SUID

```
[root@centos7 ~]# ls  -l  /usr/bin/cat
-rwxr-xr-x.   1    root  root       54160     10 月 31 2018      /usr/bin/cat
```

```
[root@centos7 ~]# chmod  4755  /usr/bin/cat        // 为 cat 命令设置 SUID 权限
[root@centos7 ~]# ls -l /usr/bin/cat
-rwsr-xr-x.   1   root  root      54160    10 月 31 2018       /usr/bin/cat
[root@centos7 ~]# exit
[zys@centos7 ~]$ cat -n /etc/shadow              // cat 命令现在可以访问文件 /etc/shadow 了
      1
root:$6$CcwsRAMKKjRAiatr$0a6YjPPj9JieV3Wx9V6Wcl8vFsNw7.ZV2VenzdQVUW9WFzL9mN
8.6PDm/pX/mlSchg7jYoWERBAaxXXOFs5Kh/::0:99999:7:::
      2     bin:*:17834:0:99999:7:::
      3     daemon:*:17834:0:99999:7:::
...
[zys@centos7 ~]$ su - root
密码:
上一次登录: 四 1 月 14 18:57:37 CST 2021pts/0 上
[root@centos7 ~]# chmod  0755  /usr/bin/cat      // 删除 cat 命令的 SUID 权限
[root@centos7 ~]# ls -l /usr/bin/cat
-rwxr-xr-x.   1   root  root      54160    10 月 31 2018       /usr/bin/cat
```

如果一个文件的所有者没有执行权限，那么当为其设置 SUID 权限时会发生什么情况呢？在例 6-17 中，文件 *file1* 的 SUID 位此时显示为 S，表示这是一个无效的设置。

例 6-17：设置文件特殊权限——SUID 无效设置

```
[zys@centos7 tmp]$ ls -l file1
-rw-r--r--.   1   zys devteam 184      1 月 21 21:19  file1   // 所有者没有执行权限
[zys@centos7 tmp]$ chmod u+s file1
[zys@centos7 tmp]$ ls -l file1
-rwSr--r--.   1   zys devteam 184      1 月 21 21:19  file1   // S 表示无效设置
```

（2）SGID 的设置和应用。

在例 6-18 中，用户 zys 在目录 */tmp* 中新建了子目录 *zys_dir* 并为其设置了 SGID 权限，用户 andy 在目录 *zys_dir* 中新建了一个文件和目录，结果如下。

例 6-18：设置文件特殊权限——SGID

```
[zys@centos7 ~]$ cd /tmp
[zys@centos7 tmp]$ mkdir zys_dir
[zys@centos7 tmp]$ chmod 2777 zys_dir              // 为目录 zys_dir 设置 SGID 权限
[zys@centos7 tmp]$ ls -ld zys_dir
drwxrwsrwx.   2   zys        devteam      6    1 月 14 19:33     zys_dir
[zys@centos7 tmp]$ su - andy
[andy@centos7 zys_dir]$ id andy
uid=1001(andy) gid=1001(andy) 组=1001(andy)
[andy@centos7 ~]$ cd /tmp/zys_dir
[andy@centos7 zys_dir]$ touch file1
[andy@centos7 zys_dir]$ mkdir dir1
[andy@centos7 zys_dir]$ ls -l
drwxrwsr-x.   2   andy       devteam      6    1 月 14 19:35     dir1  // 继承 SGID 权限
-rw-rw-r--.   1   andy       devteam      0    1 月 14 19:35     file1 // 继承属组
```

例 6-18 的结果显示，用户 andy 在目录 *zys_dir* 中新建的文件和目录继承了目录 *zys_dir* 的属组，且新建的目录 *dir1* 自动拥有了 SGID 权限。如果目录的属组没有执行权限，为其设置 SGID 权限时会显示为 S，这里不再演示。

（3）SBIT 的设置和应用。

由于目录*/tmp*具有 SBIT 权限，因此使用它测试 SBIT 的功能。首先以用户 zys 的身份在该目录中新建一个文件 *zys_file* 和一个目录 *zys_dir2*，然后以用户 andy 的身份删除文件 *zys_file*，看看操作能否成功，最后检查目录 *zys_dir2* 是否具有 SBIT 权限，如例 6-19 所示。

例 6-19：设置文件特殊权限——SBIT

```
[zys@centos7 ~]$ cd   /tmp
[zys@centos7 tmp]$ touch   zys_file
[zys@centos7 tmp]$ mkdir   zys_dir2
[zys@centos7 tmp]$ ls   -ld  zys*
drwxr-xr-x.   2   zys  devteam   6  1月 14 20:03     zys_dir2    // 没有继承 SBIT 权限
-rw-r--r--.   1   zys  devteam   0  1月 14 20:03     zys_file
[zys@centos7 tmp]$ su   - andy
[andy@centos7 ~]$ rm   /tmp/zys_file
rm：是否删除有写保护的普通空文件 "/tmp/zys_file"? y
rm：无法删除"/tmp/zys_file"：不允许的操作
```

可以看到，用户 andy 无法删除文件 *zys_file*，而且目录 *zys_dir2* 也没有继承目录*/tmp*的 SBIT 权限，这和预期效果是一致的。

6.1.4 任务调度管理

日常工作中，经常有定期执行某些任务的需求，如磁盘的定期清理、日志的定期备份，或者对计算机进行定期杀毒等。这很像人们在手机日历应用中设定的事件。例如，工作日会有定时的起床提醒，房贷还款日会有还款提醒等。还有一些任务是一次性的，例如，公司临时安排一个会议，人们希望在会议开始前 15 分钟收到邮件提醒。不管是定期执行的例行任务，还是不定期出现的偶发事件，在 Linux 操作系统中都被称为任务调度。如果想让 Linux 在规定的时间帮用户执行预定好的动作，就要使用任务调度相关的工具进行相应设置。这也是本小节要学习的主要内容。下面分别介绍和周期任务相关的 crontab 命令，以及用于执行一次性任务的 at 命令和 batch 命令。

1. crontab 命令

crontab 命令用于设置需要周期执行的任务。crontab 命令的基本语法如下。

V6-6 crontab
任务调度

```
crontab  [-u  uname] | -e | -l | -r
```

只有 root 用户能够使用-u 选项为其他用户设置周期任务，没有-u 选项时表示只能设置自己的周期任务。-e、-l 和-r 这 3 个选项分别表示编辑、显示和删除周期任务。在 CentOS 中，每个用户的周期任务都保存在目录*/var/spool/cron*中以用户名命名的文件中。例如，文件*/var/spool/cron/zys*中保存的是用户 zys 的周期任务。

使用 crontab -e 命令打开一个 vi 编辑窗口，用户可以在其中添加或删除周期任务，就像编辑一个普通文件一样。除了以"#"开头的注释行外，其他每一行各代表一个周期任务，周期任务由 6 个字段组成，每个字段的含义及取值如表 6-3 所示。

表 6-3   周期任务中 6 个字段的含义及取值

字段的含义	分钟	小时	日期	月份	星期	命令
取值	0～59	0～23	1～31	1～12	0～7	需要执行的命令，可以带选项和参数

前面 5 个字段表示执行周期任务的计划时间，最后一个字段是实际需要执行的命令。设置计划时间时，各个字段以空格分隔，而且不能为空。注意，星期字段中的 0 和 7 都表示星期日。crontab 提供了几个特殊符号以简化计划时间的设置，具体如表 6-4 所示。

表 6-4　crontab 中的特殊符号及其含义

特殊符号	含义
*	表示字段取值范围内的任意值。例如，"*"出现在分钟字段中表示每一分钟都要执行
,	用于组合字段取值范围内若干不连续的时间段。例如，"3,5"出现在日期字段中表示每月的 3 日和 5 日执行
–	用于组合字段取值范围内连续的时间段。例如，"3-5"出现在日期字段中表示每月的 3 日到 5 日执行
/num	表示字段取值范围内每隔 num 时间段执行一次。例如，分钟字段的"*/10"或"0-59/10"表示每 10 分钟执行一次

下面通过一个例子演示 crontab 命令的基本用法。在例 6-20 中，把周期任务设置为每 3 分钟向文件/tmp/cron_test 写入一行信息。

例 6-20：crontab 命令的基本用法

```
[zys@centos7 ~]$ crontab  -e
*/3  *  *  *  *  echo "time is `date`" >>/tmp/cron_test      <== 输入该行内容后保存设置并退出
[zys@centos7 tmp]$ crontab  -l          // 查看当前 crontab 周期任务
*/3  *  *  *  *  echo "time is `date`" >>/tmp/cron_test
[zys@centos7 tmp]$ tail  -f  /tmp/cron_test          // 观察文件/tmp/cron_test 的实时变化
hi..., the time is 2021 年 01 月 15 日 星期五 10:03:01 CST
hi..., the time is 2021 年 01 月 15 日 星期五 10:06:01 CST
hi..., the time is 2021 年 01 月 15 日 星期五 10:09:01 CST
…
```

crontab -r 命令会删除当前用户的所有 crontab 周期任务。如果只想删除某一个周期任务，则可以使用 crontab -e 命令打开 crontab 编辑窗口，并删除对应的任务行，具体操作这里不再演示。

V6-7　at 任务调度

2．at 命令和 batch 命令

使用 at 命令可以设置在指定的时间执行某个一次性任务，at 命令的基本语法如下。

```
at    [-l]  [-f fname]  [-d jobnumber] time
```

其中，-l 选项显示当前等待执行的 at 计划任务，相当于 atq 命令；-f 选项指定文件来保存执行计划任务所需的命令；-d 选项删除指定编号的计划任务，相当于 atm 命令；time 参数是计划任务的执行时间，可以采用下列时间格式中的任何一种。

➢ HH:MM [am|pm] [Month] [Date] [Year]，如 11:10 am Jan 18 2022。

➢ HH:MM YYYY-MM-DD，如 11:10 2022-01-18。

➢ MMDDYY、MM/DD/YY，表示指定日期的当前时刻，如 011822、01/18/22。

➢ 特定时间：如 now 表示当前时刻，noon 代表 12:00 pm，midnight 代表 12:00 am。

➢ time + n[minutes|hours|days|weeks]，表示在某个时间点之后某一时刻执行，如 now + 3 hours 表示当前时刻的 3 小时后。

使用 at 命令会进入一个交互式的 Shell 环境，可输入需要执行的命令。可以输入多条命令，每输入一条命令按 Enter 键继续输入下一条命令。按【Ctrl+D】组合键可以退出 at 命令的交互环境。下面使用 at 命令创建一个计划任务，在当前时刻的 3 分钟后向文件/tmp/at_test 写入一条信息，如例 6-21 所示。该例同时演示了查看和删除 at 计划任务的方法。

例 6-21：at 命令的基本用法

```
[zys@centos7 ~]$ at  now  +3  minutes
at> echo "time is `date`" >>/tmp/at_test          // 这是要执行的命令
at> <EOT>        // 按【Ctrl+D】组合键退出
job 17 at Fri Jan 15 11:34:00 2021
```

```
[zys@centos7 ~]$ at  -l                                    // 查看 at 计划任务，相当于 atq 命令
1    Fri Jan 15 11:34:00 2021  a  zys
[zys@centos7 ~]$ tail  -f  /tmp/at_test                    // 观察文件/tmp/at_test 的实时变化
time is 2021 年 01 月 15 日 星期五 11:34:01 CST            // 只在指定时间执行一次
[zys@centos7 ~]$ at  -d  1                                 // 删除编号为 1 的计划任务
[zys@centos7 ~]$ at  -l
```

batch 命令和 at 命令的用法相同。不同之处在于，batch 设定的计划任务只有在 CPU 任务负载小于 0.8 时才会执行。at 计划任务没有这个限制，只要到了指定的时间就会执行。因此 batch 多用于设置一些重要性不高或资源消耗较少的计划任务。这里不再给出 batch 的具体示例，大家可以参考前面的例子练习 batch 命令的用法。

 任务实施

实验 1：按秒执行的 crontab 任务

学习完 crontab 任务调度工具之后，小朱感觉这个工具很有意思，应该能在系统管理中发挥不小的作用。但是他发现一个问题，crontab 的最小调度单位是分钟，如果想每隔几秒执行一个任务，crontab 是不是无能为力呢？他把这个疑惑讲给了张经理听。张经理告诉他，crontab 本身确实无法以秒为单位执行计划任务，但如果把 crontab 计划任务和 Shell 脚本结合起来，就可以轻松解决这个问题。张经理向小朱演示了每隔 10 秒写入一行日志信息的操作，下面是张经理的操作步骤。

第 1 步，编写一个执行实际计划任务的 Shell 脚本，名为 *log.sh*。该脚本比较简单，只是向文件 */tmp/cron.log* 中写入一行日志信息，如例 6-22.1 所示。

例 6-22.1：按秒执行的 crontab 任务——编写任务脚本

```
[zys@centos7 bin]$ cat  log.sh
#!/bin/bash
echo  "time is `date`" >>/tmp/cron.log
```

第 2 步，编写一个触发 *log.sh* 执行的 Shell 脚本，名为 *cron.sh*。*cron.sh* 脚本中有一个 for 循环，连续调用 6 次 *log.sh* 脚本，每调用一次就使用 sleep 命令休眠 10 秒，如例 6-22.2 所示。

例 6-22.2：按秒执行的 crontab 任务——编写触发脚本

```
[zys@centos7 bin]$ cat  cron.sh
#!/bin/bash
waitsecs=10
for (( i=0;  i<60;  i=(i+waitsecs) ))
do
      sh  ~/bin/log.sh
      sleep  $waitsecs
done
```

第 3 步，把 *cron.sh* 加入 crontab 计划任务，设置为每分钟执行一次，如例 6-22.3 所示。

例 6-22.3：按秒执行的 crontab 任务——添加 crontab 计划任务

```
[zys@centos7 bin]$ crontab  -e
*  *  *  *  *   sh  ~/bin/cron.sh           <== 设置为每分钟执行一次
```

第 4 步，使用 tail 命令跟踪日志文件，如例 6-22.4 所示。

例 6-22.4：按秒执行的 crontab 任务——跟踪日志文件

```
[zys@centos7 bin]$ tail  -f  /tmp/cron.log
```

"time is 2021 年 02 月 08 日 星期一 10:16:01 CST"
"time is 2021 年 02 月 08 日 星期一 10:16:11 CST"
"time is 2021 年 02 月 08 日 星期一 10:16:21 CST"
...

从结果上看，这个 crontab 任务确实每 10 秒写入一行日志信息。但严格来说，它的执行间隔并不是 10 秒（实际上大于 10 秒），因为执行 *log.sh* 脚本也需要时间。如果对时间精度要求不高，则建议采用这种方法。

第 5 步，下面张经理向小朱演示了另一种方法。这种方法不使用触发脚本，而直接使用 crontab 设置计划任务，如例 6-22.5 所示。

例 6-22.5：按秒执行的 crontab 任务——设置多个 crontab 任务

```
[zys@centos7 bin]$ crontab  -l
*  *  *  *  *  sh   ~/bin/log.sh
*  *  *  *  *  sleep 10 ; sh   ~/bin/log.sh
*  *  *  *  *  sleep 20 ; sh   ~/bin/log.sh
*  *  *  *  *  sleep 30 ; sh   ~/bin/log.sh
*  *  *  *  *  sleep 40 ; sh   ~/bin/log.sh
*  *  *  *  *  sleep 50 ; sh   ~/bin/log.sh
```

第 6 步，再次使用 tail 命令跟踪日志文件，如例 6-22.6 所示。

例 6-22.6：按秒执行的 crontab 任务——再次跟踪日志文件

```
[zys@centos7 bin]$ tail  -f  /tmp/cron.log
"time is 2021 年 02 月 08 日 星期一 10:37:01 CST"
"time is 2021 年 02 月 08 日 星期一 10:37:11 CST"
"time is 2021 年 02 月 08 日 星期一 10:37:21 CST"
"time is 2021 年 02 月 08 日 星期一 10:37:31 CST"
...
```

第 2 种方法的工作原理是，crontab 同时启动多个 Bash 进程，但是每个 Bash 进程"错峰"执行（间隔 10 秒）。可以使用 ps 命令观察实际运行的 Bash 进程，如例 6-22.7 所示。相比于第 1 种方法，这种方法时间精度更高。

例 6-22.7：按秒执行的 crontab 任务——跟踪 Bash 进程

```
[zys@centos7 bin]$ ps  -ef  |  grep  log.sh  |  grep  -v  grep
zys      14686  14675  0 10:54 ?        00:00:00 /bin/sh -c sleep 10 ; sh   ~/bin/log.sh
zys      14685  14674  0 10:54 ?        00:00:00 /bin/sh -c sleep 20 ; sh   ~/bin/log.sh
zys      14690  14673  0 10:54 ?        00:00:00 /bin/sh -c sleep 30 ; sh   ~/bin/log.sh
zys      14688  14672  0 10:54 ?        00:00:00 /bin/sh -c sleep 40 ; sh   ~/bin/log.sh
zys      14687  14671  0 10:54 ?        00:00:00 /bin/sh -c sleep 50 ; sh   ~/bin/log.sh
```

实验 2：nohup 与后台任务

利用本任务实验 1 中的 *cron.sh* 脚本，张经理打算向小朱演示后台任务的另一个特性。下面是张经理的操作步骤。

第 1 步，在一个终端窗口中，以后台任务的方式运行 *cron.sh* 脚本，查看 cron.sh 对应进程的 PID，如例 6-23.1 所示。

例 6-23.1：nohup 与后台任务——运行 cron.sh 脚本

```
[zys@centos7 bin]$ sh   cron.sh  &
[1] 17687
[zys@centos7 bin]$ echo   $$
```

```
17237
[zys@centos7 bin]$ ps  -ef | grep  cron.sh | grep  -v  grep
zys        17687  17237  0  13:52     pts/0      00:00:00  sh cron.sh
```

第 2 步，关闭当前终端窗口。张经理特别提醒小朱，一定要通过单击终端窗口右上角的【关闭】按钮关闭终端，而不是在命令行中输入 exit 命令退出终端。再重新打开一个 Shell 终端窗口，查看 cron.sh 进程是否存在，如例 6-23.2 所示。可以看到，关闭终端后，原终端中的后台任务也随之终止。

例 6-23.2：nohup 与后台任务——关闭终端后重新打开

```
[zys@centos7 ~]$ echo  $$
18183          <== 新的终端 PID
[zys@centos7 ~]$ ps  -ef | grep  cron.sh | grep  -v  grep        // 原后台任务已终止
```

第 3 步，张经理使用另一种方式执行 cron.sh 脚本，即先输入 nohup 命令，如例 6-23.3 所示。

例 6-23.3：nohup 与后台任务——以 nohup 方式运行 cron.sh 脚本

```
[zys@centos7 bin]$ nohup  sh  cron.sh  &
[1] 19232
nohup: 忽略输入并把输出追加到"nohup.out"
[zys@centos7 bin]$ ps  -ef | grep  cron.sh | grep  -v  grep
zys         19232  18183  0 15:28 pts/0     00:00:00 sh cron.sh
```

第 4 步，使用同样的方式关闭终端，在新的终端窗口中查看进程信息，如例 6-23.4 所示。

例 6-23.4：nohup 与后台任务——关闭终端后重新打开并查看进程信息

```
[zys@centos7 ~]$ echo  $$
19509
[zys@centos7 ~]$ ps  -ef | grep  cron.sh | grep  -v  grep
zys      19232       1  0 15:28 ?         00:00:00 sh cron.sh       <== 原后台任务仍然存在
```

张经理问小朱从输出结果中看到哪些有用的信息。小朱仔细观察后回答说，他发现两点信息值得关注。一是原终端中的后台任务，即 PID 为 19232 的 cron.sh 进程仍然存在。二是 cron.sh 进程的 PPID 变为 1。小朱不知道该如何解释这两种现象。张经理告诉他，关闭终端窗口后，终端会向当前 Bash 进程的后台任务发送 SIGHUP 信号挂起后台任务，所以在新终端窗口中看不到原进程。这是第 1 步和第 2 步看到的现象。nohup 命令和"&"结合使用，可以让后台任务忽略 SIGHUP 信号，所以关闭终端不影响后台任务的运行，在新终端窗口中仍然能看到原进程。因为原终端的 Bash 进程（PDI 为 18183）已经关闭，所以 cron.sh 进程被转交给系统启动进程 systemd（PID 为 1）管理。这是第 3 步和第 4 步观察到的现象。系统启动进程会在任务 6.2 中介绍。

 知识拓展

进程与线程

另一个经常和进程一同出现的概念是线程，这几乎是每个程序员都绕不开的话题，也是程序员面试时最常遇到的考题之一。关于进程与线程的关系，最常听到的说法是"线程是轻量级的进程"，或者"进程是资源分配的最小单位，线程是 CPU 调度的最小单位"之类的回答。那么为什么要把进程"瘦身"为线程呢？资源分配和 CPU 调度又该如何理解呢？限于篇幅，这里无法给出一个全面而深入的回答。下面尝试从空间和时间两个角度简单分析进程和线程的关系。

操作系统把程序从硬盘加载到内存中作为一个进程来管理，同时，操作系统需要为进程分配各种各样的资源才能保证进程正常运行。最常见的进程资源就是内存和 CPU。除此之外，进程运行还会用到环境变量、文件描述符、网络接口、输入/输出设备等。除了 CPU 以外的进程资源构成了进程运行的"上下文"。进程运行需要的指令和数据保存在内存中，所以进程从内存中获得了"空间资源"，这是进程能够运行的基本前提。但仅有空间资源还不足以保证进程的运行。作为计算机系统的运算和控制核心，CPU 为进程分配时间片，在时间片规定的时间内，CPU 读取进程的指令和数据，完成程序设定的功能。所以 CPU 给予进程的是"时间资源"。有了内存和 CPU 的共同支持，进程才得以正常执行。至于 CPU 为哪个进程分配多少时间片，这涉及操作系统的进程调度算法，这里不深入讨论。

操作系统不是仅为一个进程服务，它同时管理系统中的所有进程，这就引入了进程调度的概念。当操作系统在某一刻决定把一个进程交给 CPU 执行时，需要加载该进程的上下文。如果下一刻把执行权交给另一个进程，则需要先保存原进程的上下文，然后加载新进程的上下文。这就是所谓的进程调度。现在的问题是，进程的上下文切换是一个十分耗时的操作，如果操作系统让 CPU 把大量时间花在上下文切换上，势必会压缩进程运行的有效时间，这样会大大降低操作系统的运行效率。引入线程的概念可以解决这个问题。

假设某个进程在运行过程中需要执行一个新的任务。操作系统当然可以通过创建一个新进程来完成这个任务，但这种做法效率不高。因为创建新进程意味着要在内存中创建 PCB，还要对 PCB 进行各种管理操作，开销很大。另一种做法是通过创建线程来实现。一个进程可以创建多个线程，这些线程共享进程的上下文环境。操作系统同样可以为线程分配 CPU 时间片，让线程代替原进程执行既定的功能。另外，创建线程的"开销"要远小于创建进程的"开销"，这就大大节省了操作系统创建和管理进程上下文环境的"开销"，提高了操作系统的工作效率。

另外，线程的引入还解决了进程间资源共享的问题。每个进程都有自己的 PCB，正常情况下，PCB 是彼此独立的，每个进程只能访问自己的 PCB。进程间的资源共享需要依靠特殊的进程间通信（Inter-Process Communication，IPC）机制。在一个进程中创建多个线程时，线程间共享相同的进程内存空间。这样只要把数据复制到内存空间中，线程间就可以方便快速地共享信息。如果多个线程试图修改同一份数据，则需要使用特殊的同步机制解决资源访问冲突的问题。

任务实训

本实训的主要任务是练习使用进程监控和管理的常用命令，切换前台任务和后台任务，以及设定计划调度任务。

【实训目的】

（1）理解进程的基本概念。

（2）熟练掌握进程监控和管理的常用命令。

（3）熟练掌握任务调度管理的两种方法。

【实训内容】

按照以下步骤完成进程管理和任务调度练习。

（1）使用 ps 命令查看系统当前的所有进程。

（2）使用 ps 命令查看当前登录用户的所有进程。

（3）使用 top 命令查看系统当前资源使用情况，每 5 秒刷新一次。

（4）编写一个 Shell 脚本，每隔 20 秒输出一条信息，连续执行 10 分钟。

（5）使用"&"符号执行这个脚本，将其放入后台运行。

（6）使用 jobs 命令查看后台任务信息。

（7）使用 fg 命令将后台任务调入前台运行。

（8）按【Ctrl+Z】组合键将其放入后台，此时后台任务处于暂停状态。

（9）使用 bg 命令将后台任务转入运行状态继续运行。

（10）使用 kill 命令强行终止后台任务。

（11）使用 at 命令设定一个计划任务，在当前时间的 5 分钟后执行步骤（4）中编写的 Shell 脚本。

（12）使用 crontab 命令设定一个计划任务，在每年的 6 月 1 日 19 时 28 分（执行时间可自定义）执行步骤（4）中编写的 Shell 脚本。

 任务 6.2 系统服务管理

 任务陈述

本任务将学习 Linux 操作系统的启动和初始化过程，这是很多人忽略的一个知识点。本任务首先介绍操作系统启动过程中的主要步骤及各步骤完成的功能；然后介绍两种主要的系统初始化工具，即 systemd 和 SysVinit，systemctl 是 systemd 的管理工具，在系统服务管理中发挥着重要的作用；最后详细介绍 systemctl 的常用操作。

知识准备

6.2.1 系统启动和初始化过程

在正式学习本任务的内容前，先思考一个问题：当按下开机电源键后计算机到底经历了怎样的过程才呈现出精美的桌面的？换句话说，计算机是怎么启动的？操作系统又是如何运行的？要完整准确地回答这个问题需要相当多的计算机专业知识。学习完本任务，大家将能够初步了解 Linux 操作系统的启动和初始化过程，对其中重要的步骤和工具会有更深入的认识。

V6-8 操作系统
启动过程

1. 系统启动过程

总的来说，Linux 操作系统的启动过程分为 4 步，分别是 BIOS 自检、启动引导程序、加载操作系统内核与操作系统初始化。

（1）BIOS 自检。

BIOS 是一个固化到计算机主板上 ROM 芯片中的软件程序。BIOS 是开机后计算机主动执行的第 1 个程序。BIOS 从互补金属氧化物半导体（Complementary Metal Oxide Semiconductor，CMOS）中读取计算机硬件设备的配置信息，如 CPU 的工作频率、硬盘的大小和类型、启动设备的顺序等。借助这些硬件配置信息，BIOS 首先完成加电自检（Power-on Self Test，POST）功能，主要是检查外围硬件设备是否能够正常工作。例如，如果在加电自检过程中发现内存条松动，则计算机一般会发出类似"嘟—嘟—"的两声有间隔的长音。

（2）启动引导程序。

加电自检之后，BIOS 根据启动设备的顺序查找用于启动操作系统的驱动设备，如硬盘、U 盘或网络等，并从中读取启动引导程序（boot loader）。以硬盘启动为例，如果是 MBR 格式的硬盘，则启动引导程序存储在硬盘的第 1 个扇区中；如果是 GPT 格式的硬盘，则启动引导程序存储在硬盘的 LBA0（即 MBR 兼容区块）中。关于 MBR 和 GPT 的相关知识，大家可以参考项目 3 的介绍。完成启动引导程序的读取之后，启动引导程序开始接管系统启动的控制权。目前，Linux 各发行版使用最多的启动引导程序是 grub2。

（3）加载操作系统内核。

启动引导程序最主要的功能是加载操作系统内核。操作系统内核一般是以压缩的形式保存的，所以加载内核时要对其进行解压缩。启动引导程序从此把系统启动的控制权转交给内核。内核会重新检查硬件设备、加载设备驱动程序、挂载根文件系统等。完成这些工作之后，内核就会执行操作系统的第 1 个进程，从而开始操作系统的初始化过程。这个进程就是 PID 为 1 的 systemd 进程（以使用 systemd 作为初始化工具的操作系统为例）。

（4）操作系统初始化。

系统初始化工具负责操作系统的初始化工作，准备操作系统的运行环境，包括操作系统的主机名、网络设置、语言设置、文件系统格式及各种系统服务的启动等。常用的 Linux 初始化工具有 SysVinit 和 systemd。systemd 是 Linux 最新的服务启动和管理工具，CentOS 从版本 7 开始使用 systemd 工具执行系统初始化操作。下面简要介绍 SysVinit 和 systemd 的基本概念。

2. SysVinit 和 systemd

在 Linux 内核加载启动之后，内核主动调用 systemd 进程完成系统初始化工作。但是在 systemd 之前，Linux 操作系统广泛使用的系统初始化工具是简称为 SysVinit 的脚本处理程序。它来源于 System V 版本的 UNIX 操作系统。使用 SysVinit 的系统初始化过程具有以下几个特点。

V6-9 两种系统
初始化工具

（1）内核创建的第 1 个进程是 init 进程，init 进程负责启动后续所有的服务。SysVinit 的服务管理工具有 init、chkconfig、service 和 setup 等命令。

（2）SysVinit 基于运行级别（run level）初始化系统。运行级别表示操作系统正在运行的功能级别，SysVinit 根据运行级别启动不同的服务。每种服务都有对应的启动和关闭服务的脚本，位于目录 /etc/init.d 中。

（3）SysVinit 以串行的方式启动服务。即使服务之间没有依赖关系，也必须按顺序依次启动。这种启动方式时间长、效率较低。另外，SysVinit 无法自动处理服务之间的依赖关系。因此，如果启动服务 A 时发现它所依赖的服务 B 还未启动，那么 SysVinit 不会自动启动服务 B，而需要管理员手动启动。

（4）SysVinit 初始化操作系统时会启动所有可能用到的系统服务，而且只有在所有服务启动之后才允许用户登录。这样做有两个缺点：一是启动时间太长；二是造成系统资源浪费，因为有些服务在启动后很少甚至完全没有使用。

（5）SysVinit 允许服务以独立（stand alone）模式或超级守护进程（super daemon）模式启动。在独立模式下，每个服务在内存中都有自己的守护进程，直接接收用户请求和提供服务。这种模式的响应速度较快。在超级守护进程模式下，由 xinetd 或 inetd 两个进程负责统一接收用户请求并分发至相应的服务进程。各个服务进程只在有服务请求的时候才启动，处理完请求后就结束。这种服务模式会引起服务响应的延迟。

systemd 是为了克服 SysVinit 的缺陷而产生的，目前已被大多数 Linux 发行版作为系统初始化工具。systemd 具有以下几个特点。

（1）systemd 是常驻内存的守护进程，PID 为 1，因此其他所有的进程都是 systemd 的直接或间接子进程。

（2）和 SysVinit 不同，systemd 并行启动系统服务，即同时启动多个互不依赖的系统服务。当遇到有依赖关系的系统服务时，systemd 自动启动被依赖的服务，这样就省去了管理员手动处理服务依赖关系的麻烦。

（3）systemd 支持按需响应（on-demand）的服务启动方式。也就是说，当有用户使用这个服务时就启动它，使用完即可关闭，直到下次使用时再启动。

（4）systemd 把系统服务定义为一个服务单元（unit），每个单元都有对应的单元配置文件，相当于 SysVinit 中的服务脚本。另外，systemd 根据服务的功能把服务单元组合为不同的目标（target），表示系统的运行环境。启动一个目标就相当于启动该目标包含的服务单元。systemd 用目标取代 SysVinit 中运行级别的功能。下面会详细介绍 systemd 单元和目标的概念。

（5）systemd 兼容 SysVinit 启动脚本，仍然可以使用这些脚本启动系统服务。这个特点降低了从 SysVinit 向 systemd 迁移的成本，使得 systemd 替代 SysVinit 成为可能。

systemd 已经成为各 Linux 发行版的系统初始化工具，因此下面主要介绍 systemd 的主要概念。对 SysVinit 感兴趣的读者可以查阅相关资料自行学习。

V6-10 认识 systemd

3. systemd 的主要概念

（1）单元。

systemd 把系统运行的各种服务和对象定义为一个单元。单元有不同的类型，如服务、挂载点、定时器和快照等。systemd 利用单元配置文件识别和配置单元，即单元文件。单元文件的扩展名代表单元的类型。表 6-5 列出了常用的 systemd 单元及其含义。

表 6-5　常用的 systemd 单元及其含义

单元名	单元文件扩展名	含义
service	.service	常用的系统服务
mount automount	.mount .automount	和文件系统挂载相关的服务
socket	.socket	定义进程间通信使用的套接字文件，可以是系统本地或网络间的进程通信
path	.path	与文件和目录相关的服务
timer	.timer	与定期执行的任务相关的服务，和 crontab 类似
target	.target	与系统运行环境相关的服务

（2）单元配置文件。

每个单元都有一个对应的单元配置文件，这些文件主要保存在下面 3 个目录中。

➤ /usr/lib/systemd/system：这个目录中有每个服务的启动脚本配置文件，类似于 SysVinit 中目录/etc/init.d 中的服务启动脚本文件。

➤ /run/systemd/system：这里的文件是系统执行过程中产生的服务脚本，优先级比目录/usr/lib/systemd/system 中的配置文件的优先级高。

➤ /etc/systemd/system：这里的文件是系统管理员根据实际需要建立的服务脚本配置文件，优先级比目录/run/systemd/system 中的配置文件的优先级高。

systemd 根据目录/etc/systemd/system 中的配置文件决定是否启动一个服务。该目录中有很多文件是指向目录/usr/lib/systemd/system 中的配置文件的链接文件，因此 systemd 实际执行的是放在目录/usr/lib/systemd/system 中的启动脚本配置文件。下面以 crontab 的守护进程 crond 对应的单元配置文件为例，简单介绍单元配置文件的基本格式，如例 6-24.1 所示。

例 6-24.1：单元配置文件——crond.service

```
[zys@centos7 ~]$ cat  /usr/lib/systemd/system/crond.service
[Unit]
Description=Command Scheduler
After=auditd.service systemd-user-sessions.service time-sync.target

[Service]
EnvironmentFile=/etc/sysconfig/crond
ExecStart=/usr/sbin/crond -n $CRONDARGS
ExecReload=/bin/kill -HUP $MAINPID
KillMode=process

[Install]
WantedBy=multi-user.target
```

单元配置文件基本上分为 3 个区段（section）或 3 节。每个区段的第 1 行是用中括号括起来的区段名，下面的每一行都是用"="连接的区段参数和参数值。

第 1 个区段是 Unit 区段，该区段主要定义单元描述信息、与其他单元的关系等。Unit 区段的常用参数及其含义如表 6-6 所示。

表 6-6　Unit 区段的常用参数及其含义

区段参数	含义
Description	区段的描述信息
Documentation	提供进一步查询该单元信息的方法
After	指定当前单元在哪些单元之后启动，不是强制要求
Before	和 After 的含义相反
Requires	指定当前单元所依赖的单元，这是一种强依赖关系。如果这些单元未启动，当前单元也无法启动
Wants	指定当前单元所依赖的单元，这是一种弱依赖关系。即使这些单元未启动，当前单元也可启动
Conflicts	定义单元之间的冲突关系，如果此处的单元正在运行，那么当前单元无法启动，反之亦然

第 2 个区段的区段名就是单元的类型，如 Service、Socket 或 Mount 等。以本例的 Service 区段为例，其常用的参数及其含义如表 6-7 所示。

表 6-7　Service 区段常用的参数及其含义

区段参数	含义
Type	服务的启动类型，有 simple、forking、oneshot、dbus 和 idle 几种类型。每种类型的含义这里不再详细展开描述
EnvironmentFile	服务配置文件
ExecStart	启动服务时执行的命令或脚本
ExecStop	停止服务时执行的命令或脚本
ExecReload	和重载服务相关的命令
TimeoutSec	如果服务因为某些情况无法正常启动或关闭，则等待多长时间后才会被强制结束
KillMode	关闭服务的模式，有 process、control-group 和 none 几种模式。每种模式的具体含义这里不再详细展开描述

最后一个区段是 Install，用于定义单元的启动方式和依赖关系。Install 区段常用的参数及其含义如表 6-8 所示。

表 6-8　Install 区段常用的参数及其含义

区段参数	含义
Also	与当前单元一起启动的服务
Alias	当前单元的别名
RequiredBy	指定当前单元被哪些单元强依赖
WantedBy	指定当前单元被哪些单元弱依赖

（3）目标。

在 systemd 中，目标是一组单元的集合，启动一个目标就相当于启动该目标包含的所有单元。目标的主要作用是定义一种系统的运行环境，和 SysVinit 中运行级别的概念类似。以常用的 graphical.target 为例，它定义了现在所使用的图形用户桌面环境。例 6-24.2 显示了 graphical.target 的单元配置文件。

例 6-24.2：单元配置文件——graphical.target

```
[zys@centos7 ~]$ cat  /usr/lib/systemd/system/graphical.target
[Unit]
Description=Graphical Interface
Documentation=man:systemd.special(7)
Requires=multi-user.target
Wants=display-manager.service
```

```
Conflicts=rescue.service rescue.target
After=multi-user.target rescue.service rescue.target display-manager.service
AllowIsolate=yes
…
```

这里重点关注 Unit 区段的 Requires 参数。例 6-23 表示，multi-user.target 必须在 graphical.target 之前启动，两者之间是一种强依赖关系。multi-user.target 可以创建一种允许多用户登录的字符界面。接下来继续查看 multi-user.target 的单元配置文件，如例 6-24.3 所示。

例 6-24.3：单元配置文件——multi-user.target

```
[zys@centos7 ~]$ cat  /usr/lib/systemd/system/multi-user.target
[Unit]
Description=Multi-User System
Documentation=man:systemd.special(7)
Requires=basic.target
Conflicts=rescue.service rescue.target
After=basic.target rescue.service rescue.target
AllowIsolate=yes
…
```

可以看到，multi-user.target 强依赖于 basic.target。basic.target 完成的工作包括设置 SELinux 的安全上下文、设置定时器等。接着查看 basic.target 的单元配置文件，如例 6-24.4 所示。

例 6-24.4：单元配置文件——basic.target

```
[zys@centos7 ~]$ cat  /usr/lib/systemd/system/basic.target
[Unit]
Description=Basic System
Documentation=man:systemd.special(7)
Requires=sysinit.target
After=sysinit.target
Wants=sockets.target timers.target paths.target slices.target
After=sockets.target paths.target slices.target
…
```

basic.target 强依赖于 sysinit.target。sysinit.target 完成内核基本功能和低级别系统服务的启动。如果查看 sysinit.target 的单元配置文件，则会发现它并不强依赖于任何单元。总结下来，为了完成图形用户界面的启动，systemd 需要依次执行 sysinit.target、basic.target、multi-user.target 和 graphical.target 这 4 个启动目标。当然，这只是启动流程的主线，实际的启动流程比这里描述的要复杂得多。

6.2.2 systemctl 管理工具

systemd 的管理工具只有 systemctl 命令，所有的管理任务都通过 systemctl 命令完成。因此对 Linux 进行服务管理的关键就是掌握 systemctl 的用法。本小节来学习 systemctl 的使用方法，主要包括查询和管理两类操作。

1. 查询单元信息

使用 list-units 子命令可以查看单元相关信息，其基本语法如下。

```
systemctl  list-units  [--all] [--failed]  [--state=state] [-t|--type=type]
```

直接使用 systemctl 命令或只带 list-units 子命令即可列出所有已加载的单元，如例 6-25 所示。

V6-11 systemctl
管理工具

例 6-25：列出所有已加载的单元

```
[zys@centos7 ~]$ systemctl  list-units
```

```
UNIT                    LOAD        ACTIVE      SUB         DESCRIPTION
crond.service           loaded      active      running     Command Scheduler
sshd.service            loaded      active      running     OpenSSH server daemon
sysinit.target          loaded      active      active      System Initialization
...
```

列出的单元信息包含 5 个字段，LOAD 字段的值全部是"loaded"，说明这些单元已全部加载。需要重点关注的是 ACTIVE 和 SUB 这两个字段。这两个字段都显示单元的状态，ACTIVE 是单元的主活动状态，SUB 则是对主活动状态进一步划分的结果，是和单元类型相关的子状态。具体来说，主活动状态包括 active、inactive 和 failed 这 3 种，分别表示单元正在运行、没有运行及运行失败。常见的 SUB 子状态包括下面几种。

➢ running：表示服务正在持续运行。

➢ exited：表示服务运行一次就正常结束，目前没有相关进程在系统中运行。

➢ waiting：表示服务正在运行中，但是要等待其他事件发生才能继续运行，和图 6-1 中进程的阻塞状态类似。

➢ dead：表示服务没有运行。

➢ failed：表示服务运行失败。

使用--all 选项可以列出所有的单元，包括运行成功或失败及没有找到配置文件的单元，如例 6-26 所示。

例 6-26：列出所有的单元

```
[zys@centos7 ~]$ systemctl  --all
UNIT                    LOAD        ACTIVE      SUB         DESCRIPTION
dev-sda1.device         loaded      active      plugged     VMware_Virtual_S 1
boot.mount              loaded      active      mounted     /boot
apparmor.service        not-found   inactive    dead        apparmor.service
atd.service             loaded      active      running     Job spooling tools
[zys@centos7 ~]$ systemctl  --failed
UNIT                    LOAD        ACTIVE      SUB         DESCRIPTION
● dev-disk-....swap     loaded      failed      failed      /dev/dis.....
```

也可以使用--state 或--type 选项列出指定状态或类型的单元，如例 6-27 所示。

例 6-27：列出指定状态或类型的单元

```
[zys@centos7 ~]$ systemctl  --state=exited
UNIT                LOAD      ACTIVE    SUB       DESCRIPTION
network.service     loaded    active    exited    LSB: Bring up/down networking
quotaon.service     loaded    active    exited    Enable File System Quotas
sysstat.service     loaded    active    exited    Resets System Activity Logs
[zys@centos7 ~]$ systemctl  --type=mount
UNIT                LOAD      ACTIVE    SUB       DESCRIPTION
-.mount             loaded    active    mounted   /
boot.mount          loaded    active    mounted   /boot
home.mount          loaded    active    mounted   /home
```

如果想查看某个单元的当前状态或是否为开机启动，则可以使用 status 子命令，或者使用 is-active、is-failed 和 is-enabled 子命令进行查看，如例 6-28 所示。status 子命令显示的信息很丰富，是管理员进行服务管理时经常使用的命令。

例 6-28：列出指定单元的状态

```
[zys@centos7 ~]$ systemctl  status  crond.service
```

● crond.service - Command Scheduler
　　Loaded: **loaded** (/usr/lib/systemd/system/crond.service; **enabled**; vendor preset: enabled)
　　Active: **active (running)** since 日 2021-01-17 09:17:52 CST; 2h 32min ago
　Main PID: **7180** (crond)
　　　Tasks: 1
　　CGroup: /system.slice/crond.service
　　　　　　└─7180 /usr/sbin/crond -n
[zys@centos7 ~]$ systemctl　is-active　crond.service
active
[zys@centos7 ~]$ systemctl　is-failed　crond.service
active
[zys@centos7 ~]$ systemctl　is-enabled　crond.service
enabled

2. 查询单元文件信息

systemd 使用单元文件识别和管理单元，使用 list-unit-files 子命令可以列出系统当前所有可用的单元文件，如例 6-29 所示。

例 6-29：列出系统当前所有可用的单元文件

```
[zys@centos7 ~]$ systemctl　list-unit-files
UNIT FILE                              STATE
accounts-daemon.service                enabled
ipsec.service                          disabled
sshd-keygen.service                    static
…
```

第 1 个字段是单元配置文件名，扩展名表示单元的类型。第 2 个字段代表单元文件的状态。单元文件状态表示单元能否启动运行，和单元状态是两个不同的概念。例 6-29 列出了 3 种常见的单元文件状态，其各自的含义如下。

➤ enabled：开机时该单元自动启动。

➤ disabled：开机时该单元不会自动启动。

➤ static：该单元的配置文件没有 Install 区段，不能单独执行，只能作为其他单元文件的依赖单元。

使用--state 或--type 选项可以查找指定状态或类型的单元文件，如例 6-30 所示。

例 6-30：查找指定状态或类型的单元文件

```
[zys@centos7 ~]$ systemctl　list-unit-files　--state=enabled
UNIT FILE                              STATE
atd.service                            enabled
firewalld.service                      enabled
graphical.target                       enabled
[zys@centos7 ~]$ systemctl　list-unit-files　--type=mount
UNIT FILE                              STATE
proc-fs-nfsd.mount                     static
sys-kernel-config.mount                static
tmp.mount                              disabled
```

3. 管理服务单元

使用 systemctl 命令管理服务单元的方法非常简单，其基本语法如下。

systemctl　*cmd*　*semame*.service

其中，*semame* 是服务名，如 httpd.service、crond.service，可以省略服务扩展名，简写为 httpd、crond；*cmd* 是要执行的操作类型。管理服务单元常用的操作及其含义如表 6-9 所示。

表 6-9　管理服务单元常用的操作及其含义

操作	完整形式	含义
start	systemctl　start　sername.service	启动服务，可简写为 systemctl start sername，下同
stop	systemctl　stop　sername.service	停止服务
restart	systemctl　restart　sername.service	重启服务，即先停止服务再启动
reload	systemctl　reload　sername.service	重载服务，即在不重启服务的情况下重新加载服务配置文件
enable	systemctl　enable sername.service	将服务设置为开机自动启动
disable	systemctl　disable sername.service	取消服务开机自动启动

📝 任务实施

实验：systemctl 实践

systemd 的管理工具是 systemctl 命令。systemctl 命令功能强大，包含众多查询和管理子命令。小朱现在已开始接触这方面的工作，所以张经理让小朱认真研究 systemctl 命令的基本用法。张经理打算先带着小朱完成一个简单的实验，下面是张经理的操作步骤。

第 1 步，使用 systemctl 命令查看 sshd 单元信息，如例 6-31.1 所示。可以看到，sshd 单元已加载。

例 6-31.1：systemctl 实践——查看 sshd 单元信息

```
[zys@centos7 ~]$ systemctl  list-units  |  grep  sshd
  sshd.service    loaded    active    running   OpenSSH server daemon
```

第 2 步，使用 status 子命令查看 SSH 服务的状态，如例 6-31.2 所示。

例 6-31.2：systemctl 实践——查看 SSH 服务的状态

```
[zys@centos7 ~]$ systemctl  status  sshd
● sshd.service - OpenSSH server daemon
   Loaded: loaded (/usr/lib/systemd/system/sshd.service; enabled; vendor preset: enabled)
   Active: active (running) since 一 2021-02-08 12:13:14 CST; 5h 8min ago
     Docs: man:sshd(8)
           man:sshd_config(5)
 Main PID: 7158 (sshd)
    Tasks: 1
   CGroup: /system.slice/sshd.service
           └─7158 /usr/sbin/sshd -D
```

第 3 步，使用 stop 子命令关闭 SSH 服务，如例 6-31.3 所示。

例 6-31.3：systemctl 实践——关闭 SSH 服务

```
[zys@centos7 ~]$ sudo  systemctl  stop  sshd
[sudo] zys 的密码：
```

第 4 步，在 SSH 客户端上使用 ssh 命令远程连接 SSH 服务，如例 6-31.4 所示。系统显示连接被拒绝，因为此时 SSH 服务处于关闭状态。

例 6-31.4：systemctl 实践——远程连接 SSH 服务

```
[zys@sshclient ~]$ ssh  -p  22345  zys@192.168.0.150
ssh: connect to host 192.168.0.150 port 22345: Connection refused
```

第5步，使用 start 或 restart 子命令启动 SSH 服务，如例 6-31.5 所示。

例 6-31.5：systemctl 实践——重启 SSH 服务

```
 [zys@sshclient ~]$ sudo  systemctl  restart  sshd.service
[sudo] zys 的密码：
```

第6步，再次连接 SSH 服务器，如例 6-31.6 所示，SSH 服务访问成功。

例 6-31.6：systemctl 实践——再次连接 SSH 服务器

```
[zys@sshclient ~]$ ssh  -p  22345  zys@192.168.0.150
Last login: Mon Feb  8 21:26:12 2021 from 192.168.0.120
```

 **知识拓展**

切换操作环境

一般使用的操作环境是图形用户界面，也就是 systemd 使用 graphical.target 目标创建的操作环境。可以使用 get-default 子命令查看当前的操作环境，使用 set-default 子命令切换操作环境，如例 6-32 所示。

例 6-32：切换操作环境

```
[root@centos7 ~]# systemctl  get-default
graphical.target              <== 当前操作环境是图形用户界面
[root@centos7 ~]# systemctl  set-default  multi-user.target
Removed symlink /etc/systemd/system/default.target.
Created symlink from /etc/systemd/system/default.target to /usr/lib/systemd/system/multi-user.
target.            <== 创建指向 multi-user.target 的链接文件
[root@centos7 ~]# ls  -l  /etc/systemd/system/default.target
lrwxrwxrwx. 1 root root 41 1 17 14:31 /etc/systemd/system/default.target -> /usr/lib/systemd/
system/multi-user.target
[root@centos7 ~]# systemctl  reboot    // 重启系统后弹出字符界面
```

注意到将系统操作环境从图形用户界面切换到字符界面时，systemd 实际执行的操作是在目录 */etc/systemd/system/* 中建立一个指向文件 */usr/lib/systemd/system/multi-user.target* 的链接文件，名为 *default.target*。事实上，系统启动时就是根据 *default.target* 指向的目标确定进入哪种操作环境的。例 6-32 同时演示了使用 systemctl 命令重启系统的方法。systemctl reboot 和 systemctl poweroff 命令分别可以重启和关闭系统。

 **任务实训**

本实训的主要任务是通过查询资料学习系统启动的主要步骤，了解 SysVinit 和 systemd 两种系统初始化管理工具的区别和联系，练习使用 systemctl 工具管理系统服务的常用命令。

【实训目的】

（1）理解系统启动的主要步骤及其完成的功能。

（2）了解 SysVinit 和 systemd 的区别和联系。

（3）熟悉 systemctl 管理工具的常用操作。

【实训内容】

按照以下步骤完成系统服务管理练习。

（1）查阅资料研究系统启动的主要步骤及其完成的功能。

（2）学习 SysVinit 和 systemd 两种初始化工具的区别和联系。

（3）使用 systemctl 查询系统当前已加载单元。

（4）使用 systemctl 查询指定状态的系统服务单元。

（5）使用 systemctl 查询所有单元文件。

（6）使用 systemctl 查询 sshd 服务活动状态。

（7）使用 systemctl 停止 sshd 服务。

（8）使用 systemctl 重启 sshd 服务。

（9）使用 systemctl 把 sshd 服务设为开机自动启动。

项目小结

　　本项目包含两个任务。任务 6.1 详细介绍了一个操作系统中非常重要的概念——进程。进程是程序运行后在内存中的表现形式，通过监控进程的运行可以了解系统当前的工作状态。此外，任务 6.1 还介绍了常用的进程监控和管理命令，包括查询进程静态信息的 ps 命令和查询进程动态信息的 top 命令。任务调度管理是任务 6.1 的重点，包括进程的前后台切换及计划任务调度。任务 6.2 主要介绍了系统的启动过程和两种系统初始化管理工具。systemd 是 Linux 最新的初始化管理工具，相比 SysVinit 具有较大的改进和优化。systemctl 是 systemd 的管理工具，在系统服务管理中发挥着重要的作用。

项目练习题

1. 选择题

（1）关于进程和程序的关系，下列说法错误的是（　　　）。

　　A. 进程就是运行在内存中的程序

　　B. 进程存储在内存中，而程序存储在外部存储设备中

　　C. 程序和进程一样，会经历一系列的状态变化

　　D. 进程是动态的，程序是静态的

（2）关于进程状态的变化，下列说法正确的是（　　　）。

　　A. 进程创建后，可直接进入运行状态

　　B. 操作系统为进程分配运行所需的空间资源，如果能够满足进程的资源需求，则把进程放入就绪队列，进程转入就绪状态

　　C. 如果处于运行状态的进程必须等待某些事件的发生才能继续运行，则会转入就绪状态

　　D. 在阻塞状态下，当等待的事件发生时会重新进入运行状态

（3）下列（　　　）命令可以详细显示系统的每一个进程。

　　A. ps　　　　　　　B. ps –f　　　　　　C. ps –ef　　　　　D. ps –fu

（4）ps 和 top 命令的主要区别是（　　　）。

　　A. ps 查看普通用户的进程信息，top 查看 root 用户的进程信息

　　B. ps 查看常驻内存的系统服务，top 查看普通进程

　　C. ps 查看进程详细信息，top 查看进程概要信息

　　D. ps 查看进程静态信息，top 查看进程动态信息

（5）复制一个大文件 *bigfile* 到 */etc/oldfile* 中，可以将其放入后台运行的命令是（　　　）。

　　A. cp　bigfile　/etc/oldfile　#　　　　　B. cp　bigfile　/etc/oldfile　&

　　C. cp　bigfile　/etc/oldfile　　　　　　　D. cp　bigfile　/etc/oldfile　@

（6）关于 top 命令的说法，错误的一项是（　　　）。

    A. top 命令可查看进程的动态信息，每 3 秒刷新一次

    B. top 命令只能查看系统进程信息，无法查看系统资源使用情况

    C. top 命令常用于查看系统的资源使用情况及各进程的详细使用信息

    D. 可以通过-d 选项设置 top 命令的刷新间隔

（7）关于后台任务的说法，正确的一项是（　　　）。

    A. 通过"&"将任务放入后台，任务处于运行状态

    B. 使用 fg 命令可以让后台的进程继续运行

    C. 通过"&"将任务放入后台的效果和按【Ctrl+Z】组合键的效果相同

    D. 使用 bg 命令可以把后台的进程恢复到前台继续运行

（8）关于进程优先级的说法，正确的一项是（　　　）。

    A. 进程的优先级在进程创建时确定，运行时无法修改

    B. 进程的优先级可以修改，但是只有 root 用户能修改

    C. 普通用户可以修改自己创建的进程的优先级

    D. 普通用户可以把自己创建的进程调整为更高的优先级

（9）想要通过 kill 命令强制终止一个 PID 为 11270 的进程，正确的做法是（　　　）。

    A. kill　-d　11270　　　　　　　　B. kill　-l　11270

    C. kill　-f　11270　　　　　　　　D. kill　-9　11270

（10）关于进程的权限，下列说法错误的是（　　　）。

    A. 进程也有所有者和属组两个属性

    B. 创建进程时，进程自动继承对应程序文件的所有者和属组

    C. 默认情况下，进程的属组就是执行者所属的用户组

    D. 默认情况下，进程的所有者就是执行这个文件的用户

（11）关于 SUID，下列说法正确的是（　　　）。

    A. 执行设置了 SUID 权限的程序文件时，进程的所有者即执行者

    B. 可以对二进制程序文件和目录设置 SUID 权限，但不能对 Shell 脚本文件设置 SUID 权限

    C. 只能对二进制程序文件设置 SUID 权限

    D. 对文件设置 SUID 权根后，在其属组执行权限上会出现"s"

（12）关于 SGID，下列说法错误的是（　　　）。

    A. 可以对二进制程序文件和目录设置 SGID 权限

    B. 对二进制程序文件设置 SGID 权限时，进程将拥有文件属组的权限

    C. SGID 权限对二进制程序文件生效的前提是执行者对该文件具有执行权限

    D. 用户在具有 SGID 权限的目录中新建的目录不会自动继承 SGID 权限

（13）关于 SBIT，下列说法错误的是（　　　）。

    A. 普通用户无法对文件设置 SBIT 权限，但 root 用户可以

    B. 只能对目录设置 SBIT 权限

    C. 用户在目录中新建的文件和目录，只有该用户和 root 用户能够删除

    D. SBIT 权限生效的前提是用户对目录具有执行和写权限

（14）关于计划任务调度，下列说法正确的是（　　　）。

    A. at 命令用于设置周期调度任务

    B. crontab 命令用于设置一次性调度任务

    C. 使用 crontab 设置计划任务时，最小的时间调度单位是分钟

    D. 使用 at 设置的计划任务只有在 CPU 负载比较低时才会执行

（15）在 Linux 操作系统启动过程中，（　　　）过程会完成加载设备驱动程序、挂载根文件系统等任务。

  A. BIOS 自检
        B. 启动引导程序

  C. 加载操作系统内核
     D. 操作系统初始化

（16）关于 Linux 初始化工具 SysVinit，下列说法错误的是（　　　）。

  A. SysVinit 的服务管理工具有 init、chkconfig、service 和 setup 等命令

  B. SysVinit 基于目标（target）初始化系统，表示操作系统正在运行的功能级别

  C. SysVinit 以串行的方式启动服务。即使服务之间没有依赖关系，也要按顺序依次启动

  D. SysVinit 允许服务以独立模式或超级守护进程模式启动

（17）关于 Linux 初始化工具 systemd，下列说法错误的是（　　　）。

  A. systemd 不兼容 SysVinit 启动脚本，无法使用 SysVinit 脚本启动系统服务

  B. systemd 并行启动系统服务，即同时启动多个互不依赖的系统服务

  C. systemd 支持按需响应的服务启动方式，当有用户使用这个服务时就启动它

  D. systemd 把系统服务定义为一个服务单元，每个单元都有对应的单元配置文件

2. 填空题

（1）进程存储在＿＿＿＿＿＿＿＿＿＿中，而程序存储在＿＿＿＿＿＿＿＿＿＿中。

（2）进程控制块记录的进程信息包括＿＿＿＿＿＿、＿＿＿＿＿＿＿和＿＿＿＿＿＿＿。

（3）根据常用的进程五状态模型，进程的状态包括＿＿＿＿＿＿＿＿＿、＿＿＿＿＿＿＿＿＿、＿＿＿＿＿＿＿＿、＿＿＿＿＿＿＿＿和＿＿＿＿＿＿＿＿。

（4）常用于查看进程静态和动态信息的命令分别是＿＿＿＿＿＿＿＿＿和＿＿＿＿＿＿＿＿。

（5）要使程序以后台方式执行，只需在要执行的命令后跟上一个＿＿＿＿＿＿＿＿符号，通过这种方式放入后台的进程处于＿＿＿＿＿＿＿＿＿状态。

（6）＿＿＿＿＿＿＿＿＿命令可以把后台的进程恢复到前台继续运行。

（7）如果想让后台暂停的进程重新开始运行，则可以使用＿＿＿＿＿＿＿＿命令。

（8）文件除了读、写和执行等基本权限外，还包括＿＿＿＿＿、＿＿＿＿和＿＿＿＿＿这 3 种特殊权限。

（9）crontab 的配置文件中，时间调度单位分别是＿＿＿＿＿＿＿＿＿、＿＿＿＿＿＿＿＿、＿＿＿＿＿＿＿＿、＿＿＿＿＿＿＿＿和＿＿＿＿＿＿＿＿。

（10）配置一次性计划任务，可以使用＿＿＿＿＿＿＿＿＿和＿＿＿＿＿＿＿＿命令。

（11）Linux 操作系统的启动过程分为 4 步，分别是＿＿＿＿＿、＿＿＿＿＿、＿＿＿＿＿＿和＿＿＿＿＿。

（12）两种常见的 Linux 初始化工具是＿＿＿＿＿＿＿＿＿和＿＿＿＿＿＿＿＿。

（13）SysVinit 基于＿＿＿＿＿＿＿＿＿初始化系统，表示操作系统正在运行的功能级别。systemd 中对应的概念是＿＿＿＿＿＿＿＿。

（14）systemd 是常驻内存的守护进程，PID 为＿＿＿＿＿＿＿＿，其他所有的进程都是 systemd 的直接或间接子进程。

（15）使用 systemctl 管理服务时，启动、停止和重启服务的子命令分别是＿＿＿＿＿＿＿＿、＿＿＿＿＿＿＿＿和＿＿＿＿＿＿＿＿。

3. 简答题

（1）简述进程和程序的关系。

（2）简述常用的进程五状态模型中进程状态之间的变化关系。

（3）简述进程和文件权限的关系。

（4）简述 Linux 操作系统的启动过程。

（5）简述 SysVinit 和 systemd 的区别。

项目7
管理软件

07

学习目标

【知识目标】
（1）了解Linux中软件管理的发展历史。
（2）了解RPM的特点和不足。
（3）了解YUM软件包管理器的工作原理和优势。

【技能目标】
（1）熟练使用RPM进行软件查询。
（2）熟练掌握配置YUM源的方法。
（3）熟练使用yum工具进行软件管理。

引例描述

开发中心最近要启动一个大型研发项目，需要用到一些新的开发平台和软件。为配合好开发中心的研发工作，张经理也提前谋划在开发中心服务器上安装相关软件。这项工作难度不大，他打算让小朱负责。接到这个任务，小朱忽然意识到自己前段时间忙于Linux其他知识的学习，到现在竟然还从未在Linux操作系统中安装或卸载过任何软件。小朱很想知道Linux操作系统和Windows操作系统在软件管理上有何不同，Linux是不是也有Windows中类似的软件管理工具。面对这个疑惑，小朱决定尽快掌握在Linux中管理软件的

技能，这样如果以后自己需要安装软件，就不用请其他同事帮忙了。

任务7.1 软件包管理器

任务陈述

经过多年的发展，在 Linux 操作系统中安装、升级或卸载软件已经变成一件非常简单方便的事情。Linux 发行版都提供了功能强大的软件包管理器协助用户高效管理软件。本任务将简述 Linux 的软件管理发展历史，介绍 Linux 中常用的软件包管理器，并重点介绍 YUM 软件包管理器的配置和使用方法。

知识准备

7.1.1 认识软件包管理器

作为计算机用户，安装、升级和卸载软件应该算是最常做的事情之一。在 Windows 操作系统中完成这些工作是非常容易的。以安装软件为例，只要有一个适合的软件安装包，基本上只要单击几次鼠标就能完成软件的安装。Linux 操作系统中的软件安装经历了长期的发展历程。今天，在 Linux 中安装软件也很方便快捷，而且有相当数量的优秀开源软件供大家免费使用。本任务将概述 Linux 操作系统中软件管理的发展历程，并重点介绍在 CentOS 中使用的软件包管理器 RPM 和 YUM。

V7-1 认识软件包管理器

1. 早期：编译源代码

早期，Linux 软件开发者直接把软件源代码打包发给用户，用户需要对源代码进行编译，产生二进制可执行文件后再使用。对于普通 Linux 用户来说，编译源代码不是一件轻松的事情。因为用户的操作环境和开发人员的开发环境可能不一样，所以编译源代码时需要对系统进行相关的配置，有时甚至需要修改源代码。虽然编译源代码为用户提供了一定的自由度，允许用户根据自己的实际需要选择软件功能和组件，或者根据特定的硬件平台设置编译选项，但是它带来的麻烦让这些自由度失去了吸引力。

2. 进阶：软件包管理器

如果能够直接拿到 Linux 厂商编译好的二进制可执行文件，那么岂不是可以省去编译源代码的烦恼？软件包管理器的作用就在于此。用户借助软件包管理器查询系统当前安装了哪些软件，执行软件的安装、升级和卸载操作。这就和 Windows 操作系统中管理软件的方式很类似了。软件包包含编译好的二进制可执行文件、配置文档及其他相关说明文档。这种由开发人员编译好的软件包一般会考虑软件的跨平台通用性，当然，也有可能针对特定的平台发布特殊的软件包。目前，在 Linux 发行版中有两种主流的软件包管理器，即 RPM 和 Deb。

红帽软件包管理器（Red Hat Package Manager，RPM）是由 Red Hat 公司开发的一款软件包管理器，目前在很多 Linux 发行版中得到广泛应用，包括 Fedora、CentOS、SUSE 等。RPM 支持的软件包的文件后缀是 ".rpm"，使用 rpm 工具管理软件包。Deb 最早是由 Debian Linux 社区开发的软件包管理器，主要应用于衍生自 Debian 的 Linux 发行版，如 Ubuntu 等。Deb 的软件包格式是 ".deb"，使用的管理工具是 dpkg。

这里以 RPM 为例简单说明软件包管理器的工作机制。RPM 在本地计算机系统中建立一个软件数据库，其中记录了系统当前已安装的所有软件信息，如软件名称、版本、安装时间和安装路径等。当准备安装一个 rpm 软件包时，RPM 首先分析软件包本身包含的安装说明信息。例如，软件包的版本、软件的软件和硬件需求、软件依赖关系。其中，最重要的是分析软件的依赖关系。也就是说，RPM 从本地软件数据库中检查待安装软件所依赖的软件是否全部安装。如果已全部安装，则正常安装该软件并把软件相关信息写入本地软件数据库。如果依赖的软件没有全部安装，哪怕只有一个没有安装，RPM 也会停止安装过程。

可以看出，RPM 主要依靠两项信息安装软件，一项是本地软件数据库中记录的已安装软件信息，另一项是待安装的 rpm 软件包中的说明信息。升级或卸载软件时同样要用到这些信息。但是，人们希望软件包管理器在遇到没有安装的依赖软件时，能够自动下载和安装这些软件。可惜的是，RPM 和 Deb 都没有解决这个问题，所以用户需要借助更高级的软件包管理器，也就是下面要介绍的 YUM 和 APT。

3. 现今：自动安装和升级

高级软件包管理器不仅能够处理软件的依赖关系，还能自动下载并安装那些尚未安装的依赖软件。YUM 和 APT 是目前最常使用的两种高级软件包管理器。

YUM 基于 RPM，在 Fedora、Red Hat、CentOS 及 SUSE 等操作系统中应用广泛。YUM 能自动处理 rpm 软件包之间的依赖关系，从指定的服务器下载 rpm 软件包，并且一次性安装所有依赖的 rpm 软件包。YUM 能提供这么强大的功能主要得益于 YUM 服务器的支持，也就是通常所说的 YUM 源。可以把 YUM 源理解为一个软件仓库，其中包括一份整理好的软件清单及编译好的软件包。软件清单包含软件的依赖关系，以及依赖软件的下载地址。安装软件时，YUM 先根据软件清单找到软件的依赖关系，并和 RPM 建立的本地软件数据库进行对比。对于那些尚未安装的依赖软件，YUM 根据软件清单中记录的下载地址自动下载并安装依赖软件。这就是 YUM 相比于 RPM 的先进之处。YUM 源可以配置在本地计算机中，也可以配置在专用的远程 YUM 服务器中。

高级软件包工具（Advanced Packaging Tools，APT）是 Debian 及其衍生的 Linux 发行版中使用的高级软件包管理器。APT 能够自动处理软件包的依赖关系，自动下载、配置、安装和升级二进制及源代码格式的软件包。甚至只需一条命令，APT 就可以更新整个操作系统的软件，大大简化了软件的安装。

CentOS 使用 YUM 管理软件，所以本书主要介绍 YUM 的使用方法。对 APT 感兴趣的读者可以参考相关资料自行学习。

7.1.2 RPM

其实有了 YUM 之后，RPM 的功能就被大大弱化了，所有的软件安装、升级和卸载工作都可以通过 YUM 完成。现在使用得最多的是 RPM 提供的查询功能。由于 YUM 基于 RPM，所以下面先来简单了解 RPM 的使用方法。

RPM 针对所有已安装的软件建立了一个本地软件数据库，作为后续软件升级和卸载的依据。本地软件数据库保存在目录*/var/lib/rpm* 中，例 7-1 列出了其中的数据库文件。大家千万不要手动修改或删除这些文件，否则很可能导致数据库文件和本地软件信息不一致。

例 7-1：RPM 本地数据库文件

```
[zys@centos7 ~]$ ls  -l  /var/lib/rpm
-rw-r--r--.  1    root root   4280320     1月  9 10:48    Basenames
-rw-r--r--.  1    root root   16384      12月 7 22:26    Conflictname
-rw-r--r--.  1    root root   270336      1月 18 12:56    __db.001
-rw-r--r--.  1    root root   81920       1月 18 12:56    __db.002
...
[zys@centos7 ~]$ file  /var/lib/rpm/Basenames
/var/lib/rpm/Basenames: Berkeley DB (Btree, version 9, native byte-order)
```

RPM 使用的管理工具是 rpm 命令。使用 rpm 命令查询已安装软件的信息时，其基本语法如下。

```
rpm  -q[-a|-i|-l|-c|-d|-R|-f]  software_name
```

其中，-q 选项是必需的，根据所要查询的具体信息使用其他选项即可。rpm 命令各个选项的功能说明如表 7-1 所示。

表 7-1 rpm 命令各个选项的功能说明

选项	功能说明
-q	查询某个软件是否安装
-a	列出系统中所有已安装的软件的名称
-i	列出某个软件的详细信息

续表

选项	功能说明
-l	列出某个软件的所有文件和目录
-c	列出某个软件的所有配置文件
-d	列出某个软件的所有说明文件
-R	列出与某个软件有依赖关系的软件所包含的文件
-f	后跟文件名，查询该文件属于哪个已安装软件
-q	后跟 rpm 软件包文件名，查看 rpm 软件包中的软件信息

例 7-2 给出了几个使用 rpm 命令查询软件信息的例子。

例 7-2：使用 rpm 命令查询软件信息

```
[zys@centos7 ~]$ rpm  -qa            // 查询所有已安装软件
libosinfo-1.1.0-2.el7.x86_64
libcacard-2.5.2-2.el7.x86_64
…

[zys@centos7 ~]$ rpm  -q  httpd      // 查询软件基本信息
httpd-2.4.6-88.el7.centos.x86_64
[zys@centos7 ~]$ rpm  -qi  httpd     // 查询软件详细信息
Name         : httpd
Version      : 2.4.6
Release      : 88.el7.centos
Architecture : x86_64
Install Date: 2020 年 12 月 07 日 星期一 22 时 30 分 29 秒
…
[zys@centos7 ~]$ rpm  -ql  httpd     // 查询软件的相关文件和目录
/etc/httpd
/etc/httpd/conf
/etc/httpd/conf.d
/etc/httpd/conf.d/README
…
```

另外，使用 rpm 命令的-i 选项可以安装已下载的 rpm 软件包，使用-U 和-F 选项可以升级软件，具体操作这里不再演示。

7.1.3 使用 YUM 管理软件

使用 YUM 管理软件非常简单。只要配置好 YUM 源，基本上只要一条命令就能方便地安装、升级和卸载软件。下面先简单说明 YUM 源的基本概念及 YUM 源的相关配置文件。本任务实验 1 会详细介绍如何配置 YUM 源。

YUM 源包含整理好的软件清单和软件安装包，配置好 YUM 源之后，就可以从 YUM 源下载并安装软件。可以把本地计算机作为本地 YUM 源，也可以配置一个网络 YUM 源，使用网络 YUM 源要求计算机能够连接互联网。配置 YUM 源的关键是在 YUM 配置文件中指明 YUM 源的地址。YUM 源的配置文件在目录*/etc/yum.repos.d*中，文件扩展名是".repo"，如例 7-3 所示。

例 7-3：YUM 源的配置文件

```
[root@centos7 yum.repos.d]# pwd
/etc/yum.repos.d
[root@centos7 yum.repos.d]# ls  -l
-rw-r--r--.   1   root  root   1664   11 月 23 2018      CentOS-Base.repo
```

```
-rw-r--r--.    1    root  root    1309    11 月 23 2018       CentOS-CR.repo
-rw-r--r--.    1    root  root    683     12 月 7 22:25       CentOS-Media.repo
...
```

目录*/etc/yum.repos.d* 中包含多个 YUM 源的配置文件，分别对应不同类型 YUM 源的参考配置文件。默认情况下，YUM 使用的配置文件是 *CentOS-Base.repo*，打开后可以看到该文件的内容，如例 7-4 所示。

例 7-4：CentOS-Base.repo 文件的内容

```
[root@centos7 yum.repos.d]# cat   CentOS-Base.repo
# CentOS-Base.repo
[base]
name=CentOS-$releasever - Base
mirrorlist=http://mirrorlist.centos.org/?release=$releasever&arch=$basearch&repo=os&infra=$infra
#baseurl=http://mirror.centos.org/centos/$releasever/os/$basearch/
gpgcheck=1
gpgkey=file:///etc/pki/rpm-gpg/RPM-GPC  KEY-CentOS-/
...
```

其他几个配置文件的结构和该文件基本相同。下面简单解释 YUM 配置文件的结构和常用的配置项。

➤ 以 "#" 开头的行是注释行。

➤ [base]：这是 YUM 源的名称，一定要放在中括号中。配置文件中还有其他几个 YUM 源，基本上只要配置 base 这一项即可。

➤ name：YUM 源的简短说明。

➤ mirrorlist：YUM 源的镜像站点，这一行不是必需的，可以注释掉。

➤ baseurl：YUM 源的实际地址，即 YUM 真正下载 rpm 软件包的地方，是 YUM 最重要的配置之一。必须保证此处配置的 YUM 源可以正常使用。

➤ enabled：表示 YUM 源是否生效。省略这一行或将 enabled 设为 1 表示 YUM 源生效，enabled 为 0 时表示 YUM 源不生效。

➤ gpgcheck：表示是否检查 rpm 软件包的数字签名。gpgcheck=1 表示检查，gpgcheck=0 表示不检查。

➤ gpgkey：表示包含数字签名的公钥文件所在位置，这一行不需要修改，使用默认值即可。

需要说明的是，baseurl 默认配置的是 CentOS 的官方镜像站点，国内用户访问这些站点时一般速度比较慢，建议大家将其配置为国内比较常用的镜像站点。

V7-2　配置本地
YUM 源

YUM 软件包管理器使用 yum 命令管理软件，其基本语法如下。yum 命令后面的子命令表示具体的软件包管理操作，其功能说明如表 7-2 所示。

```
yum   list | info | install | update | remove   [software_name]
```

表 7-2　yum 子命令的功能说明

子命令	功能说明
list	列出由 YUM 管理的所有软件，或者是列出指定软件名的某个软件的详细信息，类似于 rpm -qa
info	查看指定软件的详细信息
install	安装软件
update	升级软件
remove	卸载软件

任务实施

实验 1：配置本地 YUM 源

使用 yum 命令安装软件前，需要先配置可用的 YUM 源。许多大学和组织机构提供了 YUM 源，但是这要求计算机能访问互联网。如果计算机没有联网，则可以使用本地光盘或者操作系统镜像文件配置一个本地 YUM 源。考虑到开发中心服务器访问互联网有诸多限制，张经理决定使用之前安装 CentOS 7.6 时使用的 ISO 镜像文件配置 YUM 源。张经理告诉小朱，这个镜像文件其实包含许多常用的软件包，完全可以作为本地 YUM 源使用。下面是张经理的操作步骤。

第 1 步，保证 ISO 镜像文件已加载到系统中并处于连接状态。如果处于未连接状态，则可以右键单击系统桌面右下角的 CD/DVD 图标，在弹出的快捷菜单中选择【连接】选项，连接 ISO 镜像文件，如图 7-1（a）所示。连接成功后会在桌面上出现一个 CD/DVD 的图标，如图 7-1（b）所示。

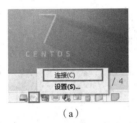
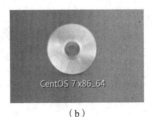

（a） （b）

图 7-1 连接 ISO 镜像文件及 CD/DVD 图标

第 2 步，创建挂载目录 /mnt/centos，将镜像文件挂载到这个目录，如例 7-5.1 所示。

例 7-5.1：配置本地 YUM 源——挂载 ISO 镜像文件

```
[root@centos7 ~]# mkdir  -p  /mnt/centos
[root@centos7 ~]# mount  /dev/cdrom  /mnt/centos
mount: /dev/sr0 写保护，将以只读方式挂载
```

第 3 步，在 /etc/yum.repos.d 目录中，仅保留文件 CentOS-Media.repo，这是本地 YUM 源的参考文件。修改其他几个 YUM 源配置文件的扩展名，如例 7-5.2 所示。

例 7-5.2：配置本地 YUM 源——修改 YUM 源配置文件的扩展名

```
[root@centos7 ~]# cd  /etc/yum.repos.d/
[root@centos7 yum.repos.d]# mv  CentOS-Base.repo  CentOS-Base.repo.bak
...         // 对其他几个文件执行相同操作，仅保留文件 CentOS-Media.repo
```

第 4 步，修改配置文件 CentOS-Media.repo，将配置项 baseurl 设置为镜像文件挂载目录，同时将 gpgcheck 和 enabled 分别修改为 0 和 1，如例 7-5.3 所示。这样，本地 YUM 源就配置完成了。

例 7-5.3：配置本地 YUM 源——修改 YUM 配置文件

```
[root@centos7 ~]# vim  /etc/yum.repos.d/CentOS-Media.repo
[c7-media]
name=CentOS-$releasever - Media
baseurl=file:///mnt/centos              <== 修改为实际挂载目录
#       file:///media/cdrom/            <== 注释这一行
#       file:///media/cdrecorder        <== 注释这一行
gpgcheck=0       <== 修改为 0
enabled=1        <== 修改为 1
gpgkey=file:///etc/pki/rpm-gpg/RPM-GPG-KEY-CentOS-7
```

实验 2：YUM 软件管理综合应用

张经理以安装 bind 软件为例，向小朱演示了如何使用 YUM 源方便地管理软件。下面是张经理的操作步骤。

第 1 步，查询软件安装信息。张经理使用 yum list 命令查看系统当前软件安装信息，并使用 yum info 命令查看 bind 软件的详细信息，如例 7-6.1 所示。

例 7-6.1：YUM 软件管理综合应用——查询软件安装信息

```
[root@centos7 ~]# yum  list  bind*
已加载插件：fastestmirror, langpacks
Loading mirror speeds from cached hostfile
已安装的软件包
bind-libs.x86_64                    32:9.9.4-72.el7              @anaconda
bind-utils.x86_64                   32:9.9.4-72.el7              @anaconda
...
可安装的软件包
bind.x86_64                         32:9.9.4-72.el7              c7-media
bind-chroot.x86_64                  32:9.9.4-72.el7              c7-media
bind-dyndb-ldap.x86_64              11.1-4.el7                   c7-media
[root@centos7 ~]# yum  info  bind
可安装的软件包
名称    : bind
架构    : x86_64
版本    : 9.9.4
大小    : 1.8 M
源      : c7-media
...
```

第 2 步，使用 yum install 命令安装软件。张经理告诉小朱，安装过程中可能有些步骤需要用户确认，-y 选项能够代替用户给出"yes"的回答，如例 7-6.2 所示。张经理让小朱仔细观察安装日志信息。小朱从安装日志信息中看到，YUM 先解决了软件的依赖关系，又自动下载了尚未安装的依赖软件。在本例中，bind 软件依赖 python-ply 软件包，所以在安装 bind 时会下载和安装 python-ply。安装时甚至能看到 YUM 下载软件的进度。

例 7-6.2：YUM 软件管理综合应用——安装软件

```
[root@centos7 ~]# yum  install  bind  -y
正在解决依赖关系
--> 正在检查事务
---> 软件包 bind.x86_64.32:9.9.4-72.el7 将被安装
--> 正在处理依赖关系 python-ply，它被软件包 32:bind-9.9.4-72.el7.x86_64 需要
--> 正在检查事务
---> 软件包 python-ply.noarch.0.3.4-11.el7 将被安装
--> 解决依赖关系完成
...
================================================================
 Package          架构          版本                   源              大小
================================================================
正在安装:
 bind             x86_64        32:9.9.4-72.el7        c7-media        1.8 M
```

为依赖而安装:

python-ply	noarch	3.4-11.el7	c7-media	123 k

...

总下载量: 2.0 M

安装大小: 5.0 M

正在安装	: python-ply-3.4-11.el7.noarch			1/2
正在安装	: 32:bind-9.9.4-72.el7.x86_64			2/2
验证中	: 32:bind-9.9.4-72.el7.x86_64			1/2
验证中	: python-ply-3.4-11.el7.noarch			2/2

...

已安装:

bind.x86_64 32:9.9.4-72.el7

作为依赖被安装:

python-ply.noarch 0:3.4-11.el7

```
[root@centos7 ~]# yum  list  bind  python-ply
已安装的软件包
bind.x86_64                    32:9.9.4-72.el7            @c7-media
python-ply.noarch              3.4-11.el7                @c7-media
```

第 3 步,使用 yum update 命令升级软件。升级前先使用 yum list updates 命令查看有哪些软件更新包可用,如例 7-6.3 所示。本地 YUM 源中没有最新的 bind 更新包,因此 yum update 命令没有执行更新操作。

例 7-6.3: YUM 软件管理综合应用——升级软件

```
[root@centos7 ~]# yum  list  updates
已加载插件: fastestmirror, langpacks
Loading mirror speeds from cached hostfile
[root@centos7 ~]# yum  update  bind
已加载插件: fastestmirror, langpacks
Loading mirror speeds from cached hostfile
No packages marked for update
```

第 4 步,使用 yum remove 命令卸载 bind 软件。卸载时同样可以使用-y 选项,如例 7-6.4 所示。

例 7-6.4: YUM 软件管理综合应用——卸载软件

```
[root@centos7 ~]# yum  remove  bind  -y
已加载插件: fastestmirror, langpacks
正在解决依赖关系
--> 正在检查事务
---> 软件包 bind.x86_64.32.9.9.4-72.el7 将被删除
--> 解决依赖关系完成
...
正在删除:
```

bind	x86_64	32:9.9.4-72.el7	@c7-media	4.5 M

...

安装大小: 4.5 M

正在删除	: 32:bind-9.9.4-72.el7.x86_64			1/1
验证中	: 32:bind-9.9.4-72.el7.x86_64			1/1

...

删除:

bind.x86_64 32:9.9.4-72.el7

通过这两个实验，小朱认识到 YUM 确实是一个非常强大的软件包管理器，只要配置好 YUM 源，在 CentOS 中安装软件其实是非常简单方便的。掌握了这项技能，小朱再也不用为安装软件发愁了。

 知识拓展

软件群组管理

除了常规的软件管理外，YUM 还提供了软件群组管理的功能。YUM 根据软件的功能把软件分配到不同的软件群组，可以一次性安装和卸载软件群组中的所有软件。大家可以再次查看图 1-20，其实图 1-20 中的"基本环境"就体现了软件群组的概念。YUM 软件群组管理的基本语法如下。

```
yum   group   list | info | install | remove   [ group_name ]
```

软件群组管理的命令和软件管理的命令类似，只是命令中多了 group 参数。下面先查看有哪些可用的软件群组，如例 7-7 所示。

例 7-7：查看可用的软件群组

```
[root@centos7 ~]# yum   group   list
可用的环境分组：
    最小安装
    基础设施服务器
...
可用组：
    传统 UNIX 兼容性
    兼容性程序库
...
```

再安装用于软件开发的开发工具软件群组，如例 7-8 所示。这里使用了管道操作和 tee 命令。tee 命令可以把管道符"|"左侧命令的输出重定向到文件中，同时在屏幕中显示输出。

例 7-8：安装软件群组

```
[root@centos7 ~]# yum   group   install   -y   "Development Tools"  |  tee  /tmp/yum_install
正在解决依赖关系
---> 软件包 autoconf.noarch.0.2.69-11.el7 将被 安装
--> 正在处理依赖关系 m4 >= 1.4.14，它被软件包 autoconf-2.69-11.el7.noarch 需要
...
依赖关系解决

安装  24 软件包 (+19 依赖软件包)

总下载量: 55 M
安装大小: 161 M
    正在安装     : libquadmath-4.8.5-36.el7.x86_64                    1/43
...
    正在安装     : ctags-5.8-13.el7.x86_64                            43/43
    验证中       : ctags-5.8-13.el7.x86_64                            1/43
...
    验证中       : gettext-devel-0.19.8.1-2.el7.x86_64                43/43

已安装:
    autoconf.noarch 0:2.69-11.el7
    automake.noarch 0:1.13.4-3.el7
...
```

作为依赖被安装:
   dwz.x86_64 0:0.11-3.el7
   gettext-common-devel.noarch 0:0.19.8.1-2.el7
...
软件群组的卸载这里不再演示,大家可以自行尝试卸载刚才安装的开发工具软件群组。

任务实训

YUM 是 CentOS 7.6 中的高级软件包管理器,利用 YUM 可以方便地完成软件安装、升级和卸载等操作。本实训的主要任务是练习配置本地 YUM 源,并利用本地 YUM 源安装、升级和卸载 vsftpd 软件。

【实训目的】
(1)理解软件包管理器的作用和分类。
(2)掌握本地 YUM 源的配置方法。
(3)熟练使用 YUM 管理软件的常用命令。

【实训内容】
按照以下步骤完成 YUM 软件包管理器练习。
(1)将 CentOS 7.6 镜像文件挂载到目录*/mnt/centos_iso* 中。
(2)配置本地 YUM 源。把配置文件 *CentOS-Media.repo* 中的 baseurl 配置项设置为挂载目录 */mnt/centos_iso*,同时将 gpgcheck 和 enabled 分别修改为 0 和 1。
(3)使用 yum list 命令查看系统当前软件安装信息,使用 yum info 命令查看 vsftpd 软件的详细信息。
(4)使用 yum install 命令安装 vsftpd 软件。
(5)使用 yum update 命令升级 vsftpd 软件。
(6)使用 yum remove 命令卸载 vsftpd 软件。

任务 7.2　Linux 应用软件

任务陈述

完整的操作系统离不开高层应用程序的支持,Linux 操作系统同样如此。现如今,Linux 操作系统得到越来越多个人用户的喜爱,其中一个重要的原因是各 Linux 发行版均提供了众多开源免费且功能强大稳定的应用软件。这些软件使用简单,比较容易上手,用户体验甚至可以和 Windows 操作系统中的常用软件相媲美。不同的 Linux 发行版默认安装的应用软件有所不同,本任务重点介绍 CentOS 7.6 中几类常用的应用软件,包括办公应用软件和互联网应用软件。

知识准备

7.2.1　办公应用软件

1. LibreOffice 概述
微软公司的 Microsoft Office 办公套件相信大家比较熟悉了。CentOS 7.6 中也有与之功能类似的 LibreOffice 办公套件。LibreOffice 包含六大组件,分别

V7-3　LibreOffice
概述

是 Writer（文字处理）、Calc（电子表格）、Impress（演示文稿）、Draw（矢量绘图）、Base（数据库）、Math（公式编辑器）。相比于其他办公应用软件，LibreOffice 具有以下几个显著优势。

（1）开源免费。根据 LibreOffice 的开源许可证，用户可以根据自己的想法随意分发、复制和修改 LibreOffice 软件，并且不需要支付任何费用。

（2）跨平台。LibreOffice 支持多种硬件架构，可以在多种操作系统中运行，如 Windows、Linux、Mac OS X 等。

（3）多语言支持。LibreOffice 支持 100 多种语言/方言，包括从右到左布局的语言。LibreOffice 内置有拼写检查功能、连字符功能和词库词典功能。

（4）统一的用户操作界面。LibreOffice 的所有组件都具有基本相同的图形用户界面，这使得用户更容易使用和掌握。

LibreOffice 的各个组件彼此间很好地集成在一起。各个组件共享一些相同的工具，这些工具在不同组件中的功能和使用方法是一致的。另外，LibreOffice 只有一个主程序，这意味着用户不需要特别在意某个类型的文件需要使用哪个应用程序来创建或打开，可以在任何一个程序中创建或打开其他组件的文件。例如，可以使用 Writer 打开一个 Draw 文件，LibreOffice 会自动识别文件格式。

LibreOffice 使用开放文档格式（Open Document Format，ODF）作为默认文件格式，这是一种基于 XML 的文件格式，也是一种行业标准。ODF 文件格式的框架是免费公开发布的，因此很容易被其他文本编辑器读取和编辑。相比之下，有些办公软件采用封闭的文件格式，这意味着使用这些软件创建的文档也只能由其自身打开。另外，除了原生的 ODF，LibreOffice 还支持其他多种常见文件格式，包括 Microsoft Office、HTML、XML、WordPerfect、Lotus 1-2-3 和 PDF 等。

2. LibreOffice 窗口

LibreOffice 各个组件的窗口外观基本相同，只是根据各个组件的不同用途在某些细节上有所不同。下面以 Writer 窗口为例说明 LibreOffice 窗口的主要组成和常用功能。

LibreOffice 窗口包括窗口顶部的标题栏、菜单栏、标准工具栏、格式工具栏、工作区、侧边栏及底部的状态栏，如图 7-2 所示。

标题栏位于窗口的顶部，显示当前打开文件的标题及类型。

菜单栏位于 LibreOffice 窗口的顶部、标题栏的正下方，选择某个菜单会显示其子菜单。下面是 Writer 菜单的简单说明。

图 7-2　LibreOffice 窗口

➢ 【文件】菜单：包含用于整个文件的操作，如打开、保存、导出、打印等。

➢ 【编辑】菜单：包含用于编辑文件的操作，如剪切、复制、粘贴、撤销、查找和替换等。

➢ 【视图】菜单：包含用于控制文件显示的操作，如设置视图模式、窗口布局和风格等。

➢ 【插入】菜单：包含用于将元素插入文档的操作，如图像、页眉页脚和超链接等。

➢ 【格式】菜单：包含用于文档排版的操作，如间距、对齐方式、批注、分栏和水印等。

➢ 【样式】菜单：包含常见的样式操作，用于编辑、加载和创建新样式等。

➢ 【表格】菜单：包含在文件中插入和编辑表格的操作。

➢ 【表单】菜单：包含在文件中插入和编辑表单元素的操作，如标签、文本框、单选按钮等。

➢ 【工具】菜单：包含拼写检查、自动更正、自定义和选项等。

➢ 【窗口】菜单：包含用于创建、关闭及显示窗口的操作。

> 【帮助】菜单：包含 LibreOffice 的帮助链接及有关 LibreOffice 的信息。

LibreOffice 有两种类型的工具栏，即停靠或固定在某个位置的工具栏及浮动工具栏。可以将停靠工具栏移到其他位置使之成为浮动工具栏，浮动工具栏也可以改为停靠工具栏。默认情况下，位于 LibreOffice 菜单栏下方的第一行工具栏称为标准工具栏。它在所有的 LibreOffice 组件中都是一样的。位于 LibreOffice 菜单栏下方的第二行工具栏称为格式工具栏。格式工具栏与文档内容有关，也就是说，光标当前位置或所选对象不同时，格式工具栏会相应变化。如果想显示或隐藏某个工具栏，则可以选择【视图】→【工具栏】选项进行设置。

状态栏位于 LibreOffice 窗口的底部，主要用于显示与文件相关的基本信息，并快速修改某些功能的便捷方法。Writer、Calc、Impress 和 Draw 的状态栏很相似，但各自又都包含一些与自身文件类型相关的特定内容。以 Writer 的状态栏为例，其显示的信息包括当前页码、字词统计、页面样式、语言、选择模式、修改状态、数字签名、视图布局、缩放滑块和缩放比例等。

侧边栏位于工作区的右侧，包含一个或多个标签页。这些标签页被整合在一起，通过侧边栏右侧的标签栏进行切换。标签页的具体内容取决于当前文件的内容。所有组件都包含属性、页面、样式和格式、图片库和导航标签页。有的组件会有特殊的标签页。例如，Writer 有管理变更标签页，Impress 有母版页标签页、自定义动画和幻灯片切换标签页，Calc 有公式函数标签页。要想隐藏侧边栏，可以单击侧边栏左侧灰色的隐藏按钮。再次单击这个按钮会重新打开侧边栏。

3. LibreOffice Writer

Writer 是 LibreOffice 的文字处理组件，支持常用的文字处理功能，如拼写检查、自动更正、查找和替换、自动生成目录和索引、表格设计和填充等。Writer 文件的扩展名是".odt"。可以使用 Writer 把".odt"文件保存成 Microsoft Word 文件。

Writer 的工作窗口如图 7-2 所示。Writer 支持 3 种文件查看方式，即普通视图、网页视图和全屏视图。在【视图】菜单中可以选择所需的视图。普通视图又称为打印视图，是 Writer 的默认视图。在普通视图中，可以使用状态栏中的视图布局图标修改文件的显示方式为单页视图、双页视图或书本视图。使用缩放滑块可以修改文件的缩放比例。普通视图还允许用户隐藏或显示页眉、页脚，以及页面之间的间隙。在网页视图中，状态栏中的视图布局功能被禁用，只能使用缩放滑块修改文件的缩放比例。在全屏视图中，使用在其他视图中选择的缩放和布局设置显示文件。按 Esc 键或单击左上角浮动工具栏中的【全屏显示】按钮可以退出全屏视图，还可以按【Ctrl+Shift+J】组合键在全屏视图和其他视图之间切换。

Writer 提供的导航功能可以方便用户快速查找特定类型的对象。按 F5 键或单击侧边栏中的导航标签，可以打开【导航】标签页，如图 7-3（a）所示。在【导航】标签页左上角的下拉列表中选择所要查找的对象类型，然后单击右侧的上一个和下一个按钮，会跳转到该对象类型的上一个位置或下一个位置。这对于查找文本中某些很难看到的对象特别有用。如果想快速跳转到文件的某个页面，则可以按【Ctrl+G】组合键，弹出【转到页面】对话框，如图 7-3（b）所示，输入目标页面的编号，并单击【确定】按钮即可跳转到指定的页面。

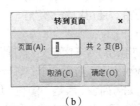

（a）　　　　　　　　　　　　（b）

图 7-3　【导航】标签页和【转到页面】对话框

4. LibreOffice Calc

Calc 是 LibreOffice 的电子表格组件，功能上类似于 Microsoft Excel，其工作窗口如图 7-4 所示。Calc 电子表格由许多单独的工作表组成，每个工作表包含按行和列排列的单元格，每个单元格都由行编号和列字母标识。单元格中的数据可以是文字、数字、公式等。Calc 最多可容纳 32000 个工作表，每个工作表最多可包含 1048576 行和 1024 列。

图 7-4　Calc 工作窗口

在 Calc 中输入数据，并对这些数据进行统计、计算和分析以生成某些结果，这是 Calc 的主要功能。除此之外，Calc 还提供下列功能。

➤ 公式和函数。公式是使用数字和变量来产生结果的方程，函数是在单元格中输入的预定义的计算关系，用于分析或处理数据。

➤ 数据库功能。使用 Calc 可以快速地排序和筛选数据。Calc 还提供了许多用于数据统计分析的工具，用户可以利用这些工具进行特定行业数据的统计分析。

➤ 数据透视表和透视图。数据透视表是一种组织、处理和汇总大量数据的方法，是数据分析最有用的工具之一。使用数据透视表可以重新排列或者汇总数据以从数据中提取重要的信息。数据透视表使数据更易于阅读和理解。还可以利用数据透视表的数据生成数据透视图，以更加直观地表示数据。当数据透视表中的数据被修改时，数据透视图将自动调整更新。

➤ 宏。Calc 提供宏这一功能辅助用户记录和执行重复的任务，支持的脚本语言包括 LibreOffice Basic、Python 和 JavaScript 等。

➤ 兼容 Microsoft Excel 电子表格。Calc 能够打开、编辑和保存 Microsoft Excel 电子表格。但需要注意的是，Calc 和 Microsoft Excel 电子表格不是完全兼容的，二者在函数的定义上略有不同。

➤ 导入和导出。Calc 支持以多种格式导入和导出电子表格，包括 HTML、CSV、PDF 和 PostScript 等。

5. LibreOffice Impress

Impress 是 LibreOffice 的文稿演示组件，功能上类似于 Microsoft PowerPoint，其工作窗口如图 7-5 所示。Impress 窗口主要包括幻灯片窗格 、工作区和侧边栏 3 个部分。左侧的幻灯片窗格按照显示顺序排列幻灯片的缩略图。选中窗格中的幻灯片缩略图，工作区中会显示完整的幻灯片。可以在幻灯片窗格中对幻灯片进行编辑，如添加或删除幻灯片、复制或重命名幻灯片、隐藏或移动幻灯片，还可以修改幻灯片的布局。

图 7-5　Impress 工作窗口

Impress 支持使用幻灯片母版定义幻灯片的基本格式，所有基于相同幻灯片母版的幻灯片拥有相同的格式。一个 Impress 可以应用多个幻灯片母版。可以在 Impress 幻灯片中添加多种不同元素，包括文字、项目符号、编号列表、表格、图表，以及各种图形对象。

Impress 支持多种幻灯片放映方式，如自动播放和循环播放等。用户可以自定义幻灯片放映的许多参数，这些参数用于控制幻灯片的放映顺序、切换动画、翻页效果等。

Impress 还具有演讲者控制台（presenter console）功能。演讲者控制台功能为演讲者和观众提供不同的视图。演讲者在自己的计算机屏幕上看到的视图包括当前幻灯片、下一张幻灯片、幻灯片备注和演示计时器，而观众只能看到当前幻灯片的内容。

7.2.2 互联网应用软件

Linux 操作系统支持非常多的网络服务。下面介绍一些 CentOS 7.6 中常用的网络软件，包括 Web 浏览器软件 Firefox、邮件收发软件 Thunderbird 及几种下载软件。

1. Firefox 浏览器

Firefox 浏览器是 CentOS 7.6 默认安装的 Web 浏览器软件，中文俗称"火狐"。Firefox 由 Mozilla 基金会与开源团体共同合作开发，用户可以免费使用。Firefox 可以运行在多种操作系统中，如 Windows、Linux、Mac OS X 等。选择【应用程序】→【互联网】→【Firefox】选项，即可打开 Firefox 窗口，如图 7-6 所示。

Firefox 支持标签页浏览。用户可以在同一个 Firefox 窗口中打开多个网页。在图 7-6 中，单击标题栏右侧的加号按钮即可打开一个新的标签页。

Firefox 是一个非常安全的 Web 浏览器，重视安全性和用户隐私保护。用户浏览网页时，Firefox 会实时检查网站 ID 以排查恶意网站，并通过不同颜色提醒用户。Firefox 提供隐私浏览的功能，可以在用户退出 Firefox 时清除浏览痕迹，不会在本地留下任何个人数据。Firefox 还通过沙盒安全模型限制网页脚本对用户数据的访问，从而保护用户信息安全。

Firefox 允许用户根据自身需要对 Firefox 进行设置。单击工具栏最右侧的【打开菜单】按钮，选择其中的【首选项】选项，弹出 Firefox 的【选项】窗口，如图 7-7 所示。在【选项】窗口中，可以对 Firefox 进行常规设置，如 Firefox 的浏览方式、语言和外观等，还可以设置 Firefox 的主页、默认搜索引擎及隐私与安全条款等。

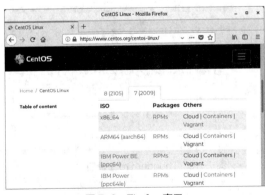

图 7-6 Firefox 窗口

图 7-7 Firefox 的【选项】窗口

Firefox 的扩展性非常强大，用户可以通过安装附加组件以向 Firefox 中添加额外功能。Mozilla 基金会官方和众多第三方开发者提供了大量的附加组件。单击工具栏最右侧的【打开菜单】按钮，选择其中的【附加组件】选项，弹出 Firefox 的附加组件管理器窗口，如图 7-8 所示。在附加组件管理器窗口中，可以查看当前已安装了哪些附加组件，也可以根据关键词搜索附加组件进行下载安装。

图 7-8　Firefox 的附加组件管理器窗口

2. 邮件收发软件 Thunderbird

通过电子邮件系统，用户可以随时随地收发邮件。Thunderbird 是 Linux 操作系统中最受欢迎的邮件客户端软件之一。和 Firefox 一样，Thunderbird 由 Mozilla 基金会推出。

Thunderbird 功能强大，支持 IMAP 和 POP 两种邮件协议及 HTML 邮件格式，具有快速搜索、自动拼写检查等功能。Thunderbird 具有较好的安全性，不仅提供垃圾邮件过滤、反"钓鱼"欺诈等功能，还为政府和企业应用场景提供更强的安全策略，包括 S/MIME、数字签名、信息加密等。

Thunderbird 使用起来简单方便，可在多种平台上运行。用户可以自定义 Thunderbird 的外观主题，选择需要的扩展插件。首次使用 Thunderbird 时需要添加邮件账户信息，如图 7-9 所示。设置好账户信息后即可进行邮件收发。Thunderbird 主窗口如图 7-10 所示。

图 7-9　添加邮件账户信息

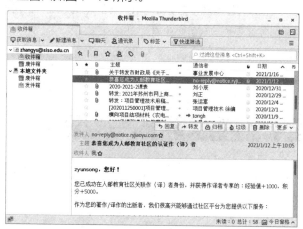

图 7-10　Thunderbird 主窗口

3. 下载软件

（1）wget。

wget 是在 Linux 操作系统中使用最多的命令行下载管理器之一，使用 wget 可以下载一个文件、多个文件，也可以下载整个目录甚至整个网站。wget 支持 HTTP、HTTPS、FTP，还可以使用 HTTP 代理。wget 是一个非交互式工具，因此可以很轻松地通过脚本、cron 计划任务和终端窗口调用。

使用 wget 下载单个文件时，只需提供文件的 URL 即可，如例 7-9 所示。下载的文件默认以原始名称保存，使用-O 选项可以指定输出文件名。wget 还支持断点续传功能，使用-c 选项可以重新启动下载中断的文件，这里不再演示。

例 7-9：使用 wget 下载文件

```
[zys@centos7 ~]$ wget  http://dangshi.people.com.cn/GB/437131/index.html
--2021-03-28 09:15:01--  http://dangshi.people.com.cn/GB/437131/index.html
正在解析主机 dangshi.people.com.cn (dangshi.people.com.cn)... 36.150.103.19, 2409:8c20:1213:
103:8000::17
正在连接 dangshi.people.com.cn (dangshi.people.com.cn)|36.150.103.19|:80... 已连接。
已发出 HTTP 请求，正在等待回应... 200 OK
长度: 10755 (11K) [text/html]
正在保存至: "index.html"
100%[===================================>] 10,755      --.-K/s 用时 0.04s
2021-03-28 09:15:01 (271 KB/s) - 已保存 "index.html" [10755/10755])
[zys@centos7 ~]$ ls -l index.html
-rw-rw-r--.  1  zys zys     10755    3 月 26 21:03        index.html
```

（2）curl。

和 wget 类似，curl 也是一个使用广泛的下载工具。但使用 curl 还可以上传文件，因此称 curl 为文件传输工具更合适。curl 支持的协议比 wget 支持的协议要多，功能也非常强大，包括代理访问、用户认证、FTP 上传及下载、HTTP POST、SSL 连接、Cookie、断点续传等。curl 功能较多，因此选项也较多，这里简单介绍使用 curl 下载文件的方法，如例 7-10 所示。其中，-o 选项的作用是指定输出文件名，与 wget 的-O 选项作用相同。

例 7-10：使用 curl 下载文件

```
[zys@centos7 ~]$ curl  http://dangshi.people.com.cn/GB/437131/index.html  -o dangshi.html
  % Total    % Received % Xferd  Average  Speed    Time    Time     Time   Current
                                 Dload   Upload   Total   Spent    Left    Speed
100 10755  100 10755    0     0  95287      0 --:--:-- --:--:-- --:--:-- 96026
[zys@centos7 ~]$ ls -l dangshi.html
-rw-rw-r--.  1  zys zys     10755    3 月  28 09:35        dangshi.html
```

（3）FileZilla。

FTP 是互联网上常用的文件传输服务，用于在不同的计算机之间传输文件。在 Linux 操作系统中，FileZilla 是一个免费开源的 FTP 软件，分为客户端版本和服务器版本，具备 FTP 软件的所有功能。FileZilla 操作界面清晰，可控性强，支持断点续传、文件名过滤、拖放等功能。图 7-11 所示为 FileZilla 客户端的工作界面。

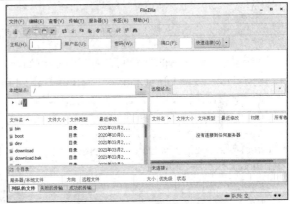

图 7-11 FileZilla 客户端的工作界面

🗡 任务实施

实验：安装 LibreOffice

LibreOffice 是 Linux 操作系统中广泛使用的办公套件，但是 CentOS 7.6 没有预装 LibreOffice。为了方便开发中心的同事使用 LibreOffice 处理项目文档，张经理决定在开发服务器中安装 LibreOffice。下面是张经理的操作步骤。

第 1 步，登录到新的开发服务器，在一个终端窗口中使用 su - root 命令切换到 root 用户。

第2步，创建 /download 目录，保存下载的 LibreOffice 软件，如例 7-11.1 所示。

例 7-11.1：安装 LibreOffice——创建下载目灵并保存软件

```
[root@centos7 ~]# mkdir /download
[root@centos7 ~]# cd /download
```

第3步，使用 wget 工具下载 LibreOffice 的软件包及中文用户界面辅助软件包，如例 7-11.2 所示。

例 7-11.2：安装 LibreOffice——下载软件包

```
[root@centos7 download]# wget
https://mirrors.nju.edu.cn/tdf/libreoffice/stable/7.0.5/rpm/x86_64/LibreOffice_7.0.5_Linux_x86-64_rpm.tar.gz
…
正在保存至："LibreOffice_7.0.5_Linux_x86-64_rpm.tar.gz"
100%[====================================>] 262,287,650 2.89MB/s 用时 94s
[root@centos7 download]# wget
https://mirrors.nju.edu.cn/tdf/libreoffice/stable/7.0.5/rpm/x86_64/LibreOffice_7.0.5_Linux_x86-64_
rpm_langpack_zh-CN.tar.gz

…
正在保存至："LibreOffice_/.0.5_Linux_x86-64_rpm_langpack_zh-CN.tar.gz"
100%[====================================>] 846,819     2.66MB/s 用时 0.3s
[root@centos7 download]# ls -l
-rw-r--r--. 1 root root 846819  3月5  23:32  LibreOffice_7.0.5_Linux_x86-64_rpm_
langpack_zh-CN.tar.gz
-rw-r--r--. 1  root root 262287650 3月5 23:32 LibreOffice_7.0.5_Linux_x86-64_rpm.tar.gz
```

第4步，解压 LibreOffice 软件包至当前目录中，进入 RPMS 子目录，使用 yum 工具进行安装，如例 7-11.3 所示。

例 7-11.3：安装 LibreOffice——解压并安装 LibreOffice 软件包

```
[root@centos7 download]# tar -zxf LibreOffice_7.0.5_Linux_x86-64_rpm.tar.gz
[root@centos7 download]# cd LibreOffice_7.0.5.2_Linux_x86-64_rpm/RPMS
[root@centos7 RPMS]# yum install *rpm -y
已安装:
  libreoffice7.0.x86_64 0:7.0.5.2-2          libreoffice7.0-base.x86_64 0:7.0.5.2-2
…
```

第5步，使用同样的方法解压并安装 LibreOffice 中文用户界面辅助软件包，如例 7-11.4 所示。

例 7-11.4：安装 LibreOffice——解压并安装 LibreOffice 中文用户界面辅助软件包

```
[root@centos7 RPMS]# cd /download
[root@centos7 download]# tar -zxf LibreOffice_7.0.5_Linux_
x86-64_rpm_langpack_zh-CN.tar.gz
[root@centos7 download]# cd LibreOffice_7.0.5.2_Linux_x86-64_
rpm_langpack_zh-CN/RPMS
[root@centos7 RPMS]# yum install *rpm -y
已安装:
  libreoffice7.0-zh-CN.x86_64 0:7.0.5.2-2
…
```

至此，LibreOffice 办公套件安装完成。在【应用程序】→【办公】菜单中可以看到已安装的 LibreOffice 组件，如图 7-12 所示。

图 7-12 已安装的 LibreOffice 组件

 知识拓展

经过近 30 年的发展，Linux 操作系统已经从一个"小众"的操作系统变成被多数人接受的操作系

统，除了在企业市场被广泛应用外，越来越多的个人用户也从 Windows 操作系统转向 Linux 操作系统。究其原因，除了 Linux 操作系统具有稳定、开源、免费等特点外，数量众多的应用软件也是促成这一转变的重要因素。几乎可以肯定地说，Linux 操作系统中总能找到一款让自己"动心"的软件。Linux 操作系统中的很多应用软件可以和 Windows 操作系统中的同类软件在功能、用户体验和性能上一较高下。这其中既包括 Linux 厂商提供的优秀软件，也有众多第三方开发人员提供的优秀软件。关键的一点是，很多优秀软件都是开源免费的。单凭这一点就足以吸引很多用户。

任务实训

Linux 操作系统提供了大量优秀的应用软件供用户使用。本实训的主要任务是练习安装常见的应用软件，体验这些软件的使用方法，并和 Windows 操作系统中的同类软件进行比较。

【实训目的】

（1）练习安装 Linux 操作系统中常见的应用软件。

（2）掌握 LibreOffice 办公套件中 Writer、Calc 和 Impress 的基本用法。

（3）掌握 wget、curl 等下载工具的使用方法。

【实训内容】

按照以下步骤完成应用软件安装和使用练习。

（1）使用 wget 工具下载 LibreOffice 软件包。

（2）使用 curl 工具下载 LibreOffice 中文用户界面辅助软件包。

（3）安装 LibreOffice 软件包。

（4）安装 LibreOffice 中文用户界面辅助软件包。

（5）创建一个 LibreOffice Writer 文件，在其中添加文本、图片、表格等元素，并进行常规的排版。

（6）创建一个 LibreOffice Calc 文件，录入数据并练习数据排序、筛选、统计和分析等操作。

（7）创建一个 LibreOffice Impress 文件，新建一个幻灯片母版，并利用该母版创建其他幻灯片。

项目小结

本项目和 Linux 操作系统中的软件相关。任务 7.1 主要介绍了 Linux 操作系统中软件管理的历史及相关的软件包管理器。从最初直接编译源代码，到现今使用 YUM 等高级软件包管理器，在 Linux 中管理软件已变得非常简单。RPM 在本地计算机系统中建立了一个软件数据库，用于记录已安装软件的相关信息，作为后续升级或卸载软件的基础。RPM 未解决软件包的依赖关系，即不能自动下载和安装依赖软件。YUM 基于 RPM，YUM 弥补了 RPM 的这一缺点。只要配置好 YUM 源，就可以使用简单的命令安装、升级和卸载软件。任务 7.2 主要介绍了 Linux 中几种常见的应用软件，包括 LibreOffice 办公套件、Firefox 浏览器、Thunderbird 邮件客户端及几个下载工具。Linux 操作系统包含大量优秀的应用软件，这些软件稳定可靠、用户体验好，大大提高了 Linux 操作系统在个人用户中的接受程度。

项目练习题

1. 选择题

（1）关于通过编译源代码安装软件，下列说法错误的是（　　　）。

    A. 这是 Linux 早期的软件安装方式

B. 对于普通 Linux 用户来说，编译源代码不是一件轻松的事

C. 编译源代码为用户提供了一定的自由度

D. 编辑源代码不需要考虑硬件平台差异，只要硬件支持即可

（2）下列关于 RPM 的说法错误的是（　　　）。

A. RPM 是由 Red Hat 公司开发的一款软件包管理器，应用广泛

B. RPM 在本地计算机系统中建立了一个软件数据库

C. RPM 解决了软件包之间的依赖关系，可以自动安装依赖的软件

D. rpm 软件包一般会考虑软件的跨平台通用性

（3）rpm　-i　vsftpd 命令的作用是（　　　）。

A. 查询软件包 vsftpd　　　　　　　　　B. 安装软件包 vsftpd

C. 升级软件包 vsftpd　　　　　　　　　D. 卸载软件包 vsftpd

（4）rpm　-ql　httpd 命令的作用是（　　　）。

A. 查询软件 httpd 的所有文件和目录　　B. 查询软件 httpd 的详细信息

C. 查询软件 httpd 是否安装　　　　　　D. 查询软件 httpd 的说明信息

（5）下列关于 YUM 源的说法错误的是（　　　）。

A. YUM 源包含整理好的软件清单和软件安装包

B. 配置好 YUM 源之后，就可以从 YUM 源下载并安装软件

C. YUM 源只能使用网络资源，本地计算机无法配置 YUM 源

D. YUM 源配置文件的扩展名是 ".repo"

2. 填空题

（1）一般来说，软件包包含编译好的_____、_____及_____。

（2）Linux 早期安装软件常用的方式是_____。

（3）RPM 使用的管理命令是_____，rpm 软件包的后缀是_____。

（4）配置 YUM 源时，baseurl 配置项表示_____。

3. 简答题

（1）简述 Linux 软件管理的发展历史。

（2）简述 RPM 和 YUM 软件包管理器的区别和联系。